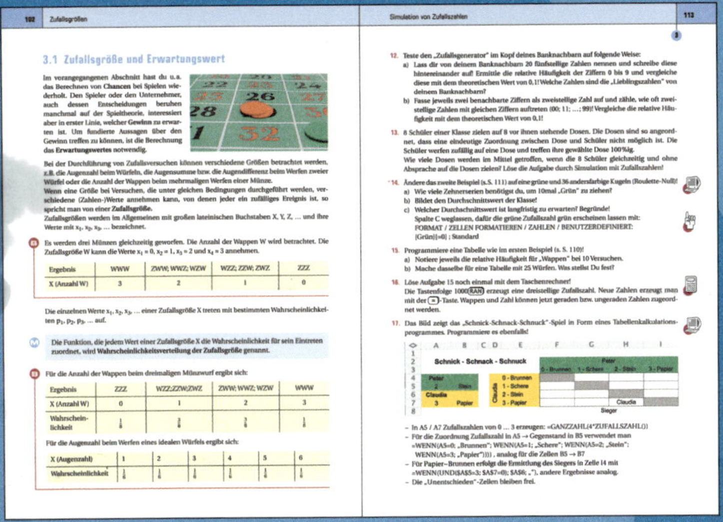

Inhaltsseite und Aufgabenseite

Diese Seiten vermitteln dir – unterstützt durch **Merksätze** M, **Beispiele** B und zahlreiche **Hinweise** – mathematisches Wissen über wichtige Begriffe, Gesetze, Regeln und Verfahren. In den **Zusatzmodulen** erhältst du interessante, weiterführende Informationen.

Die Aufgabenseiten bieten dir vielfältige und gemischte Aufgaben zum Üben. Besonders gekennzeichnete Aufgaben kannst du mit dem Taschenrechner oder mithilfe eines Computers lösen.

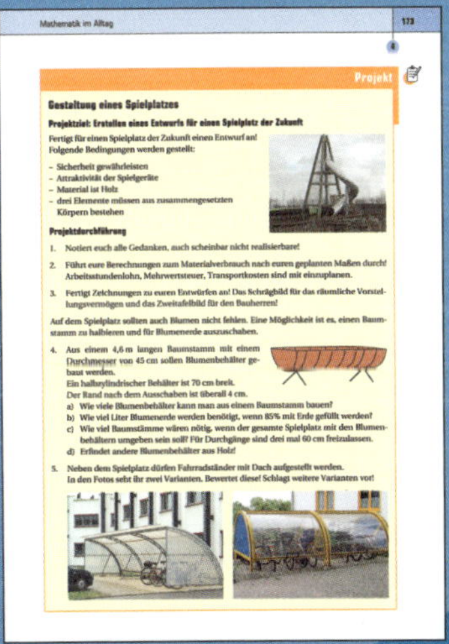

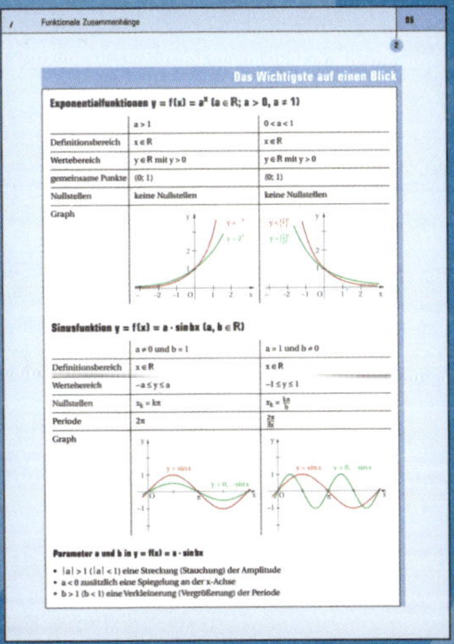

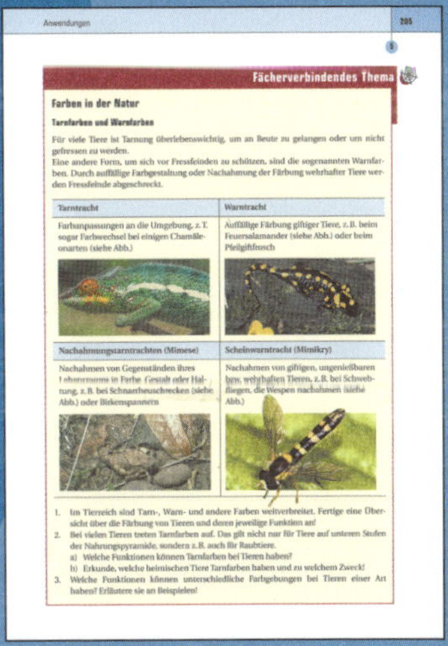

Projekte

Diese Seiten enthalten neben Sachinformationen interessante Fragen, die du in der Gruppe bearbeiten kannst. Sie sollen dir helfen, eigene Projektideen zu entwickeln.

Das Wichtigste auf einen Blick

Diese Seiten findest du am Ende jedes Kapitels. Sie stellen das Wichtigste in systematischer und übersichtlicher Form dar.

Fächerverbindendes Thema

Diese Seiten sollen dich zum selbstständigen Bearbeiten ausgewählter Themen anregen, die eine Verbindung zwischen verschiedenen Unterrichtsfächern herstellen.

Link » Mathematik 10

Lehrbuch für die Klasse 10
Mittelschule Sachsen

DUDEN PAETEC Schulbuchverlag

Berlin · Frankfurt a. M.

Autoren
Jens Eisoldt
Steffen Grund
Dr. Ehrentraud Meißner
Dr. Ulf Rothkirch
Dr. Michael Unger

unter Nutzung von Beiträgen von:
Kornelia Blümel, Dr. Hubert Bossek, Margrit Busch, Günther Frenzel, Heidemarie Heinrich, Karlheinz Lehmann, Dr. Günter Liesenberg, Wolfgang Peters, Günther Rolles, Manuel Rumi, Dr. Klaus Scheibe, Uwe Schmidt, Lutz Schreiner, Petra Schult, Jens Schunk, Dr. Christine Sikora, Prof. Dr. Hans-Dieter Sill, Dr. Horst Thamm, Elvira Wittig

1. Auflage*
1 5 4 3 2 1 | 2011 2010 2009 2008 2007
Alle Drucke dieser Auflage können im Unterricht nebeneinander benutzt werden.
Die letzte Zahl bezeichnet das Jahr dieses Druckes.

Internet www.duden-paetec.de

Redaktion Dr. Michael Unger
Gestaltungskonzept und Umschlag Simone Hoschak
Layout Martina Holzinger
Grafik Wolfgang Beyer, Martina Holzinger, Birgit Kintzel, Ute Winkler
Titelbild mauritius images / pepperprint
Druck und Bindung Druckerei zu Altenburg GmbH

ISBN 978-3-89818-639-1

Inhaltsverzeichnis

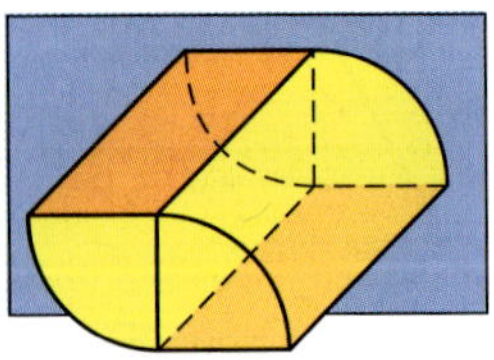

1 Dreiecke und Vielecke

1

Landvermessung

Die Messpunkte A und B liegen auf derselben Seite eines Flusses und sind 5,2 km voneinander entfernt. Mithilfe eines Theodoliten werden die Winkel ($\sphericalangle BAC = 58°$; $\sphericalangle CBA = 82°$) gemessen.
Wie weit sind jeweils die Messpunkte A und B vom Punkt C auf der anderen Seite des Flusses entfernt?
Skizziere den Sachverhalt!

Entfernungsbestimmung

Ein Schiff ist 3 sm von einem Leuchtturm entfernt. Innerhalb von 45 min fährt es an dem Leuchtturm unter einem Winkel von 130° vorbei und ist dann 7 sm vom Turm entfernt.
Wie viele Seemeilen hat das Schiff während dieser Zeit zurückgelegt und wie groß ist seine Geschwindigkeit?

Grundstücksverkauf

Eine trapezförmige Wiese soll für den Verkauf neu vermessen werden. Die beiden Straßenseiten der viereckigen Wiese sind 165 m bzw. 112 m lang und bilden einen Winkel von 40°. Der gegenüberliegende Winkel ist 108° groß, eine anliegende Seite 56 m lang.
Skizziere das Grundstück!
Wie viel Euro kann der Eigentümer bekommen, wenn für einen Quadratmeter 13,20 € angeboten werden?

Kannst du das noch?

Innenwinkelsatz für Dreiecke

In jedem Dreieck beträgt die Summe der Innenwinkel 180°.

$\alpha + \beta + \gamma = 180°$

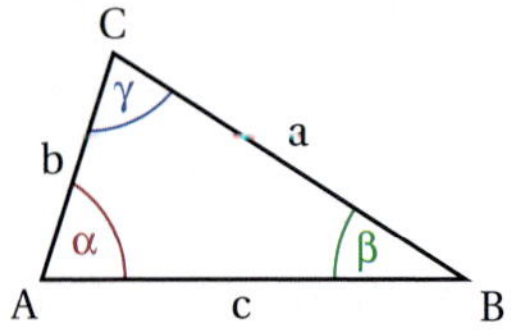

Dreieckskonstruktionen

Dreiecke sind konstruierbar, wenn mindestens drei Stücke gegeben sind.

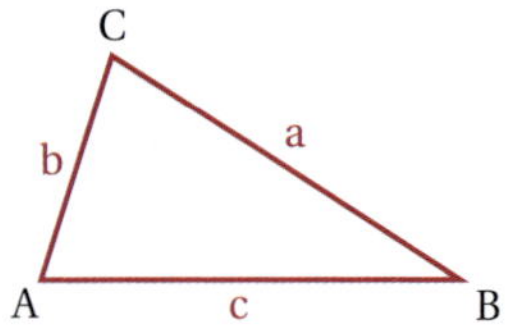

1. Fall:
Alle drei Seiten sind gegeben.

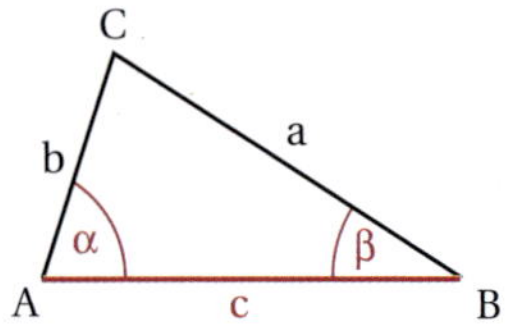

2. Fall:
Eine Seite und die zwei anliegenden Winkel sind gegeben.

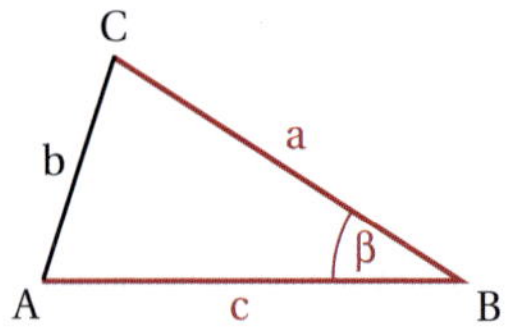

3. Fall:
Zwei Seiten und der eingeschlossene Winkel sind gegeben.

4. Fall:
Zwei Seiten und ein Winkel, welcher der größeren Seite gegenüberliegt, sind gegeben.

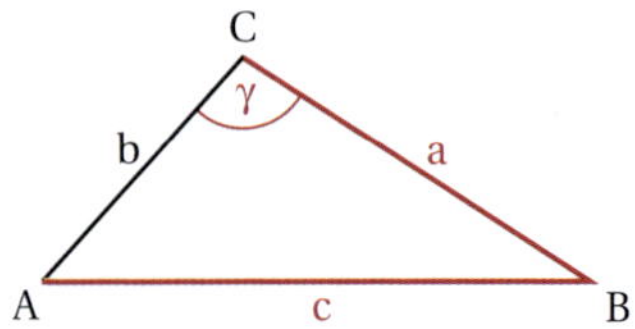

Eine Dreieckskonstruktion ist nicht eindeutig, wenn drei Winkel gegeben sind.
Zur Dreieckskonstruktion können auch Höhen, Seitenhalbierende oder Winkelhalbierende verwendet werden.

Seiten-Winkel-Beziehung im Dreieck

In jedem Dreieck liegt der größeren Seite auch der größere Winkel gegenüber.

Wenn $c > a > b$, dann gilt $\gamma > \alpha > \beta$.

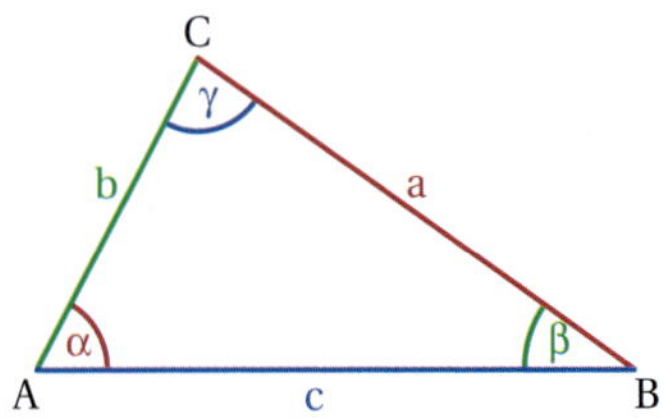

Dreiecksungleichung

In jedem Dreieck ist die Summe zweier Seitenlängen größer als die Länge der dritten Seite.

$a + b > c$
$b + c > a$
$c + a > b$

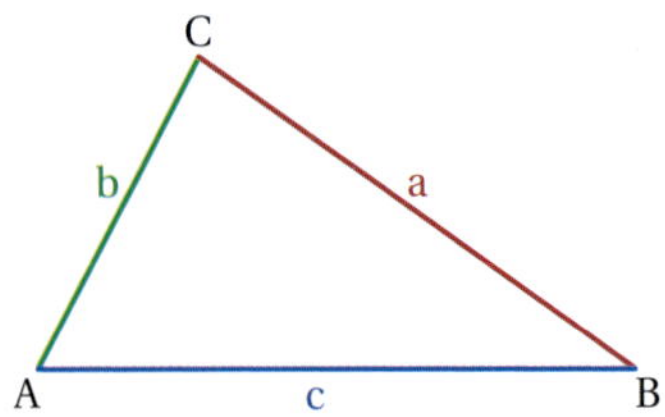

Kannst du das noch?

Berechnungen am rechtwinkligen Dreieck

Begriffe am rechtwinkligen Dreieck

Die Dreiecksseite, die dem rechten Winkel im Dreieck gegenüberliegt, heißt Hypotenuse.
Die Dreiecksseiten, die die Schenkel des rechten Winkels im Dreieck bilden, heißen Katheten.

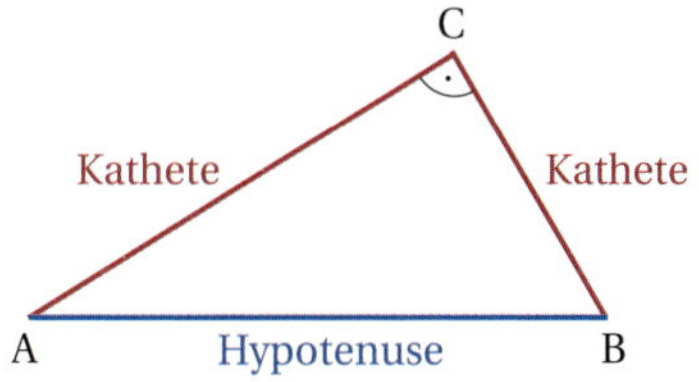

Satz des Pythagoras

In jedem rechtwinkligen Dreieck ist der Flächeninhalt des Quadrats über der Hypotenuse gleich der Summe der Flächeninhalte der Quadrate über den Katheten.

$a^2 + b^2 = c^2$

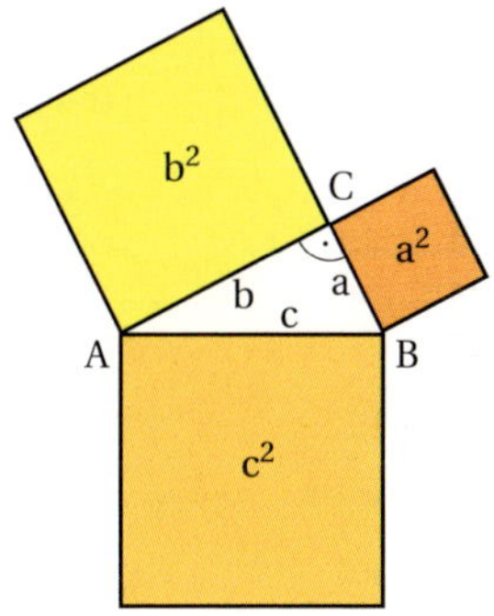

Sinus, Kosinus und Tangens eines Winkels

In einem rechtwinkligen Dreieck nennt man die Kathete, die einem Winkel gegenüberliegt, Gegenkathete und die Kathete, die einen Schenkel des Winkels bildet, Ankathete.

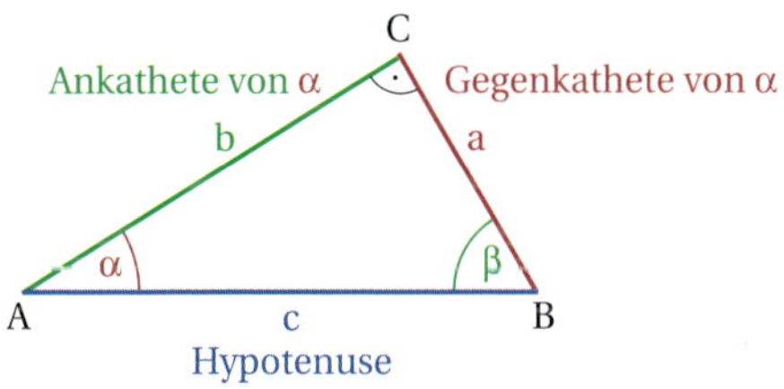

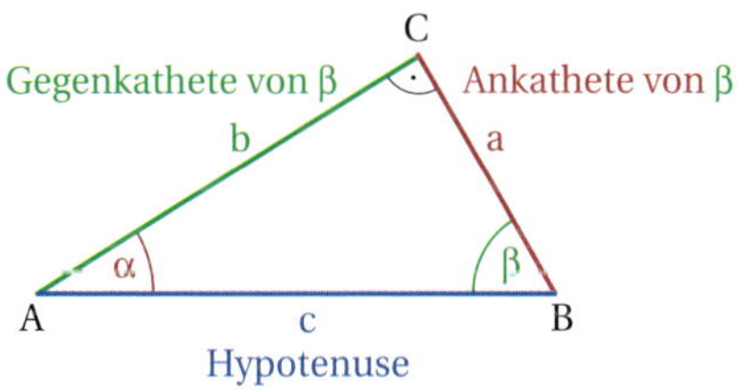

Der Sinus eines spitzen Winkels im rechtwinkligen Dreieck ist das Längenverhältnis von Gegenkathete und Hypotenuse.

$\sin\alpha = \frac{\text{Gegenkathete von }\alpha}{\text{Hypotenuse}}$ $\sin\beta = \frac{\text{Gegenkathete von }\beta}{\text{Hypotenuse}}$

$\sin\alpha = \frac{a}{c}$ $\sin\beta = \frac{b}{c}$

Der Kosinus eines spitzen Winkels im rechtwinkligen Dreieck ist das Längenverhältnis von Ankathete und Hypotenuse.

$\cos\alpha = \frac{\text{Ankathete von }\alpha}{\text{Hypotenuse}}$ $\cos\beta = \frac{\text{Ankathete von }\beta}{\text{Hypotenuse}}$

$\cos\alpha = \frac{b}{c}$ $\cos\beta = \frac{a}{c}$

Der Tangens eines spitzen Winkels im rechtwinkligen Dreieck ist das Längenverhältnis von Gegenkathete und Ankathete.

$\tan\alpha = \frac{\text{Gegenkathe von }\alpha}{\text{Ankathete von }\alpha}$ $\tan\beta = \frac{\text{Gegenkathe von }\beta}{\text{Ankathete von }\beta}$

$\tan\alpha = \frac{a}{b}$ $\tan\beta = \frac{b}{a}$

Kannst du das noch?

Flächeninhalt von rechtwinkligen Dreiecken

Der Flächeninhalt eines rechtwinkligen Dreiecks ist die Hälfte des Produkts der beiden Kathetenlängen.

$A = \frac{1}{2} \cdot a \cdot b$

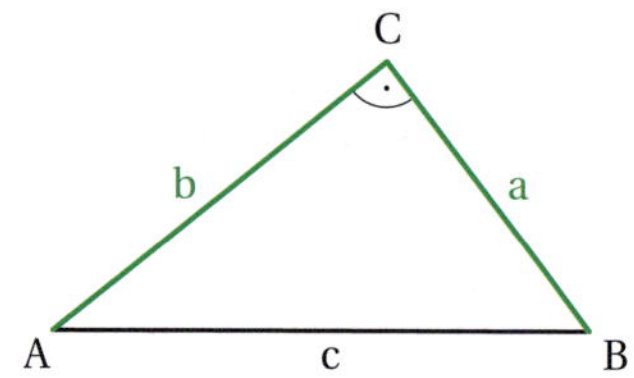

Anwendungen

Quadrat

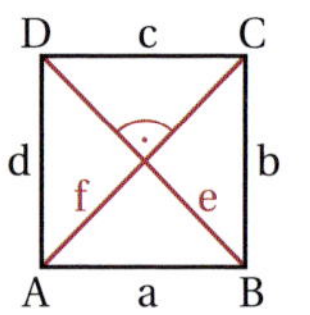

$e^2 = 2 \cdot a^2$; $f^2 = 2 \cdot a^2$

Rechteck

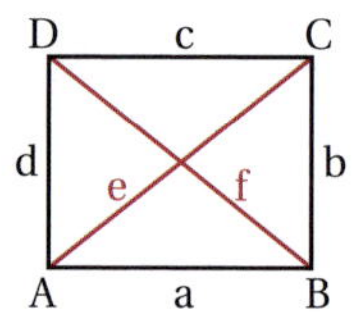

$e^2 = a^2 + b^2$; $f^2 = a^2 + b^2$

Parallelogramm

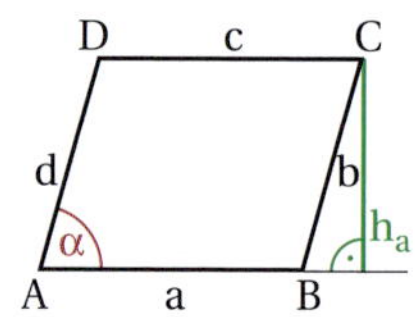

$\sin\alpha = \frac{h_a}{b}$; $\beta = 180° - \alpha$

Rhombus (Raute)

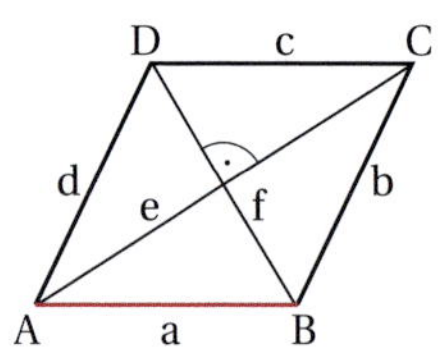

$a^2 = (\frac{e}{2})^2 + (\frac{f}{2})^2$

Drachenviereck

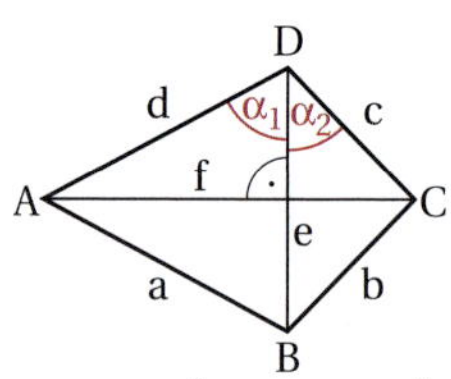

$\cos\alpha_1 = \frac{\frac{e}{2}}{d}$; $\cos\alpha_2 = \frac{\frac{e}{2}}{c}$

Trapez

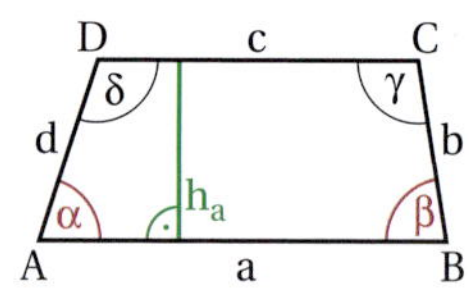

$\sin\alpha = \frac{h_a}{d}$ $\quad \sin\beta = \frac{h_a}{b}$

$\delta = 180° - \alpha$ $\quad \gamma = 180° - \beta$

Tetraeder

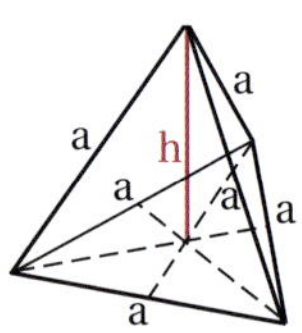

$h = \frac{a}{3} \cdot \sqrt{6}$

Würfel

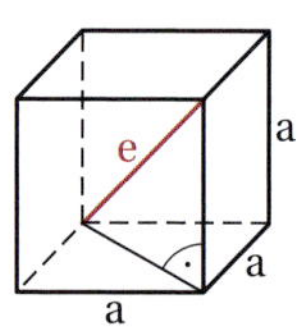

$e = a \cdot \sqrt{3}$

Quader

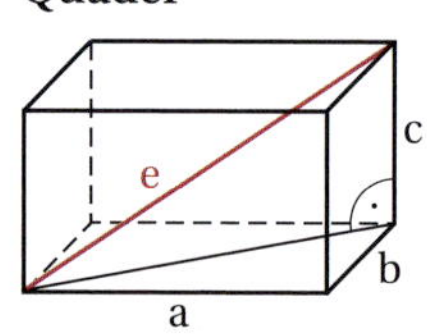

$e = \sqrt{a^2 + b^2 + c^2}$

quadratische Pyramide

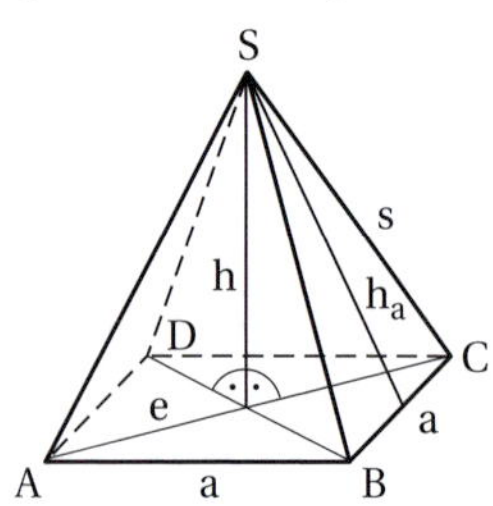

$h^2 = {h_a}^2 - (\frac{a}{2})^2$; $s^2 = h^2 + (\frac{e}{2})^2$; ${h_a}^2 = h^2 + (\frac{a}{2})^2$

Kreiskegel

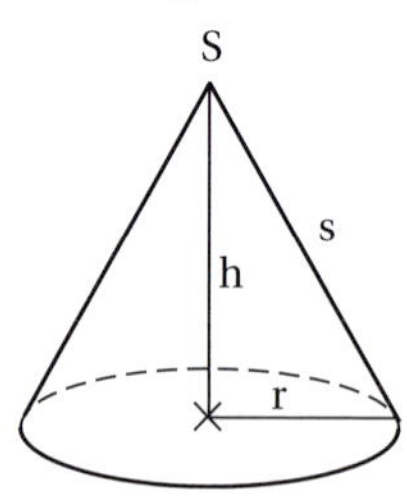

$s^2 = r^2 + h^2$

Kannst du das noch?

Aufgaben

1. Berechne die angegebenen Winkel!

a)

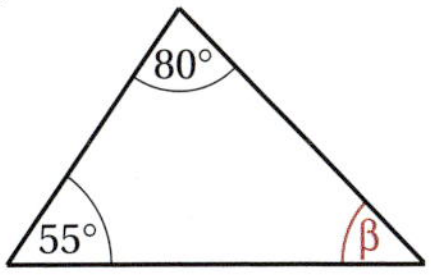

b)

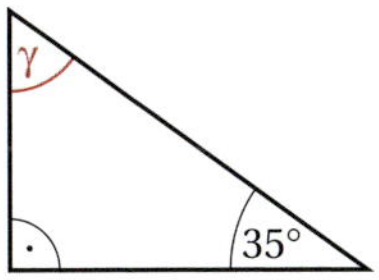

c)

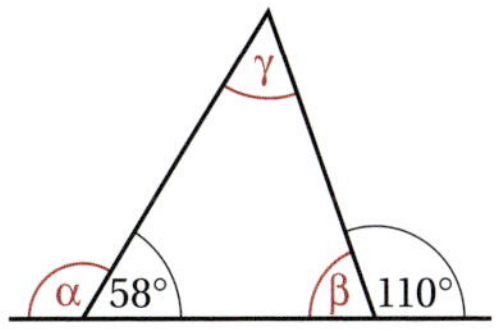

d)

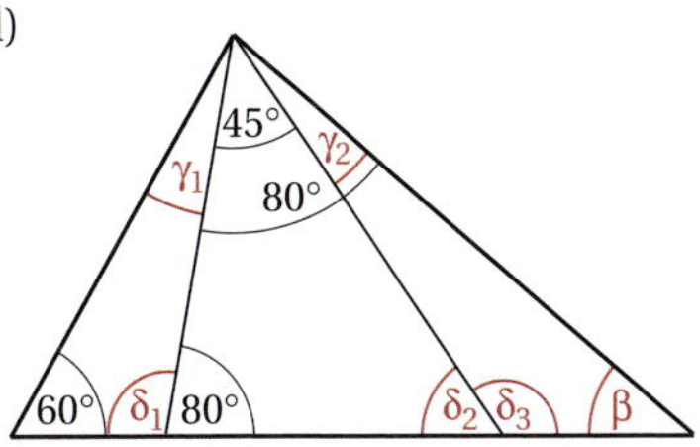

e)

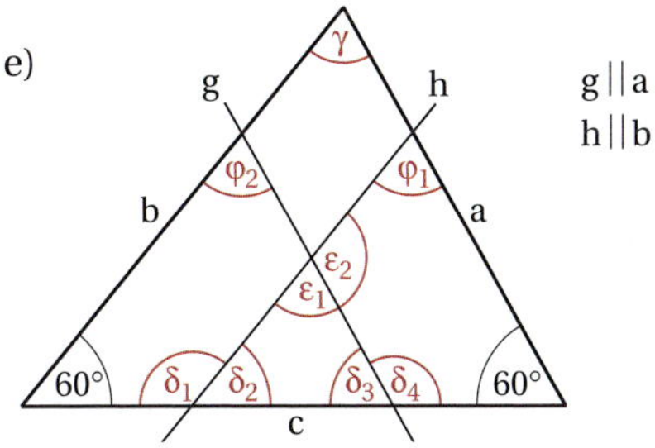

2. Konstruiere die Dreiecke ABC mithilfe der gegebenen Stücke!

a) $a = 7$ cm; $b = 5$ cm; $c = 4$ cm
b) $a = 4$ cm; $b = 5$ cm; $c = 3$ cm
c) $a = 3{,}0$ cm; $b = 1{,}0$ cm; $c = 3{,}5$ cm
d) $c = 5{,}5$ cm; $\alpha = 30°$; $\beta = 55°$
e) $a = 3{,}7$ cm; $\beta = 75°$; $\gamma = 10°$
f) $b = 4{,}2$ cm; $\alpha = 45°$; $\gamma = 60°$
g) $a = 6$ cm; $c = 3$ cm; $\beta = 40°$
h) $a = 4{,}5$ cm; $b = 3{,}0$ cm; $\gamma = 56°$
i) $b = 2{,}5$ cm; $c = 5{,}5$ cm; $\alpha = 72°$
j) $b = 2{,}0$ cm; $c = 4{,}5$ cm; $\gamma = 80°$
k) $a = 3$ cm; $c = 5$ cm; $\gamma = 100°$
l) $a = 9{,}5$ cm; $b = 6{,}0$ cm; $\alpha = 120°$

3. Von einem Dreieck ABC sind die drei Innenwinkel bekannt.
Vergleiche jeweils die Längen der Dreiecksseiten!

a) $\alpha = 15°$, $\beta = 11°$, $\gamma = 154°$
b) $\alpha = 73°$, $\beta = 72°$, $\gamma = 35°$
c) $\alpha = 34°$, $\beta = 109°$, $\gamma = 37°$
d) $\alpha = 60°$, $\beta = 60°$, $\gamma = 60°$

4. Von einem Dreieck ABC sind die drei Seitenlängen bekannt.
Vergleiche jeweils die Größe der Innenwinkel!

a) $a = 3$ cm, $b = 7$ cm, $c = 11$ cm
b) $a = 5{,}3$ cm, $b = 2{,}8$ cm, $c = 2{,}7$ cm
c) $a = 9{,}8$ cm, $b = 5{,}5$ cm, $c = 8{,}0$ cm
d) $a = 6{,}3$ cm, $b = 6{,}3$ cm, $c = 9{,}5$ cm

5. Begründe mit der Dreiecksungleichung, ob die Dreiecke ABC konstruierbar sind!

a) $a = 12{,}3$ cm, $b = 5{,}9$ cm, $c = 6{,}9$ cm
b) $a = 4{,}7$ m, $b = 6{,}3$ m, $c = 1{,}5$ m
c) $a = 54{,}7$ mm, $b = 36{,}8$ mm, $c = 12{,}4$ mm
d) $a = 3{,}6$ dm, $b = 10{,}9$ dm, $c = 9{,}1$ dm

6. Begründe, dass die Dreiecke ABC nicht mit den gegebenen Stücken konstruierbar sind!

a) $\alpha = 16°$, $\beta = 91°$, $\gamma = 73°$
b) $a = 1{,}64$ m, $b = 1{,}01$ m, $c = 2{,}92$ m
c) $a = 2$ cm, $b = 4$ cm, $\alpha = 120°$
d) $c = 8{,}5$ cm, $\alpha = 110°$, $\beta = 95°$

Kannst du das noch?

7. Bestimme jeweils die Längen der Katheten und der Hypotenuse in den rechtwinkligen Dreiecken! Wie lautet jeweils die Gleichung zum Satz des PYTHAGORAS?

a)
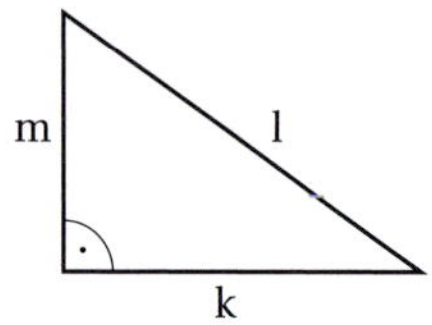

b)
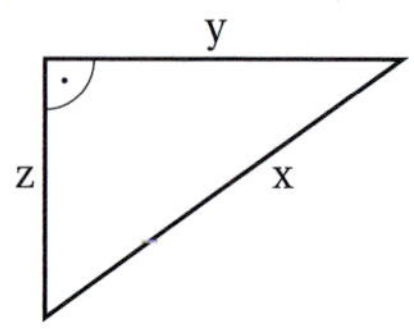

c)
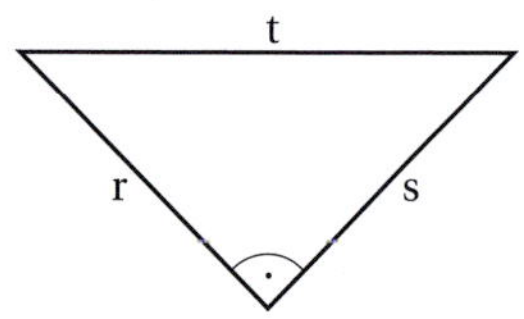

d)
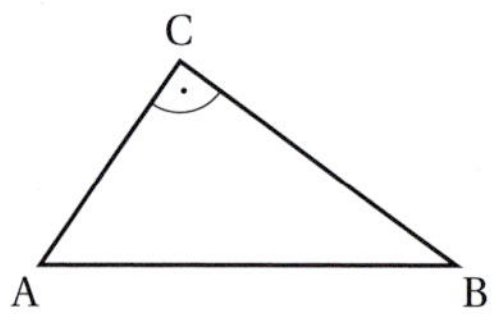

e)
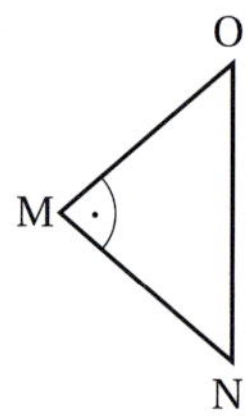

f)
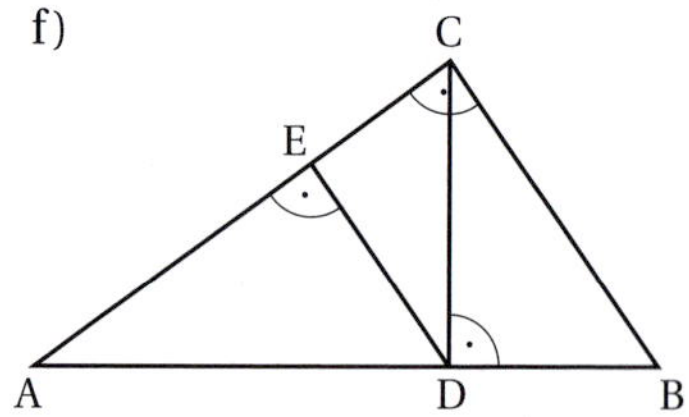

8. Berechne jeweils die fehlende Seitelänge im rechtwinkligen Dreieck ABC!

a) $\gamma = 90°$, a = 6,5 cm, b = 8,5 cm
b) $\gamma = 90°$, c = 12,3 dm, a = 5,9 dm
c) $\alpha = 90°$, b = 8 m, c = 6 m
d) $\alpha = 90°$, a = 1,21 cm, c = 0,60 cm
e) $\alpha = 90°$, b = 75 mm, a = 125 mm
f) $\beta = 90°$, a = 2,5 m, c = 6,0 m
g) $\beta = 90°$, b = 25 m, a = 15 m
h) $\beta = 90°$, b = 17,0 dm, c = 8,0 dm

9. Überprüfe, ob die Dreiecke ABC rechtwinklig sind!

a) a = 3 cm, b = 4 cm, c = 5 cm
b) a = 12 m, b = 15 m, c = 9 m
c) a = 24 dm, b = 12 dm, c = 20 dm
d) a = 2,5 cm, b = 2,0 cm, c = 1,5 cm
e) a = 32 mm, b = 64 mm, c = 50 mm
f) a = 12,0 m, b = 12,5 m, c = 3,5 m
g) a = 24 cm, b = 7 cm, c = 25 cm
h) a = 11,5 dm, b = 2,5 dm, c = 11,2 dm

10. Berechne die Länge der Diagonale in einem Quadrat mit der Seitenlänge von 1 cm (2 cm, 3 cm, 4 cm, 5 cm und 10 cm)!

11. Berechne die Länge der Diagonale in einem Rechteck!

a) a = 1 cm, b = 2 cm
b) a = 4,5 cm, b = 8,4 cm
c) a = 3,9 dm, b = 2,1 dm
d) a = 3,2 cm, b = 4,2 cm

12. Berechne die Länge einer Flächendiagonalen und der Raumdiagonalen in einem Würfel!

a) a = 4 cm
b) a = 3,5 mm
c) a = 8 m
d) a = 12,5 cm

13. Berechne die Länge der drei verschiedenen Flächendiagonalen und der Raumdiagonalen in einem Quader!

a) a = 9 cm, b = 3 cm, c = 5 cm
b) a = 2,5 m, b = 3,2 m, c = 4,7 m
c) a = 12 dm, b = 18 dm, c = 24 dm
d) a = 4,9 cm, b = 3,1 cm, c = 2,3 cm

Kannst du das noch?

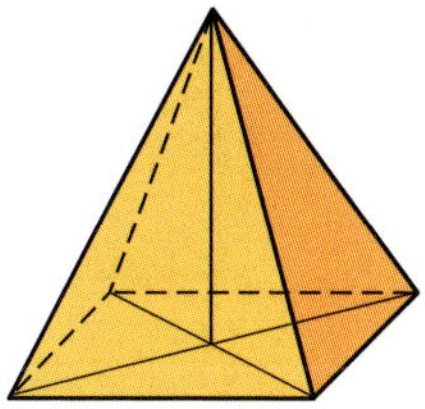

14. Berechne die fehlenden Größen einer quadratischen Pyramide!

a) gegeben: $a = 3{,}5$ cm; $h = 4{,}0$ cm — gesucht: h_a; s
b) gegeben: $a = 1{,}7$ m; $h_a = 2{,}9$ m — gesucht: h; s
c) gegeben: $a = 12$ dm; $s = 15$ dm — gesucht: h; h_a
d) gegeben: $h = 2{,}4$ cm; $h_a = 4{,}2$ cm — gesucht: a; s
e) gegeben: $h = 13{,}5$ m; $s = 15{,}7$ m — gesucht: a; h_a
f) gegeben: $h_a = 1{,}75$ cm; $s = 2{,}25$ cm — gesucht: a; h

15. Berechne die fehlende Größe des Kreiskegels!

a) gegeben: $h = 8{,}0$ m; $r = 2{,}5$ m — gesucht: s
b) gegeben: $s = 5{,}0$ cm; $h = 3{,}0$ cm — gesucht: r
c) gegeben: $r = 7{,}0$ dm; $s = 9{,}5$ dm — gesucht: h

16. Eine 2,00 m lange Leiter lehnt in einer Höhe von 1,80 m an einer Mauer. Wie weit steht das Fußende der Leiter von der Mauer entfernt?

17. Zwei Feldwege (3,0 km und 1,5 km lang) kreuzen sich in einem rechten Winkel. Um wie viele Meter wäre ein Trampelpfad über die eingrenzende Wiese kürzer?

18. Ein quaderförmiger Karton hat die Maße $a = 12$ cm, $b = 9$ cm und $c = 6$ cm. Hätte ein 16 cm langer dünner Stab in diesem Karton Platz?

19. Ein pyramidenförmiges Dach auf einem Turm mit quadratischer Grundfläche hat eine Grundkantenlänge $a = 4{,}2$ m und eine Höhe $h = 7{,}5$ m. Wie lang ist die Seitenkante des Daches?

20. Ein kegelförmiger Sandhaufen hat eine Seitenlänge $s = 4{,}85$ m und einen Durchmesser $d = 8{,}25$ m. Wie hoch ist der Sandhaufen?

21. Stelle jeweils die entsprechende Gleichung auf!

a)

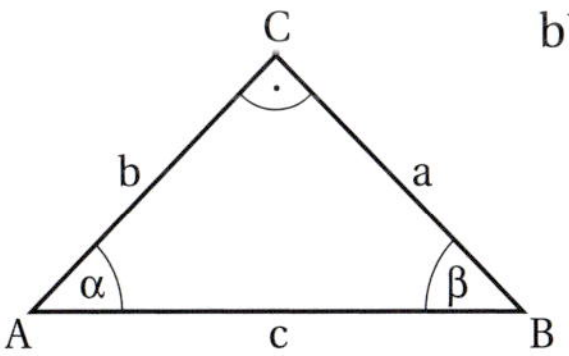

$\sin\alpha =$ ▢ $\quad \sin\beta =$ ▢
$\cos\alpha =$ ▢ $\quad \cos\beta =$ ▢
$\tan\alpha =$ ▢ $\quad \tan\beta =$ ▢

b)

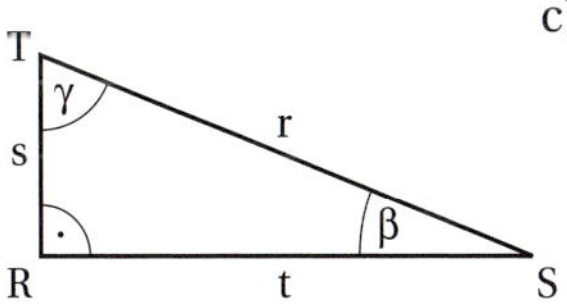

$\sin\beta =$ ▢ $\quad \sin\gamma =$ ▢
$\cos\beta =$ ▢ $\quad \cos\gamma =$ ▢
$\tan\beta =$ ▢ $\quad \tan\gamma =$ ▢

c)

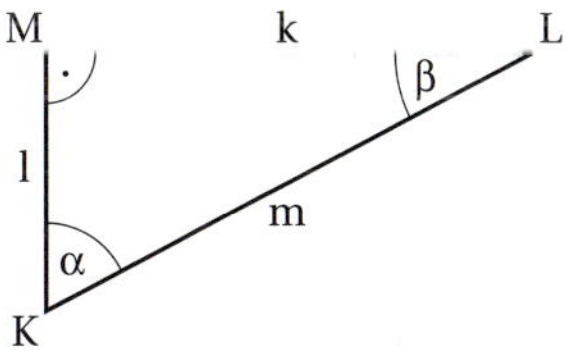

$\sin\alpha =$ ▢ $\quad \sin\beta =$ ▢
$\cos\alpha =$ ▢ $\quad \cos\beta =$ ▢
$\tan\alpha =$ ▢ $\quad \tan\beta =$ ▢

22. Berechne! Runde auf vier Stellen nach dem Komma!

a) $\sin 90°$ b) $\sin 67°$ c) $\sin 26°$ d) $\sin 45°$
e) $\cos 90°$ f) $\cos 52°$ g) $\cos 15°$ h) $\cos 0°$
i) $\tan 90°$ j) $\tan 0°$ k) $\tan 45°$ l) $\tan 73°$

23. Gib die Größe der Winkel auf eine Stelle nach dem Komma gerundet an!

a) $\sin\alpha = 0{,}3907$ b) $\sin\alpha = 0{,}8192$ c) $\sin\alpha = 0{,}9816$ d) $\sin\alpha = 0{,}1219$
e) $\cos\alpha = 0{,}4540$ f) $\cos\alpha = 0{,}5299$ g) $\cos\alpha = 0{,}0175$ h) $\cos\alpha = 0{,}9781$
i) $\tan\alpha = 1{,}1918$ j) $\tan\alpha = 0{,}4245$ k) $\tan\alpha = 0{,}0175$ l) $\tan\alpha = 4{,}7046$

Kannst du das noch?

24. Berechne die gesuchten Winkelgrößen und Seitenlängen!

a) 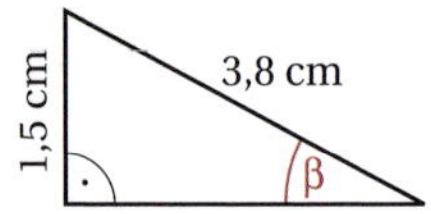

b) 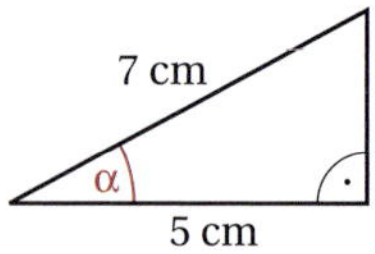

c) 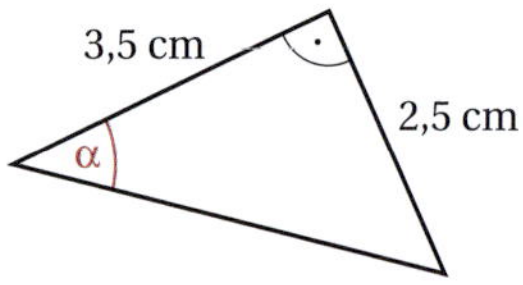

d) 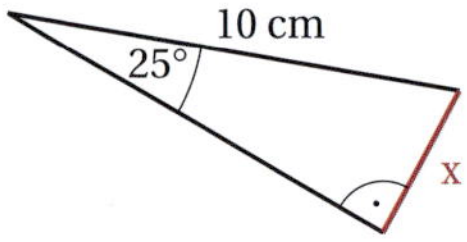

e) 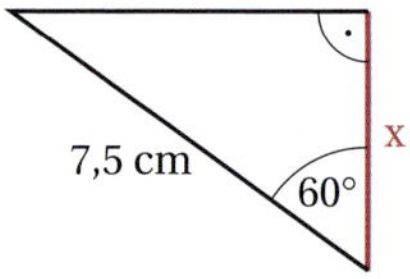

f) 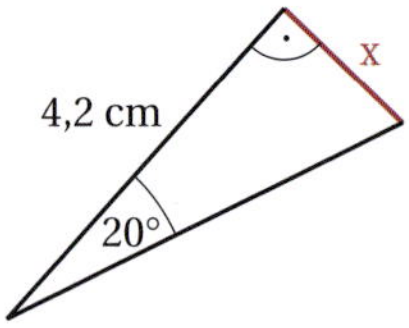

25. Berechne in rechtwinkligen Dreiecken ABC mit $\gamma = 90°$ die fehlenden Seitenlängen bzw. Winkel! Konstruiere die Dreiecke maßstabsgerecht! Miss Seiten und Winkel und vergleiche mit den Ergebnissen der Rechnung!

a) $c = 5{,}8$ cm; $\alpha = 28°$
b) $b = 8{,}2$ dm; $\beta = 50°$
c) $a = 0{,}4$ m; $\alpha = 78°$
d) $a = 7{,}8$ dm; $c = 9{,}4$ dm
e) $a = 35$ mm; $\beta = 35°$
f) $c = 4{,}0$ cm; $\beta = 33°$

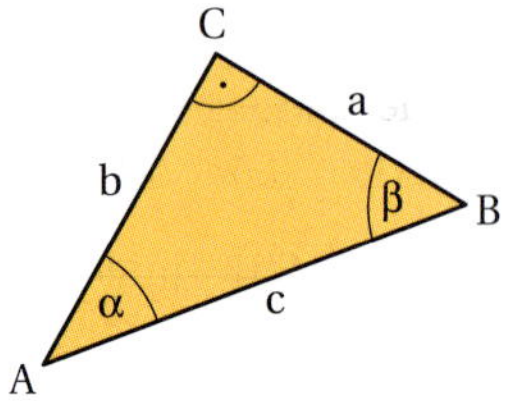

26. Ein rechtwinkliges Dreieck ABC hat die Kathetenlängen $a = 6{,}2$ cm und $b = 2{,}5$ cm. Berechne die Seitenlänge c, die Winkel α und β, den Flächeninhalt A und den Umfang u des Dreiecks und kontrolliere deine Berechnungen durch Konstruktion!

27. Ein Dreieck ABC habe die Seitenlängen $a = 3{,}3$ cm, $b = 6{,}5$ cm und $c = 5{,}6$ cm. Berechne, wenn möglich, α und γ und den Flächeninhalt A.

28. Berechne jeweils den Neigungswinkel in den Pyramiden und Kreiskegeln!

a) 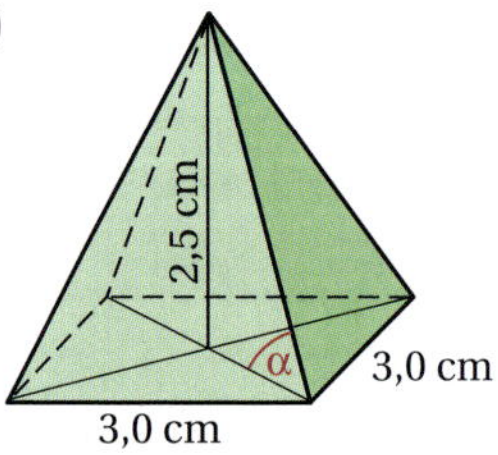

b) 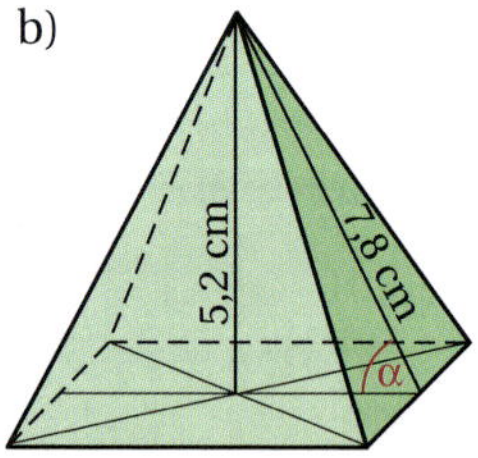

c) 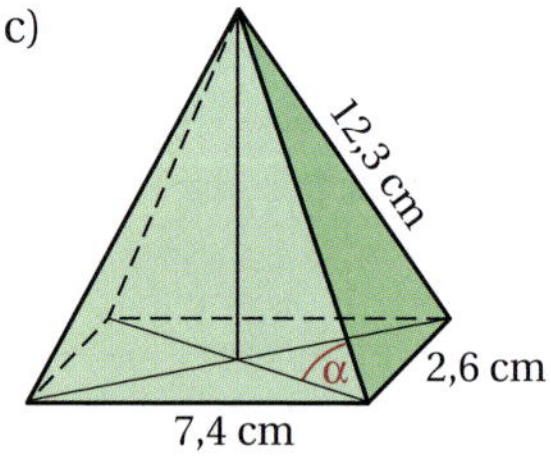

d) 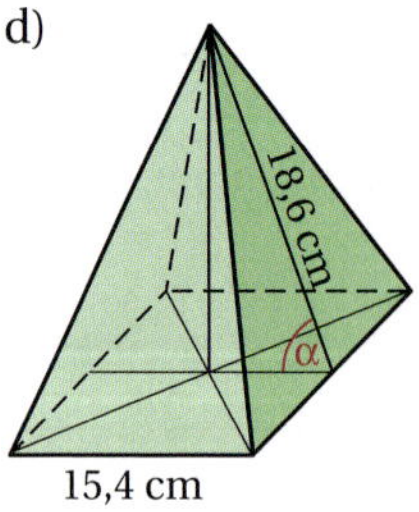

e) 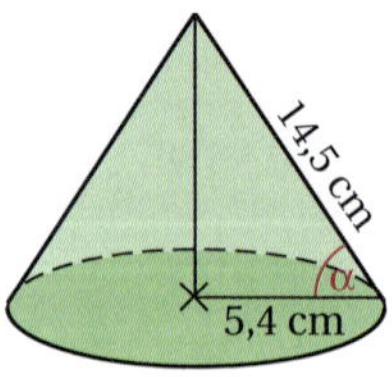

f) 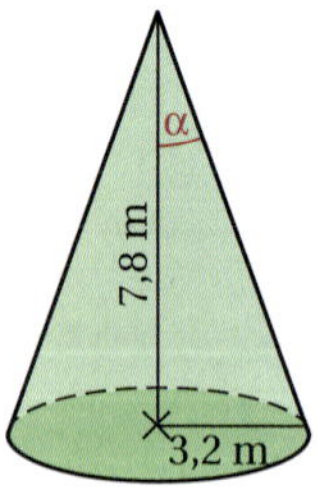

Kannst du das noch?

29. Mit einem Theodoliten wurde vom Gipfel des Fichtelberges (1214 m hoch) die Bergkuppe des Keilberges (1243 m hoch) in der Tschechischen Republik unter einem sehr kleinen Winkel von 0,465° gemessen. Wie viel Kilometer Luftlinie sind etwa beide Berge voneinander entfernt?

30. Ein 2,25 m hoher Bahndamm hat den Querschnitt eines gleichschenkligen Trapezes. Wie groß ist der Böschungswinkel? (Maße siehe Skizze)

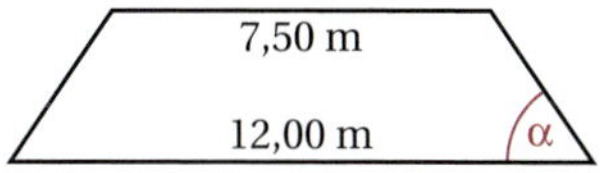

31. Eine Fähre erscheint vom Kreidefelsen Königsstuhl unter einem „Tiefenwinkel“ von etwa 5°.

a) Wie weit ist das Schiff vom Ufer entfernt?

b) Unter welchem Tiefenwinkel erscheint ein Schiff, das doppelt so weit vom Ufer entfernt ist?

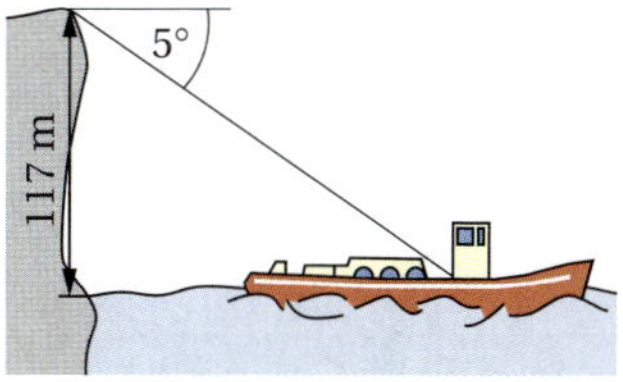

***32.** Magdeburg liegt nahe dem 52. Breitengrad, München in der Nähe des 48. Breitengrades.
Hinweis: Magdeburg: $\varphi \approx 52°$ München: $\varphi \approx 48°$

a) Mit welcher Geschwindigkeit bewegen sich Magdeburger bzw. Münchener um die Erdachse?

b) Am 21. 06. fällt um 13.00 Uhr ein Sonnenstrahl unter $135° - \varphi$, am 22. 12. um 12.00 Uhr unter $66{,}5° - \varphi$ ein.
Bestimme für deinen Wohnort die maximale und die minimale Schattenlänge, die ein lotrecht stehender Stab mit einer Länge von 1 m liefert!

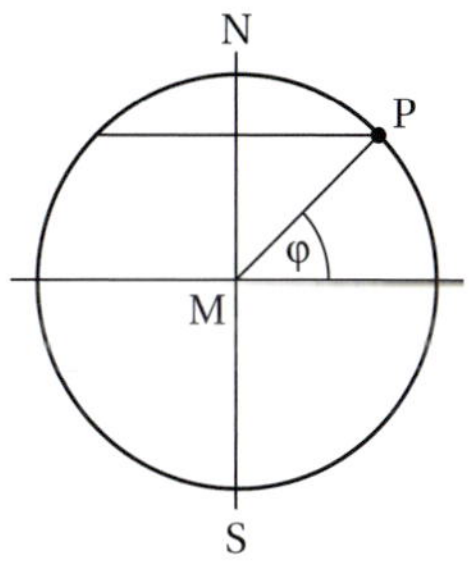

***33.** Zeichne in ein Koordinatensystem folgende Geraden ein:

g: $y = -x + 3$ h: $y = x - 3$ k: $y = 3x + 3$

Je zwei Geraden schneiden sich in den Punkten A, B und C, die ein rechtwinkliges Dreieck bilden. Berechne die Länge der Seiten und die Größe der zwei anderen Winkel im Dreieck ABC.

34. Ein Grundstück soll an die drei Kinder einer Familie aufgeteilt werden (siehe Skizze).
Berechne die Seitenlängen, die Winkelgrößen und die Flächeninhalte der einzelnen Grundstücke!

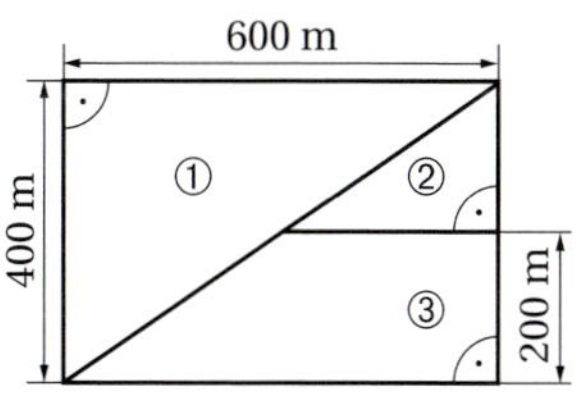

35. Unter welchem Winkel treffen Sonnenstrahlen auf den Erdboden, wenn ein 16 m hoher Baum einen 25 m langen Schatten wirft?

36. Gegeben ist ein Quadrat ABCD mit a = 4 cm. Auf den Strecken $\overline{BC}$ und $\overline{CD}$ wird jeweils der Mittelpunkt mit E und F bezeichnet.
Berechne den Flächeninhalt des Dreiecks AEF!

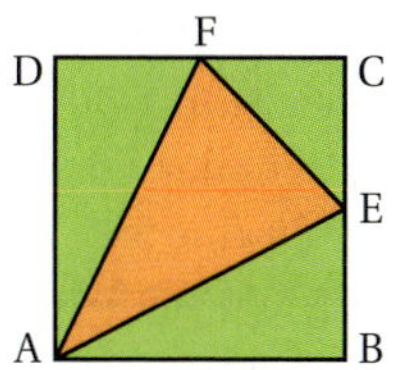

Kannst du das noch?

37. Die nebenstehende Abbildung zeigt den Beginn einer „Spirale“ mit sechs rechtwinkligen Dreiecken.
In jedem der Dreiecke beträgt der kleinste Innenwinkel 30°.
a) Zeichne die Spirale!
b) Berechne die Länge von $\overline{AH}$!

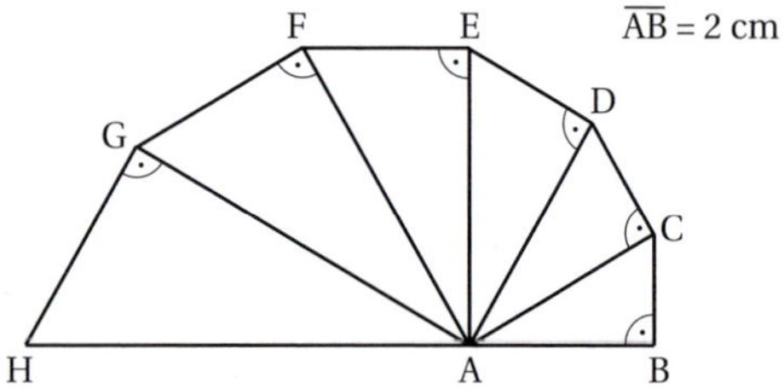

38. Trockener Sand fällt kegelförmig mit einem Böschungswinkel von ca. 32°. Berechne das Volumen eines Sandkegels mit einer Höhe von 3,00 m!

39. Straßen in ebenem Gelände müssen eine „Querneigung“ von etwa 2,5 % aufweisen, um eventuelles Aquaplaning bei regennasser Straße zu mindern. Wie viel Meter höher als der Rand ist eine 8,00 m breite Straße dann in der Mitte?

40. Die Strecke $\overline{PQ}$ kann nicht direkt gemessen werden.
Mithilfe einer Basisstrecke $\overline{AB}$ und von Peilwinkeln lässt sich die Länge der Strecke aber berechnen.
Berechne $\overline{PQ}$ für folgende Maße!
a) $\overline{AB}$ = 200 m; $\alpha = 30°$; $\beta = 40°$
b) $\overline{AB}$ = 200 m; $\alpha = 70°$; $\beta = 20°$

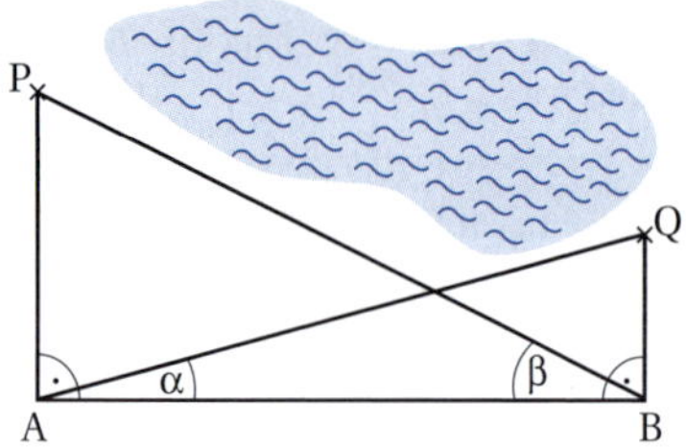

41. Im Ergebnis einer Messung fertigt Sven die nebenstehende Skizze an. An der Skizze stimmt etwas nicht. Eine der Angaben ist fehlerhaft.
Gib alle Möglichkeiten der Korrektur an!

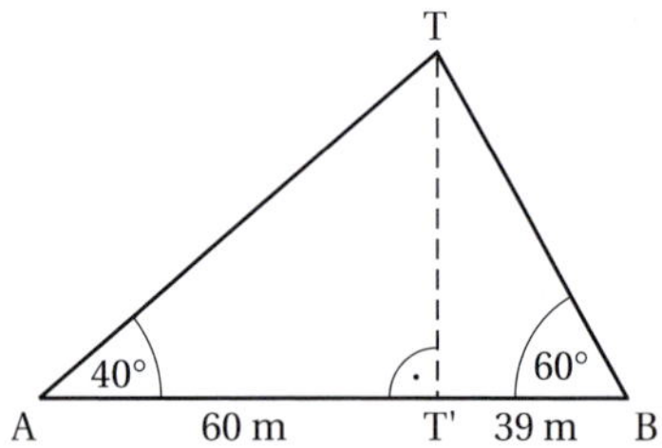

42. In Sellin auf Rügen steigt eine Nebenstraße auf 100 m Straßenlänge um 12 m an. Berechne die Steigung in Prozent und den Steigungswinkel!

43. Die Steigung von Straßenabschnitten wird oft in Prozent angegeben. Wenn p Meter Höhendifferenz auf 100 Meter horizontaler Länge auftreten, hat eine Gerade eine Steigung von p %.
Berechne die Winkelgrößen α, β und γ in der nebenstehenden Zeichnung!

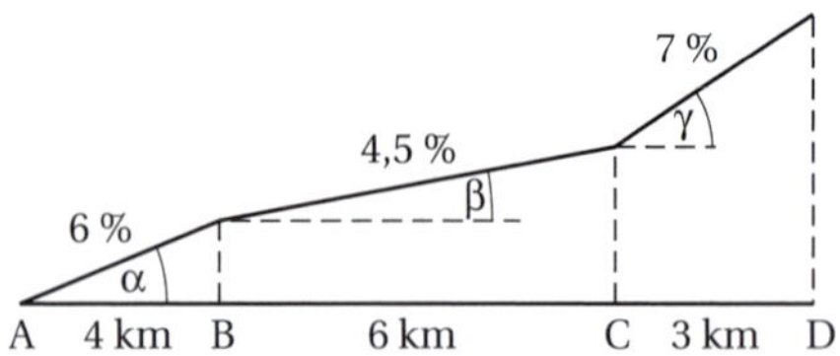

1.1 Der Sinussatz

Einführung

Bei Vermessungsarbeiten im Gelände (s. S. 7) unterscheidet man zwei Verfahren.

Bei der **Triangulation,** dem traditionellen Verfahren, werden ausgehend von einer Basisstrecke bekannter Länge nur Winkel gemessen. Die Messgeräte heißen **Theodoliten.**
Heute wird meist nur das Verfahren der **Trilateration** verwendet, bei dem mit modernen Laser-Geodimetern Strecken auf elektro-optische Weise sehr genau vermessen werden.

Als Winkelmaß wird bei Vermessungsarbeiten die Einheit 1 **Neugrad** oder 1 **Gon** verwendet, Bezeichnung 1^g. Sie entsteht, wenn ein Kreis durch Radien in 400 gleiche Teile geteilt wird. Es sind also $90° = 100^g$. Bei einigen Taschenrechnern kann als Winkelmodus GRA (Neugrad) oder GRD (Grad) eingestellt werden.

Herleitung des Sinussatzes

In einem beliebigen Dreieck ABC erhält man durch das Einzeichnen einer Höhe jeweils zwei rechtwinklige Dreiecke. Man untersucht nun:

① **für spitzwinklige Dreiecke**
Das Dreieck wird zerlegt in die Dreiecke ADC und DBC.
Für die Dreiecke gelten:
$\sin\alpha = \frac{h_c}{b}$ und $\sin\beta = \frac{h_c}{a}$

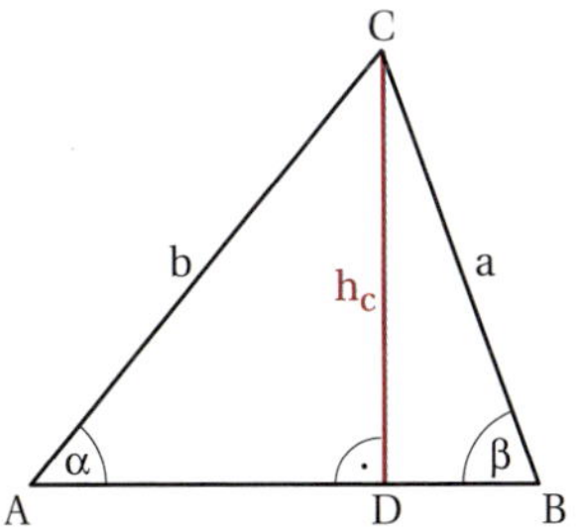

② **für stumpfwinklige Dreiecke**
Das Dreieck ABC wird zu einem rechtwinkligen Dreiecke BCD ergänzt.
Im Dreieck DAC ist der Winkel $\alpha' = 180° - \alpha$.
Es gelten: $\sin(180° - \alpha) = \frac{h_c}{b}$ und $\sin\beta = \frac{h_c}{a}$

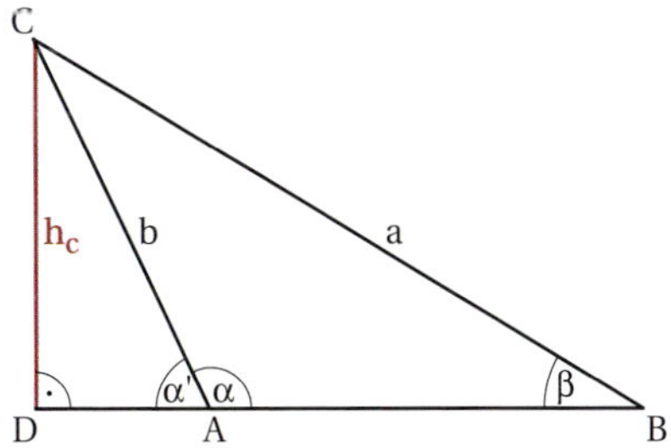

Da die Länge der Höhe h_c nicht gegeben ist, stellt man beide Gleichungen nach h_c um:

① $h_c = a \cdot \sin\beta$ und $h_c = b \cdot \sin\alpha$

② $h_c = a \cdot \sin\beta$ und $h_c = b \cdot \sin(180° - \alpha)$

Mit dem Gleichsetzungsverfahren eliminiert man die Höhe h_c:

① $a \cdot \sin\beta = b \cdot \sin\alpha \quad |: \sin\beta; \quad : b$

$$\frac{a}{b} = \frac{\sin\alpha}{\sin\beta}$$

② $a \cdot \sin\beta = b \cdot \sin(180° - \alpha) \quad |: \sin\beta; \quad : b$

$$\frac{a}{b} = \frac{\sin(180° - \alpha)}{\sin\beta}$$

Durch Umstellen der Gleichung erhält man:

① $$\frac{a}{\sin\alpha} = \frac{b}{\sin\beta}$$

② $$\frac{a}{\sin(180° - \alpha)} = \frac{b}{\sin\beta}$$

Um in spitzwinkligen und stumpfwinkligen Dreiecken dieselbe Formel verwenden zu können, wird für Sinuswerte von stumpfen Winkeln Folgendes festgelegt:

B

$\sin\alpha_1 = 0{,}7986$	bzw.	$\alpha_2 = 180° - 53°$	
$\alpha_1 = 53°$		$\alpha_2 = 127°$	$\sin 127° = 0{,}7986$

Für $90° < \alpha < 180°$ gilt: $\sin\alpha = \sin(180° - \alpha)$

Die Herleitung für alle anderen Verhältnisse zwischen Seitenlänge und dem Sinus des jeweiligen Winkels kann genauso ausgeführt werden.

Es gelten immer: $\frac{a}{\sin\alpha} = \frac{b}{\sin\beta}$; $\frac{a}{\sin\alpha} = \frac{c}{\sin\gamma}$ und $\frac{b}{\sin\beta} = \frac{c}{\sin\gamma}$

Welche Beziehung anzuwenden ist, hängt von den gegebenen und gesuchten Größen ab.

M

Sinussatz

In jedem Dreieck ist das Längenverhältnis zweier Seiten gleich dem Verhältnis der Sinuswerte der Gegenwinkel dieser Seiten. Für ein Dreieck ABC gilt:

$\frac{a}{b} = \frac{\sin\alpha}{\sin\beta}$; $\frac{b}{c} = \frac{\sin\beta}{\sin\gamma}$; $\frac{a}{c} = \frac{\sin\alpha}{\sin\gamma}$

Für ein Dreieck ist das Verhältnis aus einer Seite und dem Sinuswert des Gegenwinkels konstant.

$\frac{a}{\sin\alpha} = \frac{b}{\sin\beta} = \frac{c}{\sin\gamma}$

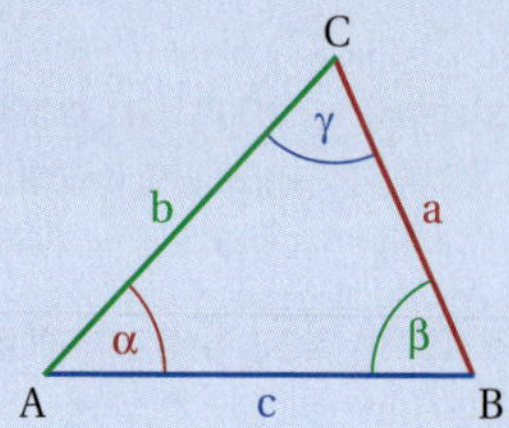

Der Sinussatz kann in folgenden Fällen angewendet werden, um Seiten oder Winkel beliebiger Dreiecke zu berechnen.

1. Gegeben sind zwei Winkel und eine Seite eines Dreiecks, wobei der dritte Winkel über den Innenwinkelsatz berechnet wird (nach Kongruenzsatz wsw).
2. Gegeben sind zwei Seiten und ein Winkel, der der größeren gegebenen Seite des Dreiecks gegenüberliegt (nach Kongruenzsatz Ssw).

B

Gegeben ist ein Dreieck ABC mit c = 5 cm, $\alpha = 35°$ und $\beta = 65°$. Berechne die Seite a des Dreiecks!

Gegeben: c = 5 cm
$\alpha = 35°$
$\beta = 65°$

Planfigur:

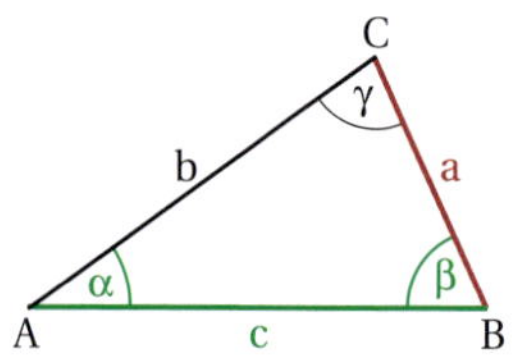

Gesucht: a

Lösung: ① Berechnung des Winkels γ mit dem Innenwinkelsatz

$\alpha + \beta + \gamma = 180°$; $\gamma = 180° - 35° - 65° = 80°$

② Berechnung der Seite a mit dem Sinussatz

$\frac{a}{\sin\alpha} = \frac{c}{\sin\gamma}$ (Gleichung aufstellen)

$a = \frac{c \cdot \sin\alpha}{\sin\gamma}$ (Gleichung umstellen)

$a = \frac{5\,\text{cm} \cdot \sin 35°}{\sin 80°} = 2{,}9\,\text{cm}$

Antwort: Die Seite a ist etwa 3 cm lang.

1

B

Gegeben ist ein Dreieck ABC mit a = 4 cm, b = 2,5 cm und $\alpha = 70°$.
Berechne die Länge der Seite c des Dreiecks!

Gegeben: a = 4,0 cm
b = 2,5 cm
$\alpha = 70°$

Planfigur:

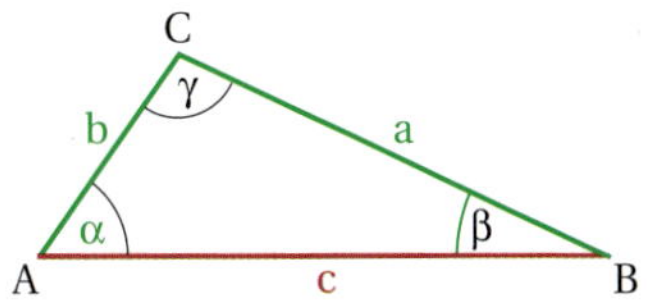

Gesucht: c

Lösung: ① Berechnung des Winkels β mit dem Sinussatz

$\frac{a}{\sin\alpha} = \frac{b}{\sin\beta}$ (Gleichung aufstellen)

$\sin\beta = \frac{b \cdot \sin\alpha}{a}$ (Gleichung umstellen)

$\sin\beta = \frac{2{,}5\text{ cm} \cdot \sin 70°}{4\text{ cm}}$ (Angaben in Gleichung einsetzen)

$\beta = 36°$

② Berechnung des Winkels γ mit dem Innenwinkelsatz

$\alpha + \beta + \gamma = 180°$

$\gamma = 180° - 70° - 36°$

$\gamma = 74°$

③ Berechnung der Länge der Seite c mit dem Sinussatz

$\frac{a}{\sin\alpha} = \frac{c}{\sin\gamma}$ (Gleichung aufstellen)

$c = \frac{a \cdot \sin\gamma}{\sin\alpha}$ (Gleichung umstellen)

$c = \frac{4\text{ cm} \cdot \sin 74°}{\sin 70°}$ (Angaben in Gleichung einsetzen)

$c = 4{,}1\text{ cm}$

Antwort: Die Seite c ist 4,1 cm lang.

B

Gegeben ist ein Dreieck ABC mit a = 3 cm, b = 4,5 cm und $\alpha = 35°$.
Berechne die Länge der Seite c des Dreiecks!

Gegeben: a = 3,0 cm
b = 4,5 cm
$\alpha = 35°$

Planfigur:

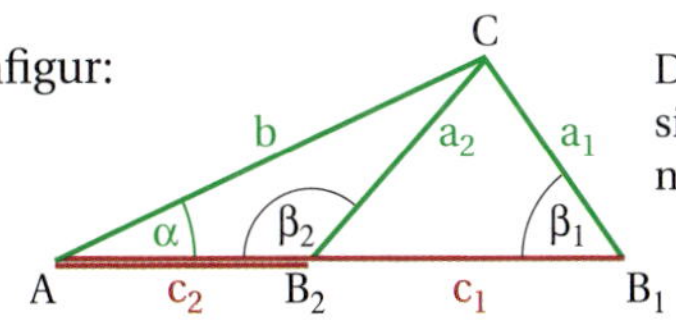

Da a < b und α gegeben sind, ist die Konstruktion nicht eindeutig ausführbar.

Gesucht: c

Lösung: ① Berechnung des Winkels β mit dem Sinussatz

$\frac{a}{\sin\alpha} = \frac{b}{\sin\beta}$ (Gleichung aufstellen)

$\sin\beta = \frac{b \cdot \sin\alpha}{a}$ (Gleichung umstellen)

$\sin\beta = \frac{4{,}5\text{ cm} \cdot \sin 35°}{3\text{ cm}}$ (Angaben in Gleichung einsetzen)

$\beta_1 = 59°$ $\beta_2 = 180° - 59° = 121°$

② Berechnung des Winkels γ mit dem Innenwinkelsatz

$\triangle AB_1C$: $\alpha + \beta_1 + \gamma_1 = 180°$

$\gamma_1 = 180° - 35° - 59°$

$\gamma_1 = 86°$

$\triangle AB_2C$: $\alpha + \beta_2 + \gamma_2 = 180°$

$\gamma_2 = 180° - 35° - 121°$

$\gamma_2 = 24°$

③ Berechnung der Länge der Seite c mit dem Sinussatz

$\triangle AB_1C$: $\frac{a}{\sin\alpha} = \frac{c_1}{\sin\gamma_1}$

$c_1 = \frac{a \cdot \sin\gamma_1}{\sin\alpha}$

$c_1 = \frac{3\text{ cm} \cdot \sin 86°}{\sin 35°}$

$c_1 = 5{,}2\text{ cm}$

$\triangle AB_2C$: $\frac{a}{\sin\alpha} = \frac{c_2}{\sin\gamma_2}$

$c_2 = \frac{a \cdot \sin\gamma_2}{\sin\alpha}$

$c_2 = \frac{3\text{ cm} \cdot \sin 24°}{\sin 35°}$

$c_2 = 2{,}1\text{ cm}$

Dieses Dreieck ist nicht eindeutig bestimmbar, da kein Kongruenzsatz anwendbar ist.

Aufgaben

1. Stelle eine Gleichung zur Berechnung der Größe x auf!

a)
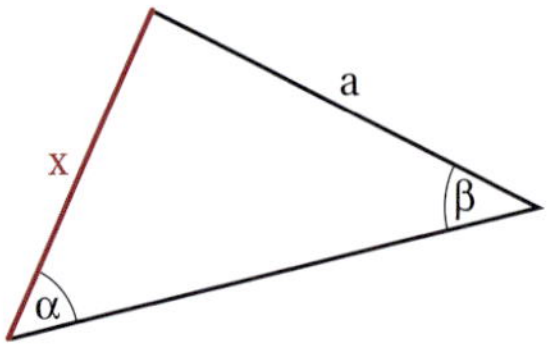

b)
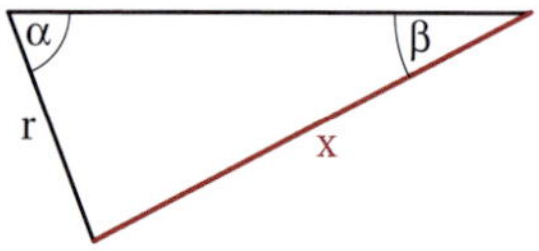

c)
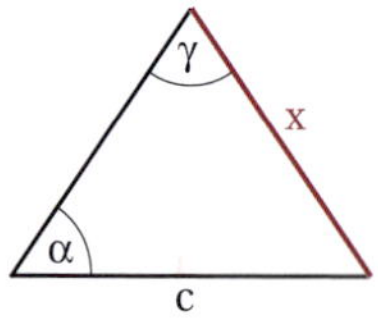

d)
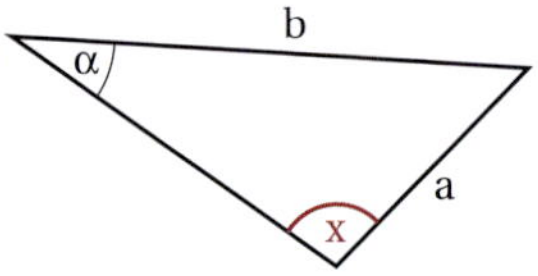

e)
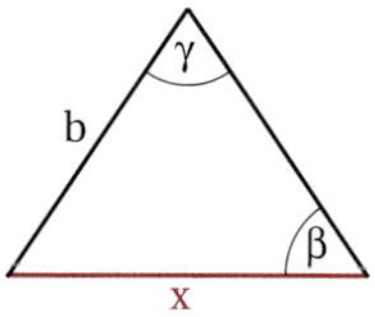

f)
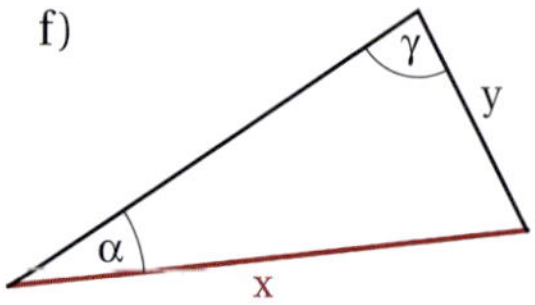

g)
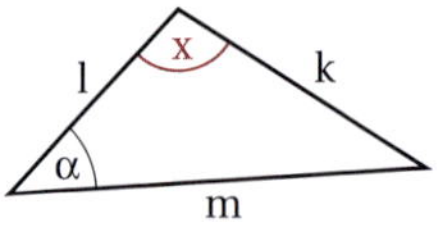

h)
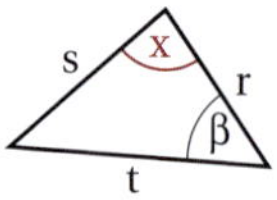

i)
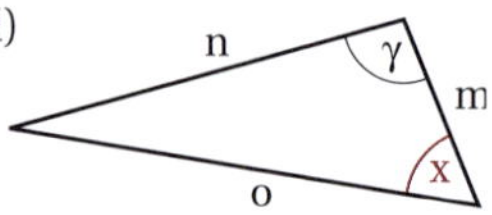

2. Ergänze unter Verwendung des Sinussatzes zu wahren Aussagen!

a) $\frac{z}{\sin\beta} = \frac{y}{\square}$ b) $\frac{x}{z} = \frac{\square}{\square}$

c) $\frac{\sin\beta}{\sin\alpha} = \frac{\square}{\square}$ d) $\frac{\sin\gamma}{x} = \frac{\square}{\square}$

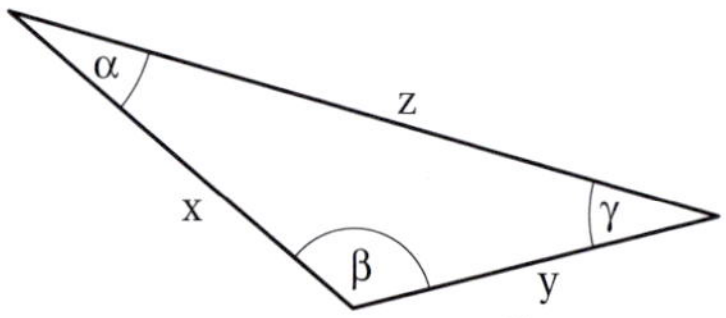

3. Stelle unter Verwendung des Sinussatzes mehrere Verhältnisgleichungen auf!

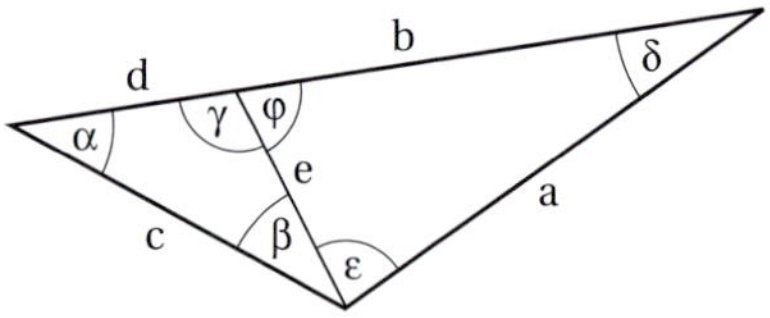

4. Zeige, dass der Sinussatz auch für rechtwinklige Dreiecke gilt!

5. Zeichne folgende Dreiecke mit selbst gewählten Maßen! Miss dann jeweils alle Seiten und Innenwinkel! Bestimme die Verhältnisse der Seitenlängen zum Sinus der Gegenwinkel!

a) ein spitzwinkliges Dreieck b) ein rechtwinkliges Dreieck

c) ein stumpfwinkliges Dreieck d) ein stumpfwinklig-gleichschenkliges Dreieck

6. Ermittle die zwei Winkelgrößen für $0° < \alpha < 180°$! Runde auf eine Nachkommastelle!

a) $\sin\alpha = 0{,}3907$ b) $\sin\alpha = 0{,}9903$ c) $\sin\alpha = 0{,}5150$ d) $\sin\alpha = 0{,}8910$

e) $\sin\alpha = 0{,}7431$ f) $\sin\alpha = 0{,}9781$ g) $\sin\alpha = 0{,}8290$ h) $\sin\alpha = 0{,}2756$

7. Bestimme sin α auf vier Stellen nach dem Komma genau mithilfe des Taschenrechners!

a) $\alpha = 102°$ b) $\alpha = 139°$ c) $\alpha = 162°$ d) $\alpha = 173°$
e) $\alpha = 134°$ f) $\alpha = 98°$ g) $\alpha = 145°$ h) $\alpha = 151°$

8. Berechne die Winkelgrößen γ und die Seitenlängen c im Dreieck ABC! Fertige eine Skizze an!

a) $a = 4$ cm, $\alpha = 50°$, $\beta = 30°$
b) $a = 7{,}8$ cm, $\alpha = 64°$, $\beta = 27°$
c) $a = 12{,}1$ dm, $\alpha = 49°$, $\beta = 35°$
d) $b = 4{,}5$ cm, $\alpha = 17°$, $\beta = 62°$
e) $b = 8{,}3$ m, $\alpha = 23°$, $\beta = 46°$

9. Berechne die fehlenden Winkel im Dreieck ABC! Fertige jeweils eine Skizze an!

a) $a = 7{,}1$ cm, $b = 3{,}4$ cm, $\alpha = 56°$
b) $a = 12{,}5$ m, $b = 4{,}3$ m, $\alpha = 72°$
c) $b = 0{,}79$ cm, $c = 0{,}23$ cm, $\beta = 49°$
d) $b = 4{,}2$ dm, $c = 13$ cm, $\beta = 50°$
e) $b = 2{,}3$ cm, $c = 4{,}6$ cm, $\gamma = 67°$

10. Berechne jeweils x bzw. α!

a)
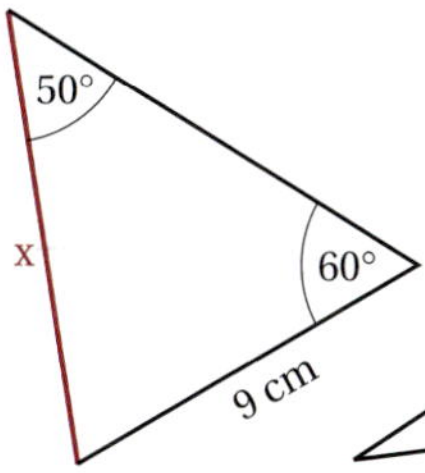

b)
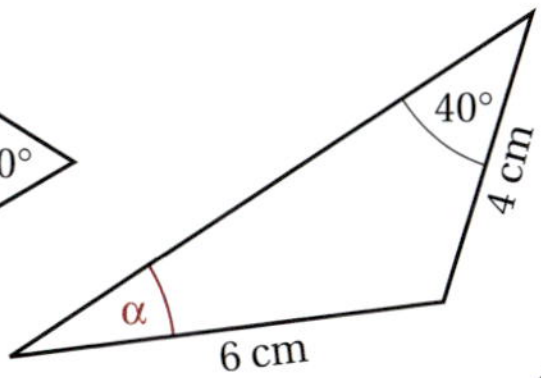

c)
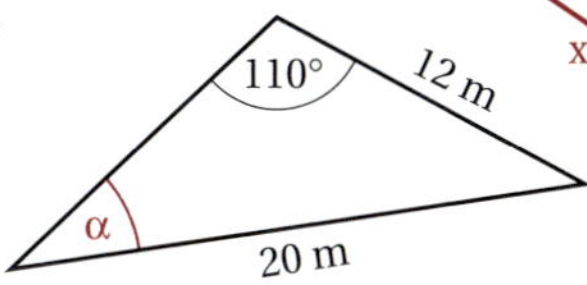

d)
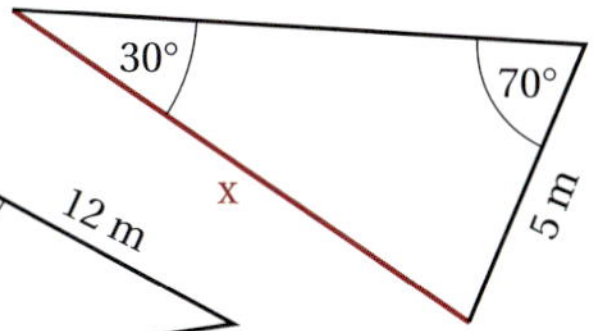

11. Bestimme die fehlenden Stücke der Dreiecke!

a)
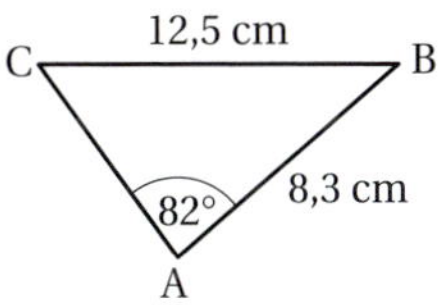

b)
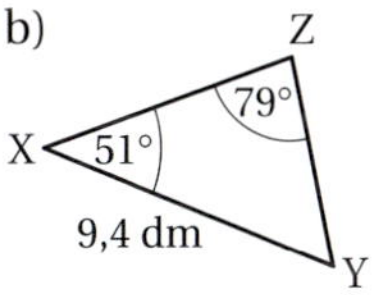

c)
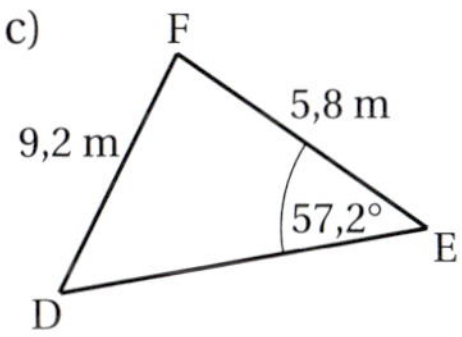

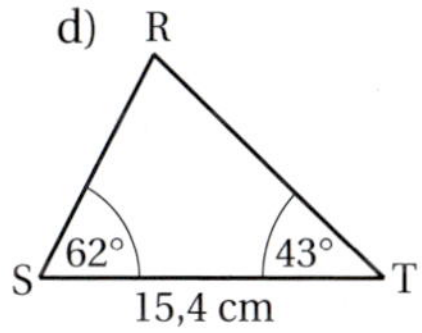

12. Berechne alle fehlenden Seiten und Winkel im Dreieck ABC!

	a	b	c	α	β	γ
a)	7 cm	4 cm		50°		
b)		2,5 m	3,0 m			65°
c)	4,2 m		8,4 m			72°
d)	4,8 cm	9,2 cm			78°	
e)		12 mm	8 mm		82°	
f)		42 dm		45°	62°	
g)	3,7 cm			83°		17°
h)			12,3 m		24°	77°
i)			7,5 cm	29°		80°
j)		3,5 km			55°	40°

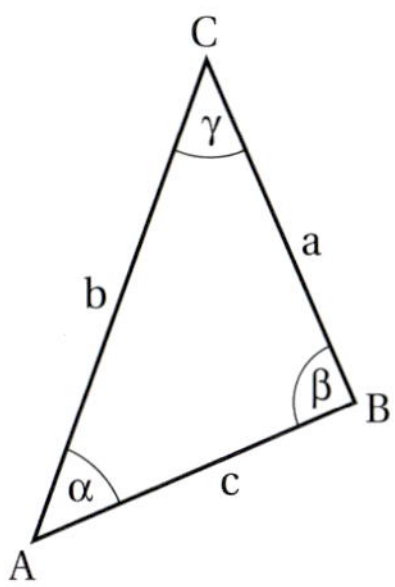

13. Von einem Dreieck ABC sind jeweils drei Stücke gegeben. Berechne (wenn möglich) die fehlenden Seitenlängen und Innenwinkelgrößen!

a) $a = 4{,}2$ cm; $\alpha = 72°$; $\beta = 56°$
b) $c = 4{,}2$ cm; $\alpha = 72°$; $\beta = 56°$
c) $c = 4{,}2$ cm; $\alpha = 56°$; $\beta = 72°$
d) $c = 4{,}2$ cm; $\alpha = 26°$; $\beta = 100°$
e) $c = 4{,}2$ cm; $a = 6{,}0$ cm; $\alpha = 76°$
f) $c = 4{,}2$ cm; $a = 6{,}0$ cm; $\beta = 80°$
g) $c = 4{,}2$ cm; $b = 6{,}0$ cm; $\beta = 80°$
h) $c = 4{,}2$ cm; $b = 6{,}0$ cm; $\gamma = 40°$

14. Berechne von einem Viereck ABCD mit den folgenden Maßen die Längen der Seiten a, b, c und d!
Überprüfe dann durch Konstruieren!
$e = 5{,}0$ cm
$\beta_1 = 35°$; $\beta_2 = 40°$; $\delta_1 = 50°$; $\delta_2 = 100°$

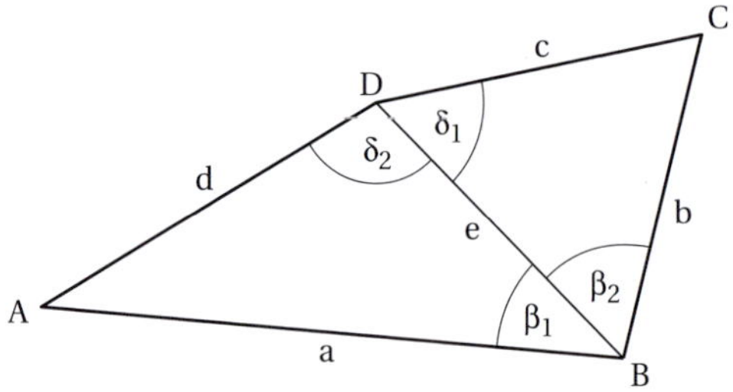

***15.** Gibt es Dreiecke, für die die Gleichung $\frac{a}{b} = \frac{\alpha}{\beta}$ gilt? Begründe!

***16.** Berechne die fehlenden Winkelgrößen und Seitenlängen im Dreieck ABC! Achte darauf, dass es auch zwei oder keine Lösungen geben kann!

a) $a = 12{,}0$ cm; $c = 7{,}6$ cm; $\alpha = 68°$
b) $a = 7{,}8$ m; $c = 4{,}3$ m; $\alpha = 32°$
c) $a = 4{,}7$ cm; $b = 8{,}2$ cm; $\alpha = 58°$
d) $c = 5{,}18$ cm; $b = 4{,}89$ cm; $\beta = 15°$
e) $c = 15{,}2$ mm; $b = 12{,}4$ mm; $\alpha = 64°$

17. Eine Schafsweide hat die Form eines spitzwinkligen Dreiecks (siehe Skizze).
a) Wie viel Meter Weidenzaun wird benötigt, um die Fläche einzugrenzen?
b) Konstruiere das Dreieck in einem geeigneten Maßstab und überprüfe die Ergebnisse anhand der Zeichnung!

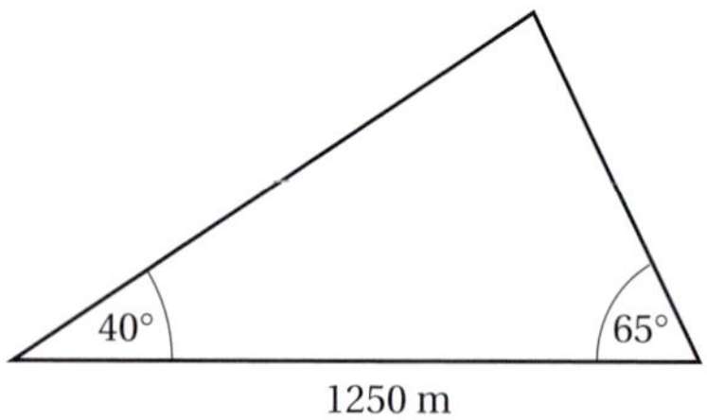

18. Ein Waldstück wird von drei Wanderwegen umgeben.
a) Wie lang ist der „Rundkurs" um diesen Wald?
b) Während eines Geländelaufes benötigt Paul 25 min 13 s für die Strecke und Martin 28 min 36 s. Mit welcher Durchschnittsgeschwindigkeit haben beide Sportler die Runde zurückgelegt?

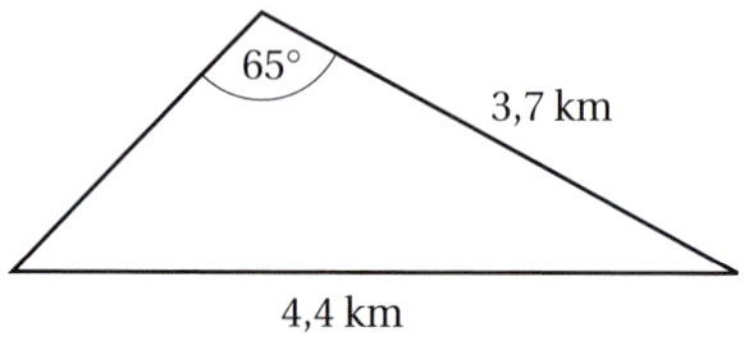

19. Ein Schiff fährt an einem Leuchtturm vorbei und wird zwei Mal angepeilt. Wie weit war das Schiff jeweils während der zwei Peilzeiten vom Leuchtturm entfernt?

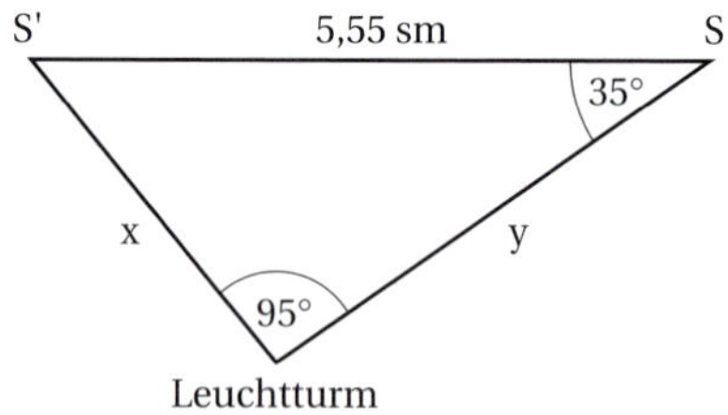

20. In einem unwegsamen Gelände sind die Entfernungen vom Ort A und Ort B zum Ort C zu berechnen. Der Winkel α wurde bei A mit 35° und der Winkel β mit 78° in B gemessen. Die Entfernung der Orte A und B beträgt 4,3 km.

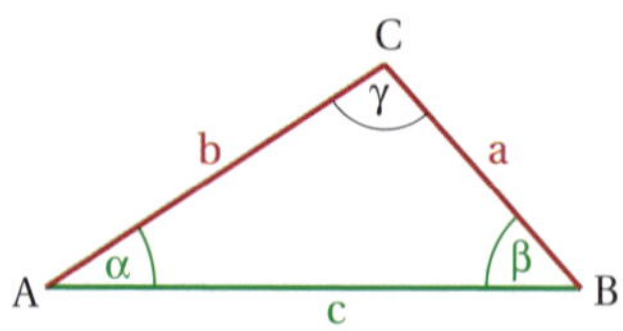

21. Bei einer Segelregatta wird ein dreieckiger Kurs gesegelt. Die Teilnehmer erhalten die nebenstehende Skizze.
a) Berechne, wie lang eine Runde des Segelkurses ist!
b) Kontrolliere die Zwischenergebnisse durch eine maßstabsgetreue Konstruktion! Gib den Maßstab an!

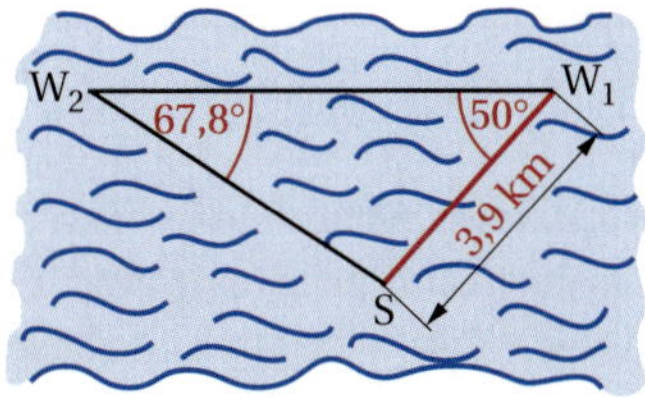

22. Ein Boot fährt von einem Punkt A zu einem 18,3 km entfernten Punkt B. Der Kapitän des Bootes peilt einen Leuchtturm vom Punkt A unter einem Winkel von 64° und vom Punkt B unter einem Winkel von 29° an!
a) Skizziere den Sachverhalt!
b) Berechne, wie weit das Boot im Punkt A bzw. B vom Leuchtturm entfernt ist!

23. Die West-Ost-Ausdehnung eines Hochmoores soll vermessen werden.
Dazu wählt man einen westlichen und östlichen Punkt A bzw. B am Rand des Moores sowie einen Punkt C außerhalb des Moores.
Berechne die Länge der Strecke $\overline{AB}$!

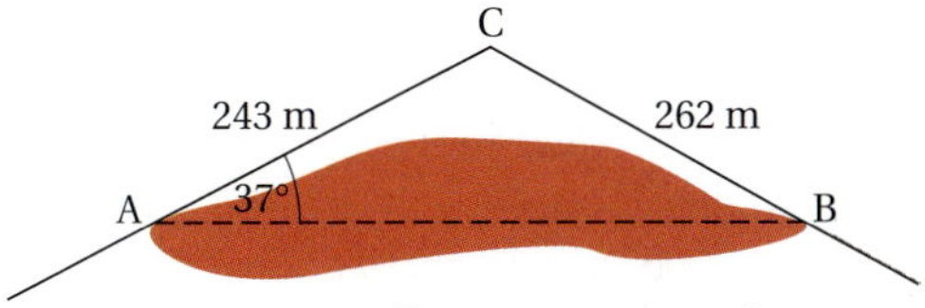

***24.** Eine neue Gartenlandschaft soll in Parzellen, die jeweils einen dreieckigen Grundriss haben, aufgeteilt werden.
Zeige, dass zur Berechnung aller Seitenlängen der Parzellen nur die eine Längenangabe notwendig ist!

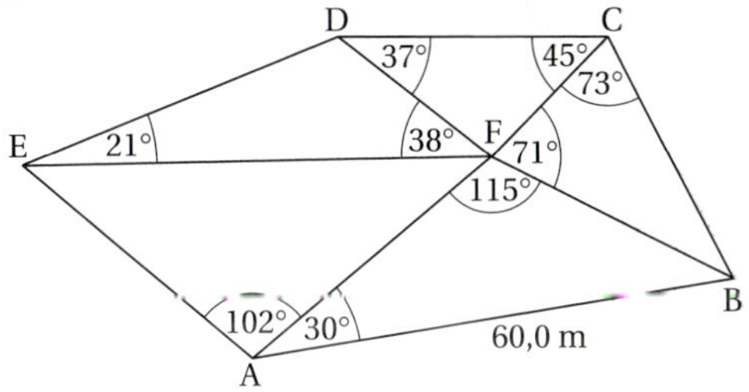

25. Zeichne in ein Koordinatensystem die Punkte A(2; 3), B(–2; 1) und C(2; –2) ein und verbinde sie zu einem Dreieck. Dabei ist ∢ABC = 62° und ∢CAB = 64°. Die Strecke $\overline{BC}$ ist 5 cm lang. Berechne die Länge der Strecken $\overline{AB}$ und $\overline{AC}$!

***26.** Zeichne in ein Koordinatensystem die Punkte A(–3; –2) und B(3; 1) ein! Weiterhin sei bekannt, dass ∢CAB = 53° und ∢ABC = 57° groß sind.
a) Benenne die Koordinaten des Punktes C!
b) Berechne die Länge der Strecken $\overline{BC}$ und $\overline{AC}$ im Dreieck ABC, wenn $\overline{AB}$ = 6,7 cm lang ist!

27. Zwei Feuerwachttürme T_1 und T_2 stehen 9,2 km voneinander entfernt. Ein Waldbrand wird von beiden Besatzungen der Feuerwachttürme zur gleichen Zeit entdeckt. Berechne die Entfernung beider Türme zum Brandherd!

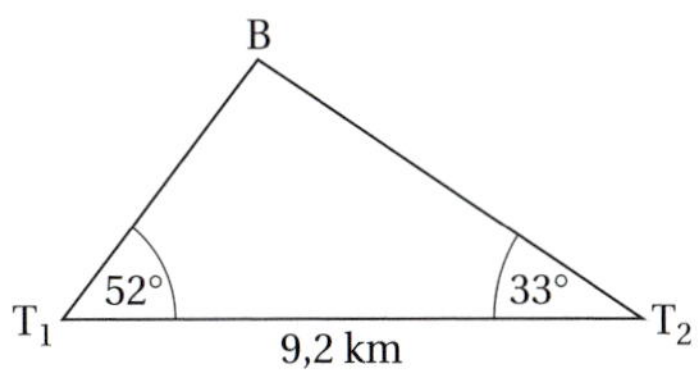

28. Ein Surfer auf einem großen See gerät plötzlich in Seenot. Die Entfernung zweier Rettungstürme R_1 und R_2 am Strand beträgt 4,2 km Luftlinie. Weitere Größen sind der Skizze zu entnehmen. Beide Rettungsstandorte sind mit dem gleichen leistungsstarken Rettungsboot ausgestattet. Welches Boot sollte fahren?

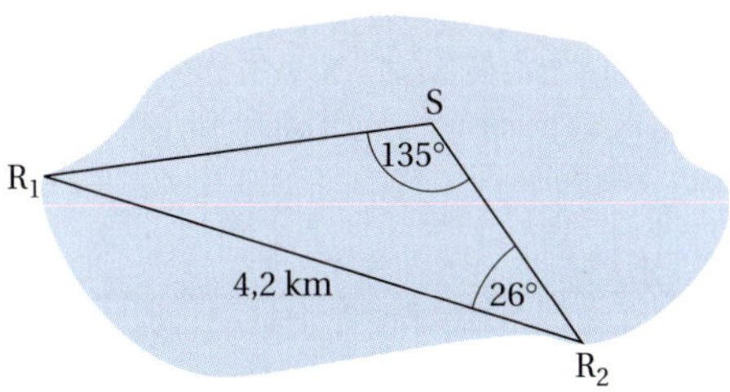

1.2 Der Kosinussatz

Wenn von einem Dreieck zwei Seiten und der eingeschlossene Winkel gegeben sind, so ist das Dreieck eindeutig festgelegt. Der Sinussatz ist aber zur Berechnung eines weiteren Stückes nicht anwendbar. Um auch in diesem Fall eine Berechnungsmethode für ein beliebiges Dreieck zu finden, müssen wieder spitzwinklige und stumpfwinklige Dreiecke unterschieden werden.
Die Lösungsidee besteht erneut darin, eine Höhe einzuzeichnen. Dabei ist es günstig, eine Höhe zu wählen, die den Winkel nicht zerlegt. Um weitere Gleichungen mit der Höhe und den gegebenen Stücken aufzustellen, kann der Satz des PYTHAGORAS verwendet werden.

Man nimmt an, dass die Längen der Seiten b und c sowie der Winkel α gegeben sind.
Gesucht ist die Länge der Seite a.
Unter Anwendung des Satzes des PYTHAGORAS gelten für die Höhe in beiden Dreiecken die Gleichungen:

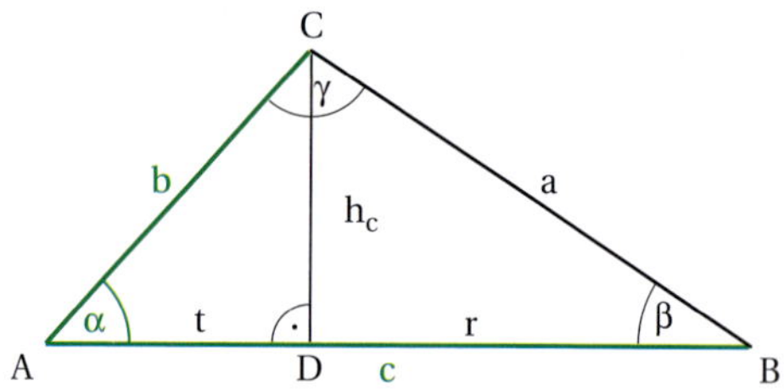

Im Dreieck ADC: $h_c^2 = b^2 - t^2$

Im Dreieck DBC: $h_c^2 = a^2 - r^2$

Durch das Gleichsetzen beider Gleichungen erhält man die Gleichung: $b^2 - t^2 = a^2 - r^2$

Gleichung nach a umstellen: $a^2 = b^2 - t^2 + r^2$

Da r und t nicht gegeben sind, werden diese Längen durch bekannte Größen ersetzt.

$r = c - t$	(Längendifferenz)
$a^2 = b^2 - t^2 + (c - t)^2$	(Anwenden der binomischen Formel zum Auflösen)
$a^2 = b^2 - t^2 + c^2 - 2ct + t^2$	(Zusammenfassen)
$a^2 = b^2 + c^2 - 2ct$	(t muss man noch ersetzen)

Im Dreieck ADC gilt: $\cos\alpha = \frac{t}{b}$; umgestellt: $t = b \cdot \cos\alpha$

$a^2 = b^2 + c^2 - 2bc \cdot \cos\alpha$

$a = \sqrt{b^2 + c^2 - 2bc \cdot \cos\alpha}$

Analog kann man den Kosinussatz auch für die beiden anderen Seiten herleiten.
Hierzu nutzt man die Höhen h_a und h_b.

Es gelten: $b^2 = a^2 + c^2 - 2ac \cdot \cos\beta$ und $c^2 = a^2 + b^2 - 2ab \cdot \cos\gamma$

M

Kosinussatz
In jedem Dreieck ist das Quadrat über einer Seite gleich der Summe der Quadrate über den beiden anderen Seiten vermindert um das doppelte Produkt aus diesen Seiten und dem Kosinus des von ihnen eingeschlossenen Winkels.

$a^2 = b^2 + c^2 - 2bc \cdot \cos\alpha$
$b^2 = a^2 + c^2 - 2ac \cdot \cos\beta$
$c^2 = a^2 + b^2 - 2ab \cdot \cos\gamma$

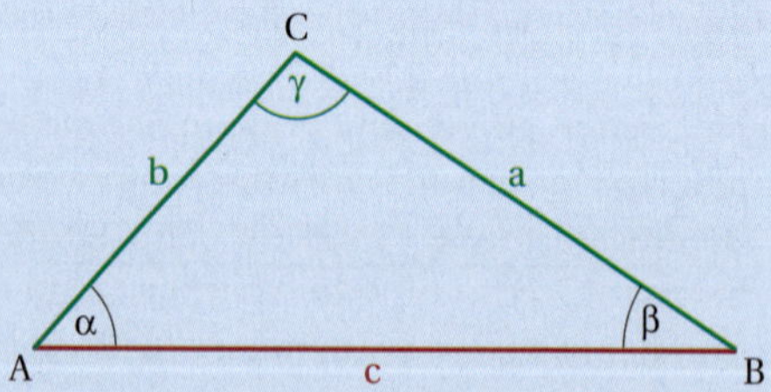

Analog lässt sich der Kosinussatz für stumpfwinklige Dreiecke herleiten:

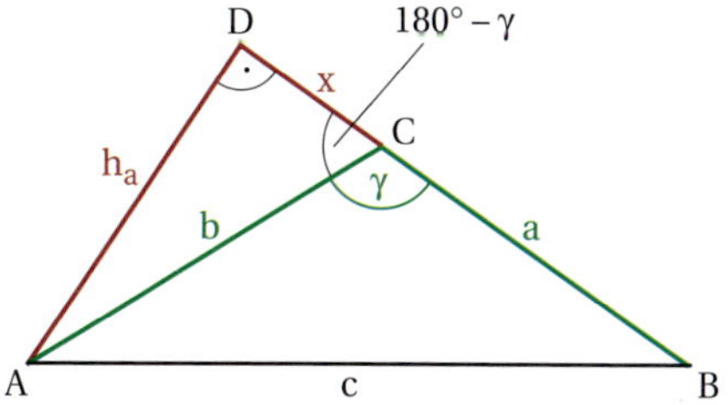

Man nimmt an, dass die Längen der Seiten a und b sowie der Winkel γ gegeben sind. Gesucht ist die Länge der Seite c.

Durch Einzeichnen der Höhe h_a erhält man das rechtwinklige Dreieck ABD.

Es gilt: $\cos(180° - \gamma) = \frac{x}{b} \quad | \cdot b$

$x = b \cdot \cos(180° - \gamma)$

Unter Anwendung des Satzes des Pythagoras gelten folgende Gleichungen:

I $\quad c^2 = h_a^2 + (a + x)^2 \quad$ und $\quad$ **II** $\quad h_a^2 = b^2 - x^2$

II in I: $c^2 = b^2 - x^2 + (a + x)^2$ (binomische Formel anwenden)

$c^2 = b^2 - x^2 + a^2 + 2ax + x^2$ (Zusammenfassen)

$c^2 = b^2 + a^2 + 2ax$ (für x wird $b \cdot \cos(180° - \gamma)$ eingesetzt)

$c^2 = a^2 + b^2 + 2ab \cdot \cos(180° - \gamma)$

Damit in spitzwinkligen und stumpfwinkligen Dreiecken die gleiche Formel verwendet werden kann, wird für Kosinuswerte von stumpfen Winkeln festgesetzt:

Für $90° \leq \alpha \leq 180°$ gilt: $\cos\alpha = -\cos(180° - \alpha)$ bzw. $\cos(180° - \alpha) = -\cos\alpha$

Die Kosinuswerte stumpfer Winkel sind negativ. Sie sind das Entgegengesetzte des Kosinuswertes ihres Nebenwinkels.
Im Intervall $0° \leq a \leq 180°$gibt es zu einem Kosinuswert nur einen Winkel.

B

$\cos 120° = -\cos(180° - 120°) = -\cos 60° = -0{,}5$
Die Gleichung $\cos\alpha = 0{,}3$ hat die Lösung $\alpha = 72{,}5°$
Die Gleichung $\cos\alpha = -0{,}3$ hat die Lösung $\alpha = 180° - 72{,}5° = 107{,}5°$

Der Kosinussatz kann in folgenden Fällen angewendet werden:

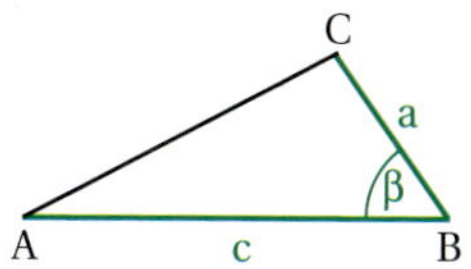

1. Gegeben sind zwei Seiten und der eingeschlossene Winkel eines Dreiecks (nach Kongruenzsatz sws).

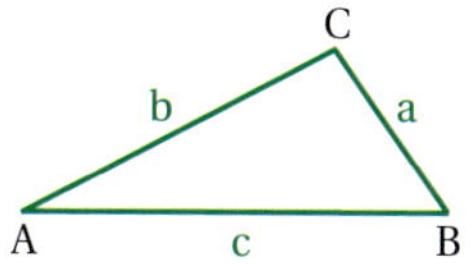

2. Gegeben sind drei Seiten eines Dreiecks (nach Kongruenzsatz sss). Dazu werden die entsprechenden Gleichungen nach dem zu berechnenden Winkel umgestellt:

$$a^2 = b^2 + c^2 - 2bc \cdot \cos\alpha \quad | + 2bc \cdot \cos\alpha$$
$$a^2 + 2bc \cdot \cos\alpha = b^2 + c^2 \quad | - a^2$$
$$2bc \cdot \cos\alpha = b^2 + c^2 - a^2 \quad | : 2bc$$
$$\cos\alpha = \frac{b^2 + c^2 - a^2}{2bc}$$

Entsprechende Umformungen führen zu den Gleichungen
$\cos\beta = \frac{a^2 + c^2 - b^2}{2ac}$ und $\cos\gamma = \frac{a^2 + b^2 - c^2}{2ab}$.

B Gegeben ist ein Dreieck ABC mit $a = 4{,}5$ cm, $b = 3{,}6$ cm und der Winkel $\gamma = 105°$.
Berechne die Seite c des Dreiecks!

Planfigur:

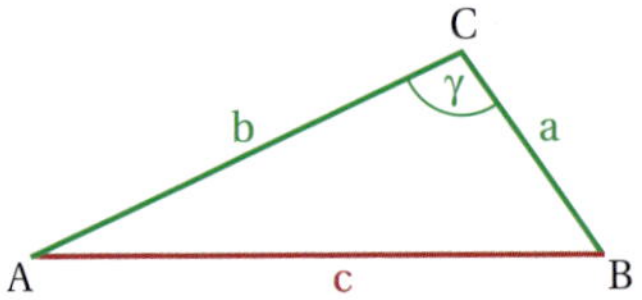

Gegeben: $a = 4{,}5$ cm
$b = 3{,}6$ cm
$\gamma = 105°$

Gesucht: c

Lösung: $c^2 = a^2 + b^2 - 2ab \cdot \cos\gamma$

$c = \sqrt{(4{,}5\text{ cm})^2 + (3{,}6\text{ cm})^2 - 2 \cdot 4{,}5\text{ cm} \cdot 3{,}6\text{ cm} \cdot \cos 105°}$

$c \approx 6{,}5$ cm

Antwort: Die Strecke c ist etwa 6,5 cm lang.

B Gegeben ist ein Dreieck ABC mit $a = 3{,}7$ cm, $b = 3{,}4$ cm und $c = 6{,}4$ cm.
Berechne die Winkel α, β und γ des Dreiecks!

Planfigur:

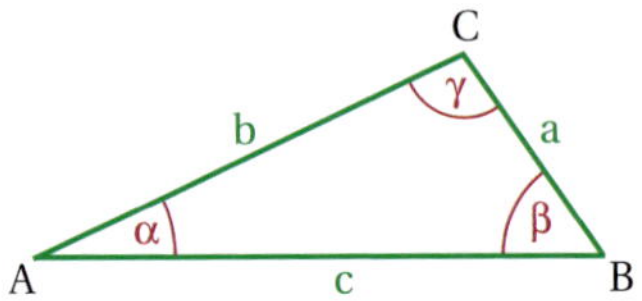

Gegeben: $a = 3{,}7$ cm
$b = 3{,}4$ cm
$c = 6{,}4$ cm

Gesucht: α, β, γ

Lösung: ① Berechnung des Winkels α mit dem umgestellten Kosinussatz

$\cos\alpha = \frac{b^2 + c^2 - a^2}{2bc}$

$\cos\alpha = \frac{(3{,}4\text{ cm})^2 + (6{,}4\text{ cm})^2 - (3{,}7\text{ cm})^2}{2 \cdot 3{,}4\text{ cm} \cdot 6{,}4\text{ cm}}$

$\alpha = 26{,}8°$

② Berechnung des Winkels β ist auch mit dem Sinussatz möglich

$\frac{a}{\sin\alpha} = \frac{b}{\sin\beta}$ Gleichung aufstellen

$\sin\beta = \frac{b \cdot \sin\alpha}{a}$ Gleichung umstellen)

$\sin\beta = \frac{3{,}4\text{ cm} \cdot \sin 26{,}8°}{3{,}7\text{ cm}}$ (Angaben in Gleichung einsetzen)

$\beta = 24{,}5°$

③ Berechnung des Winkels γ ist auch mit dem Innenwinkelsatz möglich

$\alpha + \beta + \gamma = 180°$

$\gamma = 180° - 26{,}8° - 24{,}5°$

$\gamma = 128{,}7°$

Antwort: Der Winkel α ist 26,8°, der Winkel β ist 24,5° und der Winkel γ ist 128,7° groß.

Bei der Berechnung von weiteren Stücken im Dreieck (hier β und γ) sollte man Lösungsverfahren verwenden (hier Sinussatz und Innenwinkelsatz), die einen möglichst geringen rechnerischen Aufwand erfordern, um so die Fehlerquellen beim Umstellen von Formeln und Einsetzen bzw. Berechnen von Werten zu verringern.
Bei der Berechnung von weiteren Stücken im Dreieck sollte man möglichst die Größe gegebener Stücke oder nicht gerundete Werte (z. B. aus dem Innenwinkelsatz) verwenden oder mit Taschenrechnerwerten (Speichertaste) rechnen, sodass die Fehler durch Rundungen verringert werden.

Aufgaben

1. Stelle eine Gleichung zur Berechnung der Größe x auf!

a) 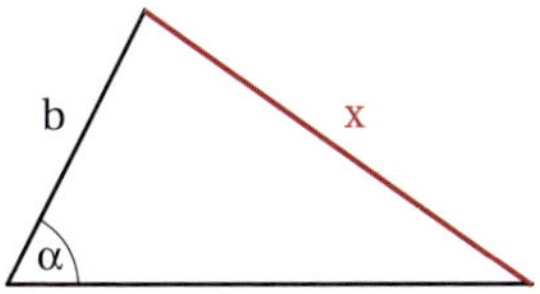

b) 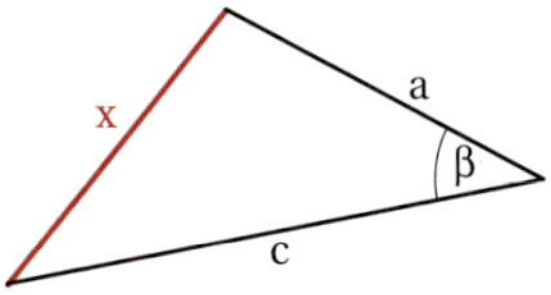

c) 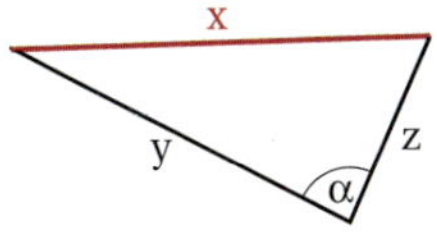

d) 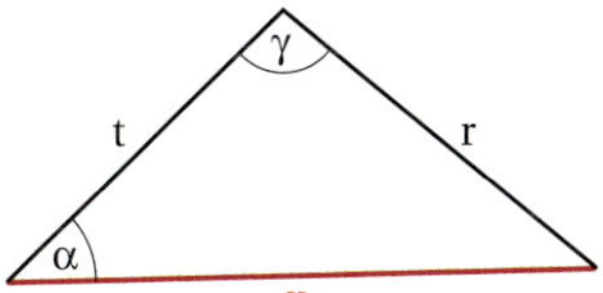

e) 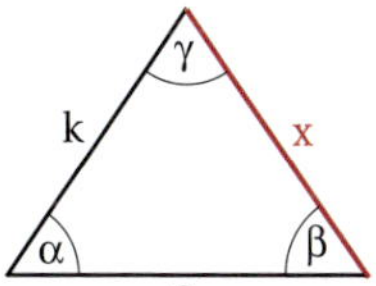

f) 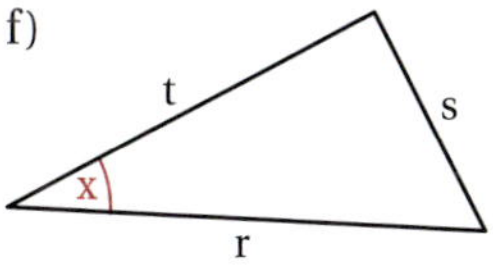

g) 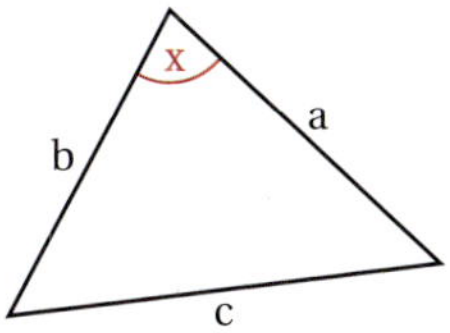

h) 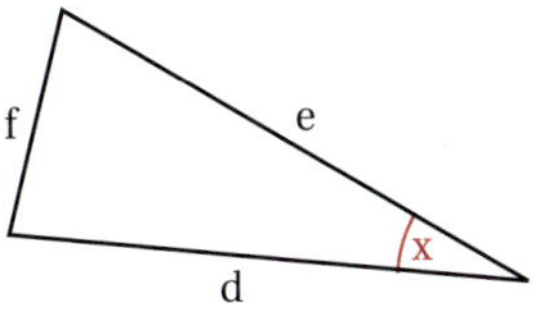

i) 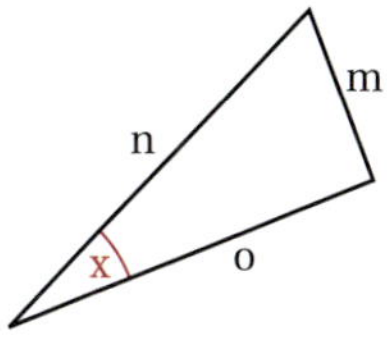

2. Vervollständige zu Formeln mithilfe des Kosinussatzes!

a) 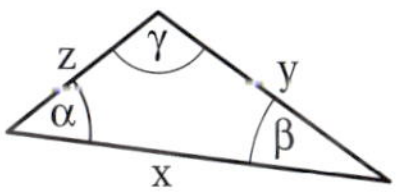

$z^2 =$

$y^2 =$

$x^2 =$

$\cos\gamma =$

b) 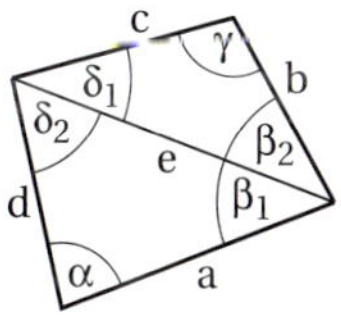

$e^2 =$

$c^2 =$

$a^2 =$

$\cos\beta_1 =$

3. Stelle unter Verwendung des Kosinussatzes alle Gleichungen für die Berechnung der Seitenlängen und Winkelgrößen auf!

a) 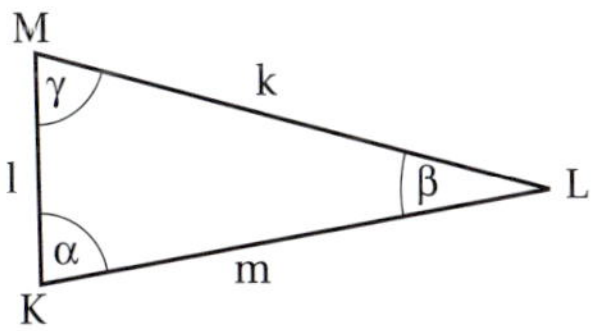

b) 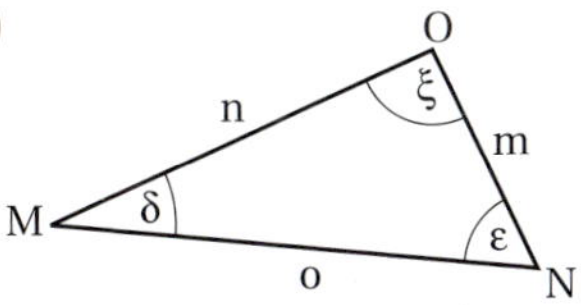

c) 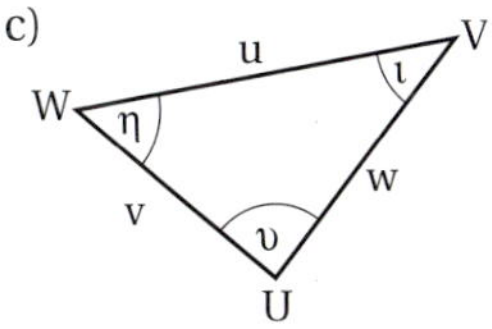

4. Welche Gleichung hat der Kosinussatz für folgende Dreiecksarten?

a) rechtwinkliges Dreieck b) gleichschenkliges Dreieck c) gleichseitiges Dreieck

5. Ermittle die Winkelgröße für $0° < \alpha < 180°$!
Runde auf eine Stelle nach dem Komma!

a) $\cos\alpha = -0{,}5736$ b) $\cos\alpha = -0{,}0906$ c) $\cos\alpha = -0{,}3697$
d) $\cos\alpha = -0{,}8942$ e) $\cos\alpha = -0{,}9527$ f) $\cos\alpha = -0{,}9532$
g) $\cos\alpha = -0{,}6508$ h) $\cos\alpha = -0{,}0628$ i) $\cos\alpha = -0{,}8111$

6. Bestimme $\cos\alpha$ auf vier Stellen nach dem Komma mithilfe des Taschenrechners!

a) $\alpha = 169°$ b) $\alpha = 158°$ c) $\alpha = 138°$ d) $\alpha = 170°$
e) $\alpha = 176°$ f) $\alpha = 124°$ g) $\alpha = 117°$ h) $\alpha = 105°$

7. Berechne jeweils die Länge der dritten Seite im Dreieck ABC! Fertige eine Skizze an!

a) $a = 5$ cm, $b = 7$ cm, $\gamma = 67°$
b) $a = 8{,}4$ cm, $b = 5{,}2$ cm, $\gamma = 32°$
c) $b = 38{,}5$ m, $c = 79{,}6$ m, $\alpha = 28°$
d) $b = 0{,}5$ dm, $c = 6{,}1$ dm, $\alpha = 72°$
e) $a = 0{,}37$ m, $c = 0{,}84$ m, $\beta = 47°$

8. Berechne die fehlenden Winkelgrößen im Dreieck ABC! Fertige eine Skizze an!

a) $a = 5{,}5$ cm, $b = 4{,}9$ cm, $c = 7{,}9$ cm
b) $a = 40{,}1$ cm, $b = 28{,}0$ cm, $c = 57{,}8$ cm
c) $a = 5{,}06$ dm, $b = 2{,}77$ dm, $c = 6{,}81$ dm
d) $a = 33$ km, $b = 56$ km, $c = 82$ km
e) $a = 0{,}3$ m, $b = 0{,}6$ m, $c = 0{,}8$ m

9. Berechne jeweils x!

a)

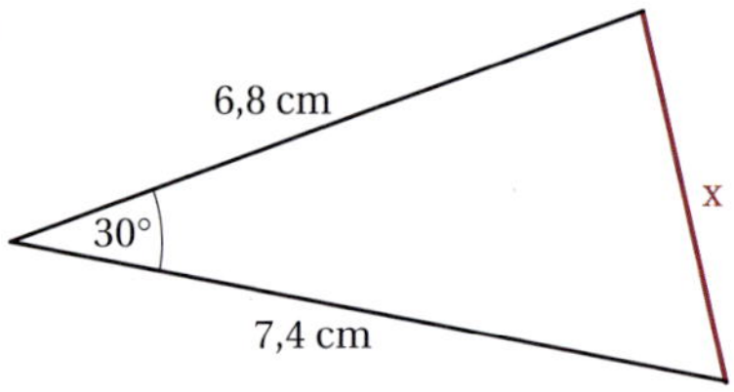

b)

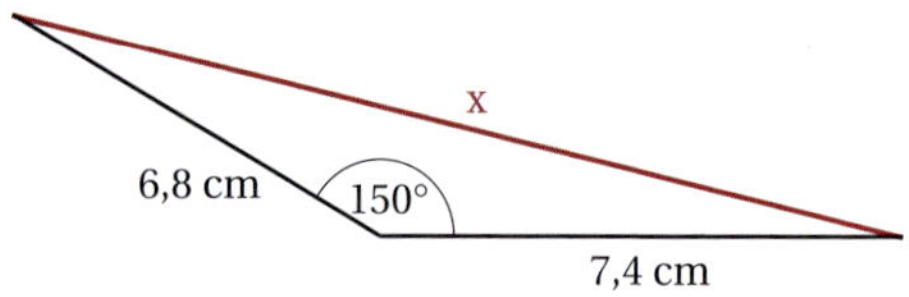

10. Berechne die Winkel α und γ!

a)

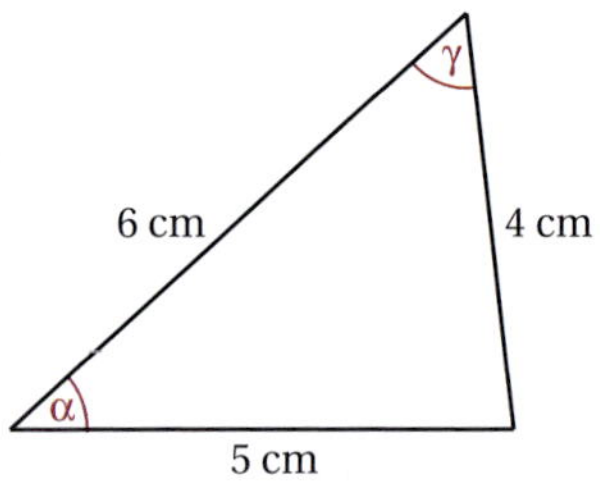

*b)

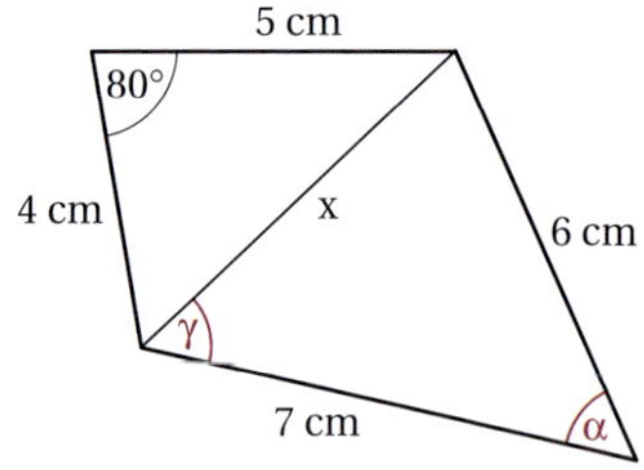

11. Berechne alle fehlenden Seitenlängen und Winkelgrößen im Dreieck ABC!

	a	b	c	α	β	γ
a)	7,6 cm	3,5 cm	5,1 cm			
b)		4 dm	7 dm	35°		
c)	9,2 m	8,7 m	9,0 m			
d)		19 cm	23 cm	59°		
e)	20 m	38 m	30 m			
f)	6,11 cm	4,87 cm				92°
g)	1,1 dm		6,3 dm		38°	
h)	5,06 m	9,08 m				81°
i)	8,9 mm		10,5 mm		21°	
j)	13,7 dm	14,9 dm	12,2 dm			

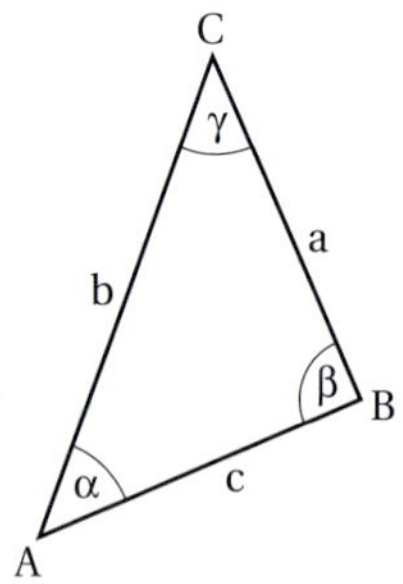

12. Von zwei Dreiecken ABC sind gegeben:
Dreieck 1: $a_1 = 3$ cm, $b_1 = 4$ cm, $\gamma_1 = 30°$; Dreieck 2: $a_2 = 3$ cm, $b_2 = 4$ cm, $\gamma_2 = 150°$
Bestimme die Differenz zwischen den Seitenlängen c_1 und c_2!

13. Berechne von den folgenden Dreiecken ABC jeweils die fehlende Seitenlänge! Konstruiere das Dreieck jeweils in einem geeigneten Maßstab! Gib den Maßstab an!

a) $c = 4{,}2$ cm; $a = 8{,}8$ cm; $\beta = 154°$
b) $b = 5{,}5$ m; $c = 6{,}7$ m; $\alpha = 78°$
c) $a = 14{,}4$ cm; $b = 16{,}5$ cm; $\gamma = 45°$
d) $c = 542$ m; $a = 418$ m; $\beta = 75°$
e) $a = 1{,}2$ km; $b = 1{,}3$ km; $\gamma = 80°$

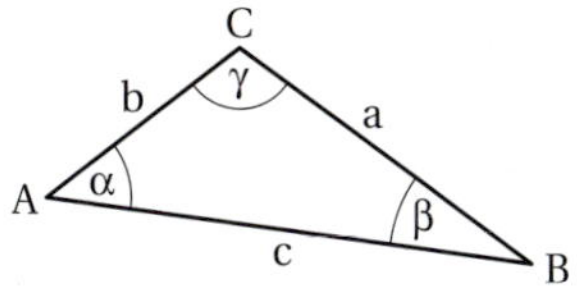

14. Berechne von den folgenden Dreiecken ABC jeweils einen fehlenden Innenwinkel! Konstruiere das Dreieck jeweils in einem geeigneten Maßstab! Prüfe vorher!

a) $a = 6{,}4$ cm; $b = 4{,}6$ cm; $c = 8{,}4$ cm
b) $a = 11{,}6$ cm; $b = 10{,}7$ cm; $c = 9{,}8$ cm
c) $a = 6{,}4$ cm; $b = 6{,}4$ cm; $c = 4{,}6$ cm
d) $a = 4{,}5$ cm; $b = 7{,}3$ cm; $c = 2{,}8$ cm
e) $a = 12{,}8$ cm; $b = 7{,}8$ cm; $c = 8{,}7$ cm

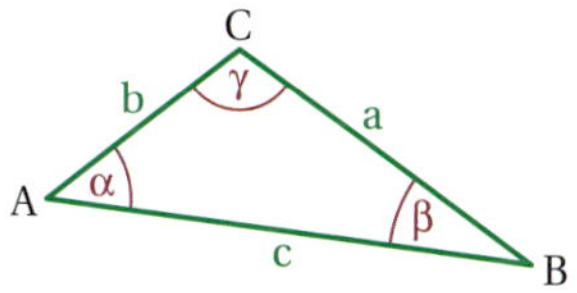

15. Bestimme die Größe des Innenwinkels α von nebenstehendem Dreieck auf verschiedenen Wegen!

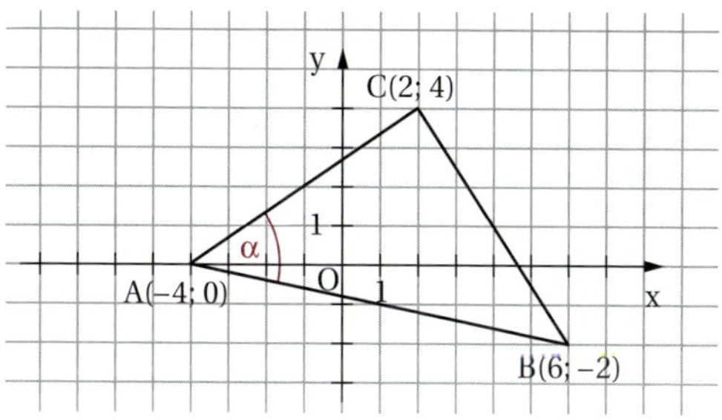

16. Von einem Parallelogramm ABCD seien gegeben:
$a = c = 8$ cm, $b = d = 4$ cm, $\alpha = \gamma = 40°$
Berechne die Längen der Diagonalen!

17. Von einem Dreieck ABC seien bekannt:
a; $b = 2a$; $\gamma = 85°$. Gesucht ist c.
Jemand berechnet c nach der Formel $c^2 = a^2 + b^2$. Gib den Fehler an!

18. Von Dreiecken ABC sind gegeben: $c = 6$ cm und $b = 8$ cm
Stelle die Abhängigkeit von a bezüglich α für den Bereich $0° < \alpha < 180°$ grafisch dar!
Ergänze die Darstellung sinnvoll für $\alpha = 0°$ und $\alpha = 180°$!
Was ändert sich am Graphen, wenn gilt: $c = b = 6$ cm?

19. Berechne für ein Dreieck ABC mit den Größen $a = 7$ cm, $c = 5$ cm und $\beta = 48°$ die Länge der Seite b!

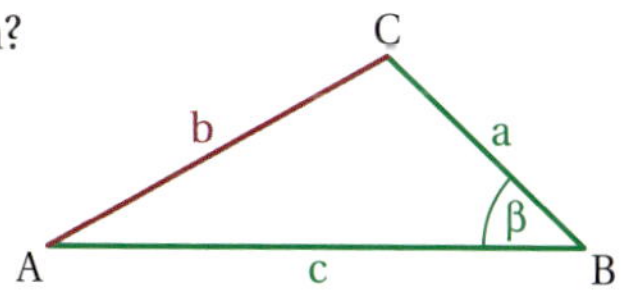

20. In einem dreieckigen Grundstück ABC mit den Längen $a = 63$ m, $b = 87$ m und $c = 104$ m soll die Größe des Winkels β rechnerisch bestimmt werden.

21. Ein Tunnel soll die beiden Orte Anbach und Betzen, die durch ein Bergmassiv voneinander getrennt sind, verbinden. Zwischen den beiden Orten wird von einem Punkt C aus ein Winkel von 41,4° gemessen. Der Punkt C ist von Anbach 3,6 km und von Betzen 5,1 km entfernt. Berechne die Länge der Straße, die beide Orte direkt miteinander verbinden soll!

22. Familie Wühlmaus hat unter dem Mohrrübenbeet ein großes System von Gängen gegraben.
Wie lang sind alle Gänge zusammen?
(Angaben in Zentimeter)

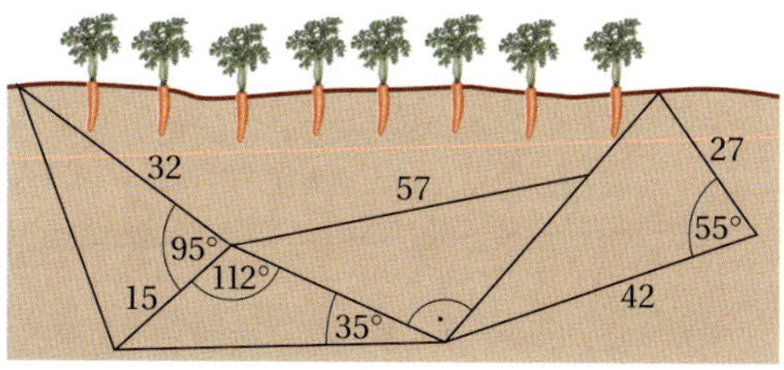

23. Eine dreieckige Weidefläche wurde vermessen:

$\overline{AB} = 690$ m; $\overline{BC} = 710$ m; $\overline{CA} = 920$ m

Berechne die Größe der drei Winkel der Weidefläche! Zeichne das Dreieck in einem geeigneten Maßstab und überprüfe die Ergebnisse mithilfe der Zeichnung!

24. Mehrere Kies- und Sandhaufen eines Kieswerkes haben im Querschnitt verschiedene Ausmaße (siehe Skizze). Berechne die Neigungswinkel und die Winkel an der Spitze!

a)

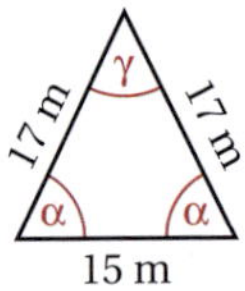

b)

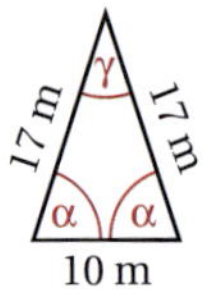

c)

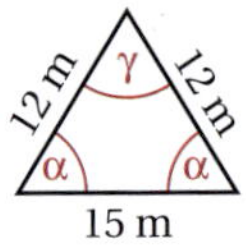

d)

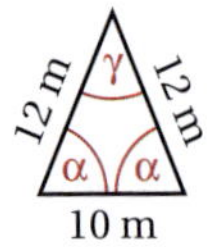

25. Das Dach einer Fabrikhalle hat auf der Giebelseite die Form eines Dreiecks. Die Kante des Giebels soll mit einem Aluminiumprofil verkleidet werden.
Wie viel Meter Aluminiumsprofil werden für die Dacharbeit benötigt?
(Die Fabrikhalle hat zwei Giebelseiten.)

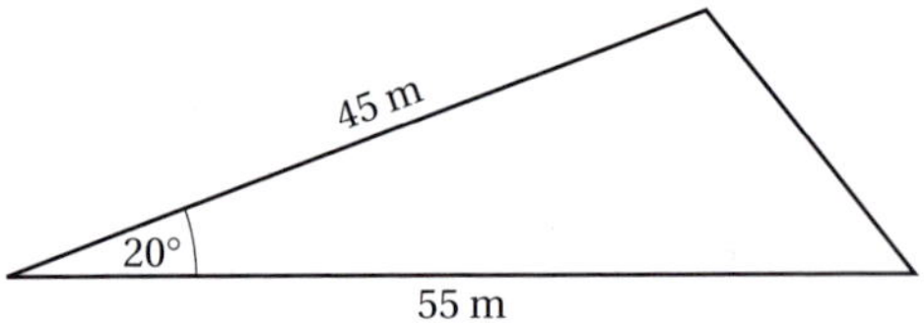

26. Berechne die Winkelgrößen eines Dreiecks, dessen Seiten die drei verschiedenen Flächendiagonalen eines Quaders bilden! Skizziere den Sachverhalt!

a) Quaderkanten: $a = 3$ cm; $b = 4$ cm; $c = 5$ cm
Verdopple die Länge der Quaderkanten und berechne erneut die Winkel des Dreiecks, das aus den Flächendiagonalen gebildet wird!
Was stellst du fest?

b) Flächendiagonalen: $d = 3$ cm; $e = 4$ cm; $f = 5$ cm
Verdopple die Länge der Flächendiagonalen und berechne erneut die Winkel des Dreiecks, das aus den Flächendiagonalen gebildet wird!
Was stellst du fest?

27. Ein Tunnel soll durch ein Bergmassiv gebaut werden (siehe Abbildung).
Berechne die Länge der Strecke $\overline{AB}$!

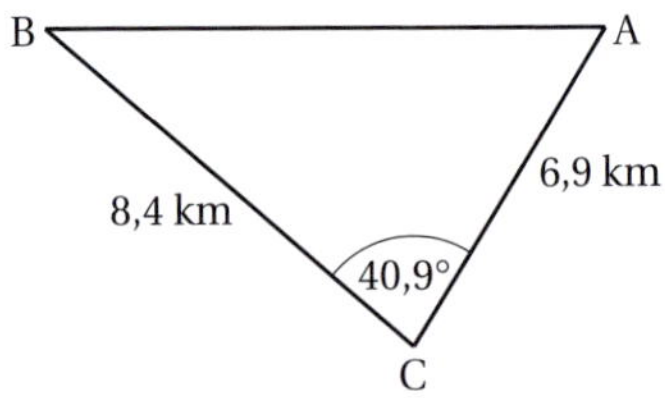

28. Berechne die Größe der Winkel, die die drei Sendemasten D, E, F jeweils miteinander einschließen, wenn sie in folgenden Entfernungen voneinander aufgestellt sind!
$\overline{DE} = 187{,}6$ km; $\overline{EF} = 141{,}3$ km; $\overline{DF} = 129{,}7$ km

29. Gegeben ist ein Dreieck ABC.

a) Berechne die Seitenlänge $\overline{BC}$!

b) Zeichne eine Parallele zu $\overline{AB}$ durch C und eine Parallele zu $\overline{AC}$ durch B.
Welche Figur entsteht?

c) Berechne die Länge der Diagonalen $\overline{AD}$!

d) Vergleiche mit deiner Konstruktion!

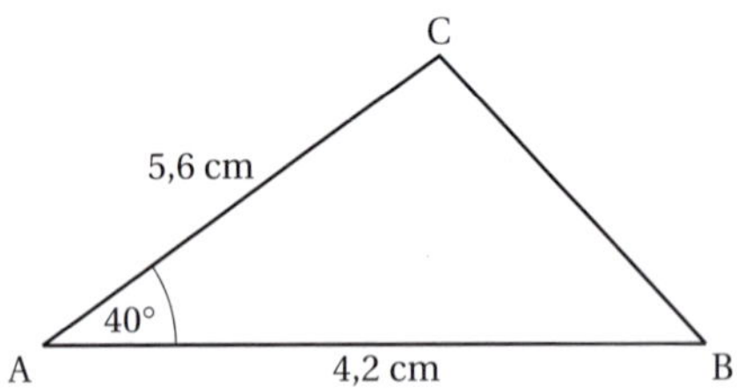

1

1.3 Flächeninhalt von beliebigen Dreiecken

Bisher konnten wir nur den Flächeninhalt rechtwinkliger Dreiecke berechnen oder von Dreiecken, bei denen weitere Stücke gegeben waren und durch Zerlegen oder Ergänzen rechtwinklige Dreiecke erzeugt werden konnten.

Man kann eine weitere Flächeninhaltsformel für beliebige Dreiecke herleiten, um die Teilung des Dreiecks in zwei rechtwinklige Dreiecke zu umgehen bzw. für den Fall, dass die Grundseite und die zugehörige Höhe schwer berechenbar sind.
Gegeben sind die Seitenlängen von a und b und der eingeschlossene Winkel γ. Das Dreieck wird wieder in zwei rechtwinklige Dreiecke ADC und DBC zerlegt.

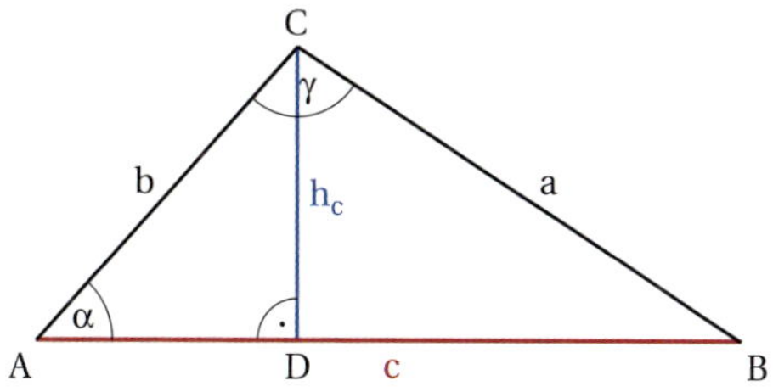

Die Flächenformel für das Dreieck ABC lautet: $A = \frac{c \cdot h_c}{2}$

Man muss jetzt c und h_c durch bekannte Werte ersetzen.

Für h_c findet man die Beziehung: $\sin\alpha = \frac{h_c}{b}$; nach h_c umstellen ergibt: $h_c = b \cdot \sin\alpha$

Für die Seite c gilt: $\frac{c}{\sin\gamma} = \frac{a}{\sin\alpha}$; nach c umgestellt: $c = \frac{a \cdot \sin\gamma}{\sin\alpha}$

Beide Gleichungen setzt man in die Ausgangsgleichung ein: $A = \frac{1}{2} \cdot \frac{a \cdot \sin\gamma}{\sin\alpha} \cdot b \cdot \sin\alpha$

Durch Kürzen und Ordnen erhält man die Gleichung: $A = \frac{1}{2} \cdot ab \cdot \sin\gamma$

M

Der **Flächeninhalt eines Dreiecks** ist das halbe Produkt aus zwei Seitenlängen und dem Sinus des eingeschlossenen Winkels.

Für ein Dreieck ABC gilt:

$A = \frac{1}{2}\, ab \cdot \sin\gamma = \frac{1}{2}\, bc \cdot \sin\alpha = \frac{1}{2}\, ac \cdot \sin\beta$

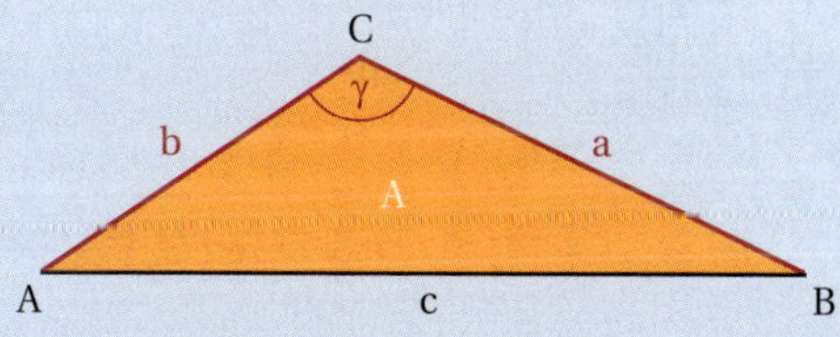

B

Gegeben ist ein Dreieck ABC mit a = 5,8 cm, b = 3,3 cm und der Winkel γ = 110°.
Berechne den Flächeninhalt des Dreiecks!

Gegeben: a = 5,8 cm
b = 3,3 cm
γ = 110°

Planfigur:

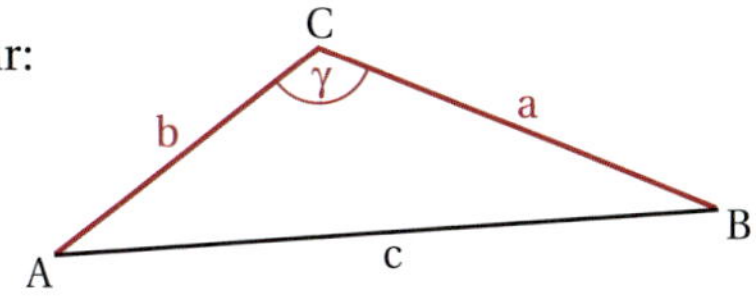

Gesucht: A

Lösung: $A = \frac{1}{2} \cdot a \cdot b \cdot \sin\gamma$ (Gleichung aufstellen)

$A = \frac{1}{2} \cdot 5{,}8\text{ cm} \cdot 3{,}3\text{ cm} \cdot \sin 110°$ (Angaben in Gleichung einsetzen)

$A \approx 9{,}0\text{ cm}^2$

Antwort: Der Flächeninhalt des Dreiecks beträgt ca. 9,0 cm².

B Berechne den Flächeninhalt des Vierecks ABCD!

Gegeben: $a = 3{,}5\text{ cm}$
$b = 4{,}5\text{ cm}$
$c = 2{,}8\text{ cm}$
$d = 3{,}1\text{ cm}$
$\alpha = 70°$
$\gamma = 60°$

Planfigur:

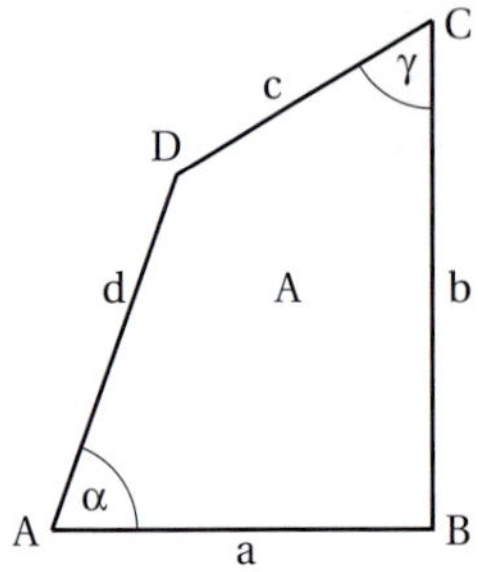

Gesucht: A in cm^2

Lösung: ① Ergänzung der Figur zu einem Rechteck ABCE mit den zwei Teildreiecken ADE und DCE

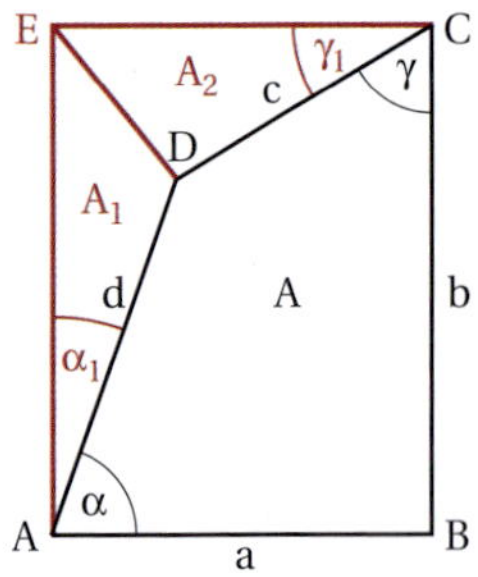

② Berechnung der Fläche A_1 des $\triangle ADE$

$\alpha_1 = 90° - \alpha$

$\alpha_1 = 90° - 70°$

$\alpha_1 = 20°$

$\overline{AE} = \overline{BC}$, da gegenüberliegende Seiten im Rechteck

$A_1 = \frac{1}{2} \cdot \overline{AE} \cdot \overline{AD} \cdot \sin\alpha_1$

$A_1 = \frac{1}{2} \cdot 4{,}5\text{ cm} \cdot 3{,}1\text{ cm} \cdot \sin 20°$

$A_1 \approx 2{,}4\text{ cm}^2$

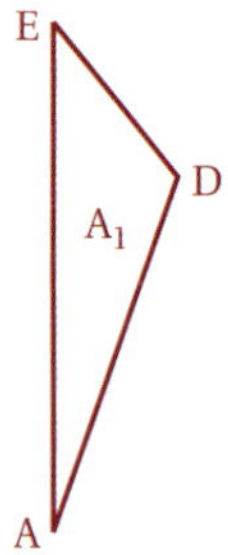

③ Berechnung der Fläche A_2 des $\triangle DCE$

$\gamma_1 = 90° - \gamma$

$\gamma_1 = 90° - 60°$

$\gamma_1 = 30°$

$\overline{CE} = \overline{AB}$, da gegenüberliegende Seiten im Rechteck

$A_2 = \frac{1}{2} \cdot \overline{CE} \cdot \overline{CD} \cdot \sin\gamma_1$

$A_2 = \frac{1}{2} \cdot 3{,}5\text{ cm} \cdot 2{,}8\text{ cm} \cdot \sin 30°$

$A_2 \approx 2{,}5\text{ cm}^2$

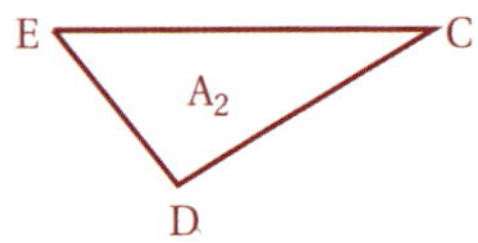

④ Berechnung der Fläche des Rechtecks ABCE

$A_G = \overline{AB} \cdot \overline{BC}$

$A_G = 3{,}5\text{ cm} \cdot 4{,}5\text{ cm}$

$A_G \approx 15{,}8\text{ cm}^2$

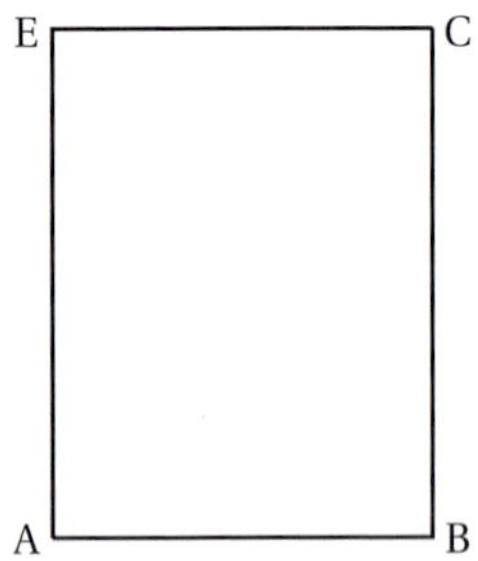

⑤ Berechnung der Fläche des Vierecks ABCD

$A = A_G - A_1 - A_2$

$A = 15{,}8\text{ cm}^2 - 2{,}4\text{ cm}^2 - 2{,}5\text{ cm}^2$

$A \approx 10{,}9\text{ cm}^2$

Antwort: Die Fläche des Vierecks ABCD beträgt etwa $10{,}9\text{ cm}^2$.

Familie Bauer hat eine Obstplantage gekauft. Sie möchte die Angaben im Grundbuch überprüfen und berechnet selbst die Fläche der Wiese.
Familie Bauer kann nur Längen messen und hat Kenntnis davon, dass der $\sphericalangle ABC = 90°$ ist.

Gegeben: $\overline{AB} = 500\ m$
$\overline{BC} = 300\ m$
$\overline{CD} = 420\ m$
$\overline{AD} = 290\ m$
$\sphericalangle ABC = 90°$

Planfigur:

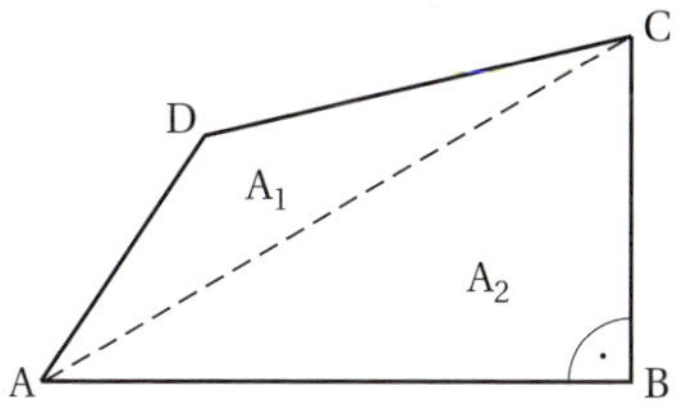

Gesucht: A

Lösung: ① Berechnung von $\overline{AC}$

$\overline{AC}^2 = \overline{AB}^2 + \overline{BC}^2$

$\overline{AC} = \sqrt{(500\ m)^2 + (300\ m)^2}$

$\overline{AC} \approx 583\ m \qquad (583{,}0951895)$

② Berechnung von $\sphericalangle CDA$

$\cos \sphericalangle CDA = \frac{\overline{CD}^2 + \overline{DA}^2 - \overline{AC}^2}{2 \cdot \overline{CD} \cdot \overline{DA}}$

$\cos \sphericalangle CDA = \frac{(420\ m)^2 + (290\ m)^2 - (583\ m)^2}{2 \cdot 420\ m \cdot 290\ m}$

$\sphericalangle CDA = 109°$

③ Berechnung der Fläche A_1

$A_1 = \frac{1}{2} \cdot AD \cdot \overline{CD} \cdot \sin \sphericalangle CDA$

$A_1 = \frac{1}{2} \cdot 290\ m \cdot 420\ m \cdot \sin 109°$

$A_1 \approx 57600\ m^2$

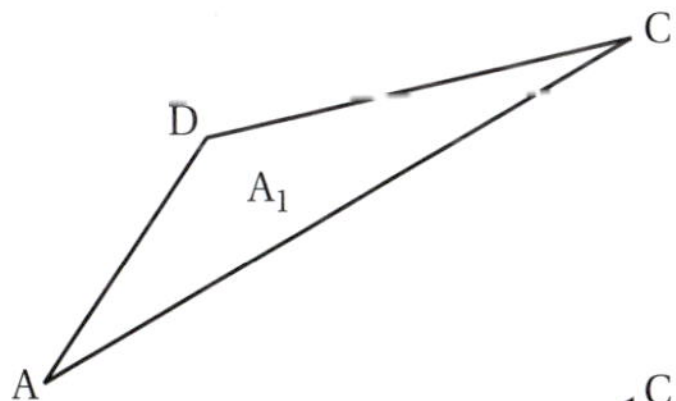

④ Berechnung der Fläche A_2

$A_2 = \frac{1}{2} \cdot \overline{AB} \cdot \overline{BC}$

$A_2 = \frac{1}{2} \cdot 500\ m \cdot 300\ m$

$A_2 = 75000\ m^2$

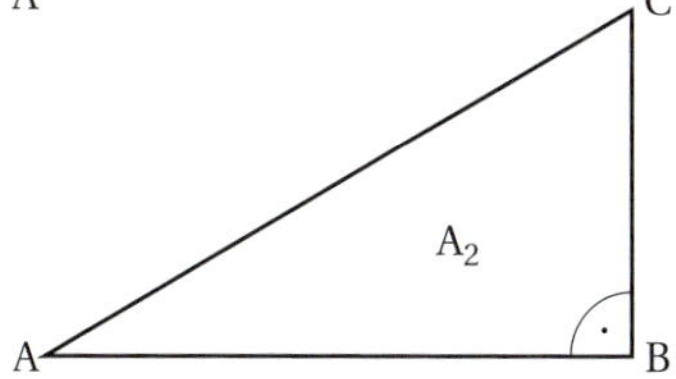

⑤ Berechnung der Gesamtfläche

$A = A_1 + A_2$

$A = 57600\ cm^2 + 75000\ m^2$

$A \approx 133 \cdot 10^3\ m^2$

Antwort: Die Obstplantage hat eine Fläche von etwa 133000 m².

Aufgaben

1. Stelle alle möglichen Gleichungen zur Berechnung des Flächeninhalts unter Verwendung der eingezeichneten Winkel auf!

a)

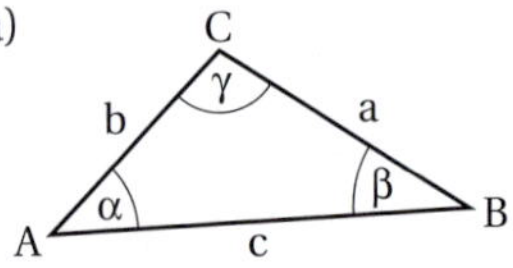

b)

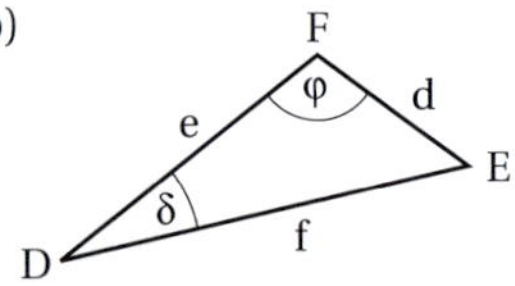

c)

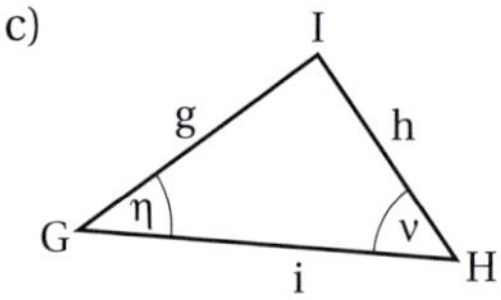

d)

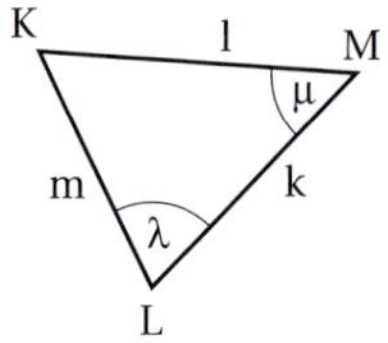

e)

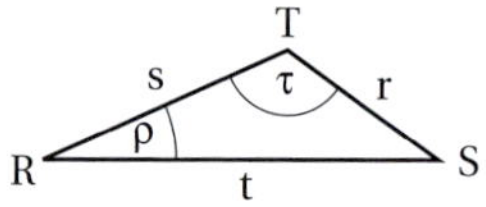

f)

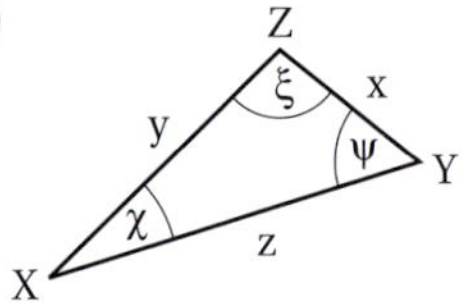

2. Bestätige die Richtigkeit der Formel $A = \frac{1}{2} ab \cdot \sin\gamma$ für folgende Fälle!

a) $\gamma < 90°$ b) $\gamma = 90°$ c) $\gamma > 90°$

3. Berechne den Flächeninhalt folgender Dreiecke!

a)

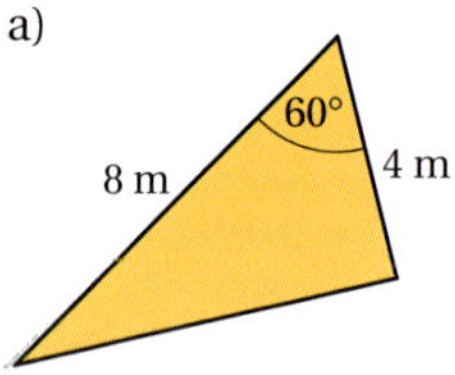

b)

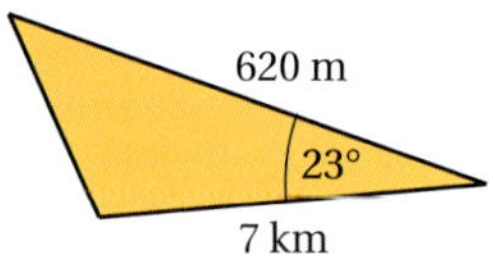

c)

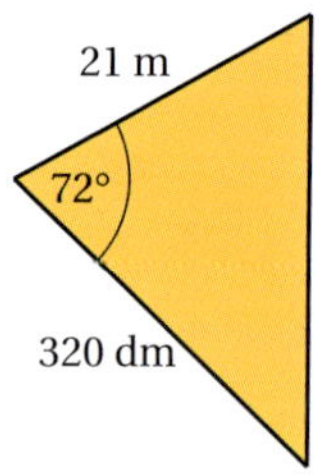

d)

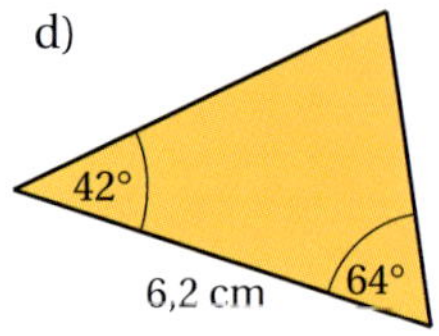

4. Berechne den Flächeninhalt des Dreiecks ABC! Fertige ein Skizze an!

a) $a = 4$ cm, $b = 5$ cm, $\gamma = 70°$
b) $b = 2{,}3$ cm, $c = 4{,}9$ cm, $\alpha = 58°$
c) $a = 12{,}3$ m, $c = 8{,}4$ m, $\beta = 23°$
d) $a = 4{,}8$ cm, $b = 7{,}2$ cm, $\gamma = 41°$
e) $b = 8{,}3$ dm, $c = 9{,}4$ dm, $\alpha = 119°$

5. Berechne den Flächeninhalt des Dreiecks ABC mit folgenden Maßen!

a) $a = 4{,}0$ cm; $b = 6{,}0$ cm; $\gamma = 110°$
b) $c = 6{,}0$ cm; $b = 4{,}0$ cm; $\alpha = 70°$
c) $a = 6{,}0$ cm; $c = 6{,}0$ cm; $\beta = 30°$
d) $c = 6{,}0$ cm; $\alpha = 50°$; $\gamma = 60°$

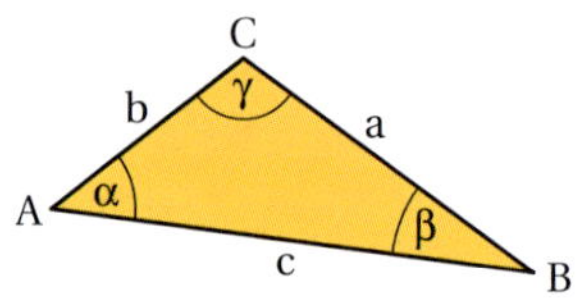

6. In einem Dreieck ABC sei $a = 6{,}0$ cm und $b = 3{,}0$ cm. Stelle die Abhängigkeit des Flächeninhalts vom Winkel γ für $0° < \gamma < 180°$ grafisch dar!

7. Gegeben seien für zwei Dreiecke ABC: $b = 4$ cm, $c = 5$ cm, $A_1 = 8\ \text{cm}^2$, $A_2 = 12\ \text{cm}^2$. Berechne, wenn möglich, jeweils α!

8. Berechne von den folgenden Dreiecken ABC jeweils den Flächeninhalt!

a) $\overline{AC} = 3{,}4$ cm; $\overline{AB} = 6{,}8$ cm; $\sphericalangle BAC = \alpha = 102{,}4°$

b) $\overline{BC} = 3{,}4$ cm; $\overline{BA} = 6{,}8$ cm; $\sphericalangle CBA = \beta = 65{,}4°$

9. Berechne den Flächeninhalt des Dreiecks ABC mit folgenden Maßen auf zwei unterschiedlichen Wegen! Vergleiche dann die Ergebnisse!

a) $b = 8{,}6$ cm; $c = 13{,}4$ cm; $\alpha = 57{,}4°$
b) $c = 4{,}9$ cm; $a = 3{,}6$ cm; $\beta = 24{,}8°$

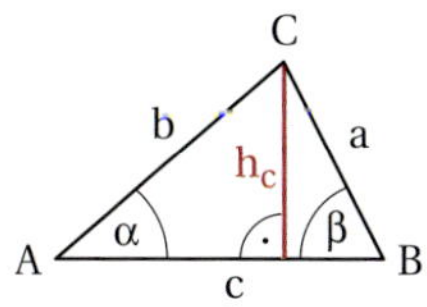

10. Berechne alle fehlenden Seitenlängen, Winkelgrößen und den Flächeninhalt des Dreiecks ABC!

	a	b	c	α	β	γ	A
a)	9,8 cm	6,9 cm	8,3 cm				
b)	1,2 m		0,2 m		64°		
c)		2,9 dm	3,5 dm	58°			
d)	72 cm	28 cm				46°	
e)		7,3 m		40°		36°	
f)			33 cm		41°	84°	
g)	15,2 km			36°	84°		
h)		91 m				86°	702 m^2
i)			7,7 cm	56°			27,8 cm^2

11. Berechne den Flächeninhalt der beliebigen Dreiecke ABC, wenn gegeben ist:

a) $a = 5{,}4$ cm; $b = 3{,}6$ cm; $\gamma = 68°$
b) $c = 3{,}7$ m; $a = 4{,}7$ m; $\beta = 35°$
c) $b = 6$ km; $c = 5600$ m; $\alpha = 56°$
d) $a = 4{,}9$ cm; $\beta = 57°$; $\gamma = 43°$

12. Ein Grundstück wurde vermessen. Leider sind nur noch einige Daten vorhanden.
Berechne die Grundstücksfläche!

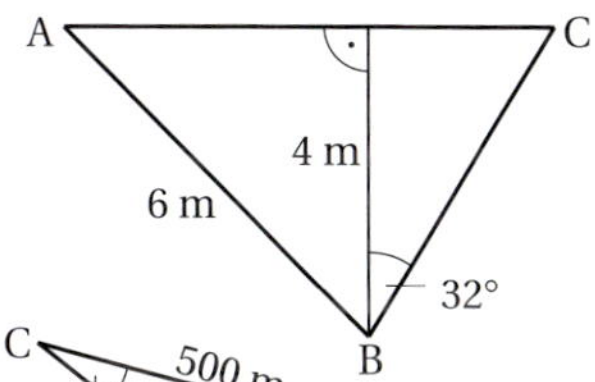

13. Ein Betriebsgelände, das neu vermessen wird, hat die Form eines stumpfwinkligen Dreiecks.
Berechne den Flächeninhalt und den Umfang des Geländes! Fertige eine maßstäbliche Zeichnung an und überprüfe die Ergebnisse!

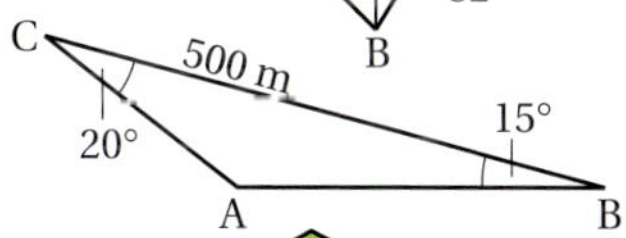

14. Ein dreieckiges Waldstück soll vor Wildfraß mit einem Zaun geschützt werden. Das Waldstück hat eine Fläche von 2,9 ha. Berechne die Länge des Zaunes!

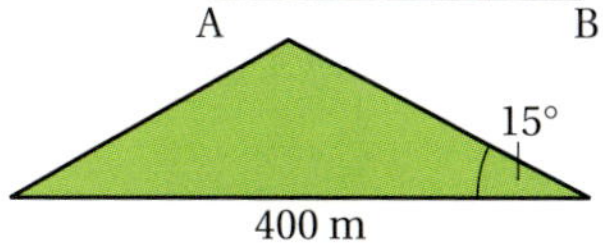

15. Ein Dreieck ABC sei gegeben mit $a = 4{,}5$ cm, $b = 6{,}2$ cm und $c = 8{,}7$ cm.

a) Berechne den Winkel im Punkt C und den Flächeninhalt des Dreiecks ABC!
b) Die Seiten $\overline{BC}$ und $\overline{AC}$ werden halbiert. Berechne den Flächeninhalt des neuen Dreiecks DEC. In welchem Verhältnis stehen beide Flächeninhalte?
c) Die Seiten $\overline{BC}$ und $\overline{AC}$ werden gedrittelt.
Berechne die Flächeninhalte der Dreiecke FGC und HJC!
In welchem Verhältnis stehen die Flächeninhalte zum Flächeninhalt des Ausgangsdreiecks ABC?

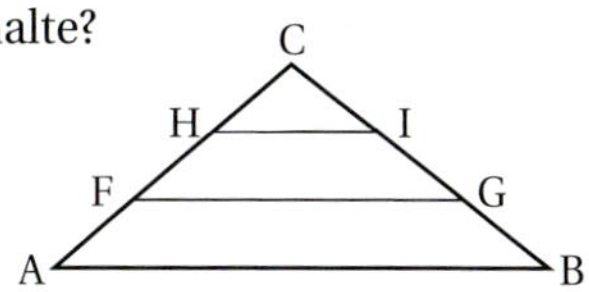

16. Gegeben ist ein Quadrat ABCD mit $a = 4$ cm. Auf den Strecken $\overline{BC}$ und $\overline{CD}$ sind jeweils die Mittelpunkte mit E und F bezeichnet. Berechne den Flächeninhalt des Dreiecks AEF sowie die Größe der drei Innenwinkel des Dreiecks AEF!

1.4 Berechnungen von Vierecken und Vielecken

Sollen Seiten, Innenwinkel oder der Flächeninhalt von n-Ecken (mit $n > 3$) mit trigonometrischen Hilfsmitteln berechnet werden, so muss das Vieleck in Dreiecke *zerlegt* oder durch Dreiecke zu einem Viereck *ergänzt* werden, dessen Maße man berechnen kann (siehe Seite 32).

Ausgangsfigur	Zerlegungsmöglichkeiten	Ergänzungsmöglichkeiten
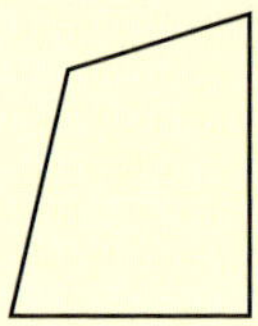	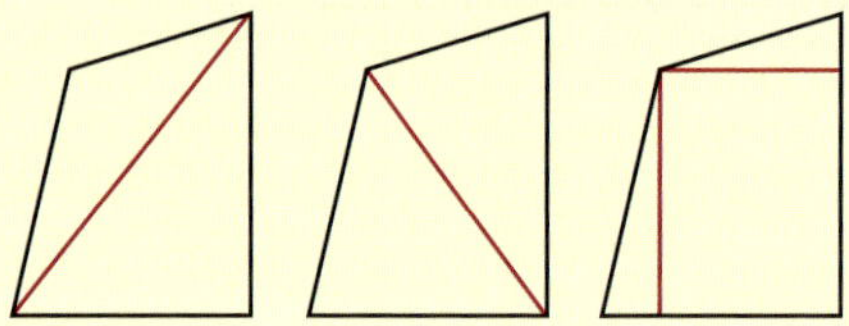	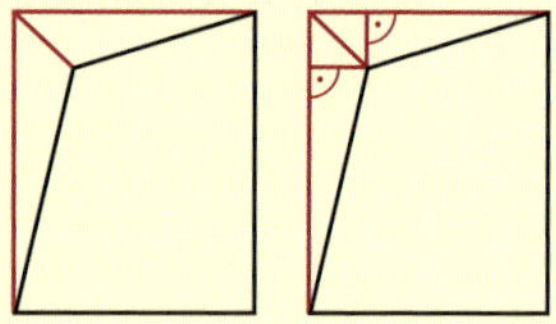

Manchmal lässt sich die gesuchte Größe nicht sofort aus den gegebenen Angaben ermitteln. Für die Lösung solcher Aufgaben sollte man folgende Hinweise beachten.

1. Anhand der Aufgabe wird geprüft, welche Dreieckart vorliegt, und eine Planfigur erstellt.
2. Ein Lösungsplan wird aufgestellt. Man versucht zunächst mit den gegebenen Werten zu rechnen, da Zwischenergebnisse oft gerundete Werte sind.
3. Alle Rechenwege klar, deutlich und übersichtlich notieren.
4. Die Ergebnisse kontrollieren. (Konstruktion, Kongruenzsätze, Dreiecksseiten-Winkel-Beziehungen, Prüfen: Kann mein Ergebnis stimmen?, eventuelle Fehlerquellen notieren)
5. Nach nochmaligem Lesen der Aufgabenstellung Antwort formulieren.

B Berechne den Flächeninhalt des Vierecks ABCD!

Gegeben: $a = 4{,}0$ cm
$b = 2{,}7$ cm
$c = 4{,}8$ cm
$d = 5{,}2$ cm
$\beta = 113°$
$\delta = 69°$

Planfigur:

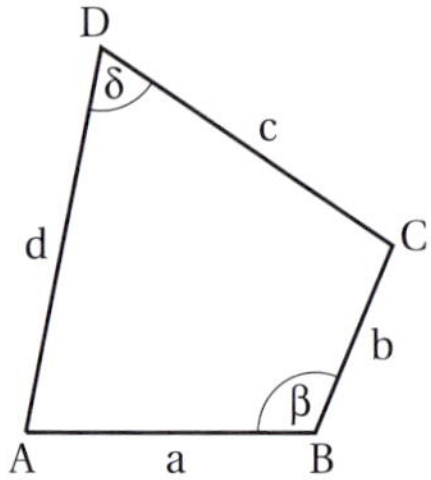

Gesucht: A

Lösung: ① Zerlegung des Vierecks in zwei Teildreiecke

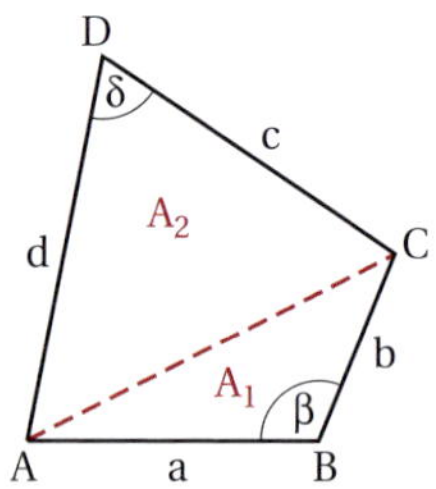

② Berechnung der Teilfläche A_1

$A_1 = \frac{1}{2} \cdot a \cdot b \cdot \sin\beta$

$A_1 = \frac{1}{2} \cdot 4{,}0\text{ cm} \cdot 2{,}7\text{ cm} \cdot \sin 113°$

$A_1 = 4{,}97\text{ cm}^2$

③ Berechnung der Teilfläche A_2

$A_2 = \frac{1}{2} \cdot c \cdot d \cdot \sin\delta$

$A_2 = \frac{1}{2} \cdot 4{,}8\text{ cm} \cdot 5{,}2\text{ cm} \cdot \sin 69°$

$A_2 = 11{,}65\text{ cm}^2$

④ Berechnung der Gesamtfläche A

$A = A_1 + A_2$

$A = 4{,}97\text{ cm}^2 + 11{,}65\text{ cm}^2$

$A = 16{,}62\text{ cm}^2$

Antwort: Der Flächeninhalt des Vierecks ABCD beträgt $16{,}62\text{ cm}^2$.

Aufgaben

1. Berechne den Umfang und den Flächeninhalt der Vierecke!

a)
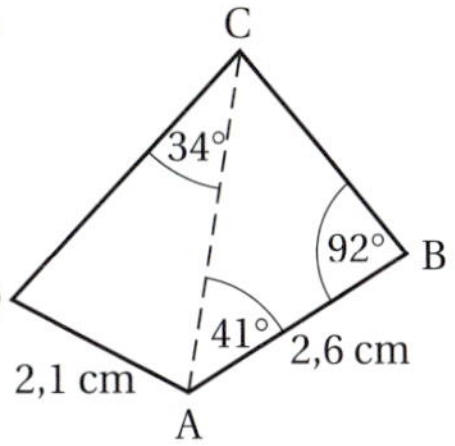

b)
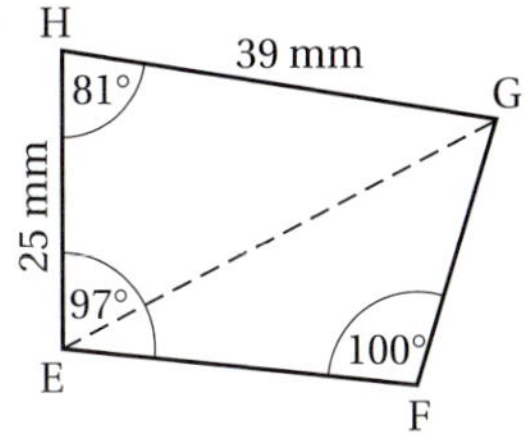

c)
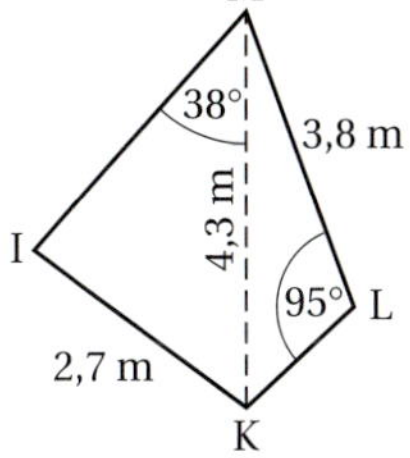

d)
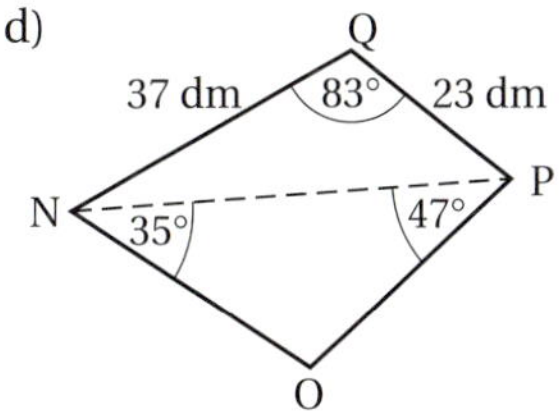

e)
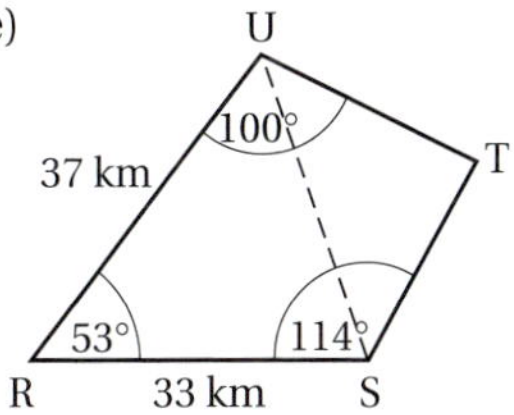

f)
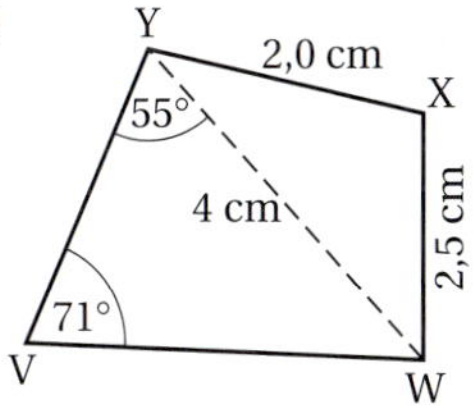

2. Berechne die fehlenden Stücke sowie den Umfang und den Flächeninhalt des Trapezes ABCD mit $\overline{AB} \parallel \overline{CD}$!

	a	b	c	d	α	β	γ	δ	u	A
a)	5,0 cm	3,1 cm	1,7 cm		61°	48°				
b)		14,5 cm	7,8 cm	13,8 cm			110°	100°		
c)	7,5 cm		1,5 cm	3,8 cm	23°		150°			
d)	4,3 cm	2,9 cm		3,2 cm		75°		116°		
* e)		3,8 cm	2,7 cm		71°		128°		15,7 cm	
* f)	13,0 cm			9,1 cm	49°	53°			32,5 cm	

3. Berechne im Viereck ABCD die angegebenen Stücke!
Konstruiere das Viereck und überprüfe an der Konstruktion die Ergebnisse!

a) $a = 4{,}5$ cm; $b = 5{,}0$ cm; $d = 7$ cm; $\alpha = 40°$; $\beta = 120°$ Gesucht: c, γ, δ

b) $b = 5$ cm; $c = 4$ cm; $\beta = 150°$; $\gamma = 60°$; $\delta = 100°$ Gesucht: a, d, α

c) $b = 4$ cm; $c = 4$ cm; $d = 4$ cm; $\gamma = 125°$; $\delta = 105°$ Gesucht: a, α, β

d) $c = 3{,}5$ cm; $d = 4{,}0$ cm; $\alpha = 70°$; $\gamma = 95°$; $\delta = 115°$ Gesucht: a, b, β

4. Berechne den Umfang und den Flächeninhalt der Vielecke, die aus mehreren Dreiecken zusammengesetzt sind!

a)
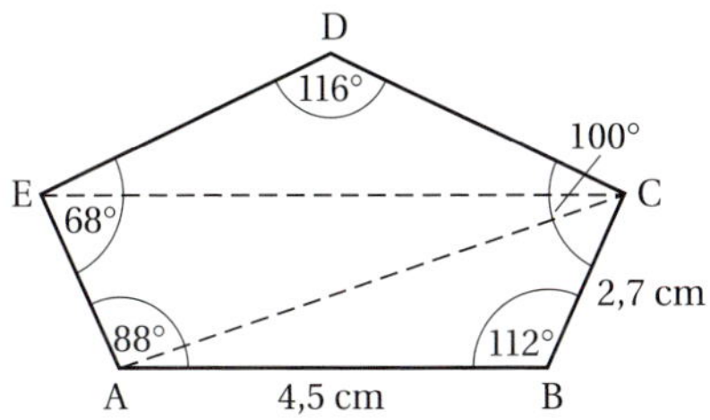

$\overline{BC} = \overline{AE}$; $\overline{CD} = \overline{DE}$

b)
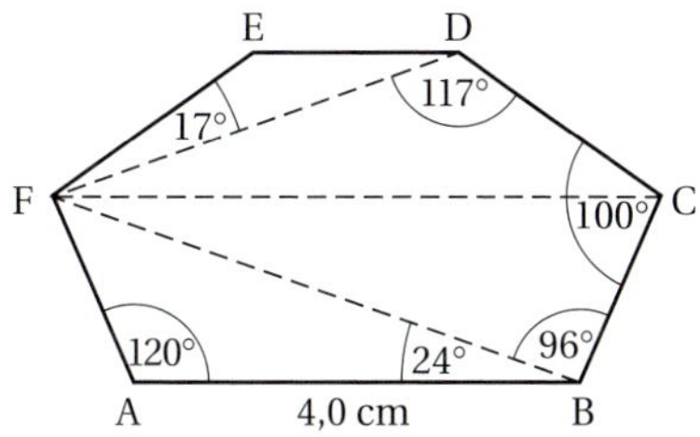

$\overline{BC} = \overline{AF}$; $\overline{CD} = \overline{EF}$

***5.** Bauer Neumann möchte für eine bessere Zufahrt zu seinem Land einen neuen Feldweg quer über seine Ackerfläche anlegen. Der Weg soll 3,50 m breit sein.
Wie viel Prozent seiner landwirtschaftlichen Nutzfläche geht ihm dadurch verloren?

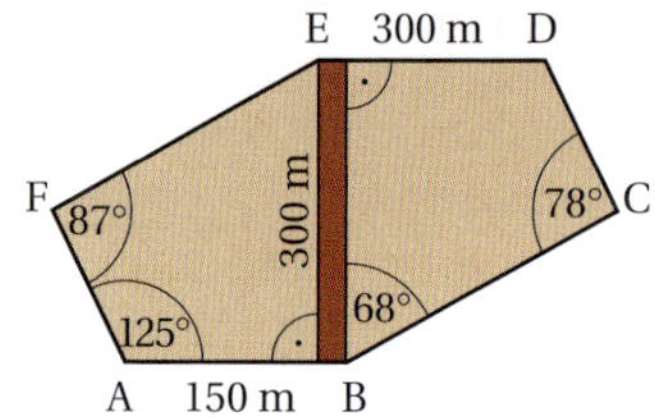

6. Familie Lehmann bekommt für den Bau ihres Einfamilienhauses zwei Grundstücke angeboten.
a) Wie groß sind jeweils die Grundstücke?
b) Wie teuer sind jeweils die Grundstücke, wenn für das Angebot ① 25,75 € pro Quadratmeter und für das Angebot ② 28,25 € pro Quadratmeter gezahlt werden müssen?

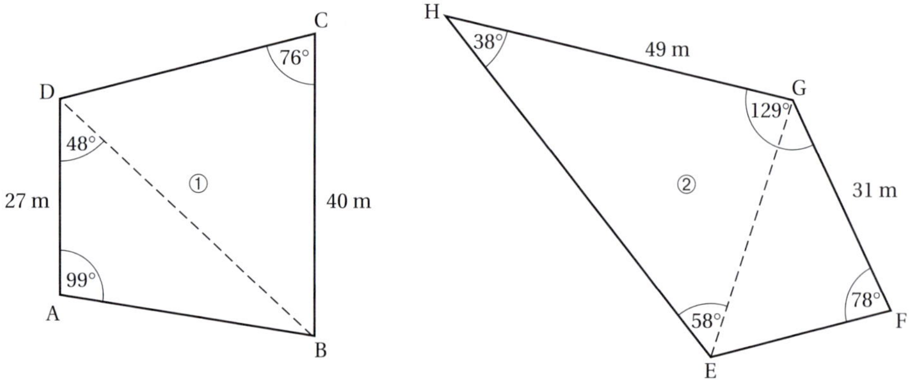

7. Im Gebirge soll eine Straße an einem Hang gebaut werden. Damit kein zu großes Gefälle talwärts auftritt, wird ein Damm aufgeschüttet und befestigt.
a) Berechne die Querschnittsfläche des Dammes!
b) Der Damm wird 220 m lang.
Wie viel Material wird benötigt?

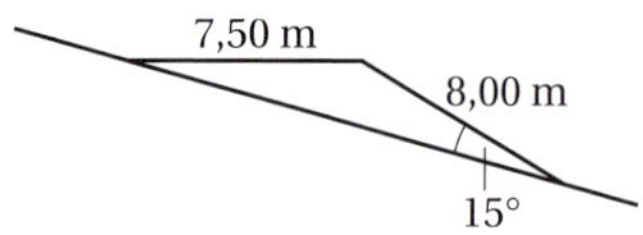

8. Der Spielplatz in einem Park soll neu gestaltet werden. Ein Sandkasten (SK), eine Kletterburg (KB) und ein Pavillon (P) sind geplant.
Die vorhandenen Wege (423 m^2) sollen erhalten bleiben.
Auf die restliche Fläche soll Grassamen gesät werden.
Der Gärtner empfiehlt für 4 m^2 Fläche 0,5 kg Grassamen.
Wie viel Tonnen Grassamen werden für den Spielplatz benötigt?

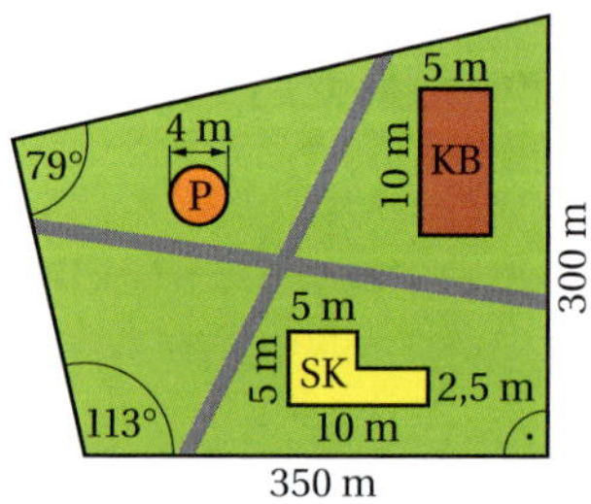

9. Gegeben sind die Punkte A(–2; 2), B(3; –4), C(5; 1), D(2; 4) und E(–1; 2). Zeichne diese Punkte in ein rechtwinkliges Koordinatensystem und verbinde sie zum Fünfeck ABCDE! Berechne den Flächeninhalt des Fünfecks!

10. Im südwestlichen Nordatlantik befindet sich das Bermuda-Dreieck. Dort gibt es immer wieder mysteriöse Schiffs- und Flugzeugkatastrophen. Das Bermuda-Dreieck hat als Begrenzungspunkte die Südwestspitze der Bermudainseln, Miami auf der Halbinsel Florida und San Juan auf der Insel Puerto Rico.
Berechne die Fläche des Bermuda-Dreiecks! Die Krümmung der Erdoberfläche bleibt unberücksichtigt. Suche dazu die notwendigen Angaben aus einem Atlas oder im Internet!

1

1.5 Gemischte Aufgaben

Berechnungen am beliebigen Dreieck

1. Stelle für die Dreiecke ABC jeweils einen Lösungsplan zur Berechnung der fehlenden drei Stücke auf! (Hinweis: die benannten Stücke seien gegeben.)

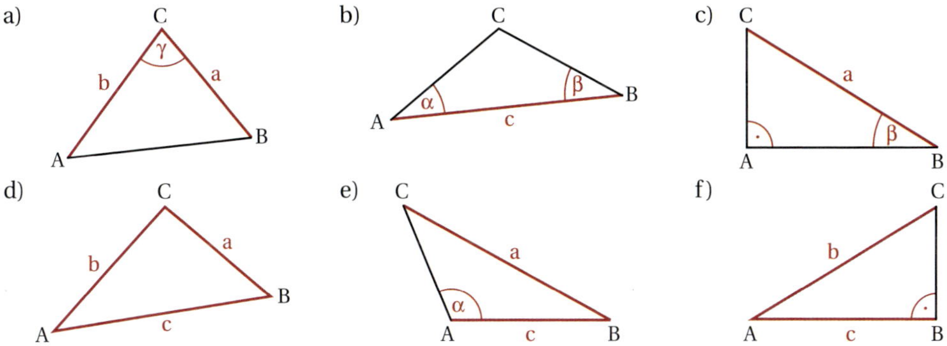

2. Gib jeweils eine Gleichung zur Berechnung der folgenden Größen an!

a) Diagonale e
b) Seite d
c) Winkel γ
d) Seite a
e) Winkel α
f) Winkel δ_1

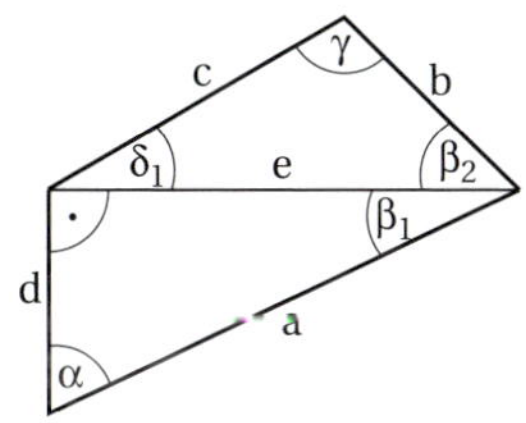

3. Berechne die fehlende Größe x!

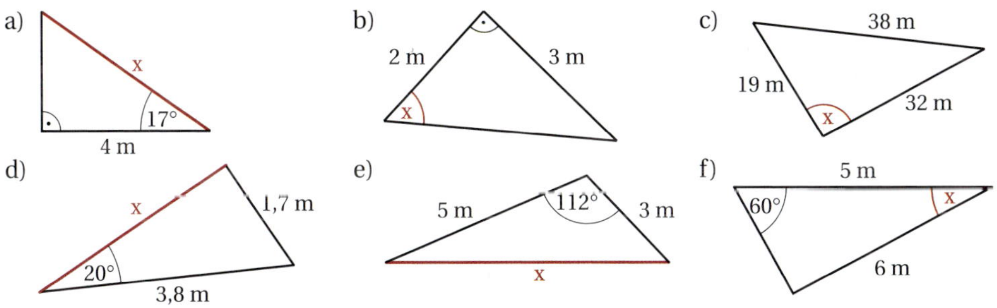

4. Berechne alle fehlenden Seiten, Winkel, den Umfang und den Flächeninhalt der Dreiecke!

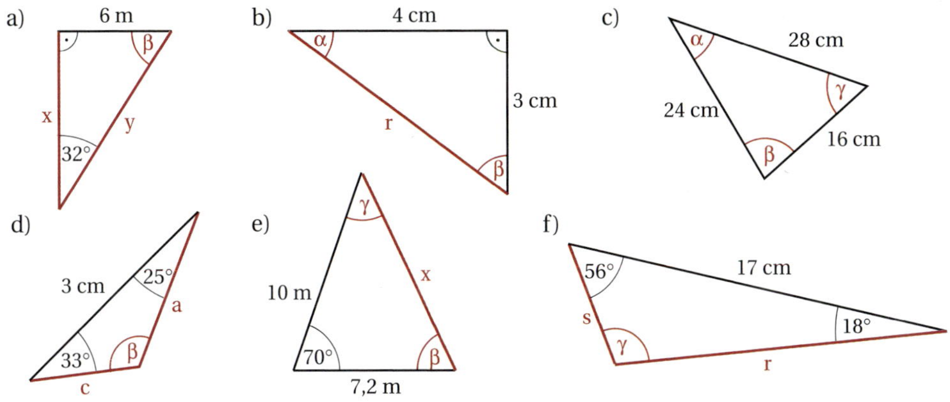

5. Berechne, falls möglich, für die Dreiecke ABC jeweils die fehlenden Stücke und den Flächeninhalt, wenn gegeben sind:

a) $a = 4$ cm, $b = 6$ cm, $\beta = 75°$	b) $b = 6$ cm, $c = 7$ cm, $a = 10$ cm
c) $b = 6$ cm, $c = 7$ cm, $\gamma = 35°$	d) $a = 4$ cm, $b = 3$ cm, $\gamma = 75°$
e) $a = 10$ cm, $\alpha = 75°$, $\gamma = 50°$	f) $a = 4$ cm, $b = 8$ cm, $\alpha = 35°$
g) $a = 4$ cm, $\beta = 120°$, $\gamma = 25°$	h) $a = 4$ cm, $b = 6$ cm, $c = 8$ cm

6. Von A nach C soll eine Leitung verlegt werden.
Zwei Möglichkeiten bezüglich der Kosten sollen untersucht werden.
1. Möglichkeit:
Direktverbindung durch das Gelände mit 20 € pro Meter
2. Möglichkeit:
Entlang der existierenden Wege $\overline{AB}$ und $\overline{BC}$ mit 15 € pro Meter
Welche der beiden Möglichkeiten ist kostengünstiger?

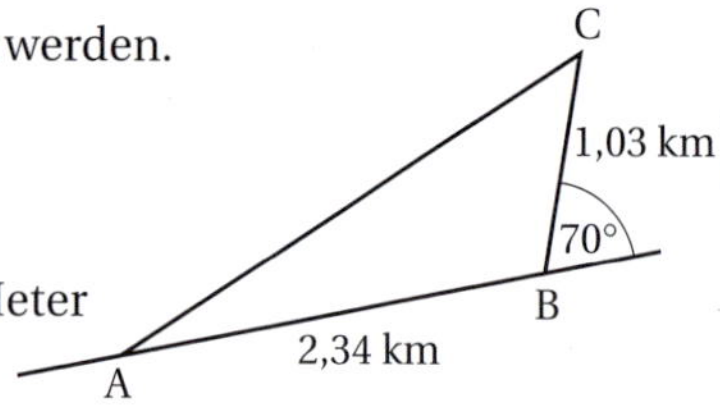

7. Die nebenstehende Abbildung zeigt ein Drachenviereck ABCD.
a) Berechne den Flächeninhalt des Drachenvierecks für:
$\alpha = 100°$; $a = 5$ cm; $b = 10$ cm!
b) Berechne die Längen der beiden Diagonalen e und f!

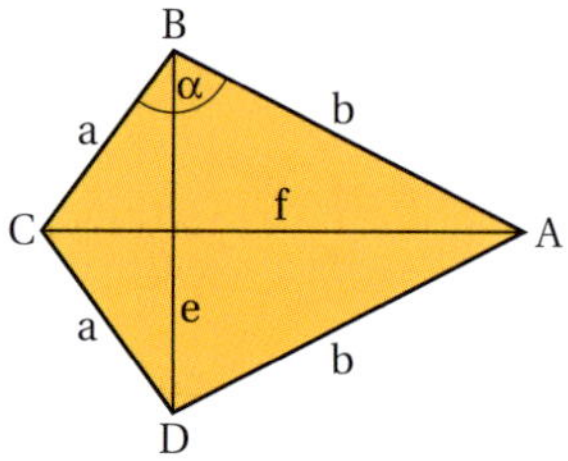

***8.** Untersuche, ob für nebenstehende Zeichnung folgendes Verhältnis gilt!
$a : b = 2 : 1$

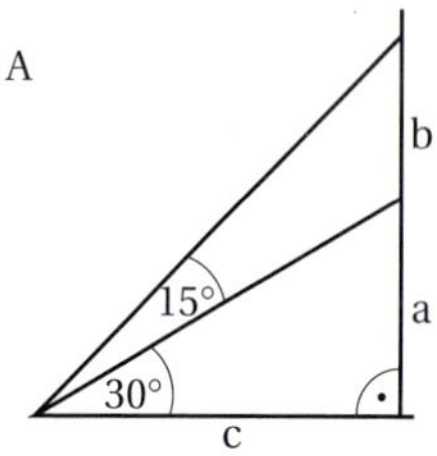

Zeichnungen nicht maßstäblich

9. In einem Dreieck ABC sind $a = 5$ cm; $b = 10$ cm und $\beta = 50°$.
a) Berechne den Flächeninhalt des Dreiecks!
b) Entscheide, ob folgende Aussage wahr ist!
„Wäre auch noch der Winkel α gegeben, könnte man einfach folgende Formel verwenden: $A = \frac{1}{2} ab \cdot \sin(\alpha + \beta)$“
Begründe!

***10.** Zeige, dass das für ein bestimmtes Dreieck charakteristische Verhältnis $\frac{a}{\sin\alpha}$ gleich dem Durchmesser des Umkreises dieses Dreiecks ist! Konstruiere mithilfe dieses Satzes drei Dreiecke mit folgenden Eigenschaften! Es gilt: $\frac{c}{\sin\gamma} = 6$ cm und $c = 4$ cm

11. Für lineare Funktionen gilt die Funktionsgleichung $y = m \cdot x + n$.
Zeige, dass $m = \tan\alpha$ gilt, wenn α der Winkel zwischen der Geraden und der x-Achse ist!
Betrachte dabei drei Fälle:
a) $0° < \alpha < 90°$ b) $90° < \alpha < 180°$ c) $\alpha = 0°$

12. Die Seitenlängen a; b und c eines Dreiecks ABC verhalten sich zueinander wie:
$c : b : a = 8 : 15 : 17$
Berechne den kleinsten Innenwinkel des Dreiecks ABC!

13. Berechne den Flächeninhalt des Dreiecks ABC mit $\gamma = 90°$; $\alpha = 40°$ und $a = 6$ cm!

***14.** Entscheide, ob folgende Aussage wahr ist! Begründe! Berechne, wenn möglich!
Im Dreieck ABC mit $c = 20$ cm; $b = 10$ cm und $\gamma = 60°$ kann die Länge der Seite a mithilfe der Gleichung $c^2 = a^2 + b^2 - 2ab \cdot \cos\gamma$ berechnet werden.

15. Leite den Sinussatz für das Dreieck ABC her, wenn h_a genutzt werden soll!

16. Wie viele und welche Stücke musst du bestimmen, um die nicht messbare Tunnellänge zu berechnen?

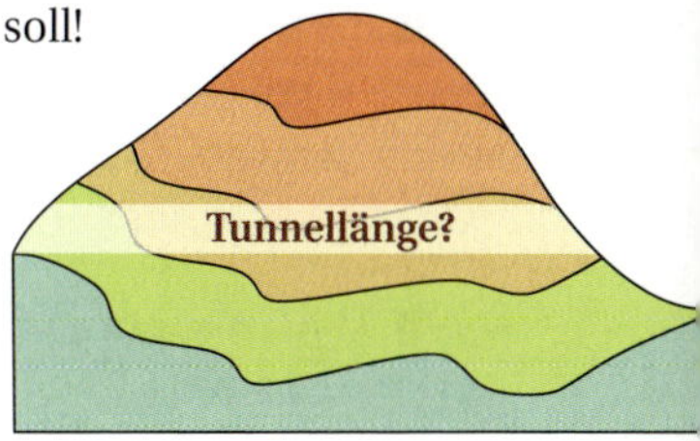

***17.** Die Flächeninhaltsformel für ein gleichseitiges Dreieck lautet:

$A = \frac{a^2}{4}\sqrt{3}$

Leite diese Formel her!

***18.** Zeige, dass am gleichseitigen Dreieck mit der Seitenlänge a gilt: $\cos 60° = \frac{1}{2}$!

19. Berechne die Länge der Strecke $\overline{BD}$ (s. Skizze)!

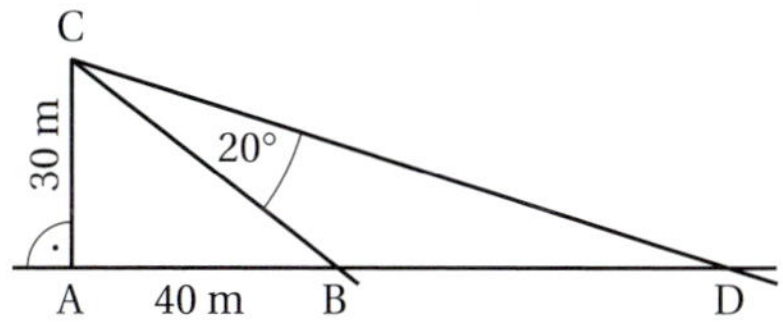

20. Berechne von den folgenden Dreiecken ABC jeweils den Umfang!

a) $c = 5{,}8$ cm; $\alpha = 63{,}4°$; $\beta = 37{,}5°$

b) $b = 10{,}2$ cm; $c = 8{,}8$ cm; $\alpha = 72{,}5°$

21. Von dem dargestellten Trapez ABCD seien gegeben:
$a = 6$ cm, $b = 4$ cm, $\alpha = 55°$ und $\beta = 65°$
Berechne die fehlenden Stücke und den Flächeninhalt!

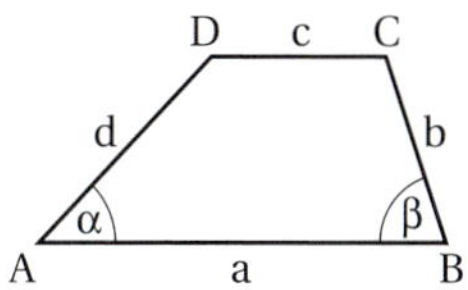

22. Es sei $c = 4$ cm, $\alpha = 30°$ und $b = 6$ cm.
Bestimme h, d, β' und β!

23. In einem Dreieck sei $c = 8$ cm, $\beta = 45°$ und $a = 4$ cm.
Bestimme α; γ und b!

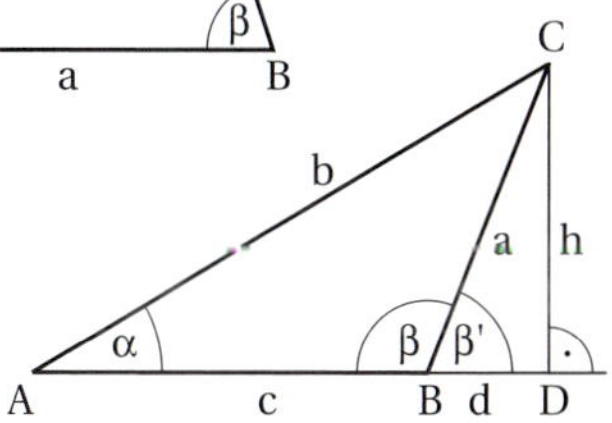

24. Gegeben seien von einem Dreieck ABC: $a = 9{,}0$ cm, $b = 5{,}5$ cm und $\alpha = 65°$. Berechne:

a) die Höhe h_a b) die Winkelhalbierende w_α c) die Seitenhalbierende s_b

25. Gegeben seien von einem Dreieck ABC: $a = 5$ cm, $b = 8$ cm und $\beta = 30°$. Berechne:

a) die Seitenhalbierende s_c b) den Umfang u c) den Flächeninhalt A

26. Berechne vom Dreieck ABC jeweils die in Klammern stehenden Stücke!

a) $A = 30\ \text{cm}^2$, $b = 8$ cm, $\alpha = 70°$ (c)

b) $A = 25\ \text{cm}^2$, $a = 10$ cm, $\gamma = 50°$ (u)

c) $A = 20\ \text{cm}^2$, $a = 10$ cm, $b = 8$ cm (γ)

27. Gegeben sind von einem Viereck ABCD:
$a = 10$ cm, $b = 8$ cm, $d = 5$ cm und $\beta = 130°$
Berechne die Länge der Diagonalen und den Flächeninhalt!

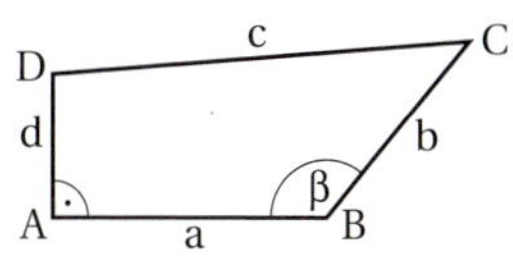

28. Gegeben sind von einem Viereck ABCD:
$a = 6{,}0$ cm, $c = 10{,}5$ cm, $\alpha = 110°$ und $\delta = 35°$
Berechne den Umfang und den Flächeninhalt des Vierecks!

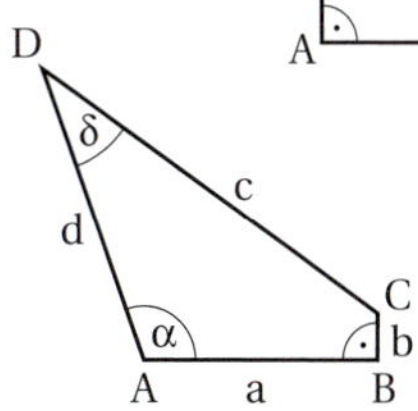

29. „Sägedächer" von Fabrikhallen seien durch $a : b \approx 2 : 1$ gekennzeichnet.
Welche Neigung α haben die Dachflächen ungefähr?

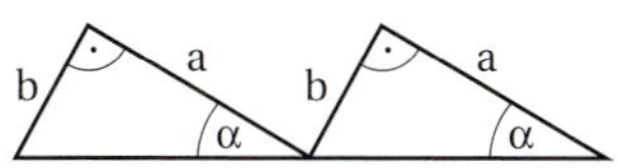

30. $\overline{A'B'}$ sei das Bild von $\overline{AB}$ bei senkrechter Projektion auf die Gerade g.
Berechne die Neigung von $\overline{AB}$ gegenüber g!
Es gilt: $\overline{AB} = 2 \cdot \overline{A'B'}$

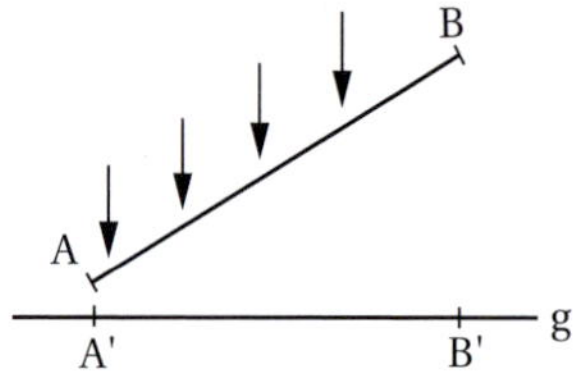

31. Ein dreieckiger Segelkurs wird durch Bojen markiert.
Welche Richtungsänderungen liegen in B und C vor?

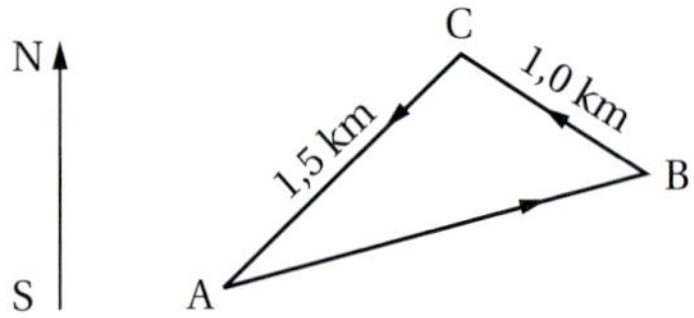

32. Für ein Haus wird eine Giebelform entworfen.
a) Berechne a für c = 10 m, $\alpha = \beta = 45°$!
b) Berechne a für c = 10 m, $\alpha = 50°$, b = 6 m!
c) Berechne a für c = 10 m, $\gamma = 130°$, b = 6 m!

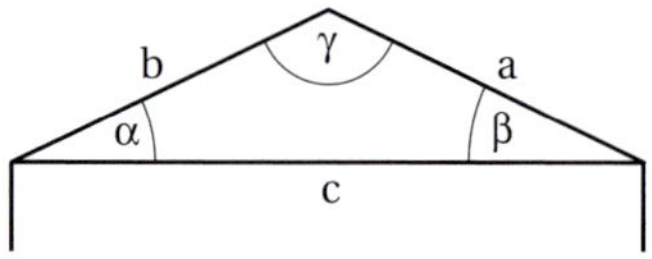

33. Eine Wandergruppe ging von A nach C über B, eine andere gelangte von A über D nach C.
Welcher Weg war der kürzere? Begründe!

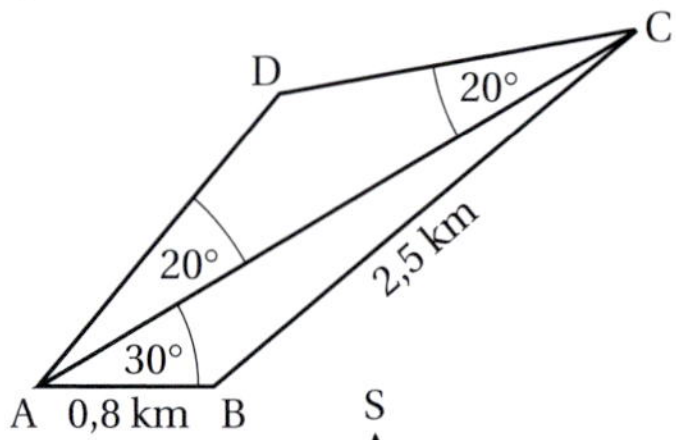

34. Ein Mast $\overline{SB}$ steht lotrecht auf einem Hang (s) und wird u.a. von zwei Seilen $\overline{AS}$ und $\overline{CS}$ gehalten. Der Hang hat die Neigung α.
Gegeben: $\overline{AB} = 4{,}5$ m; $\overline{SB} = 8{,}0$ m; $\alpha = 25°$
Gesucht: $\overline{AS}$ und $\sphericalangle BAS$

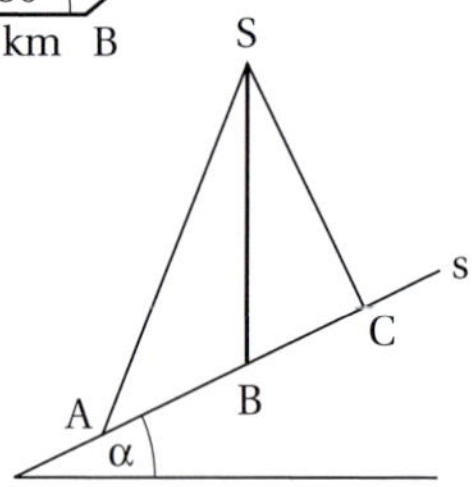

35. a) Drücke für die dargestellte Figur den Flächeninhalt A in Abhängigkeit von d; h und α aus!
b) Berechne A für d = 4 m, $\alpha = 65°$ und h = 2 m!

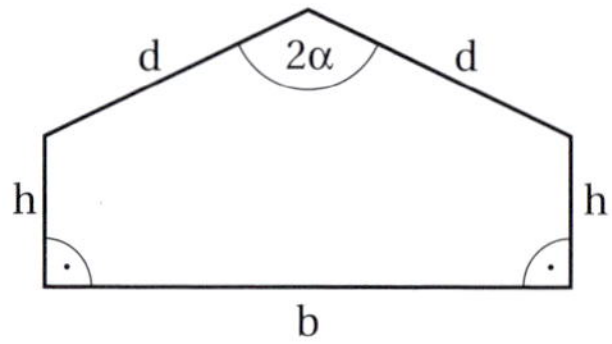

36. Dargestellt ist ein „Kran“ mit seinem „Ausleger“ $\overline{QR}$ mit fester Länge und dem beweglichen „Seilstück“ $\overline{PR}$. Der Punkt R soll sich zwischen 6 m und 12 m Höhe bewegen.
Welches Intervall ergibt sich daraus für α?

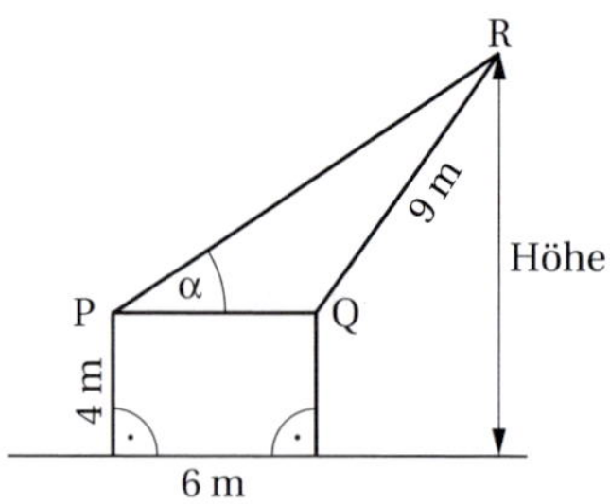

37. Eine dreieckige Stahlplatte ($\rho_{Stahl} = 7{,}8\ \frac{g}{cm^3}$) der Dicke 20 mm hat die Seitenmaße 2,00 m; 2,50 m und 3,50 m.
Berechne die Masse der Platte!

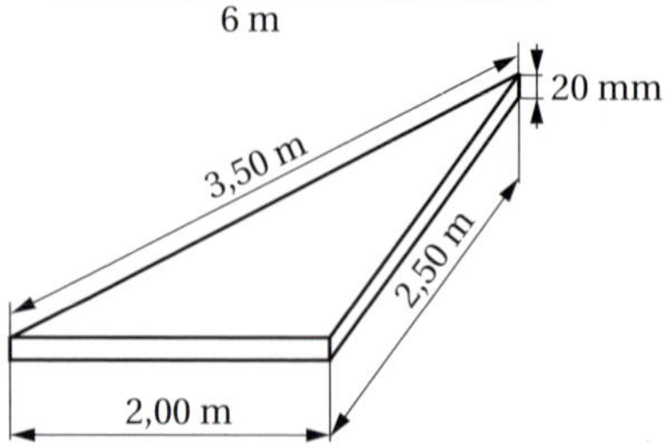

38. In einem beliebigen Trapez sind $a = 70$ cm, $b = 52$ cm, $c = 32$ cm und $\sphericalangle ABC = \beta = 68°$.

a) Berechne die Länge der Diagonalen $\overline{AC} = e$ und $\overline{BD} = f$, die Winkel $\sphericalangle BAD = \alpha$, $\sphericalangle BCD = \gamma$ und $\sphericalangle ADC = \delta$ und den Flächeninhalt des Trapezes!

b) Konstruiere das Trapez und vergleiche deine rechnerischen Ergebnisse!

39. Ein Waldstück hat die Form eines Dreiecks. Es wurde wie folgt vermessen:
$\overline{RS} = t = 850$ m; $\sphericalangle SRT = \alpha = 55°$; $\sphericalangle TSR = \beta = 42°$

a) Konstruiere das Dreieck RST!

b) Berechne den Flächeninhalt dieses Waldstücks und gib ihn in Hektar an!

c) Wie viele Bäume kann man pflanzen, wenn ein Baum $2{,}25\ m^2$ beansprucht?

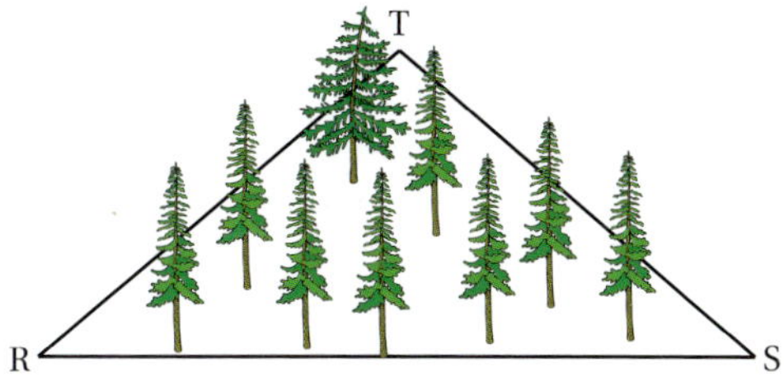

40. Der Querschnitt eines Deiches hat die Form eines Trapezes.
Berechne die Höhe des Deiches, wenn der Böschungswinkel 23° beträgt und die Böschung 7,2 m lang ist!

41. Berechne die Höhe eines gleichschenkligen Dreiecks ABC, wenn die 6,9 cm langen Schenkel einen Winkel von 84,6° bilden!

42. In der Dreieckskonstruktion sind die Strecke $\overline{AB} = c = 5$ cm und der Winkel $\alpha = 12°$ gegeben.

a) Berechne die Strecke $\overline{BD} = x$!

* b) Gib eine Gleichung für x in Abhängigkeit von c und α an!

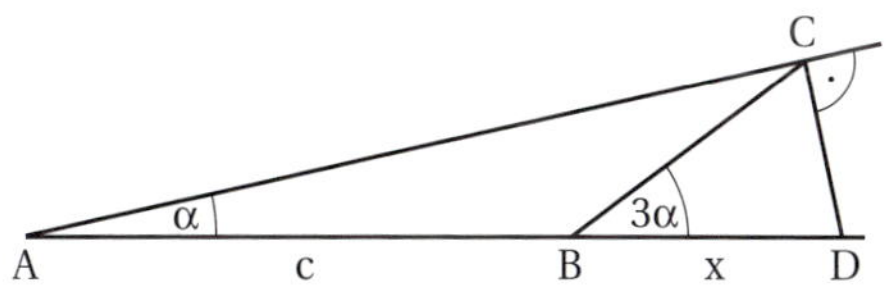

43. Ein dreieckiges Grundstück mit den Seiten $a = 25{,}0$ m, $b = 20{,}0$ m und $c = 35{,}0$ m soll durch ein rechteckiges Grundstück mit gleichem Flächeninhalt ersetzt werden. Dieses Rechteck soll als eine Seite die Seite c haben, die andere Seite sei x.
Berechne die Länge der Seite x!

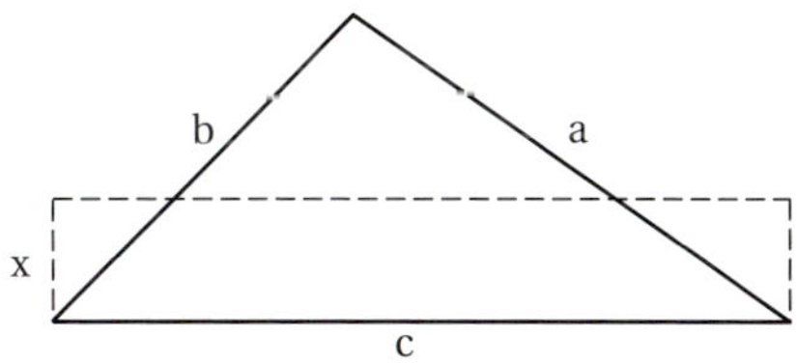

44. Ein 2,80 m hoher Bahndamm mit trapezförmigem Querschnitt ist oben an der Dammkrone 5,80 m breit. Der Böschungswinkel beträgt beiderseits 31°.

a) Wie breit ist die Dammsohle?

b) Wie viel Kubikmeter Schotter wurden für eine Dammlänge von 120 m aufgeschüttet?

c) Konstruiere den Querschnitt des Dammes zur Kontrolle und vergleiche deine Ergebnisse! Wähle einen geeigneten Maßstab!

45. Von einem Ort C führen zwei Straßen, die einen Winkel von 52° bilden, zu den Orten A und B. Von C aus fährt ein Motorradfahrer mit einer Durchschnittsgeschwindigkeit von $16\ \frac{m}{s}$ nach B und ein Autofahrer mit $25\ \frac{m}{s}$ nach A gleichzeitig ab. Der Motorradfahrer erreicht sein Ziel nach 12 min und der Autofahrer nach 9 min.
Wie weit ist der Ort A von B (Luftlinie) entfernt?

46. Eine Schülergruppe unternimmt eine Wanderung.
Vom Ort A wandert die Gruppe 3,1 km zum Ort B. Ab hier geht es 2,3 km weiter in Richtung Ort C.
Ein Schüler verstaucht sich sein Bein.
Der Wanderleiter soll nun entscheiden, welches der kürzere Weg zu einem Arzt ist; zum Ort A oder zum Ort D.

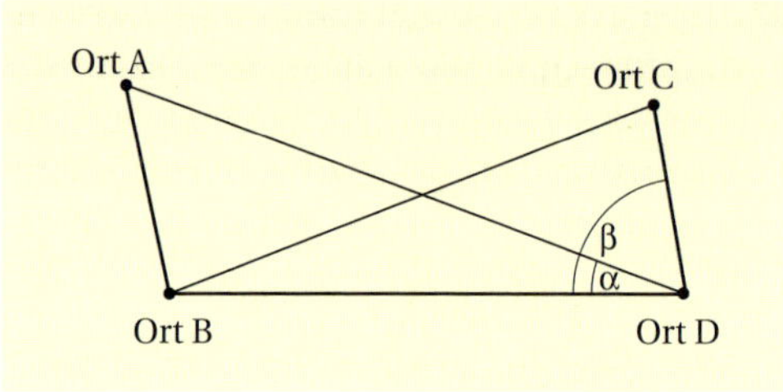

Aus der Karte entnimmt er die weiteren Angaben: Entfernung $\overline{BC} = 5{,}6$ km; $\alpha = 53°$; $\beta = 132°$

a) Welchen Weg soll die Gruppe gehen? Begründe!
b) Konstruiere zur Kontrolle! Gibt es noch eine Variante?

Trigonometrie im Koordinatensystem

47. Zeichne in ein Koordinatensystem die Graphen der Funktionen mit den Gleichungen $y = f(x) = -2x + 1$ und $y = g(x) = x - 2$ und die Parallele zur y-Achse mit der Gleichung $x = -2$!
Berechne den Flächeninhalt des entstandenen Dreiecks auf zwei verschiedenen Wegen!

***48.** Gegeben sind die Punkte A, B und C mit den Koordinaten A(–3; –2), B(3; –1) und C(2; 3).
Berechne die Größe aller Innenwinkel! Beachte, dass beim Berechnen keine abgelesenen Werte verwendet werden dürfen!

49. Bestimme den Neigungswinkel α gegen die x-Achse, den die Gerade mit der Funktionsgleichung $y = f(x) = -3x + 4$ bildet!
Erläutere, wie du das Anstiegsdreieck für die Lösung nutzen kannst!

50. a) Bestimme aus der Darstellung die Gleichungen der Geraden f, g und h!
b) Berechne den Flächeninhalt des entstandenen Dreiecks ABC!
c) Zeichne die Höhe h_a ein und berechne deren Länge!
d) Berechne den Flächeninhalt des Dreiecks ABC mit der Höhe h_a und vergleiche!

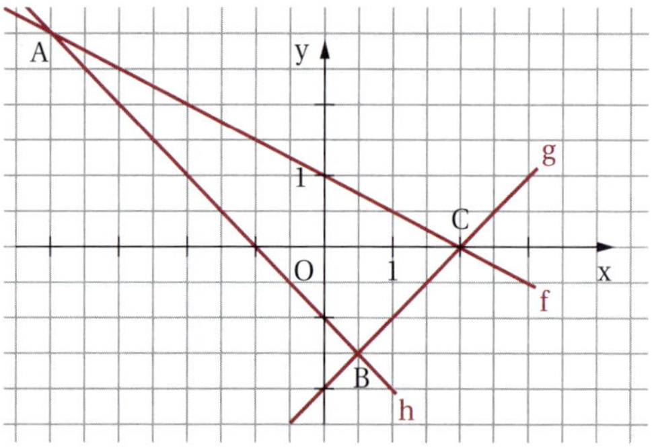

51. In einem Koordinatensystem (1 LE ≙ 1 cm) wurden folgende Koordinaten festgelegt:
A(4; –4), B(2; 2) und C(–3; –2)

a) Zeichne diese Punkte in ein Koordinatensystem und verbinde diese zu einem Dreieck ABC!
b) Berechne die Längen der Strecken zwischen den einzelnen Punkten!
c) Unter welchem Winkel schneiden sich die Strecken $\overline{AB}$ und $\overline{AC}$?
d) Berechne die kürzeste Verbindung von Punkt B auf die Strecke $\overline{AC}$!
e) Welche Strecke kann eingespart werden, wenn man von C nach B möchte, die Strecke $\overline{CB}$ aber gesperrt ist und man den Umweg über (1) A oder (2) die Abkürzung nehmen muss?
In dieser Aufgabe gilt der Maßstab: 1 cm ≙ 1 km

52. Untersuche, ob die beiden Geraden g und h parallel zueinander sind, wenn die Gerade g die x-Achse in einem Winkel $\alpha = 17°$ schneidet und für die Gerade h die Gleichung $y = 0{,}3 \cdot x$ gilt!

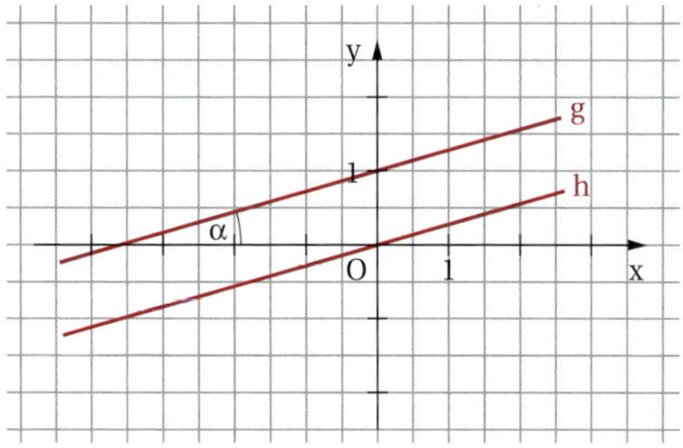

53. Gegeben sind zwei Funktionen mit den Gleichungen
$y = f(x) = 3x + 2$ und
$y = g(x) = -3x + 2.$
Vergleiche beide Graphen miteinander!
Wovon hängen die Größe der Neigungswinkel gegen die x-Achse und die Größe des Winkels beider Geraden an der y-Achse ab? Begründe!

54. Zeichne die Punkte A(4; –2), B(3; 1), C(4; 4), D(1; 3), E(–2; 4), F(–1; 1), G(–2; –2), H(1; –1) in ein rechtwinkliges Koordinatensystem (1 LE ≙ 1 cm) und verbinde die Punkte der Reihenfolge zu einem Achteck. Wie groß ist der Flächeninhalt dieser Figur?

55. Berechne die Größen der Seiten und die Innenwinkel sowie den Flächeninhalt des Dreiecks ABC!

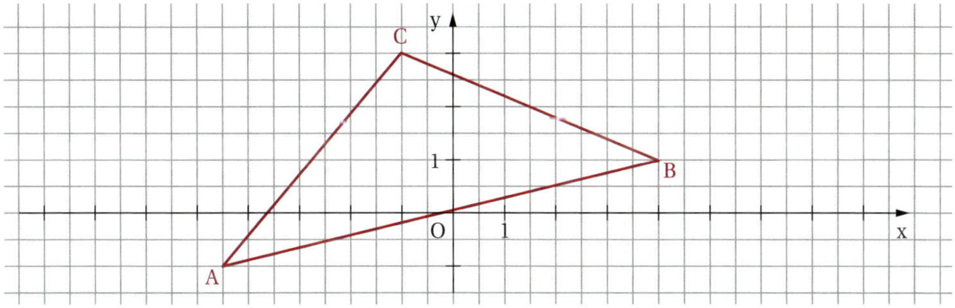

Trigonometrie im Raum

56. Eine dreiseitige Pyramide ABCS habe die Kantenlängen $\overline{AB} = 4$ cm; $\overline{BC} = 3$ cm; $\overline{CA} = 5$ cm.
Weiter gilt $\overline{AS} = \overline{BS} = \overline{CS} = 7$ cm.
Berechne die Größe aller Innenwinkel, die in den Begrenzungsflächen der Pyramide vorkommen!

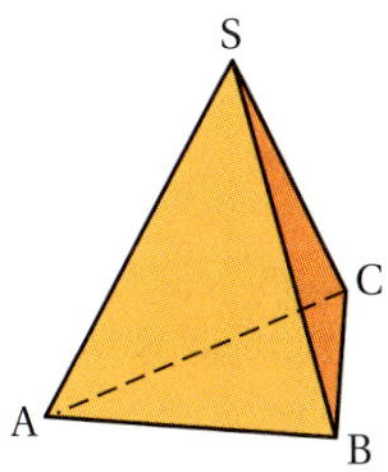

***57.** Die nebenstehende Abbildung zeigt eine Pyramide ABCS mit A(8; 0; 0); B(0; 6; 0); C(0; 0; 4) und S(0; 0; 0) in einem räumlichen rechtwinkligen Koordinatensystem.
a) Berechne die Größen aller Winkel, die von benachbarten Kanten gebildet werden!
b) Berechne den Oberflächeninhalt der Pyramide!

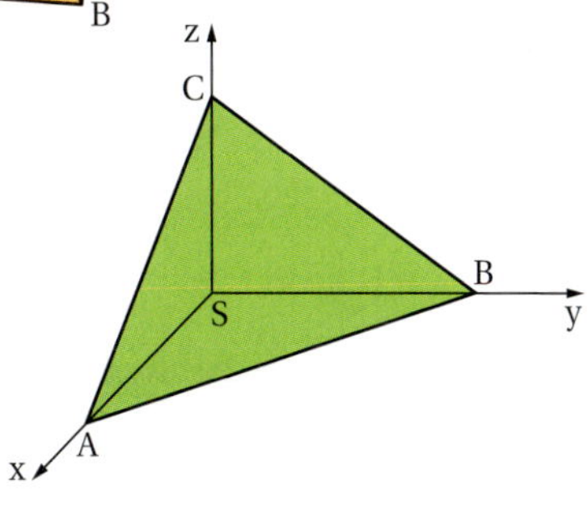

*58. Einem Kegel mit der Mantellinie s = 10 cm sei eine Halbkugel aufgesetzt.
a) Berechne das Volumen des zusammengesetzten Körpers für $\alpha = 40°$!
b) Entwickle eine Formel zur Berechnung des Volumens des zusammengesetzten Körpers in Abhängigkeit vom Winkel α!
* c) Stelle den Zusammenhang zwischen V und α in einem Koordinatensystem zeichnerisch dar!

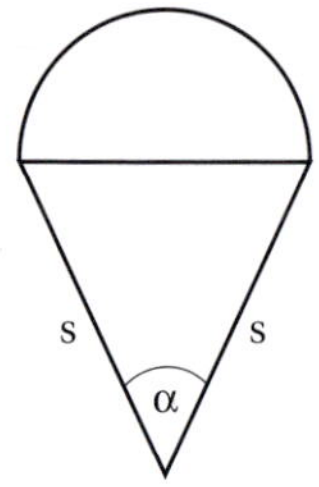

59. Konstruiere eine quadratische Pyramide mit der Kantenlänge a = 4 cm und dem Neigungswinkel der Seitenfläche von $\alpha = 37°$!
a) Welche Darstellungsart wählst du? Begründe!
b) Lies die Höhe der Pyramide ab und kontrolliere durch eine Rechnung!

60. In einem Quader ABCDEFGH mit $\overline{AB} = 5{,}5$ cm, $\overline{BC} = 3{,}2$ cm und $\overline{AE} = 6$ cm ist die Fläche des Dreiecks gesucht, dass sich aus den Diagonalen $\overline{AC}$, $\overline{CH}$ und $\overline{AH}$ ergibt.
Notiere weitere Dreiecke, die denselben Flächeninhalt wie das Dreieck ACH haben!

61. Berechne den Flächeninhalt der orangefarbenen Dreiecksflächen!

a)

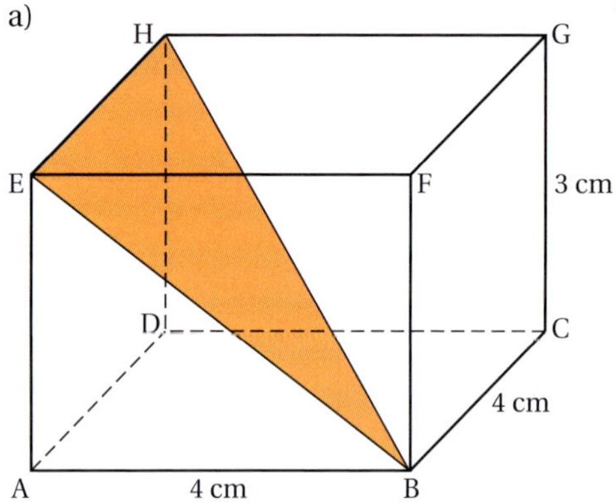

*b)

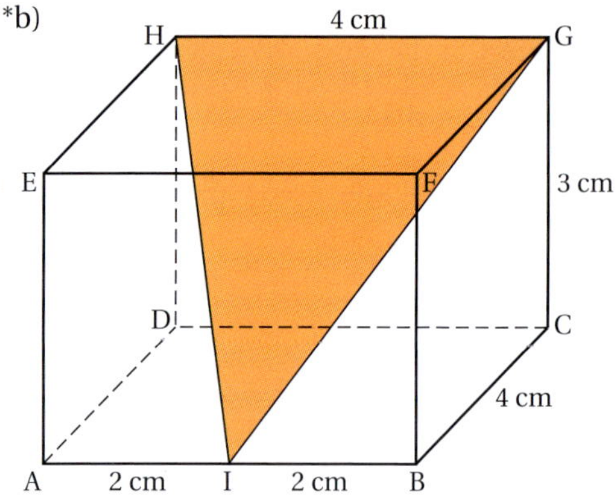

Vermessung im Gelände

62. Nach Ausfall der Satellitennavigation peilt ein Kapitän eines Segelbootes S zwei auf der Karte eingezeichnete Leuchttürme P_1 und P_2 an.
Er misst $\alpha = 250°$ und $\beta = 150°$.
Der Karte entnimmt er für die Strecke $\overline{P_1P_2} = 12$ sm und für $\gamma = 120°$.
Berechne, wie weit das Boot zur Zeit der Peilung von den Leuchttürmen entfernt ist!

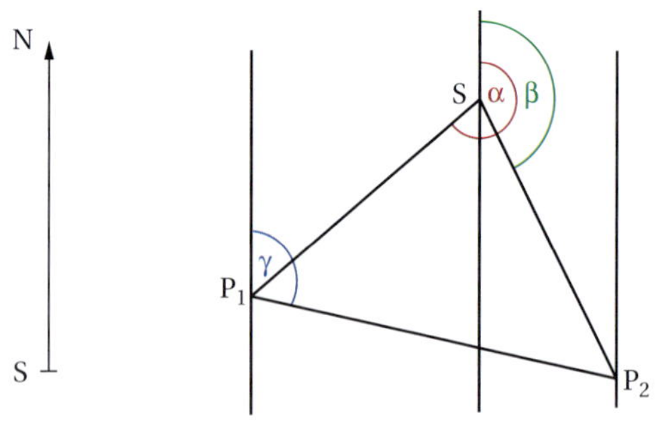

63. Deiche haben trapezförmige Querschnitte (vgl. Abbildung).
a) Berechne die Deichsohlenbreite s für $k = 6{,}0$ m; $\alpha = 24°$; $\beta = 12°$ und $h = 4{,}5$ m!
b) Gib eine Formel zur Berechnung von s an!

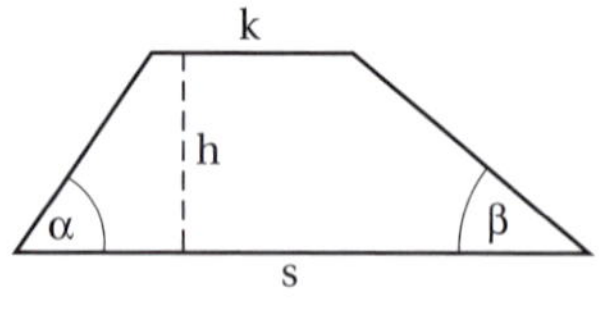

64. Ein Schiff peilt ein Seezeichen Z unter einem Winkel von 40° zur Fahrtrichtung an.
Nach 6 sm Geradeausfahrt liefert die Peilung einen Winkel von 65°.

a) Wie weit ist das Schiff zur Zeit der Peilungen vom Seezeichen entfernt?

b) Wie groß ist die minimale Entfernung zwischen Schiff und Seezeichen bei Weiterfahrt auf gleichem Kurs?

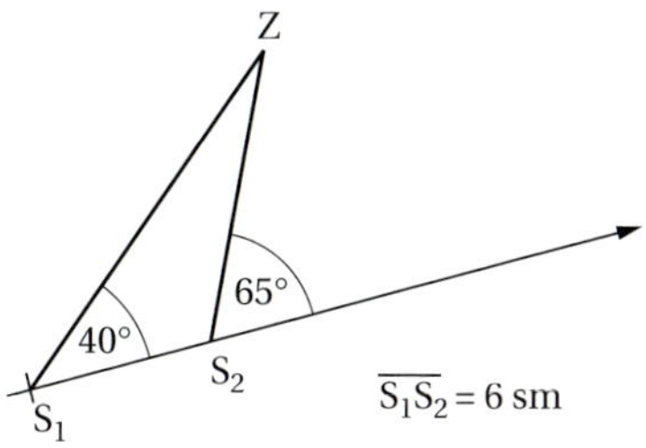

***65.** Die Breite $\overline{AB}$ eines Flusses soll mithilfe einer Peilung von der Turmspitze T ermittelt werden.
Ermittle die Flussbreite mithilfe der Maße aus nebenstehender Zeichnung!

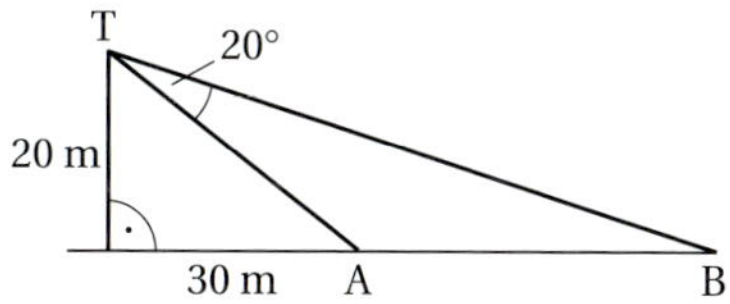

***66.** Die Höhe $\overline{CD}$ eines Turmes soll mithilfe einer Peilung von der „Basisstrecke" $\overline{AB}$ ermittelt werden.
Ermittle die Turmhöhe mithilfe der Maße aus nebenstehender Zeichnung!

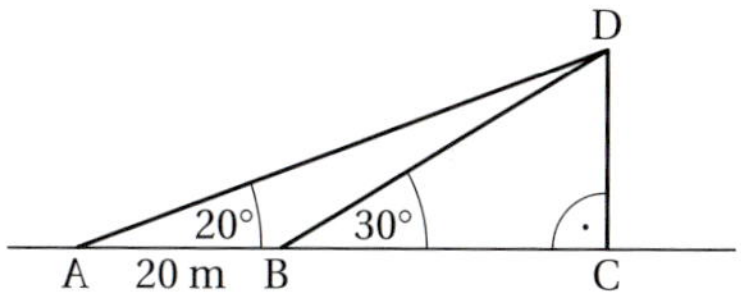

***67.** Ein Grundstück (entsprechend nebenstehender Abbildung) soll nach Vererbung in zwei flächengleiche Stücke geteilt werden.

a) Wie groß ist das Grundstück insgesamt?

b) Gib eine mögliche Halbierung des Grundstücks mit den entsprechenden Maßen an!

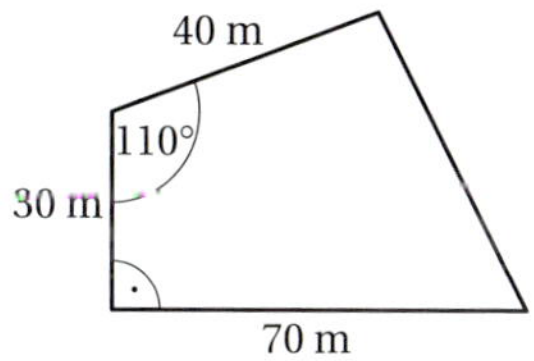

***68.** Weitenmessungen bei Wurfdisziplinen könnten (indirekt) von einer seitlich erhöhten Position T aus vorgenommen werden.

a) Welche Messungen sollten vor dem Wettkampf erfolgen und dann als konstante Werte Verwendung finden?

b) Welche Messungen können dann zur Bestimmung der jeweiligen Wurfweite $\overline{MZ}$ führen?

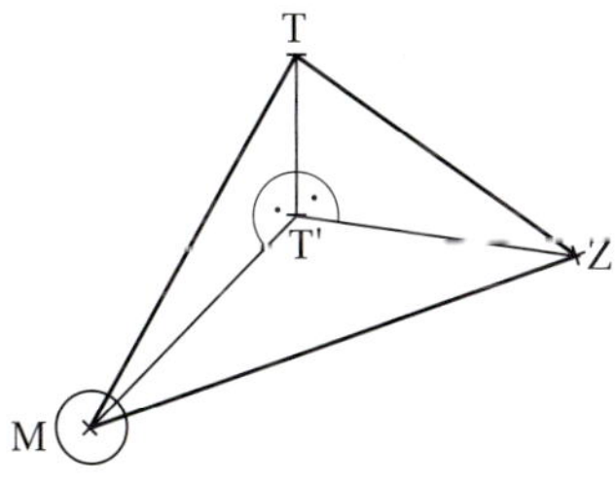

***69.** Berechne den Umfang und den Flächeninhalt der Vielecke, die aus mehreren Dreiecken zusammengesetzt sind!

a)

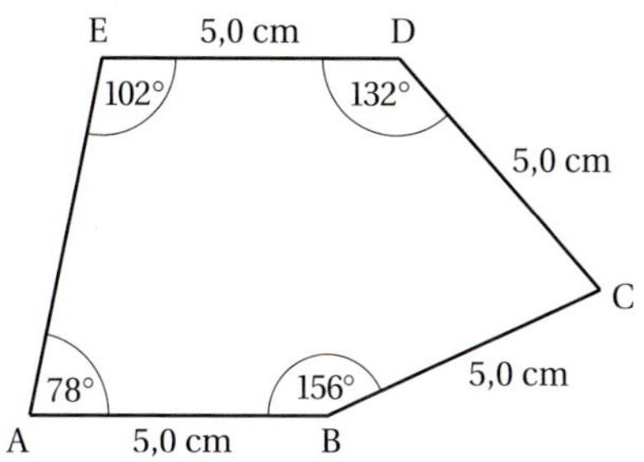

b)

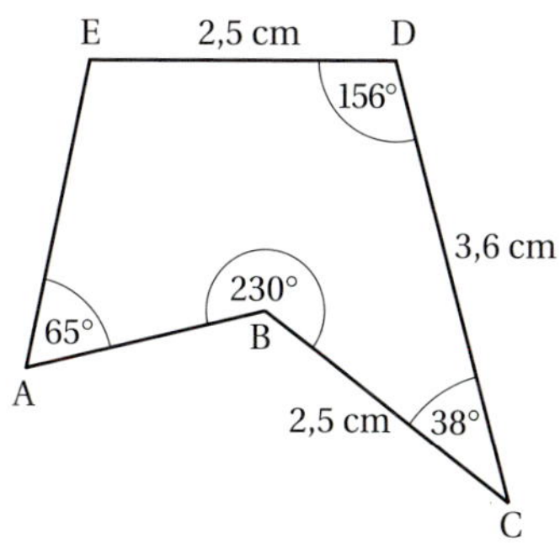

Teste dich selbst!

1. Ermittle jeweils die Winkelgrößen für $0° < \alpha < 180°$!
Runde auf die volle Winkelgröße!

a) $\sin\alpha = 0{,}7660$ b) $\sin\alpha = 0{,}9063$ c) $\sin\alpha = 0{,}9962$
d) $\cos\alpha = 0{,}4540$ e) $\cos\alpha = 0{,}9563$ f) $\cos\alpha = 0{,}1564$

2. Bestimme $\sin\alpha$ und $\cos\alpha$ auf vier Stellen nach dem Komma!

a) $\alpha = 39°$ b) $\alpha = 78°$ c) $\alpha = 110°$

3. Berechne die fehlenden Seitenlängen und Winkelgrößen im Dreieck ABC!
Konstruiere die Dreiecke und vergleiche mit den Rechenergebnissen!

a)
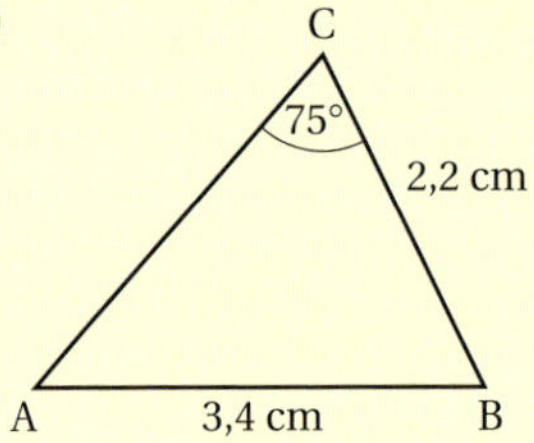

b)
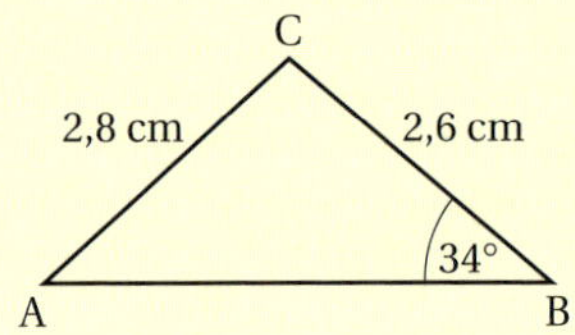

c)
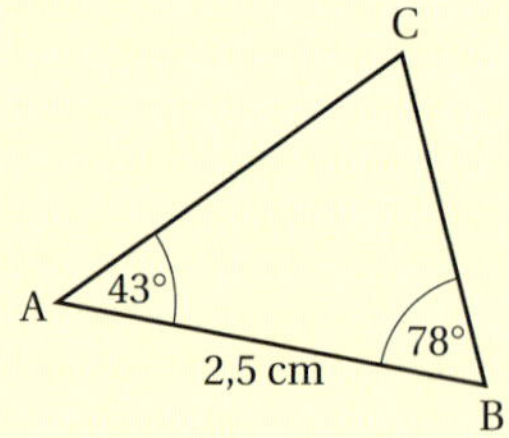

d)
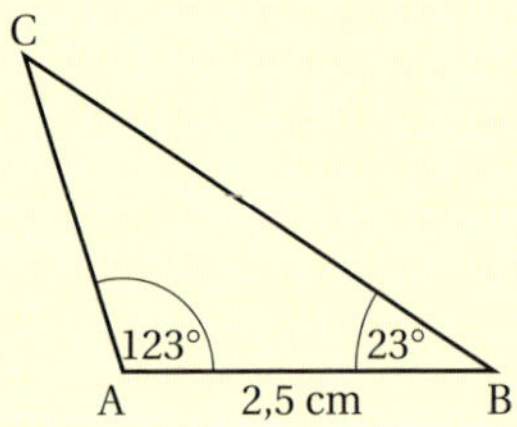

e)
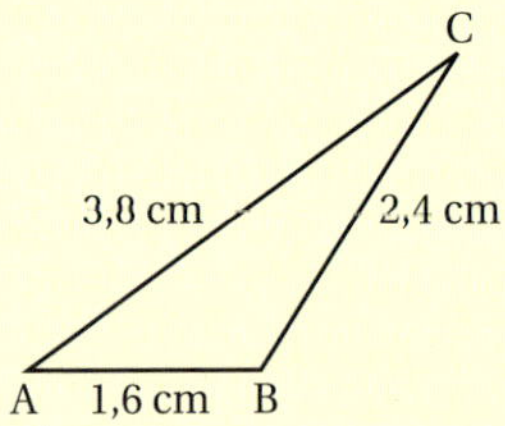

f)
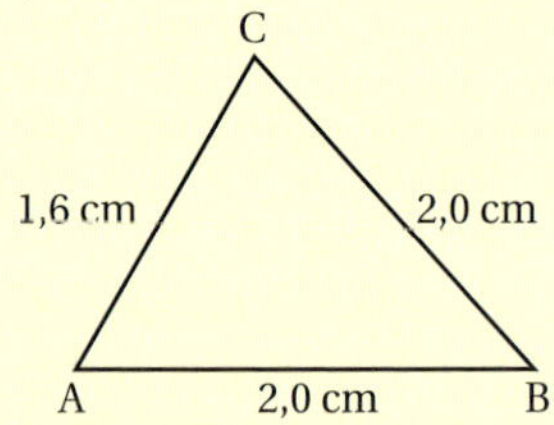

4. Berechne den Flächeninhalt des Grundstücks in Hektar (s. Abbildung rechts)!

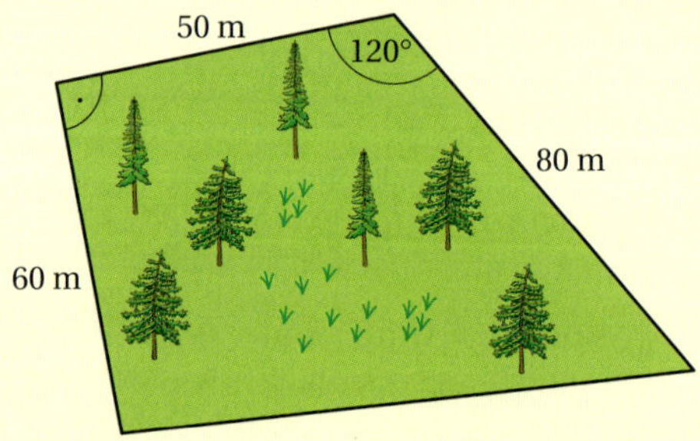

5. Von einem Turm T aus sind die Fährstation A 5,2 km und die Fährstation B 3,8 km entfernt.
Wie lang ist die Fährverbindung $\overline{AB}$, wenn $\sphericalangle ATB = 52°$ beträgt?

6. Zeichne die Gerade mit der Gleichung $y = \frac{1}{2}x - 3$ in ein Koordinatensystem!
Berechne den Neigungswinkel gegen die x-Achse!

7. Eine Seilbahn wird in einem Dreieckskurs aufgebaut.
Wie lang ist eine Runde, wenn der Winkel $\gamma = 90°$ gilt? Um wie viel Prozent ändert sich die Rundenstrecke, wenn der Winkel $\gamma = 102°$ beträgt?

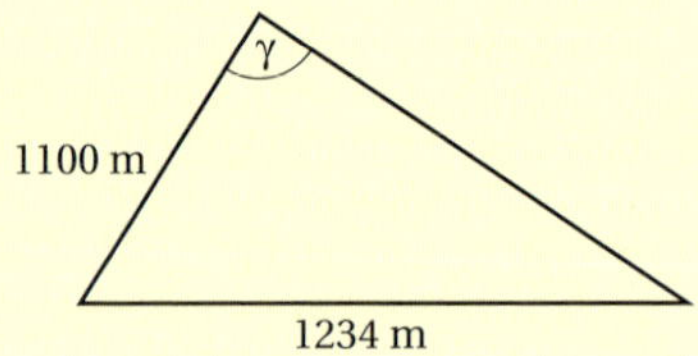

Teste dich selbst!

8. Eine trapezförmige Fläche im Stadtpark soll neu gestaltet werden.

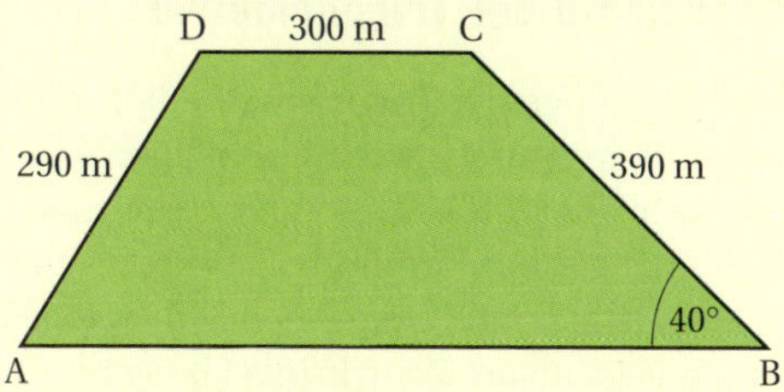

a) Konstruiere das Trapez in einem geeigneten Maßstab!
Gib den Maßstab an!

b) Die Fläche soll komplett mit einem Schutzzaun umgeben werden.
Ein Meter kostet 4,59 €.
Wie teuer ist der ganze Zaun?

c) In der großen Fläche sollen drei Blumenbeete angepflanzt werden, die der Gesamtfläche ähnlich sind. Die Seitenlängen des ersten Beetes sind ein Zehntel, die Seitenlängen des zweiten Beetes sind ein Zwanzigstel und die Seitenlängen des dritten Beetes sind ein Fünfzigstel so lang wie die der Gesamtfläche. Die Winkel bleiben gleich groß.
Wie viel Quadratmeter Blumenbeet stehen zur Bepflanzung zur Verfügung?

d) Der Rest der Fläche soll mit Laubbäumen bepflanzt werden.
Durchschnittlich rechnet man für einen Baum eine Fläche von 12 m^2.
Wie hoch sind die Beschaffungskosten für die Bepflanzung der Restfläche, wenn man für einen Baum 23,50 € bezahlen muss?

9. Eine Straße soll über ein kleines Kerbtal gebaut werden, an dessen tiefster Stelle ein Bach fließt.

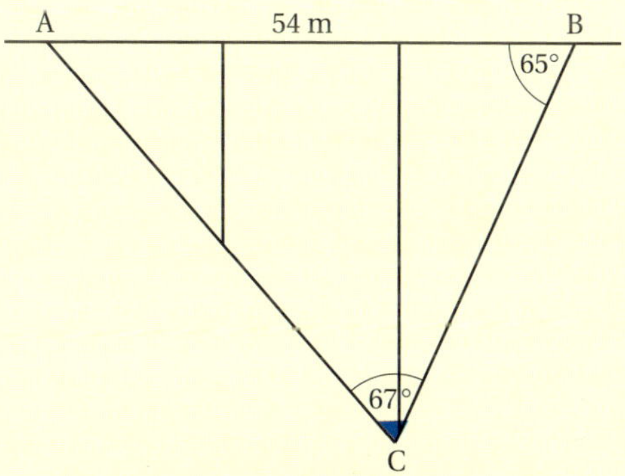

a) Wie lang sind die Hänge von A und B zum Bachgrund C?

b) Zwei Stützpfeiler, die die Brücke in drei gleich große Abschnitte teilen, müssen zur Stabilität errichtet werden.
Wie lang müssen diese Stützpfeiler talwärts jeweils sein?

10. Ein Baugrundstück hat die Form eines Sechsecks, das in drei Parzellen aufgeteilt wird.

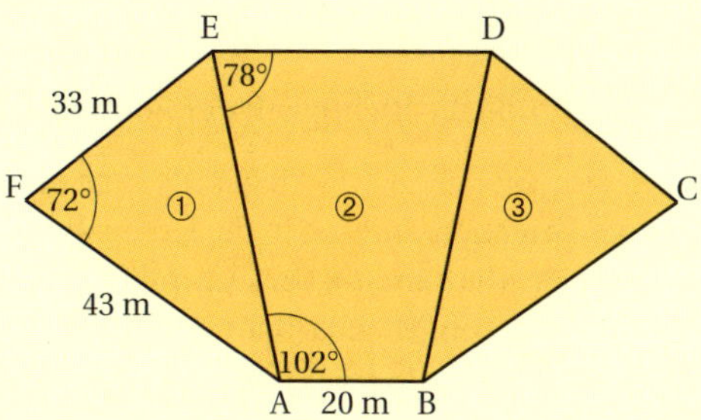

$\overline{BC} = \overline{AF}$; $\overline{CD} = \overline{EF}$; $\overline{BD} = \overline{AE}$

a) Wie groß ist jede Bauparzelle?

b) Begründe, warum die Bauparzelle ① gleich groß ist wie Bauparzelle ③!

c) Der Bauherr der Parzelle ② möchte einen Bauzaun um sein Grundstück errichten.
Wie lang wird der Bauzaun?

11. Wie groß sind die Innenwinkel eines Dreiecks ABC mit $\overline{AB} = 17{,}9$ dm, $\overline{BC} = 13{,}4$ dm und $\overline{CA} = 25{,}6$ dm?

Projekt

Geschichte der Trigonometrie

Die Ursprünge der Trigonometrie liegen in astronomischen Berechnungen. Als Grundfigur wurde nicht das rechtwinklige Dreieck, sondern der Kreis verwendet. Der griechische Astronom HIPPARCH (ca. 150 v. Chr.) soll als erster die Länge der Sehne eines Kreises in Abhängigkeit vom Zentriwinkel berechnet und in einer Tabelle angegeben haben, die aber nicht überliefert ist.

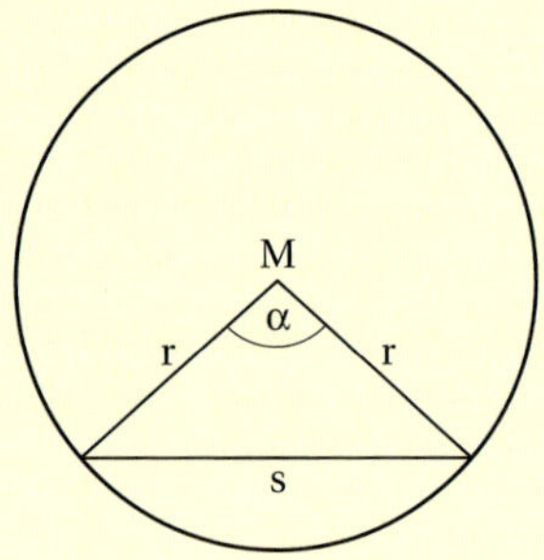

Der Zusammenhang zwischen der Länge s der Sehne eines Kreises und dem Zentriwinkel α über dem entsprechenden Bogen lautet:

$s = 2r \cdot \sin\frac{\alpha}{2}$

In einer **Sehnentafel** wird das Verhältnis $\frac{s}{r}$ in Abhängigkeit von α angegeben.

1. Berechne α für s = r und begründe das Ergebnis!
2. Zeige, dass die Gleichung $s = 2r \cdot \sin\frac{\alpha}{2}$ für $0° < a < 180°$ gilt!
3. Untersuche, ob die Gleichung auch für α = 0° und α = 180° zutrifft!
4. Stelle eine Sehnentafel mit der Schrittweite 7,5°, die wahrscheinlich auch von HIPPARCH verwendet wurde, für α von 0° bis 90° auf!

Bei der Berechnung der Länge s einer Sehne eines Kreises mit dem Durchmesser d als Funktion von α verwendeten die Griechen folgende Beziehungen, mit denen sie aus s(α) die Sehnenlängen s(180° – α) und $s(\frac{\alpha}{2})$ berechnen konnten.

① $s^2(\alpha) + s^2(180° - \alpha) = d^2$

② $s^2(\frac{\alpha}{2}) = \overline{EC}^2 + \overline{EB}^2$, mit

$\overline{EC} = \frac{1}{2}s(\alpha)$ und $\overline{EB} = \frac{d}{2} - \frac{1}{2}s(180° - \alpha)$

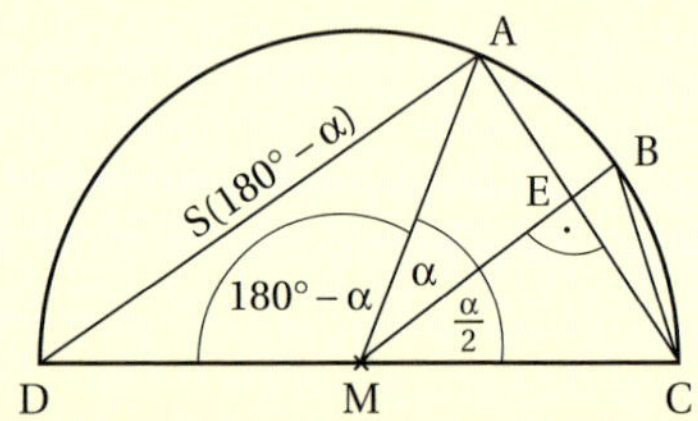

5. Begründe die Richtigkeit der Formeln ① und ② und berechne damit s (45°)!

Im 9. Jahrhundert n. Chr. begann in den arabischen Ländern, ausgehend von den Ergebnissen der Griechen und Inder, die Herausbildung der Trigonometrie zu einem selbstständigen Gebiet der Mathematik. In Europa entwickelte sich die Trigonometrie auf der Grundlage von Übersetzungen aus dem Arabischen erst ab dem 15. Jahrhundert, vor allem durch REGIOMONTANUS (1436–1476).

Der Begriff Sinus entstand durch einen Übersetzungsfehler. Das arabische Wort dschb (gesprochen dschiba) für Halbsehnenverhältnis hielt man für das genauso geschriebene, aber dschaib (Busen) gesprochene Wort und übersetzte es deshalb mit sinus, dem lateinischen Wort für Busen.

1

Das Wichtigste auf einen Blick

Sinussatz

In jedem Dreieck ist das Verhältnis der Seitenlängen und des Sinus des gegenüberliegenden Winkels für alle Seiten gleich groß.

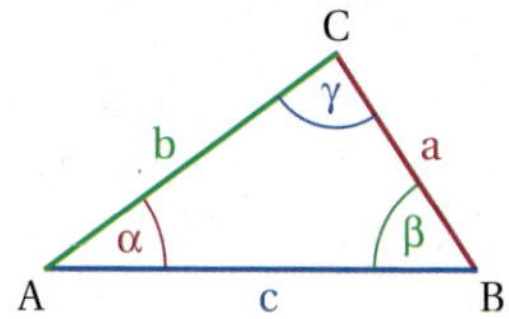

$\frac{a}{\sin\alpha} = \frac{b}{\sin\beta} = \frac{c}{\sin\gamma}$

Für $90° < \alpha < 180°$ gilt: $\sin\alpha = \sin(180° - \alpha)$

Anwendung des Sinussatzes:

① Gegeben sind zwei Winkel und die eingeschlossen Seite des Dreiecks (dritter Winkel wird über den Innenwinkelsatz berechnet) – wsw.

② Gegeben sind zwei Seiten und ein Winkel der der größeren Seite des Dreiecks gegenüberliegt – Ssw.

Kosinussatz

In jedem Dreieck ist das Quadrat über einer Seite gleich der Summe der Quadrate über den beiden anderen Seiten vermindert um das doppelte Produkt aus diesen Seiten und dem Kosinus des von ihnen eingeschlossenen Winkels.

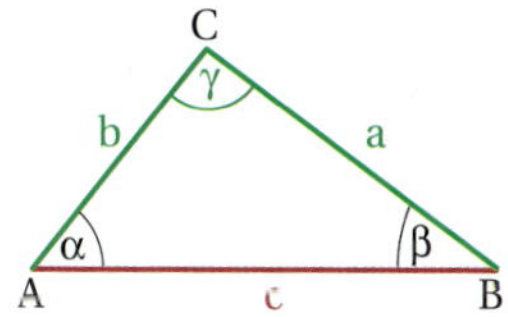

$a^2 = b^2 + c^2 - 2bc \cdot \cos\alpha$
$b^2 = a^2 + c^2 - 2ac \cdot \cos\beta$
$c^2 = a^2 + b^2 - 2ab \cdot \cos\gamma$

Für $90° < \alpha < 180°$ gilt: $\cos\alpha = -\cos(180° - \alpha)$

Anwendung des Kosinussatzes:

① Gegeben sind zwei Seiten und der eingeschlossene Winkel des Dreiecks – sws.

② Gegeben sind drei Seiten eines Dreiecks – sss.

$\cos\alpha = \frac{b^2 + c^2 - a^2}{2bc}$; $\cos\beta = \frac{a^2 + c^2 - b^2}{2ac}$; $\cos\gamma = \frac{a^2 + b^2 - c^2}{2ab}$

Flächeninhalt eines beliebigen Dreiecks

Der Flächeninhalt eines Dreiecks ist das halbe Produkt aus zwei Seitenlängen und dem Sinus des eingeschlossenen Winkels.

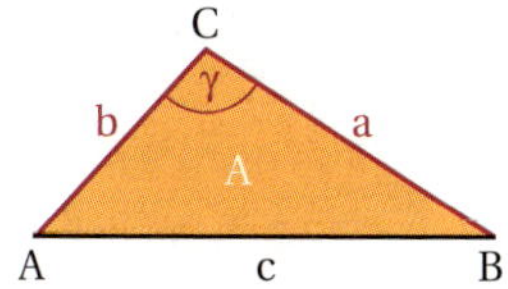

$A = \frac{1}{2}\, ab \cdot \sin\gamma = \frac{1}{2}\, bc \cdot \sin\alpha = \frac{1}{2}\, ac \cdot \sin\beta$

Vierecke und Vielecke

Trigonometrische Berechnungen an Vierecken und Vielecken können durch geschicktes Zerlegen der Figur in Dreiecke oder durch Ergänzung von Dreiecken zu einem bekannten Viereck durchgeführt werden.

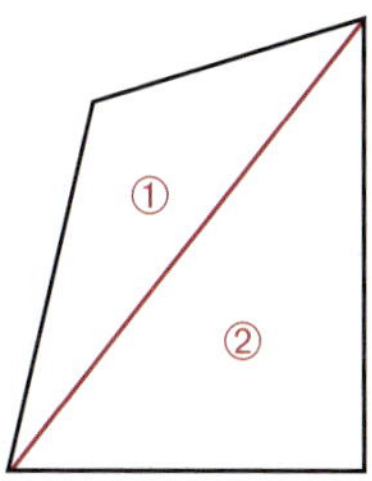

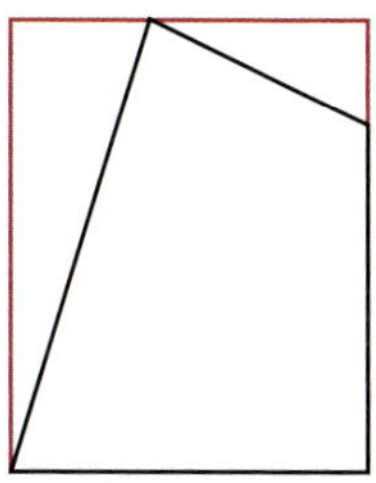

2 Funktionale Zusammenhänge

Feuerwerk

Feuerwerke begeistern die Menschen schon viele Jahrhunderte. Die Flugbahnen lassen sich mit mathematischen Gesetzen beschreiben.
Wie kann man die maximale Flughöhe ermitteln?

Natürliche Radioaktivität

Radon (Rn-222) ist ein natürliches vorkommendes radioaktives Edelgas, das in Böden und Gesteinen, im Wasser und in der Luft vorhanden ist. Es ist ein Zerfallsprodukt des Radiums.
Durch den radioaktiven Zerfall nimmt die Masse eines radioaktiven Stoffes in Abhängigkeit von der Zeit ab. Mithilfe von Exponentialfunktionen kann man diesen Prozess berechnen und darstellen.

Schwingungen und Wellen

Viele Erscheinungen in der Natur und Technik beruhen auf Schwingungen oder Wellen. Dazu zählen z. B. unsere menschliche Stimmen, Erdbeben oder der elektrische Wechselstrom.
Kenngrößen von Schwingungen und Wellen lassen sich optisch mit Oszillografen veranschaulichen und durch die Sinusfunktion mathematisch erfassen.
Wo erkennt man die Amplitude?

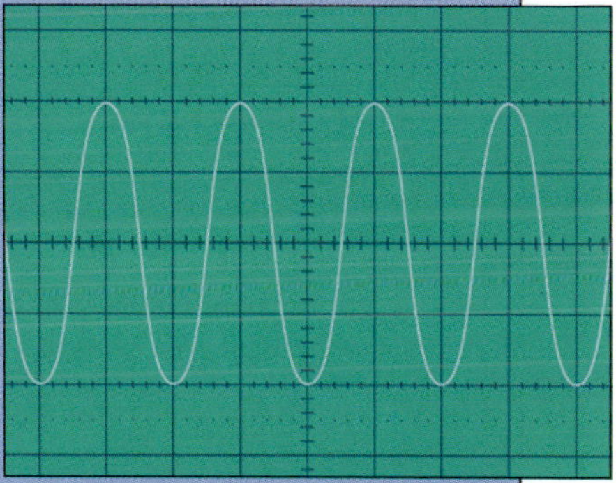

Kannst du das noch?

Lineare Funktionen

Eine Funktion ist eine eindeutige Zuordnung (Abbildung), die jedem Element x aus dem Definitionsbereich eindeutig ein Element y aus dem Wertebereich zuordnet. Es entsteht eine Menge geordneter Paare (x; y). Funktionen mit der Gleichung $y = mx + n$ heißen linear.

y – Funktionswert
x – Argument
m – Anstieg
n – absolutes Glied

Darstellungsmöglichkeiten

- Wortvorschrift:
  Jeder Zahl wird ihr Doppeltes vermindert um 1 zugeordnet.
- Funktionsgleichung:
  $y = 2x - 1$
- Wertetabelle:

x	–2	–1	0	1	2
y	–5	–3	–1	1	3

- Graph der Funktion:

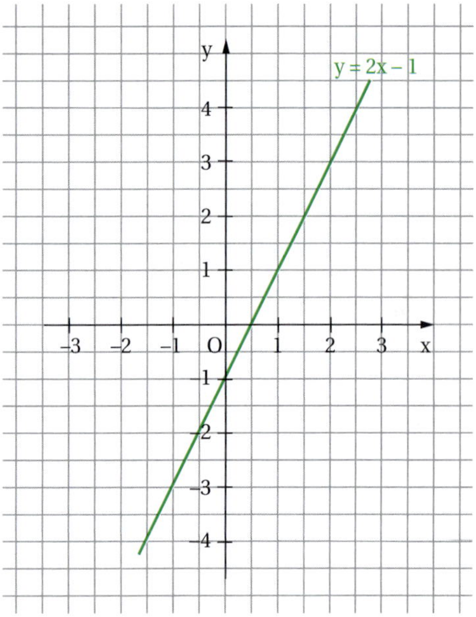

Eigenschaften

Der Definitionsbereich (DB) ist die Menge aller x-Werte (Argumente) der Funktion.
Der Wertebereich (WB) ist die Menge aller y-Werte (Funktionswerte) der Funktion.

Für $y = 3x + 2$ gilt $x \in \mathbb{Q}$ und $y \in \mathbb{Q}$.

Für $y = mx + n$ gilt:

$m > 0$ Graph der Funktion ist monoton steigend

$m = 0$ Graph der Funktion konstant

$m < 0$ Graph der Funktion ist monoton fallend

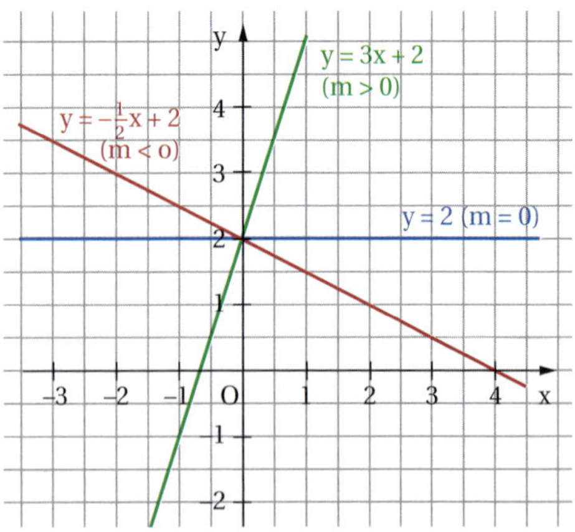

Kannst du das noch?

Den Anstieg m einer linearen Funktion bezeichnet man auch als Steigung.

Steigung: $m = \tan\alpha$ ($\alpha \neq 90°$)

$\tan\alpha = \frac{1}{2}$

$\tan\alpha = 0{,}5$

$\alpha \approx 26{,}6°$

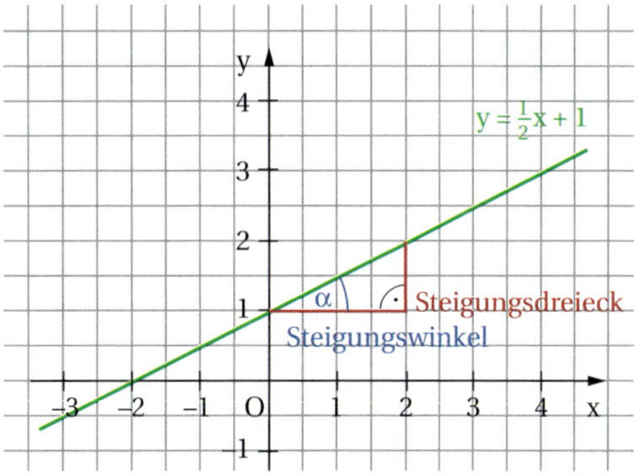

Die Nullstelle einer Funktion ist der x-Wert, für den der Funktionswert y = 0 ist. Jede Funktion der Gleichung $y = mx + n$ mit $m \neq 0$ hat eine Nullstelle.

$y = f(x) = \frac{1}{2}x_0 + 1$

$0 = \frac{1}{2}x_0 + 1 \quad |-1$

$-1 = \frac{1}{2}x_0 \quad |\cdot 2$

$-2 = x_0$

Die Funktion $y = \frac{3}{2}x + 3$ hat die Nullstelle $x_0 = -2$. Der Schnittpunkt des Graphen mit der x-Achse ist P(–2; 0).

Die Nullstelle lässt sich auch einfach mit der Gleichung $x_0 = -\frac{n}{m}$ ermitteln.

$m = \frac{3}{2}$ und $n = 3$

$x_0 = -\frac{3}{\frac{3}{2}} = -2$

Quadratische Funktionen

Funktionen mit der Gleichung $y = f(x) = a \cdot x^2 + b \cdot x + c$ ($a \neq 0$) heißen **quadratische Funktionen.**

Sonderfälle

Die einfachste quadratische Funktion hat die Gleichung $y = f(x) = x^2$ ($a = 1, b = 0, c = 0$). Der Graph dieser Funktion heißt **Normalparabel.**

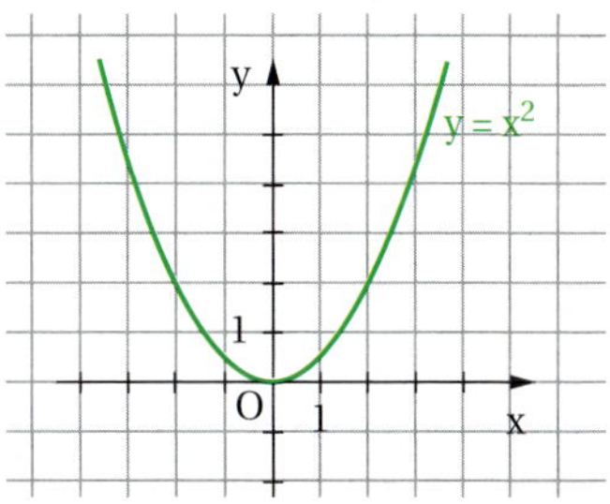

Eigenschaften
- Die Parabel ist „nach oben“ offen.
- Die y-Achse ist Symmetrieachse der Parabel.
- Der Punkt P(0; 0) heißt **Scheitelpunkt** der Normalparabel.

Kannst du das noch?

Gleichung	$y = f(x) = a \cdot x^2$	$y = f(x) = (x + d)^2 + e$ (Scheitelpunktsform)	$y = f(x) = x^2 + p \cdot x + q$ (Normalform)
Eigenschaften	$a > 1$ gestreckte Normalparabel $0 < a < 1$ gestauchte Normalparabel $a < 0$ Parabel nach unten geöffnet, an der Abszissenachse gespiegelt	Die Normalparabel mit S(0; 0) wird verschoben – um –d in x-Richtung – um e in y-Richtung	
Scheitelpunkt	S(0; 0)	S(–d; e)	$S(-\frac{p}{2}; -\frac{p^2}{4} + q)$
Graphen	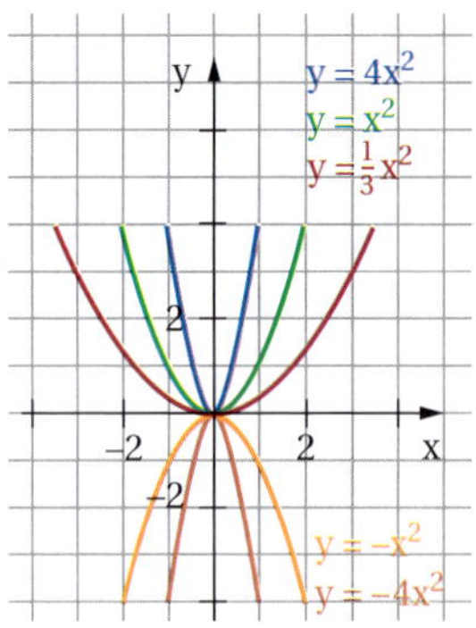	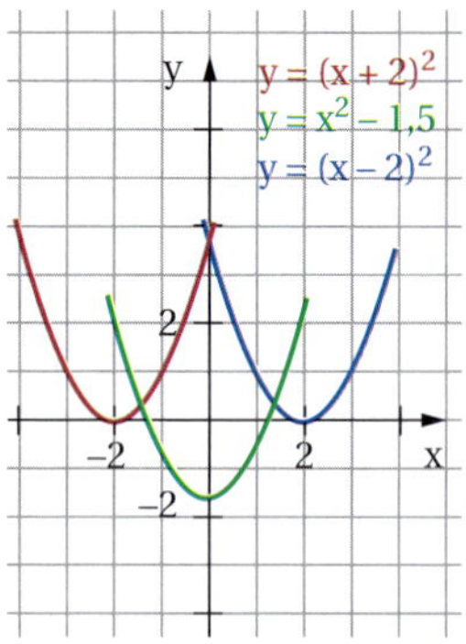	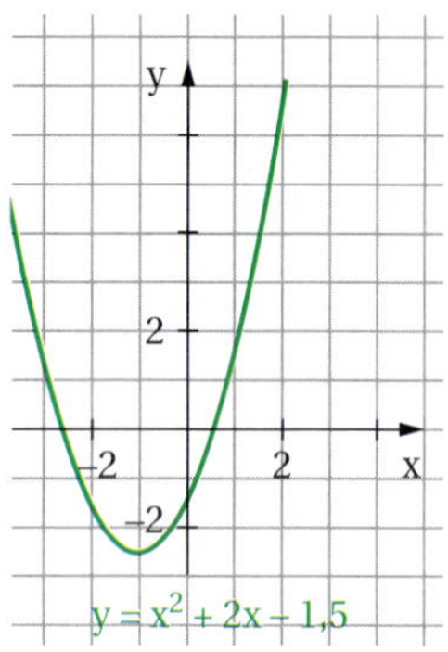

Nullstellen quadratischer Funktionen

Schneidet der Graph einer Funktion die Abszissenachse, so bezeichnet man den x-Wert des Schnittpunktes als **Nullstelle.** Man erhält diese, indem man für den y-Wert in der Funktionsgleichung die Zahl 0 einsetzt. Dann löst man die Gleichung nach x auf.

Hinweis: $x^2 + p \cdot x + q = 0 \Rightarrow x_{1;2} = -\frac{p}{2} \pm \sqrt{\left(\frac{p}{2}\right)^2 - q}$

$\left(\frac{p}{2}\right)^2 - q = D$ $D > 0 \Rightarrow$ zwei Nullstellen, $D = 0 \Rightarrow$ eine Nullstelle, $D < 0 \Rightarrow$ keine Nullstelle

$y = x^2 + 2x - 3$	$y = x^2 + 2x + 1$	$y = x^2 + 4x + 7$
$D = \left(\frac{2}{2}\right)^2 - (-3)$	$D = \left(\frac{2}{2}\right)^2 - 1$	$D = \left(\frac{4}{2}\right)^2 - 7$
$D = 4$	$D = 0$	$D = -3$
zwei Nullstellen	eine Nullstelle	keine Nullstelle

Kannst du das noch?

Aufgaben

1. Wiederhole deine Kenntnisse zu linearen Funktionen!
Zuordnung: Jeder rationalen Zahl x wird das Dreifache der Zahl vermehrt um eins zugeordnet.

a) Formuliere zur Wortschrift die Funktionsgleichung!
b) Erstelle eine Wertetabelle für das Intervall $-4 < x < 4$ für eine Schrittweite von 0,5!
c) Zeichne den Graphen der Funktion mindestens im Intervall $-4 < x < 4$!
d) Ermittle rechnerisch die Nullstelle der Funktion und vergleiche mit dem Graphen!
e) Treffe eine Aussage zur Monotonie dieser Funktion!
f) Lies die Koordinaten des Schnittpunkts mit der y-Achse aus der Darstellung ab!
g) Gib die Funktionsgleichung an, die zu der Funktion bezüglich der y-Achse symmetrisch ist!
h) Berechne die Größe des Steigungswinkels!

2. Zeichne jeweils den Graphen der folgenden Funktionen!

a) $f(x) = 3x - 2$ b) $f(x) = 1{,}5x + 0{,}5$ c) $f(x) = -2x + 3$ d) $f(x) = \frac{1}{2}x + 2$
e) $f(x) = x - 0{,}6$ f) $f(x) = -4x - 2$ g) $f(x) = -\frac{1}{3}x + 2$ h) $f(x) = -x - 1$

3. Ermittle jeweils die Funktionsgleichung der Graphen!

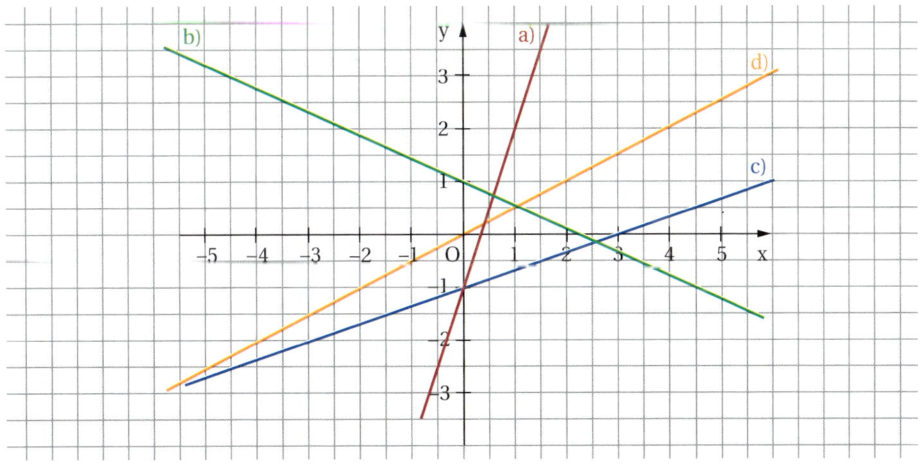

4. Stelle für folgende Angebote jeweils eine Funktionsgleichung auf!

a) Ermittlung der monatlichen Telefonkosten in der Nebenzeit für den Anbieter A.
b) Ermittlung der monatlichen Telefonkosten in der Hauptzeit für den Anbieter B.

	Angebot A	Angebot B
Grundpreis pro Monat	9,95 €	keinen
Minutenpreis in der Hauptzeit	0,29 €	0,69 €
Minutenpreis in der Nebenzeit	0,19 €	0,39 €

Kannst du das noch?

5. Die Graphen in der nebenstehenden Abbildung gehören zu Funktionen mit der Gleichung:
$y = f(x) = (x + d)^2 + e$.

a) Lies die Koordinaten der Scheitelpunkte der Funktionen ab!

b) Gib die Funktionsgleichungen in der Scheitelpunktsform an!

c) Ermittle für die Funktionen die Funktionsgleichungen in der Normalform!

d) Berechne die Nullstellen der Funktionen und vergleiche mit der graphischen Darstellung!

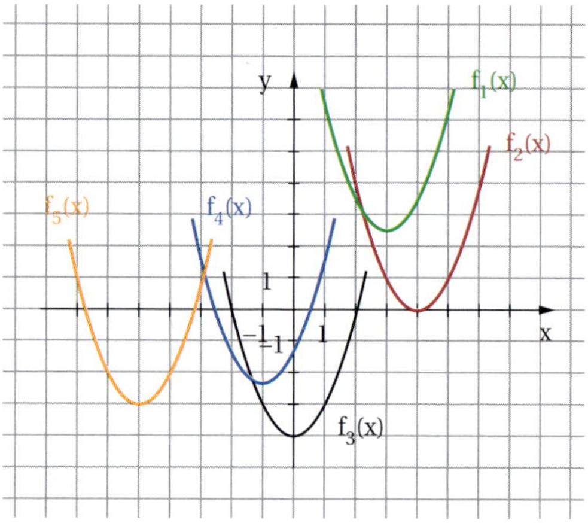

6. Folgende quadratische Funktionen sind gegeben:

① $y = x^2$ ② $y = (x + 2)^2$ ③ $y = (x - 2)^2 - 1$

④ $y = x^2 + 2x + 1$ ⑤ $y = x^2 + 4x + 8$

a) Ermittle die Koordinaten des Scheitelpunktes der Graphen!

b) Zeichne die Graphen der Funktionen!

c) Berechne die Nullstellen der Funktionen und vergleiche sie mit der grafischen Darstellung!

7. Zeichne die Graphen folgender quadratischer Funktionen! Erstelle dir dazu eine Wertetabelle für das Intervall $-4 < x < 4$ für eine Schrittweite von 0,5!

a) $y = f(x) = 2x^2$ b) $y = f(x) = 0{,}5x^2$ c) $y = f(x) = -3x^2$ d) $y = f(x) = -\frac{1}{4}x^2$

e) $y = f(x) = 2x^2 + 1$ f) $y = f(x) = 2x^2 - 1$ g) $y = f(x) = -2x^2 + 1$ h) $y = f(x) = -2x^2 - 1$

8. Stelle die Funktionen mithilfe eines Tabellenkalkulationsprogramms, eines Funktionsplotters oder eines Programms zur dynamischen Geometrie dar!

a) $y_1 = 3x + 2$ $y_2 = -x - 2$ b) $y_1 = \frac{1}{4}x - 3$ $y_2 = -2x + 6$

c) $y_1 = -\frac{2}{3}x + 6$ $y_2 = (x - 5)^2 + 1$ d) $y_1 = x + 4$ $y_2 = x^2 + 4x$

e) $y_1 = (x - 1)^2 + 5$ $y_2 = x^2 + 6x + 7$ f) $y_1 = -x^2 - 3$ $y_2 = (x - 2)^2 - 1$

9. Gegeben sind zwei Funktionen f(x) und g(x) mit den Gleichungen $y = f(x) = 2x + 1$ und $y = g(x) = x^2 + 2x - 3$.

a) Zeichne den Graph der Funktion f(x) in ein rechtwinkliges Koordinatensystem!

b) Berechne die Nullstelle der Funktion f(x)!

c) Der Graph der Funktion g(x) ist eine Parabel. Ermittle die Koordinaten des Scheitelpunktes der Funktion und zeichne den Graph in dasselbe Koordinatensystem!

d) Berechne die Nullstellen der Funktion g(x)!

e) Die Graphen der Funktionen schneiden sich in den Punkten P und Q. Gib die Koordinaten der Schnittpunkte an!

* f) Ermittle die Schnittpunktkoordinaten rechnerisch!

* g) Bestimme den Abstand der Strecke $\overline{PQ}$!

2.1 Potenzfunktionen

Viele Zusammenhänge lassen sich durch Funktionen beschreiben und durch die Gleichungen erfassen.

①	$F = m \cdot g$	Zusammenhang Gewichtskraft und Masse eines Körpers auf der Erde
②	$A = a^2$	Zusammenhang Flächeninhalt und Seitenlänge eines Quadrats
③	$s = \frac{a}{2} t^2$	Zusammenhang zwischen zurückgelegtem Weg und benötigter Zeit bei der geradlinig gleichmäßig beschleunigten Bewegung
④	$V = a^3$	Zusammenhang zwischen Kantenlänge und Volumen eines Würfels
⑤	$V = \frac{4}{3} \pi r^3$	Zusammenhang zwischen Volumen und Radius einer Kugel

In den Funktionsgleichungen ②,③, ④ und ⑤ tritt eine Variable (a, t bzw. r) in der zweiten oder dritten Potenz auf. Diese Funktionen nennt man Potenzfunktionen.

In der ersten Gleichung tritt die Variable m in der „ersten Potenz“ auf, diese wird aber häufig nicht mitgeschrieben.

Die Funktionen mit den Gleichungen $y = f(x) = x^n$ ($x \in \mathbb{R}$; $n \in \mathbb{Z}$) heißen Potenzfunktionen.

Man bezeichnet umgangssprachlich:
- eine Funktion mit der Gleichung $y = f(x) = x^1$ als lineare Funktion
- eine Funktion mit der Gleichung $y = f(x) = x^2$ als quadratische Funktion
- eine Funktion mit der Gleichung $y = f(x) = x^3$ als kubische Funktion.

Potenzfunktionen mit der Gleichung $y = f(x) = x^1$

Funktionsgleichung: $y = f(x) = x^1$
Wertetabelle:

x	–3	–3,5	–2	–1,5	–1	–0,5	–0	0	0,3	0,5	1	1,5	2	2,5	3
y = x	–3	–3,5	–2	–1,5	–1	–0,5	–0	0	0,3	0,5	1	1,5	2	2,5	3

Der Graph der Funktion heißt **Gerade.**

Definitionsbereich	$x \in \mathbb{R}$
Wertebereich	$y \in \mathbb{R}$
Symmetrieeigenschaften des Graphen	punktsymmetrisch zum Koordinatenursprung
Nullstelle	$x_0 = 0$
Besondere Punkte	Der Graph verläuft durch die Punkte (0; 0) und (1; 1)
Monotonieverhalten	steigend: $-\infty < x < \infty$

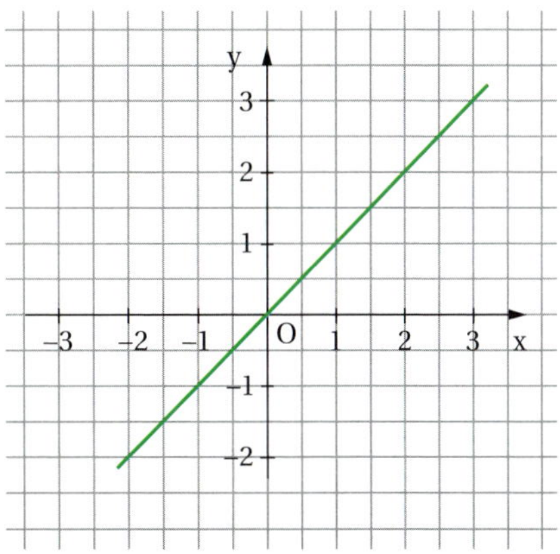

Potenzfunktion mit der Gleichung $y = f(x) = x^2$

Funktionsgleichung: $y = f(x) = x^2$
Wertetabelle:

x	–3	–2	–1,5	–1	–0,5	–0,25	0	0,25	0,5	1	1,5	2	2,5	3
$y = x^2$	9	4,0	2,3	1,0	0,3	0,1	0,0	0,1	0,3	1,0	2,3	4,0	6,3	9,0

Der Graph der Funktion heißt **Parabel 2. Grades.**

Definitionsbereich	$x \in \mathbb{R}$
Wertebereich	$y \in \mathbb{R}$; $y \geq 0$
Symmetrieeigenschaften des Graphen	Graph symmetrisch zur y-Achse
Nullstelle	$x_0 = 0$
Besondere Punkte	Der Graph verläuft durch die Punkte (0; 0) und (1; 1)
Monotonieverhalten	$x < 0$ fallend $x > 0$ steigend

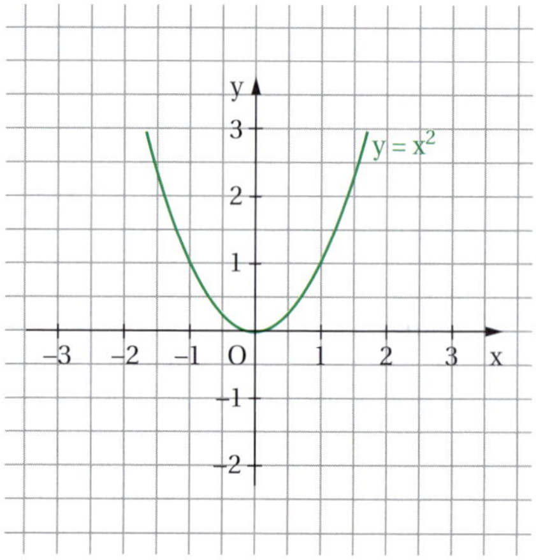

Potenzfunktion mit der Gleichung $y = f(x) = x^3$

Funktionsgleichung: $y = f(x) = x^3$
Wertetabelle:

x	–3	–2,5	–2	–1,5	–1	–0,5	–0,25	0	0,25	0,5	1	1,5	2	2,5	3
$y = x^3$	–27	–15,6	–8	–3,4	–1	–0,1	0,02	0	0,0	0,1	1	3,4	8	15,6	27

Der Graph der Funktion heißt **Parabel 3. Grades.**

Definitionsbereich	$x \in \mathbb{R}$
Wertebereich	$y \in \mathbb{R}$
Symmetrieeigenschaften des Graphen	punktsymmetrisch zum Koordinatenursprung
Nullstelle	$x_0 = 0$
Besondere Punkte	Der Graph verläuft durch die Punkte (1; 1) und (0; 0)
Monotonieverhalten	steigend: $-\infty < x < \infty$

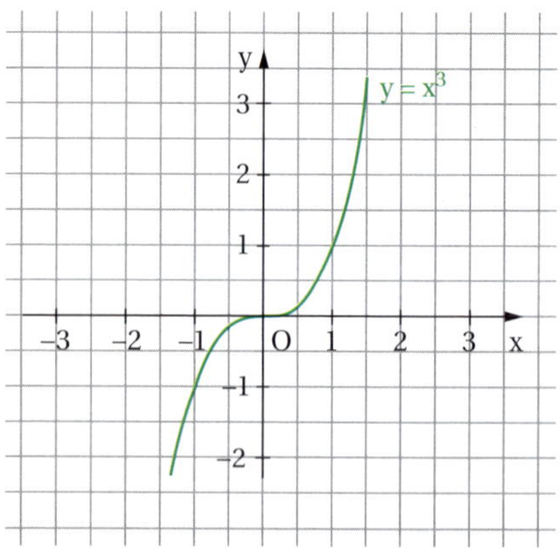

Potenzfunktion mit der Gleichung $y = f(x) = x^{-1}$

Funktionsgleichung: $y = f(x) = x^{-1}$ Wertetabelle:

x	−2,5	−2	−1,5	−1	−0,5	−0,25	0	0,25	0,5	1	1,5	2	2,5
$y = x^{-1}$	−0,40	−0,50	−0,67	−1	−2,	−4		4	2	1	0,67	0,50	0,40

Der Graph der Funktion heißt **Hyperbel.** Die Hyperbel besteht aus zwei Teilen, den Hyperbelästen. Für sehr kleine und sehr große x-Werte nähern sich die Graphen immer mehr der x-Achse an, ohne sich jedoch zu berühren oder gar zu schneiden. Man nennt dies asymptotische Annäherung (*griech.: asymptote* – nicht zusammenfallend). Für diese Funktion existieren keine Nullstellen. Wenn die x-Werte sich der Null annähern, werden die Beträge der Funktionswerte immer größer. Die Graphen schmiegen sich an die y-Achse an, schneiden sie also nicht.

Definitionsbereich	$x \in \mathbb{R}$ außer $x = 0$
Wertebereich	$y \in \mathbb{R}$ außer $y = 0$
Symmetrieeigenschaften des Graphen	punktsymmetrisch zum Koordinatenursprung
Nullstelle	keine
Besondere Punkte	(–1; –1) und (1; 1)
Monotonieverhalten	$x < 0$ fallend $x > 0$ fallend

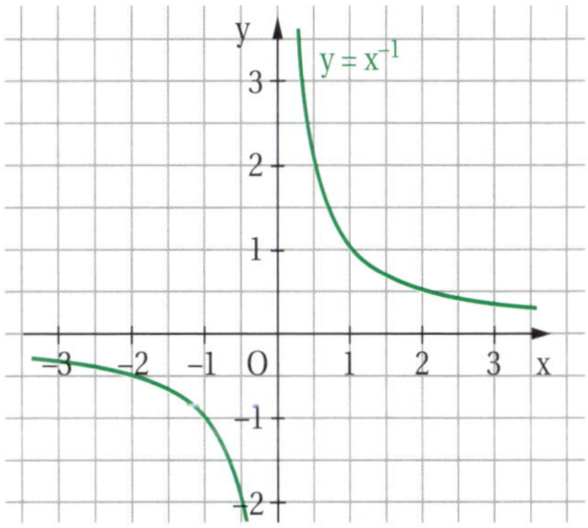

Potenzfunktion mit der Gleichung $y = f(x) = x^{-2}$

Funktionsgleichung: $y = f(x) = x^{-2}$ Wertetabelle:

x	−3	−2,5	−2	−1,5	−1	−0,5	−0,25	0	0,25	0,5	1	1,5	2	2,5
$y = x^{-2}$	0,11	0,16	0,25	0,44	1	4	16		16	4	1	0,44	0,25	0,16

Der Graph der Funktion heißt **Hyperbel.**

Definitionsbereich	$x \in \mathbb{R}$ außer $x = 0$
Wertebereich	$y \in \mathbb{R}$ außer $y = 0$
Symmetrieeigenschaften des Graphen	Graph symmetrisch zur y-Achse
Nullstelle	keine
Besondere Punkte	(–1; 1) und (1; 1)
Monotonieverhalten	$x < 0$ steigend $x > 0$ fallend

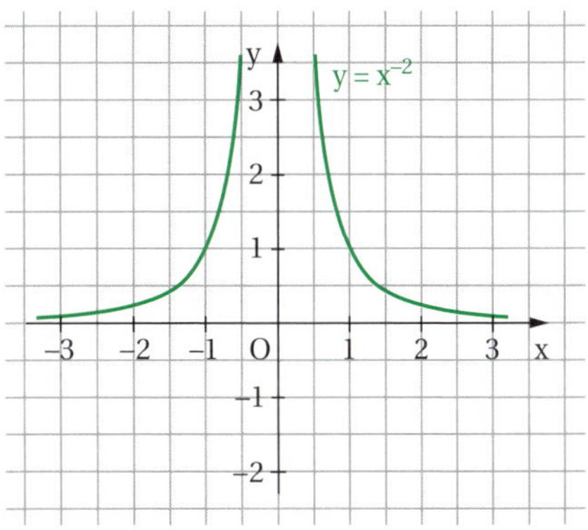

Potenzfunktionen mit der Gleichung $y = f(x) = ax^n$

Man untersucht zuerst, welche Werte a annehmen kann. Dabei treten sechs markante Fälle auf.

Fall 1: $a > 1$ **Fall 2:** $a = 1$ **Fall 3:** $0 < a < 1$ **Fall 4:** $-1 < a < 0$ **Fall 5:** $a = -1$ **Fall 6:** $a < -1$

Man erstellt eine Wertetabelle und trägt die Werte in ein Koordinatensystem ein. Als Beispiel nutzen wir die Funktion $y = ax^3$.

Fall	x	−2	−1	−0,5	0	0,5	1	2
a > 1	$y = 3x^3$	−24	−3	−0,375	0	0,375	3	24
a = 1	$y = x^3$	−8	−1	−0,125	0	0,125	1	8
0 < a < 1	$y = 0,25x^3$	−2	−0,25	−0,03125	0	0,03125	0,25	2
−1 < a < 0	$y = -0,25x^3$	8	1	0,125	0	0,125	−1	−8
a = −1	$y = -x^3$	24	3	0,375	0	−0,375	−3	−24
a < −1	$y = -3x^3$	−12	−3	−0,75	0	−0,75	−3	−12

Aus den grafischen Darstellungen ($f(x) = x^3$ dient dem Vergleich) kann man erkennen:

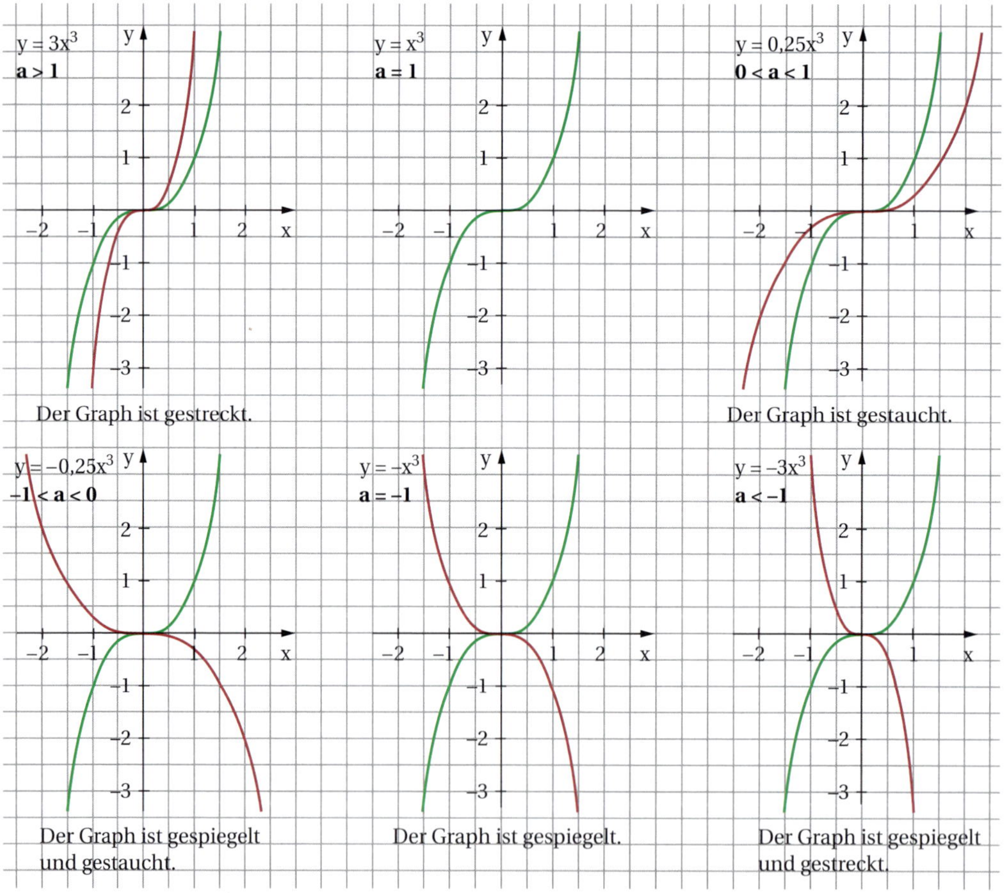

Weitere Beispiele

$y = f(x) = 2x^{-1}$
$y = f(x) = -2x^{-1}$

$y = f(x) = 2x^{-2}$
$y = f(x) = -2x^{-2}$

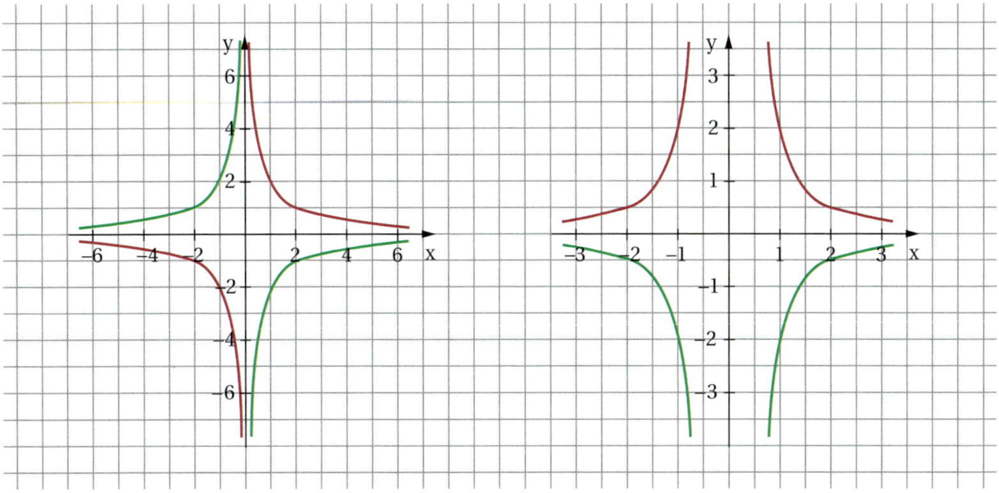

Einfluss der Parameter n und a der Funktion $y = f(x) = ax^n$ auf den Graphen der Funktion

<table>
<tr><td rowspan="2">Exponent n</td><td>n ist gerade
(−2; 2)</td><td colspan="2">Der Graph ist symmetrisch zur y-Achse.</td></tr>
<tr><td>n ist ungerade
(−3; −1; 1; 3)</td><td colspan="2">Der Graph ist symmetrisch zum Koordinatenursprung.</td></tr>
<tr><td rowspan="5">Faktor a</td><td>a > 1</td><td colspan="2">Der Graph ist gegenüber dem Bild der Funktion $y = x^n$ längs der y-Achse gestreckt.</td></tr>
<tr><td>0 < a < 1</td><td colspan="2">Der Graph ist gegenüber dem Bild der Funktion $y = x^n$ längs der y-Achse gestaucht.</td></tr>
<tr><td>−1 < a < 0</td><td>Der Graph ist gegenüber dem Bild der Funktion $y = x^n$ längs der y-Achse gestaucht.</td><td rowspan="3">Der Graph ist gegenüber dem Bild der Funktion $y = x^n$ längs der x-Achse gespiegelt.</td></tr>
<tr><td>a = −1</td><td></td></tr>
<tr><td>a < −1</td><td>Der Graph ist gegenüber dem Bild der Funktion $y = x^n$ längs der y-Achse gestreckt.</td></tr>
</table>

Der Einfluss des Faktors a ist bereits bei den quadratischen Funktionen und deren Graphen untersucht worden (siehe Klasse 9).

Der Parameter a hat auch bei diesen Funktionsgraphen eine Streckung ($a > |1|$) oder eine Stauchung ($a < |1|$) bewirkt. War a negativ, so wurde der Graph der quadratischen Funktion an der x-Achse gespiegelt.

Aufgaben

Potenzfunktionen mit den Gleichungen $y = f(x) = x^1$; $y = f(x) = x^2$; $y = f(x) = x^3$

1. Stelle die Funktion $y = f(x) = \frac{4}{3}x - 2$ im Intervall $-4 \leq x \leq 5$ grafisch dar!
  a) Gib den Definitionsbereich und den Wertebereich der Funktion an! Beachte das Intervall! Äußere dich zur Monotonie des Graphen!
  b) Spiegele die Gerade an der x-Achse ① bzw. an der y-Achse ②! Welche Funktionsgleichungen gehören zu den gespiegelten Geraden?

2. a) Gib die Funktionsgleichungen der Geraden an!
  b) Bestimme den Anstieg der Geraden, die Koordinaten ihres Schnittpunkts mit der y-Achse und ihre Nullstelle! Erfasse die Ergebnisse in einer Tabelle!
  c) Bestimme in der grafischen Darstellung die Koordinaten der Schnittpunkte der Geraden $f_2(x)$ und $f_3(x)$ bzw. $f_2(x)$ und $f_4(x)$! Berechne die Koordinaten dieser Schnittpunkte!

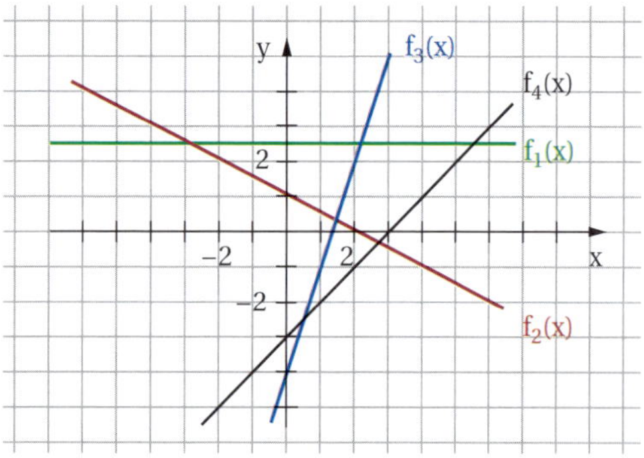

3. Von einer linearen Funktion $y = f(x)$ ist eine Wertetabelle gegeben.
Ermittle den Anstieg m dieser linearen Funktion! Gib die Funktionsgleichung an!

x	0	2	5	10
y	−2	3	10,5	23

4. In einem Becherglas werden 500 g Wasser durch gleichmäßige Wärmezufuhr erwärmt. Zu jeder Wärmezufuhr Q gehört genau eine Wassertemperatur ϑ, also gilt: $\vartheta = f(Q)$

Q in kJ	0	10	20	30	40	50	60
ϑ in °C	16,2	20,8	25,5	30,6	35,2	38,8	43,2

  a) Stelle die Funktion grafisch dar!
  b) Ermittle eine Gleichung, die die Funktion möglichst gut beschreibt!
  c) Welche Temperatur erreicht das Wasser, wenn die Wärmezufuhr 75 kJ beträgt?
  d) Welche Wärmezufuhr ist erforderlich, um das Wasser auf 80 °C zu erhitzen?
  * e) Warum ist es für dieses physikalische Problem nicht von Bedeutung, ob man die Temperatur in Grad Celsius oder in Kelvin angibt?

5. Gib jeweils die Gleichung einer quadratischen Funktion in der Form $y = x^2 + p \cdot x + q$ und in der Form $y = (x + d)^2 + e$ an!
  a) Der Scheitelpunkt der zugehörigen Normalparabel liegt bei S (–3; –3).
  b) Die Funktion hat Nullstellen bei $x_1 = -1$ und $x_2 = 3$.
  * c) Der Scheitelpunkt hat den Funktionswert 2. Die Parabel ist nach unten geöffnet und verläuft durch den Punkt P (0; –2).

6. Die Graphen der quadratischen Funktion $y = x^2 + 1$ und der linearen Funktion $y = -\frac{1}{2}x + 4$ schneiden sich in zwei Punkten.
  a) Bestimme die Koordinaten der Schnittpunkte S_1 und S_2 auf rechnerischem Weg!
  * b) Berechne die Länge der Verbindungsstrecke $\overline{S_1S_2}$!
  * c) Welchen Abstand haben beide Punkte vom Koordinatenursprung?
  d) Überprüfe deine Ergebnisse mithilfe einer grafischen Lösung!

7. Gegeben sind drei Funktionen: $y = g(x) = x^1$; $y = h(x) = x^2$ und $y = i(x) = x^3$.

a) Fertige eine Wertetabelle für alle Funktionen an, in der du die Funktionswerte für die Argumente –2; –1,5; –1; –0,5; 0; 0,75; 1; 2 und 2,5 ermittelst!

b) Gib die Funktionswerte aller Funktionen für das Argument 100 an!

c) Diskutiere für alle Funktionen die Existenz der Argumente für die Funktionswerte –10; 1 und 25!

d) Skizziere die Graphen der drei Funktionen in ein Koordinatensystem!

e) Gib den Definitionsbereich und Wertebereich der Funktionen an!

8. Stelle folgende Potenzfunktionen mithilfe eines Tabellenkalkulationsprogramms oder unter Nutzung eines Funktionsplotters grafisch dar: $f(x) = x^2$; $g(x) = x^3$; $h(x) = x^4$ und $i(x) = x^5$. Finde gemeinsame und unterschiedliche Eigenschaften und zeichne weitere Funktionen!

9. Prüfe, ob die angegebenen Punkte zum Graphen der jeweiligen Funktion gehören!

a) $f(x) = x^1$
A(–3; –3)
B(–5; 5)
C(3,5; 3,5)

b) $g(x) = x^2$
M(–2; –4)
N(–1,5; 2,25)
O$\left(\frac{4}{9}; \frac{16}{81}\right)$

c) $h(x) = x^3$
R(–1,8; –5,832)
S(4,2; –74,088)
T(–3; 27)

* d) $i(x) = x^4$
U(–3; 81)
V(3; –81)
W$\left(\frac{3}{5}; \frac{81}{625}\right)$

10. Die Punkte gehören zum Graphen der jeweiligen Funktion.
Bestimme die fehlende Koordinate!

a) $f(x) = x^1$
A(–2,4; □)
B(□; –3,1)
C(□; $\frac{3}{7}$)

b) $g(x) = x^2$
F(–4; □)
G(–2,4; □)
H(□; 49)

c) $h(x) = x^3$
K(□; –169)
L(–0,8; □)
M(□; $\frac{27}{125}$)

* d) $i(x) = x^4$
P(–2; □)
Q(□; 64)
R($-\frac{1}{3}$; □)

Potenzfunktionen mit den Gleichungen $y = f(x) = x^{-1}$ und $y = f(x) = x^{-2}$

11. Vervollständige die Wertabellen und zeichne beide Funktionen in ein Koordinatensystem!

x	–4	–3	–2	–1,5				0		1	1,5	2		3
$y = x^{-1}$					–1	–2						0,50		
$y = x^{-2}$						4	16		2				0,16	

12. Entscheide, welche der gegebenen Punkte zu der Funktion ① $y = f(x) = x^{-1}$ oder zu der Funktion ② $y = f(x) = x^{-2}$ gehören!

A(–2; $-\frac{1}{2}$); B(2; $\frac{1}{2}$); C(–2; $\frac{1}{4}$); D(2; $\frac{1}{4}$); E(–0,2; 25); F(0,2; 5);
G(0; 0); H$\left(-\left(\frac{-2}{3}\right); \left(\frac{-3}{2}\right)\right)$; I(–5; –0,2); J(3; $\frac{1}{9}$); K(0,1; 0,01); L(0,1; 100)

13. Der Graph der Funktion $f(x) = x^{-1}$ ist im Koordinatensystem dargestellt.
Der Punkt P'(–0,5; –2) ist der Bildpunkt des Punktes P(0,5; 2). Der Punkt P liegt auf dem Graphen der Funktion.
Bestimme erst die fehlende Koordinate von P und dann die Koordinaten des Bildpunktes P'!

a) P(1; □) b) P(2; □) c) P(□; 4)
d) P(–1; □) e) P(□; –4) f) P($-\frac{1}{3}$; □)

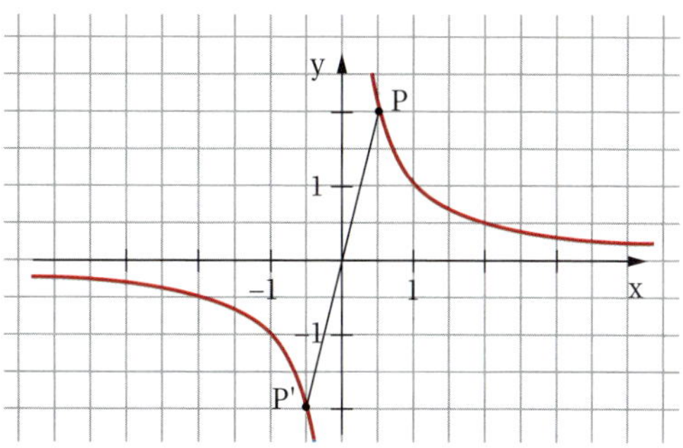

Potenzfunktionen mit der Gleichung $y = f(x) = a \cdot x^n$

14. a) Zeichne die Normalparabel der Funktion $y = f(x) = x^2$ mithilfe einer Schablone in ein Koordinatensystem!
b) Erstelle dir eine Wertetabelle für die Funktionen $y = g(x) = 2 \cdot x^2$; $y = h(x) = -2 \cdot x^2$ und $y = i(x) = \frac{1}{2} \cdot x^2$!
c) Zeichne die Graphen der Funktionen in das gleiche Koordinatensystem aus Aufgabe a)!
d) Stelle Unterschiede und Gemeinsamkeiten fest!

15. Ordne die Funktionen e, f, g, und h mit den Funktionsgleichungen $y = e(x) = x^3$; $y = f(x) = \frac{1}{2} \cdot x^3$; $y = g(x) = 4 \cdot x^3$ und $y = h(x) = -x^3$ den Graphen der Bilder ① bis ④ zu!

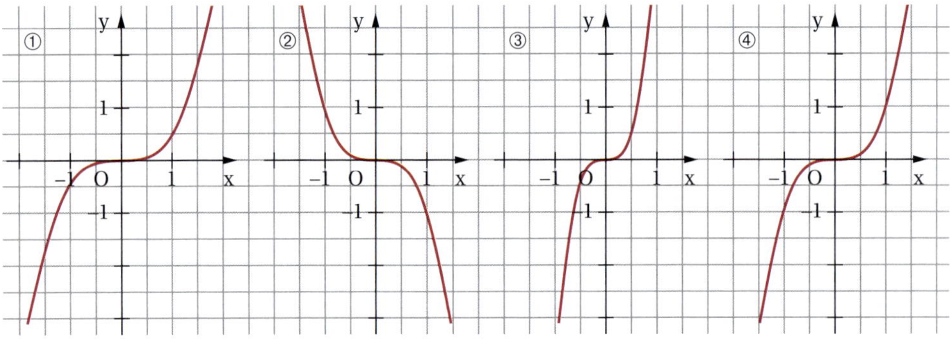

16. Ordne die gegebenen Funktionsgleichungen den Graphen zu!
$f(x) = 3x^{-2}$; $f(x) = 0{,}5x^2$; $f(x) = x^{-1}$

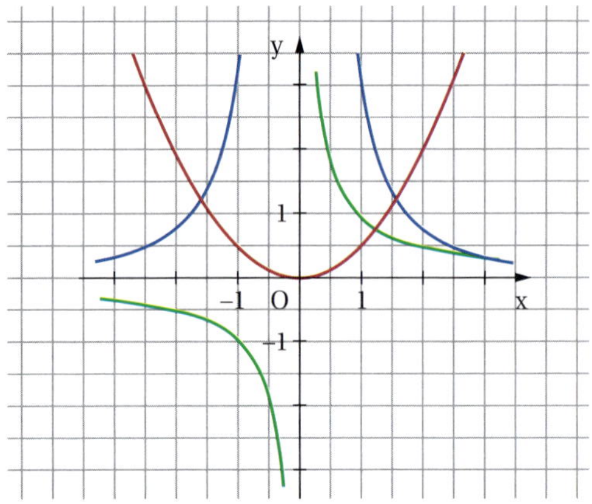

17. Gib an, welche der Funktionen zu den Potenzfunktionen der Form $y = f(x) = a \cdot x^n$ gehören!

a) $A = a^2$
b) $A = \pi \cdot r^2$
c) $c^2 = a^2 + b^2$
d) $r = \sqrt{\frac{A}{\pi}}$
e) $s = \frac{g}{2} t^2$
f) $A = 6 \cdot a^2$
g) $y = 3 \cdot x + 2$
h) $y = x^3$
i) $V = \frac{4}{3} \pi r^3$
j) $f = \frac{1}{T}$

18. Ermittle die Funktionsgleichungen der im Koordinatensystem dargestellten Graphen!

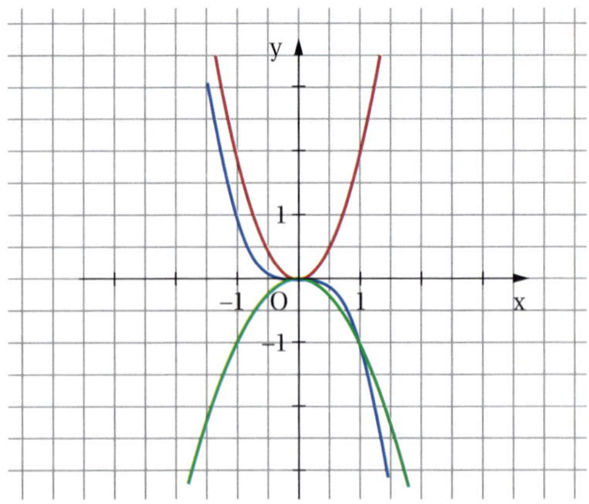

19. Zeichne die Graphen folgender Funktionen! Welche Wirkung hat der Faktor a in $y = f(x) = a \cdot x^n$ im Vergleich zur Funktion $y = f(x) = x^n$?

a) $y = -x^2$
b) $y = 3 \cdot x^{-1}$
c) $y = 3 \cdot x^2$
d) $y = \frac{1}{x}$
e) $y = -\frac{3}{4} x^3$
f) $y = 3 \cdot x$
g) $y = 2 \cdot x^{-2}$
h) $y = -2 \cdot x^{-2}$
i) $y = 25 \cdot x^2$
j) $y = 0{,}1 \cdot x^2$

20. Übertrage die Tabelle und ergänze den fehlenden Faktor, wenn für das Produkt der beiden rationalen Zahlen gilt: $x \cdot y = -5$

x	−10	−5	−4			1	2
y				5	−10		

a) Bestimme die Funktionsgleichung der zugehörigen Potenzfunktion!
b) Skizziere den Graph dieser Funktion in ein Koordinatensystem!

21. Gegeben sind zwei Funktionen $f(x) = -2x^{-1}$ und $g(x) = -\frac{1}{3x^2}$.
a) Stelle für beide Funktionen geeignete Wertetabellen auf und zeichne die Graphen!
b) Gib den Definitionsbereich und den Wertebereich der Funktionen an!
c) Triff Aussagen zur Monotonie und Symmetrie der beiden Funktionen!
d) Ermittle die Argumente zu den gegebenen Funktionswerten!
$f(x_1) = 2;\ f(x_2) = -1;\ g(x_3) = -\frac{4}{3};\ g(x_4) = -\frac{1}{3};\ g(x_5) = -2{,}083 \cdot 10^{-2}$

***22.** Die Aufzeichnungen des dänischen Astronomen Tycho Brahe nutzend, aber auch auf eigene Messungen und Beobachtungen zurückgreifend, erkannte Johannes Kepler (1571 bis 1630) als erster, dass sich die Planeten auf elliptischen Bahnen bewegen.
Die Sonne steht in einem Brennpunkt der Ellipse.
Kepler entdeckte auch den Zusammenhang zwischen der Umlaufzeit eines Planeten und dem Abstand des Planeten von der Sonne:

$$\frac{T_1^2}{T_2^2} = \frac{a_1^3}{a_2^3} \text{ oder } \frac{T^2}{a^3} = k$$

(Die Quadrate der Umlaufzeiten T der Planeten verhalten sich wie die dritten Potenzen der großen Halbachsen a der Bahnellipsen.)

Planet	T in Jahre	a in AE
Merkur	0,241	
Venus	0,615	
Erde	1,000	1,000
Mars		1,524
Jupiter		5,203
Saturn	29,457	

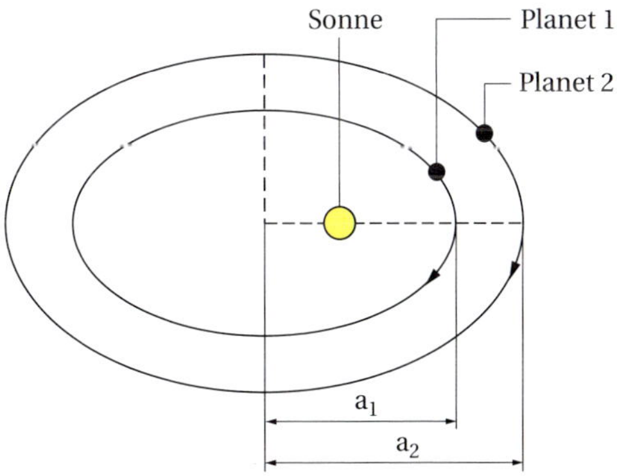

Setzt man a in astronomischen Einheiten (AE) ein, wobei 1 AE gleich der Länge der großen Halbachse a der Erdbahnellipse ist, und setzt man T in Jahren ein, so hat k den Zahlenwert 1.

a) Übertrage die Tabelle in dein Heft und vervollständige sie!
b) Gib die Umlaufzeit T als Funktion der Halbachse a an: $T = f(a)$
c) Gib die Halbachse als Funktion der Umlaufzeit T an: $a = g(T)$
d) Stelle die Funktionen f und g grafisch dar!
e) Berechne die große Halbachse der Bahnellipse eines Planetoiden, wenn dessen Umlaufzeit fünf Jahre beträgt!

2.2 Exponentialfunktionen

In der Natur verlaufen zahlreiche Vorgänge in Abhängigkeit der Zeit so ab, dass eine Ausgangsgröße in gleichen Zeitabschnitten um einen gleichen Faktor wächst oder fällt. Typische Beispiele sind das Wachstum von Bakterienkulturen und der Zerfall radioaktiver Kerne.
Aber auch in der Gesellschaft, z. B. das Bevölkerungswachstum, und in der Wirtschaft, z. B. Kapitalanlagen, gibt es Vorgänge, welche mit Exponentialfunktionen beschrieben werden können.

M

Die Funktionen mit den Gleichungen y $f(x) = a^x$ ($a \in \mathbb{R}$, $a > 0$; $a \neq 1$) heißen Exponentialfunktionen. Ihr Definitionsbereich ist die Menge der reellen Zahlen.

a	x	−2	−1	−0,5	0	0,5	1	2
2	$y = 2^x$	0,25	0,5	0,71	1	1,41	2	4
10	$y = 10^x$	0,01	0,1	0,32	1	3,16	10	100
$a = \frac{1}{2}$	$y = \left(\frac{1}{2}\right)^x = 2^{-x}$	4	2	1,41	1	0,71	0,5	0,25
$a = \frac{1}{10}$	$y = \frac{1}{10}^{x} = 10^{-x}$	100	10	3,16	1	0,32	0,1	0,01

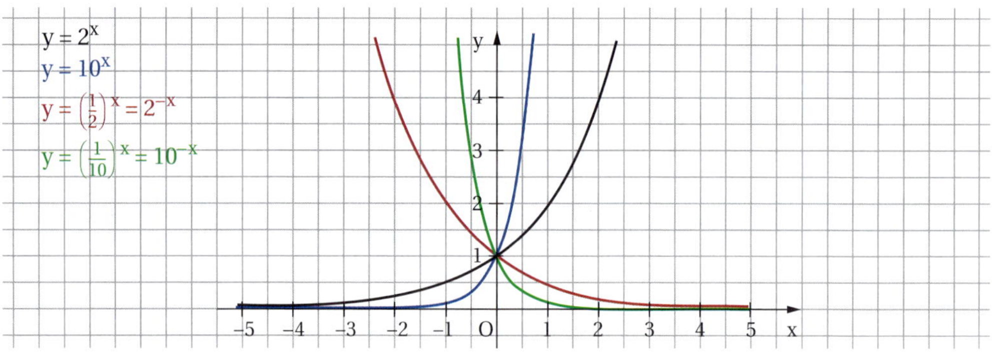

Eigenschaften

Definitionsbereich	$x \in \mathbb{R}$
Wertebereich	Alle positiven reellen Zahlen
Symmetrieeigenschaften des Graphen	Die Graphen von $y = f(x) = a^x$ liegen achsensymmetrisch bezüglich der y-Achse zu den Graphen der entsprechenden Funktionen $y = f(x) = a^{-x}$.
Nullstellen	keine
Besondere Punkte	Die Graphen verlaufen durch den Punkt (0; 1).
Monotonieverhalten	$a > 1$ monoton steigend $0 < a < 1$ monoton fallend

Exponentialfunktionen mit der Gleichung $y = f(x) = c \cdot a^x$

Die Exponentialfunktionen mit der Gleichung $y = f(x) = c \cdot a^x$ besitzen dieselben Eigenschaften wie die Funktionen $y = f(x) = a^x$ mit Ausnahme des Schnittpunktes der y-Achse, der für die Funktion $y = f(x) = c \cdot a^x$ der Punkt (0; c) ist.

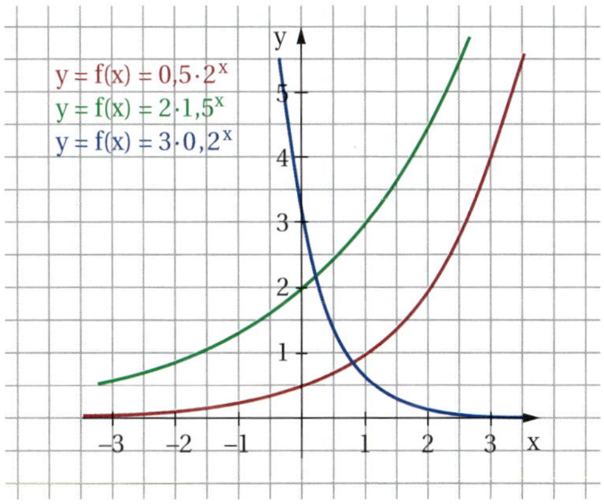

Exponentielles Wachstum, exponentieller Zerfall

Eine Bakterienkultur von 12 Bakterien verdreifacht sich innerhalb einer Stunde.

a) Erstelle eine Wertetabelle für die ersten fünf Stunden!

b) Wie viele Bakterien haben sich nach 2 Tagen entwickelt?

$y = f(x) = c \cdot a^x \rightarrow y = f(x) = 12 \cdot 3^x$

Tastenfolge:

12 [×] 3 [x^y] 2 [=] (für 2 Stunden)

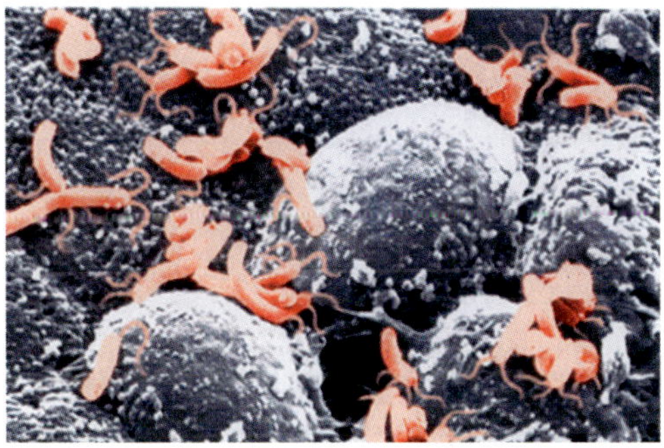

Zeit	0	1	2	3	4	5	48
Anzahl	12	36	108	324	972	2916	9,57197E + 23

c) Stelle den Sachverhalt grafisch dar!
Bei den grafischen Darstellungen von praktischen Vorgängen musst du beachten, dass die Achsen sehr oft unterschiedlich eingeteilt werden müssen, um den Sachverhalt zu erfassen.

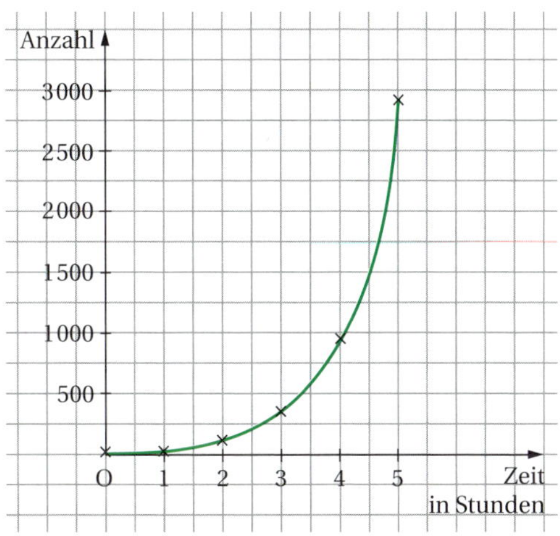

Der radioaktive Zerfall ist ein statistischer Prozess, der dem radioaktiven Zerfallsgesetz folgt. Der Zeitpunkt des Zerfalls eines einzelnen Radionuklides ist nicht vorhersagbar.
Mit Halbwertszeit wird die Zeitspanne bezeichnet, nach der die Hälfte der zerfallsfähigen Kerne umgewandelt wurde.
Die Halbwertszeiten von Nukliden sind unterschiedlich und reichen von Bruchteilen von Sekunden bis zu mehreren Milliarden Jahren.

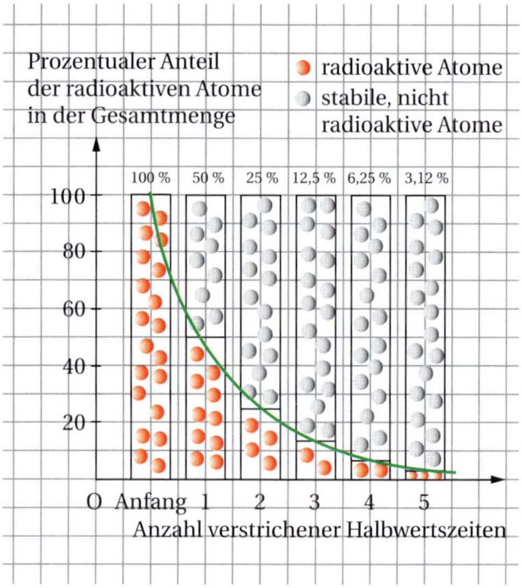

Radon (Rn-222) besitzt eine Halbwertszeit von rund 3,8 Tagen. Nach 3,8 Tagen sind nur noch die Hälfte der zerfallsfähigen Kerne, nach 6,7 Tagen nur noch ein Viertel der zerfallsfähigen Kerne, usw. vorhanden.
Der Zerfall lässt sich mit folgender Exponentialfunktion erfassen:

$$y = f(x) = c \cdot a^x \rightarrow N = N_0 \cdot \left(\frac{1}{2}\right)^{\frac{t}{T_{\frac{1}{2}}}}$$

N_0 Anzahl der zum Zeitpunkt t = 0 vorhandenen, nicht zerfallenen Atomkerne
N Anzahl der nicht zerfallenen Atomkerne
t Zeit
$T_{\frac{1}{2}}$ Halbwertzeit

Beispiel:
Wie viele zerfallsfähige Kerne des Radon (Rn-222) sind nach 19 Tagen noch vorhanden, wenn bei einem einsetzenden Zerfall 800 Kerne als Ausgangsgröße vorhanden sind?

$$N = 800 \cdot \left(\frac{1}{2}\right)^{\frac{19}{3,8}} = 25$$

Zinseszinsberechnungen

Ein Guthaben von 5000 € wird 3 Jahre mit einem festen Zinssatz von 4,0 % verzinst. Die jährlichen Zinsen werden mitverzinst.
Auf wie viel Euro ist das Kapital nach genau 6 Jahren angewachsen?

Lösung:
Anfangskapital: $K_0 = 5000$ €
Kapital nach einem Jahr: $K_1 = 5000\,€ + \frac{5000 \cdot 4}{100}\,€ = 5000\,€ + 200\,€ = 5200\,€$
Kapital nach zwei Jahren: $K_2 = 5200\,€ + \frac{5200 \cdot 4}{100}\,€ = 5200\,€ + 208\,€ = 5408\,€$
Kapital nach drei Jahren: $K_3 = 5408\,€ + \frac{5408 \cdot 4}{100}\,€ = 5408\,€ + 216{,}32\,€ = 5624{,}32\,€$

Antwort: Nach einer Laufzeit von genau 3 Jahren beträgt das Endkapital rund 5624 €.

Auf die obige Art und Weise auch für größere Laufzeiten das Endkapital zu ermitteln erfordert einen unverhältnismäßig hohen Aufwand.

Einfacher lässt sich das Endkapital mit der sogenannten Zinsformel ermitteln (siehe 4.1):

$$y = f(x) = c \cdot a^x \Rightarrow K_n = K_0 \cdot q^n = K_n \cdot \left(1 + \frac{p}{100}\right)^n$$

K_0 Ausgangskapital
n Anzahl der Jahre
K_n Kapital nach n Jahren
p Zinssatz
q Zinsfaktor $q = 1 + \frac{p}{100}$

Bezogen auf das obere Beispiel kann man nun das Kapital z. B. nach 8 Jahren einfach berechnen:

$$K_8 = 5000\ € \cdot \left(1 + \frac{4}{100}\right)^8 = 5000\ € \cdot 1{,}04^8 \approx 6842{,}85\ €$$

Sehr praktisch ist hier die Nutzung eines Tabellenkalkulationsprogramms.

Mit einem solchen Programm kann man sehr bequem und übersichtlich die Zins- und Kapitalentwicklung einer Anlage über mehrere Jahre darstellen. Die sogenannte Laufzeit lässt sich beliebig erweitern.
Das untere Bild zeigt eine Möglichkeit der Gestaltung eines solchen Tabellenblattes.

Microsoft Excel - Endkapital.xls

	A	B	C	D
1	**Berechnung des Endkapitals nach n Jahren**			
2				
3	**Ein Anfangskapital K_0 wird jährlich mit p % verzinst.**			
4	**Das Endkapital K_n nach n Jahren ist zu ermitteln.**			
5				
6	**Vorgaben**		**Ergebnisse**	
7	**Anfangskapital K_0**	5.000,00 €	**Jahr n**	**Endkapital K_n**
8	**Zinssatz p:**	4,00%	**0**	**5.000,00 €**
9	**Jahre n (1-20)**	8	**1**	**5.200,00 €**
10			**2**	**5.408,00 €**
11			**3**	**5.624,32 €**
12			**4**	**5.849,29 €**
13			**5**	**6.083,26 €**
14			**6**	**6.326,60 €**
15			**7**	**6.579,66 €**
16			**8**	**6.842,85 €**

Tabelle1 / Tabelle2 / Tabelle3

Im zweiten Bild werden die verwendeten mathematischen Funktionen (Rechenbefehle) des Tabellenkalkulationsprogramms dargestellt.

Zum Potenzieren verwendet man den Befehl POTENZ(Zahl; Exponent). Alternativ zur Funktion POTENZ kann der Operator „^" zum Potenzieren einer Zahl verwendet werden, zum Beispiel 5^2 anstelle von POTENZ(5; 2).

Von Vorteil ist es, wenn man absolute Bezüge verwendet. Damit wird der Wert der Zelle bei weiteren „Bearbeitungen" nicht verändert. Man fügt in der Adressierung dazu ein Dollarzeichen „$" ein.

	A	B	C	D
7	**Anfangskapital K_0**	5.000,00 €	**Jahr n**	**Endkapital K_n**
8	**Zinssatz p:**	4,00%	**0**	**=$B$7*(1+$B$8)^C8**

Aufgaben

Exponentialfunktion $y = f(x) = a^x$

1. Ermittle den Exponenten in den Funktionsgleichungen durch Überlegen oder Probieren!

a) $2^x = 32$ b) $10^x = 10000$ c) $3^x = 243$ d) $2^x = 1024$ e) $20^x = 160000$

f) $4^x = 1$ g) $5^x = 625$ h) $4^x = 256$ i) $15^x = 3375$ j) $100^x = 100000$

2. Überprüfe, welche Wertetabelle ein lineares, welche ein exponentielles Wachstum darstellt! Gib für diese Fälle jeweils die Funktionsgleichungen an!

	x	–1	0	1	2	3
a)	$y = f(x)$	–1	1	3	5	7
b)	$y = g(x)$	0,1	1	10	100	1000
c)	$y = h(x)$	4	5	6	5	4
d)	$y = i(x)$	4	3	2	1	0
e)	$y = j(x)$	0,4	1	2,5	6,25	15,625
f)	$y = k(x)$	5	1	0,2	0,04	0,008

3. Zeichne die Graphen folgender Exponentialfunktionen im Intervall $-4 \leq x \leq 4$! Erstelle dir dazu Wertetabellen!

a) $y = 2^x$ b) $y = 10^x$ c) $y = 0{,}5^x$ d) $y = 0{,}1^x$ e) $y = 5^x$

4. Stelle die Funktionen $y = f(x) = 2 \cdot x$, $y = g(x) = x^2$, $y = h(x) = \frac{2}{x}$ und $y = i(x) = 2^x$ in einem Koordinatensystem graphisch dar! Gib wesentliche Eigenschaften dieser Funktionen an!

5. a) Ordne die gegebenen Funktionsgleichungen den Graphen zu! $f(x) = x^3$; $f(x) = 3^x$; $f(x) = 0{,}3^x$

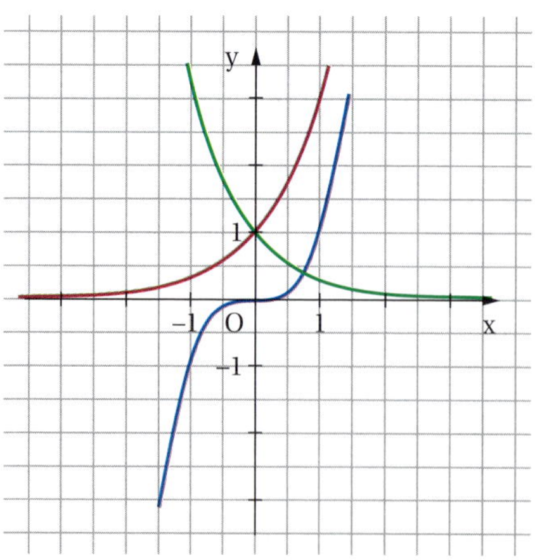

b) Ermittle die Funktionsgleichungen der im Koordinatensystem dargestellten Graphen!

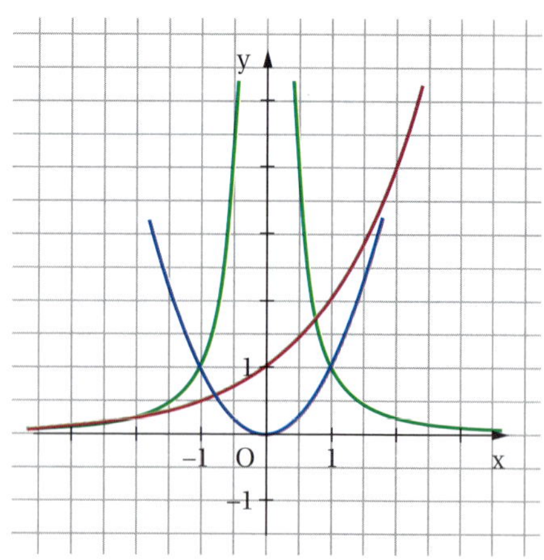

Exponentialfunktion $y = f(x) = c \cdot a^x$

6. Zeichne die Graphen folgender Exponentialfunktionen im Intervall $-4 \le x \le 4$!
Erstelle dir dazu Wertetabellen.
a) $y = 2 \cdot 2^x$ b) $y = 3 \cdot 2^x$ c) $y = 0{,}5 \cdot 2^x$ d) $y = 3 \cdot 0{,}1^x$ e) $y = 2 \cdot 1{,}5^x$

7. a) Ordne die gegebenen Funktionsgleichungen den Graphen zu!
$f(x) = x^2 + 2$; $g(x) = 2 \cdot 2^x$; $h(x) = 2^x$

b) Ermittle die Funktionsgleichungen der im Koordinatensystem dargestellten Graphen!

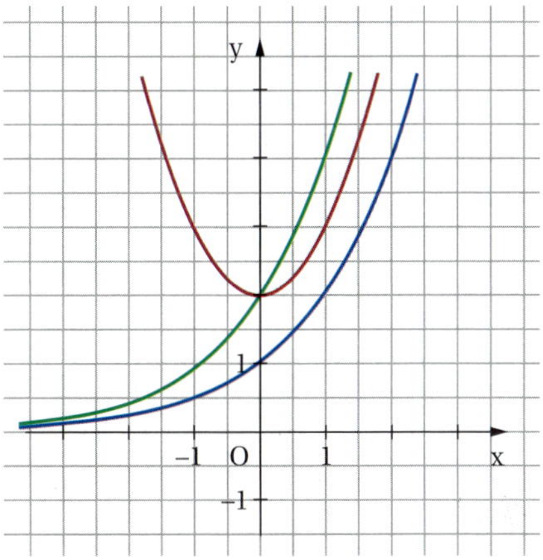

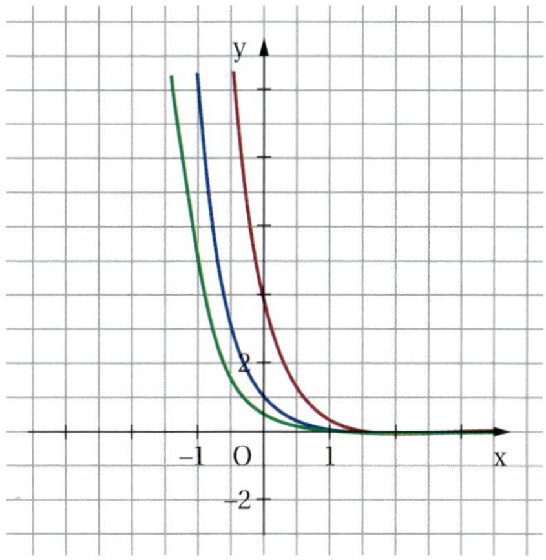

Exponentielles Wachstum, exponentieller Zerfall

8. Eine Bakterienkultur von 20 Bakterien teilt sich (d.h. sie verdoppelt sich) innerhalb einer Stunde.
a) Erstelle eine Wertetabelle für die ersten 10 Stunden!
b) Stelle den Sachverhalt in einem Diagramm dar!
Hinweis: Du musst die Achsen unterschiedlich einteilen!
c) Wie viele Bakterien habe sich nach einem Tag, zwei Tagen, nach einer Woche entwickelt?

9. Durch radioaktiven Zerfall nimmt die Masse eines radioaktiven Stoffes in Abhängigkeit von der Zeit ab. Für ein radioaktives Nuklid des Radiums 221 kann die Abhängigkeit der Masse m von der Zeit durch die Funktion $m = f(t) = m_0 \cdot 0{,}977^t$ beschrieben werden. Dabei ist t der Zahlenwert der Zeit (in Sekunden) und m_0 die Masse des Radiums zum Zeitpunkt 0 s.
a) Übertrage die Wertetabelle und vervollständige sie für die genannte Funktion!
Wähle $m_0 = 4{,}0$ g.

t in s	0	5	10	…	…	…	…	45	50
m in g	4,0	3,56							

b) Stelle den funktionalen Zusammenhang von Masse und Zeit in einem Diagramm dar!
c) In der Kernphysik bezeichnet man die Zeit, in der die Hälfte der Ausgangsmasse zerfallen ist, als Halbwertzeit.
Ermittle aus der grafischen Darstellung näherungsweise die Halbwertzeit!
d) Nutze zur Lösung der Aufgaben a), b) und c) ein Tabellenkalkulationsprogramm oder einen Funktionsplotter!

10. Radium 224 hat eine Halbwertszeit von 3,66 Tagen. Nach 3,66 Tagen ist die Hälfte des Ausgangsmaterials zerfallen bzw. eine Hälfte ist noch nicht zerfallen. In weiteren 3,66 Tagen ist wiederum die Hälfte des verbliebenen Ausgangsmaterials zerfallen.
Stelle diesen Zusammenhang grafisch dar! Nutze als Ausgangsmasse 32 Gramm!

11. Radongas (Rn-222) ist ein natürliches, farb- und geruchloses radioaktives Edelgas und leuchtet im Dunkeln. Es ist ein Zerfallsprodukt von Uran 238 mit einer Halbwertszeit von 3,8 Tagen.
Entscheide, welche Aussage richtig ist!
Gibt man in einen Behälter die doppelte Menge Radongas, dann wird die Halbwertszeit
a) halbiert b) verdoppelt c) gleich bleiben.

12. Wie viele zerfallsfähige Kerne des Radium (Ra-224) sind nach 11 Tagen noch vorhanden, wenn bei einem einsetzenden Zerfall 1000 Kerne existieren (Halbwertszeit 3,66 Tage)? Nutze die Gleichung im Abschnitt exponentieller Zerfall (siehe S. 70)!

13. Wie lange dauert es ungefähr, bis von einer größeren Menge Radium-226 etwa 85 % zerfallen sind? Die Halbwertszeit von Radium-226 beträgt 1600 Jahre.

14. Eine Algenkultur wächst pro Tag um 25 %. Die Anfangsmasse beträgt 200 g.
a) Berechne die Algenmasse für die ersten 8 Tage! Nutze eine Wertetabelle!
b) Stelle den Sachverhalt grafisch dar!
c) Stelle die Funktionsgleichung der Form auf!
Hinweis: Die Masse ist eine Funktion der Zeit.
d) Die Nährlösung reicht nur für 1000 g Algen. Schätze rechnerisch oder grafisch ab, nach wie vielen Tagen das Wachstum durch diese Bedingung eingestellt wird!

15. Ein Guthaben von 4000 € wird 4 Jahre mit einem festen Zinssatz von 3,5 % verzinst. Die jährlichen Zinsen werden mitverzinst.
a) Berechne die jährlich anfallenden Zinsen!
b) Gib das Kapital nach dem 4. Jahr an!
c) Stelle die Kapitalentwicklung in einem Säulendiagramm dar!
Warum nutzt man zur Darstellung von Kapitalentwicklungen bei Zinseszinssparformen keinen Funktionsgraphen?
d) Auf wie viel Euro ist das Kapital nach genau 6 Jahren angewachsen?

16. Stelle dir vor, im Jahre Null (zu Christi Geburt) unserer Zeitrechnung hätte man 1 ct zu einem Zinssatz von 2 % anlegen können!
Wie groß wäre das Kapital heute?

17. Erstelle dir mithilfe eines Tabellenkalkulationsprogramms ein Tabellenblatt, mit welchem du sehr bequem und übersichtlich die Zins- und Kapitalentwicklung über mehrere Jahre
a) für einen gleichbleibenden Zinssatz und
b) für einen sich ändernden Zinssatz erfassen und darstellen kannst!

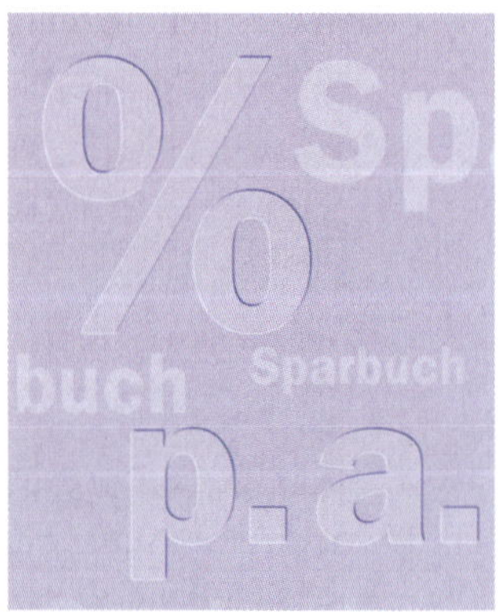

2

2.3 Trigonometrische Funktionen

Erweiterung des Winkelbegriffs

Bisher haben wir nur Winkel bis 360° betrachtet. Bei der Berechnung von Seiten und Winkeln in Dreiecken (trigonometrischen Berechnungen) genügte es, Winkel von 0° bis 180° zu berücksichtigen.

Um mit Winkelfunktionen, wir bezeichnen sie als **trigonometrische Funktionen,** periodische Vorgänge beschreiben zu können, muss eine Erweiterung auf beliebige positive und negative Winkelmaße erfolgen. Dabei werden die Winkel als Drehwinkel aufgefasst.

M

Wird ein Strahl s um seinen Anfangspunkt S links herum gedreht (entgegen dem Uhrzeigersinn), entsteht ein positiv orientierter Drehwinkel mit dem Scheitelpunkt S.
Wird der Strahl rechts herum gedreht (im Uhrzeigersinn), entsteht ein negativer Drehwinkel.
Einer vollen Linksdrehung entsprechen +360° und einer vollen Rechtsdrehung –360°.

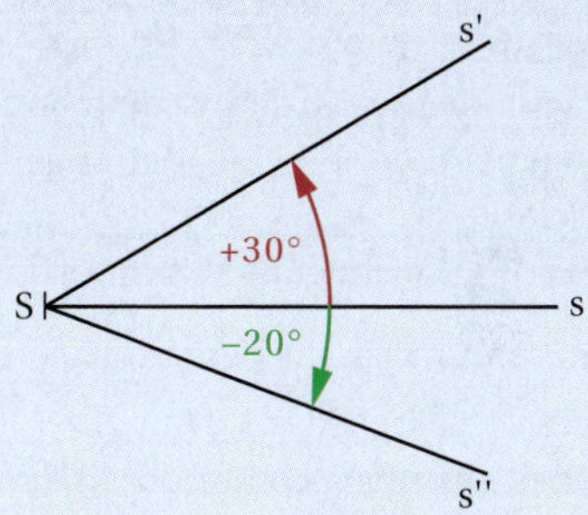

Das Vorzeichen eines Winkels ist geometrisch nur sinnvoll im Zusammenhang mit Drehungen um einen festen Punkt. Es gibt dann die Richtung der Drehung, d.h. den Drehsinn, an.
Winkel in Dreiecken, Vielecken oder Körpern werden wie bisher als „elementare" Winkel ohne Vorzeichen betrachtet.
Drehwinkel können wie rationale Zahlen addiert oder subtrahiert werden.
Um mathematisch zu erfassen, dass ein Strahl mehrere Umdrehungen um seinen Anfangspunkt macht, werden auch Drehwinkel erklärt, deren Betrag größer als 360° ist.

M

Hat ein Strahl bereits mehrere volle Umdrehungen in positiver und negativer Drehrichtung gemacht, dann werden zum Drehwinkel auch die entsprechenden Vielfachen von +360° bzw. –360° addiert.

B

+500° = 360° + 140°:
eine volle Linksdrehung und eine Linksdrehung um 140°

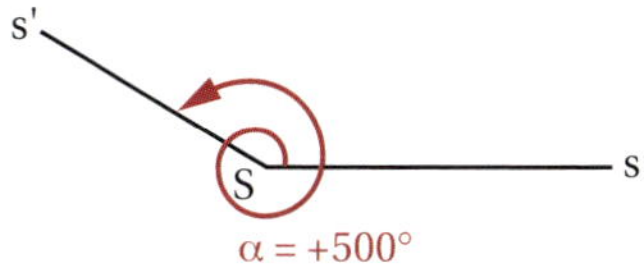

–480° = –360° – 120°:
eine volle Rechtsdrehung und eine Rechtsdrehung um 120°

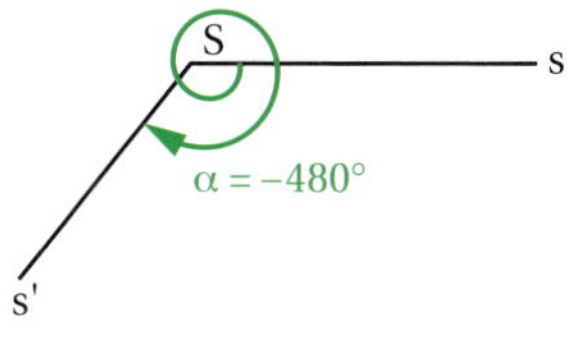

Das Bogenmaß von Winkeln

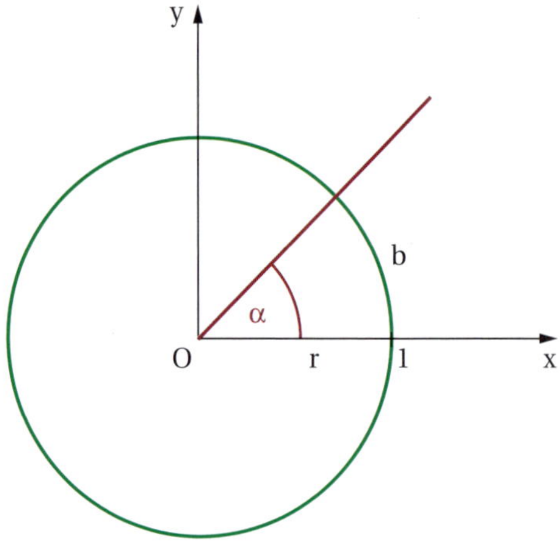

Es soll für einen Zentriwinkel $\alpha = 45°$ die Länge des zugehörigen Kreisbogens b berechnet werden, wenn die Länge des Radius 1 beträgt (z. B. r = 1 dm).

Die Größe von Winkeln haben wir bisher stets im Gradmaß angegeben. Ein Winkel der Größe 1° entspricht dabei dem 90. Teil eines rechten Winkels oder dem 360. Teil eines Vollwinkels. Wir werden nun kennenlernen, wie man die Größe eines Winkels durch eine reelle Zahl angeben kann.

Wir betrachten einen Kreis mit dem Radius von einer Längeneinheit (r = 1 LE), den sogenannten **Einheitskreis.**

Die Größe des Kreisbogens ist proportional zur Größe des Zentriwinkels.

① Daraus ergibt sich die Verhältnisgleichung $\frac{b}{\alpha} = \frac{u}{360°}$.

② Für den Umfang gilt $u = 2\pi r$.

Durch Einsetzen der Gleichung ② in die Gleichung ① und durch Umformen erhält man:

$\frac{b}{\alpha} = \frac{2\pi r}{360°}$ $\quad b = \frac{2\pi r \cdot \alpha}{360°}$ $\quad b = \frac{\pi r \cdot \alpha}{180°}$ $\quad b = \frac{\alpha}{180°} \cdot \pi \cdot r$ bzw. $b = \frac{\alpha}{180°} \cdot \pi \cdot \text{LE}$

M Durch die Gleichung $b = \frac{\alpha}{180°} \cdot \pi \cdot \text{LE}$ wird jedem Winkel α, dessen Größe im Gradmaß gegeben ist, **genau eine reelle Zahl** $\frac{\alpha}{180°} \cdot \pi$ zugeordnet. Diese heißt Bogenmaß des Winkels α und wird mit **arc** α (lies: „arcus alpha“) bezeichnet.

$$\text{arc}\,\alpha = \frac{\alpha}{180°} \cdot \pi$$

Daraus ergeben sich folgende Zuordnungen von Gradmaß und Bogenmaß eines Winkels.

Winkel im Gradmaß		−90°	45°	90°	135°	180°	270°	360°	540°
Winkel im Bogenmaß	als Vielfaches von π	$-\frac{\pi}{2}$	$\frac{\pi}{4}$	$\frac{\pi}{2}$	$\frac{3}{4}\pi$	π	$\frac{3}{2}\pi$	2π	3π
	als Zahlenwert (gerundet)	−1,6	0,79	1,6	2,4	3,1	4,7	6,3	9,4

Der Taschenrechner kann neben dem bisher verwendeten Gradmaß auch das Bogenmaß für Berechnungen verwenden. Die Umschaltung erfolgt bei den meisten Taschenrechnern mithilfe der Taste (Mode). In der Anzeige wird das verwendete Winkelmaß angezeigt.

	Winkel im Gradmaß	Winkel im Bogenmaß
Anzeige	DEG (degree)	RAD (radiant)

2

Die Sinusfunktion für beliebige Winkel

Auf Rummelplätzen stehen oft Riesenräder. Die Gondeln sind beweglich an einer Achse aufgehängt. Der Aufhängepunkt A der Gondel ändert seine Höhe in Bezug auf den Erdboden mit jeder Drehbewegung.
Zeichnet man die Drehbewegung in Abhängigkeit vom Drehwinkel α in ein Koordinatensystem, so erhält man folgenden Graphen.

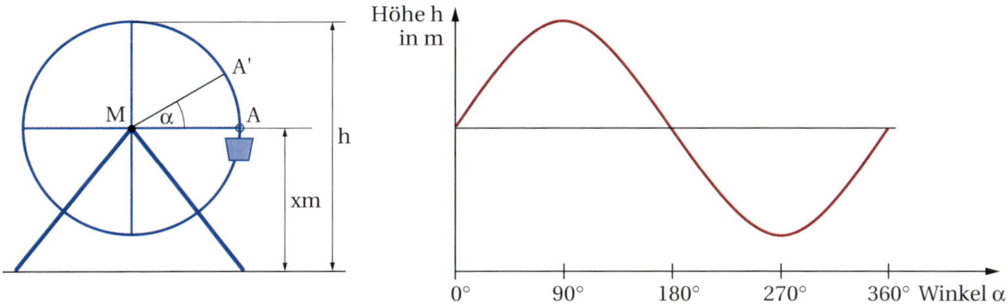

Von den trigonometrischen Berechnungen an rechtwinkligen Dreiecken wissen wir:

In jedem rechtwinkligen Dreieck heißt das Längenverhältnis (der Quotient) aus der Länge der Gegenkathete eines Winkels und der Länge der Hypotenuse Sinus eines Winkels (kurz: sin).

$\sin\alpha = \frac{\text{Gegenkathete}}{\text{Hypotenuse}}$

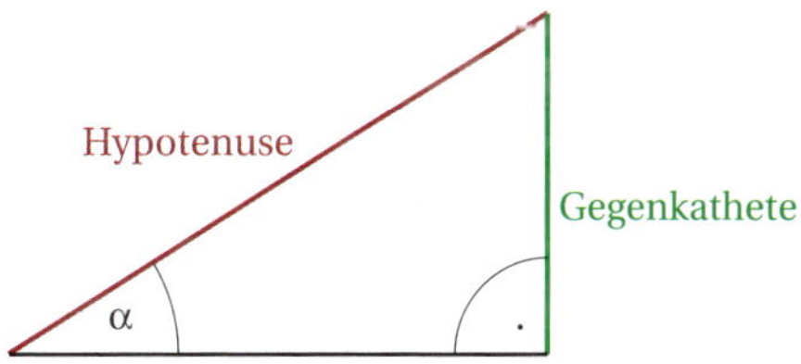

Um die Kreisbewegung genauer zu untersuchen, betrachtet man die Winkel am Einheitskreis.

Zeichnet man im Einheitskreis mit dem Winkel α vom Punkt P aus einen Senkrechte zur x-Achse, so erhält man ein rechtwinkliges Dreieck mit den Katheten x und y und der Hypotenuse r = 1.

In rechtwinkligen Dreiecken gilt:

$\sin\alpha = \frac{\text{Gegenkathete}}{\text{Hypotenuse}}$, also $\sin\alpha = \frac{y}{r} = \frac{y}{1} = y$

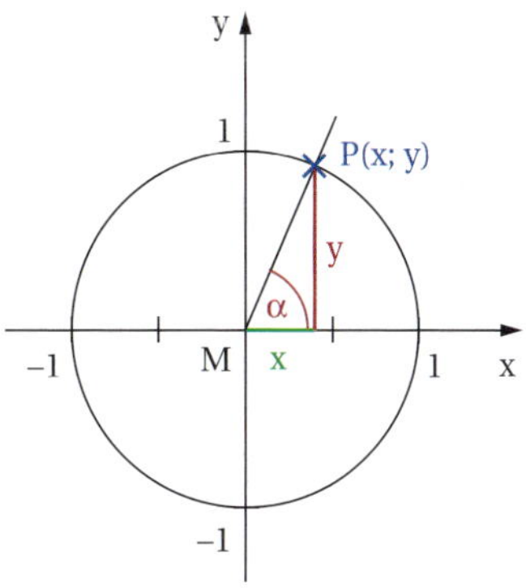

M

Der Sinus eines Winkels α (sin α) ist die y-Koordinate des zugehörigen Punktes P(x; y) auf dem Einheitskreis: sin α = y.
Damit ist jedem Drehwinkel α ein Sinuswert zugeordnet. Die Funktion y = f(x) = sin α heißt **Sinusfunktion.**

Bisher wurde der Sinus eines Winkels nur im I. Quadranten des Koordinatensystems betrachtet und damit nur die Winkel zwischen 0° und 90° ($0° < \alpha < 90°$). Um den Sinus eines Winkels größer als 90° zu bestimmen, muss man die folgenden Quadrantenbeziehungen berücksichtigen.

II. Quadrant

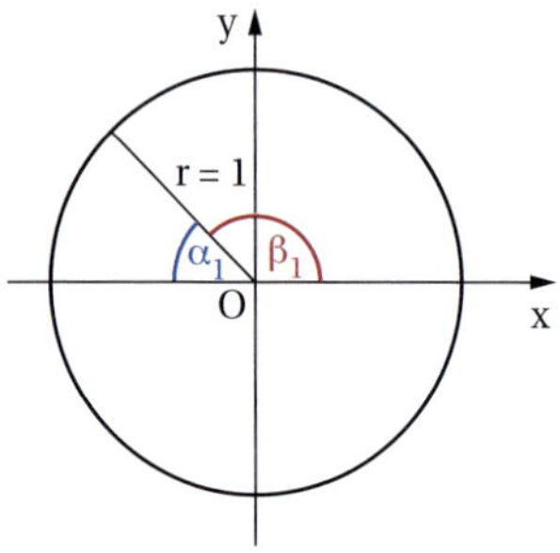

$0° < \beta_1 < 180°$
$\beta_1 = (180° - \alpha_1)$

III. Quadrant

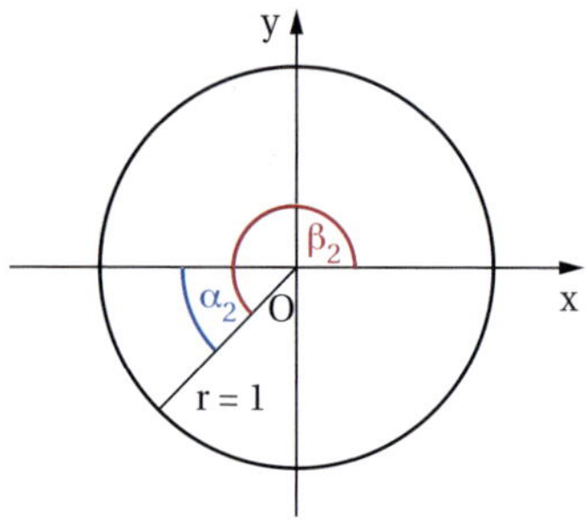

$180° < \beta_2 < 270°$
$\beta_2 = (180° + \alpha_2)$

IV. Quadrant

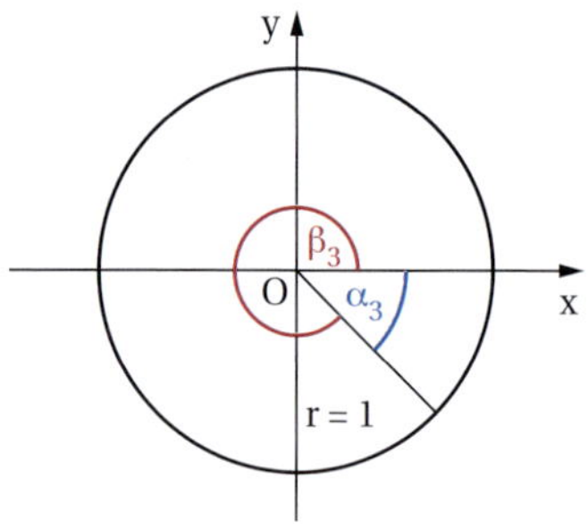

$270° < \beta_3 < 360°$
$\beta_3 = (360° - \alpha_3)$

Daraus ergibt sich für den Sinus eines Winkels:

	Sinus	**Kosinus**
I. Quadrant	$\sin\alpha$	$\sin 60° \approx 0{,}87$
II. Quadrant	$\sin(180° - \alpha) = \sin\alpha$	$\sin 120° = \sin(180° - 60°) = \sin 60° \approx 0{,}87$
III. Quadrant	$\sin(180° + \alpha) = -\sin\alpha$	$\sin 240° = \sin(180° + 60°) = -\sin 60° \approx -0{,}87$
IV. Quadrant	$\sin(360° - \alpha) = -\sin\alpha$	$\sin 300° = \sin(360° - 60°) = -\sin 60° \approx -0{,}87$

Auch für Winkelgrößen über 360° und für negative Winkelgrößen lässt sich der Sinus bestimmen. Damit könnte man beim Riesenrad mehrere Umdrehungen der Gondel um den Mittelpunkt bzw. die Änderung der Drehrichtung erfassen.

Es gilt: $\sin(a + k \cdot 360°) = \sin\alpha \quad (k \in \mathbb{Z})$

B

$\sin 780° = \sin(60° + 2 \cdot 360°) = \sin 60° \approx 0{,}87$

$\sin(-660°) = (60° - 2 \cdot 360°) = \sin 60° \approx 0{,}87$

Bei der Nutzung des Taschenrechners wird für beliebige Größen beim Drücken der Taste [sin] sofort der Wert von $\sin\alpha$ angezeigt.

Wird die Zuordnung der Koordinaten des veränderlichen Punktes P zu den Drehwinkeln in einem Koordinatensystem dargestellt, so erhält man den Graphen der Sinusfunktion. Der Graph heißt **Sinuskurve.**
Er kann mit einer Kurvenschablone gezeichnet werden.

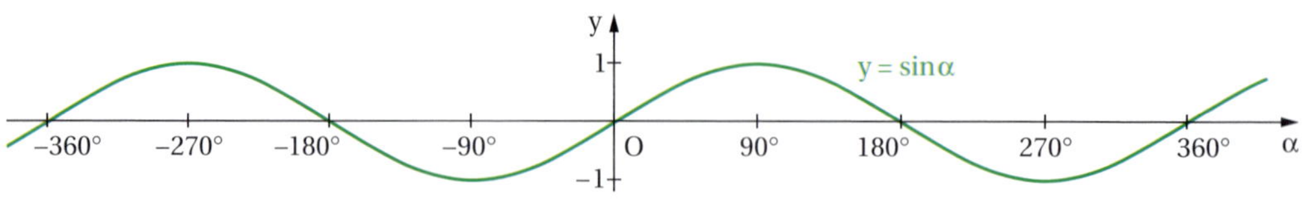

Im Unterschied zu den bisherigen Funktionen wurden für die Funktionswerte keine reellen Zahlen sondern Gradmaße von Winkeln verwendet.
Zum Erfassen praktischer Vorgänge in der Technik gibt man oft den Drehwinkel im Bogenmaß, also nicht in Grad sondern als reelle Zahl (Vielfaches von π) an. Man schreibt dann x statt α für die Winkelgröße.

Für die Funktionsgleichung $y = \sin\alpha$ ergibt sich: $y = \sin x$.

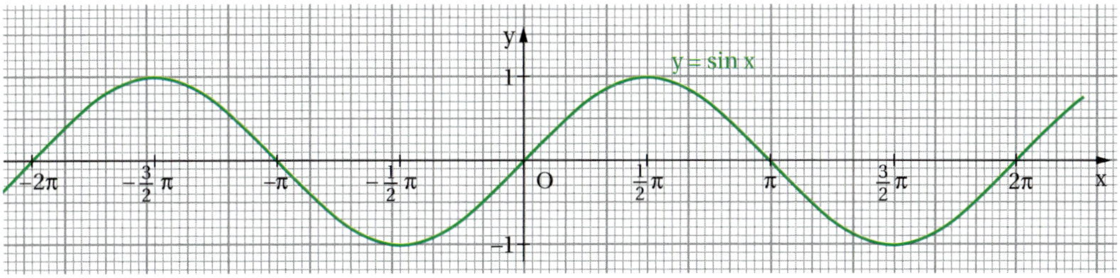

Eigenschaften

Die Sinusfunktion ist eine periodische Funktion. Die Funktionswerte wiederholen sich immer wiederkehrend (periodisch) in einem bestimmten Abstand, der Periode. Sie beträgt für die Sinusfunktion 2π.
Die Funktion besitzt dadurch unendlich viele Nullstellen. …; -2π; $-\pi$; 0; π; 2π; …

Definitionsbereich	$x \in \mathbb{R}$	
Wertebereich	$y \in \mathbb{R}; -1 \le y \le 1$	
Symmetrieeigenschaften des Graphen	Der Graph von $y = f(x) = \sin x$ ist punktsymmetrisch zum Koordinatenursprung.	
Nullstellen	$x_0 = k \cdot \pi;\ k \in \mathbb{Z}$	
Periode	2π	
Monotonieverhalten (im Intervall: von 0 bis 2π)	$0 < x < \frac{\pi}{2}$; $\frac{3\pi}{2} < x < 2\pi$ $\frac{\pi}{2} < x < \frac{3\pi}{2}$	monoton steigend monoton fallend
Der Graph ist *axialsymmetrisch* zu einer Parallelen zur y-Achse durch $\alpha = 90°$.	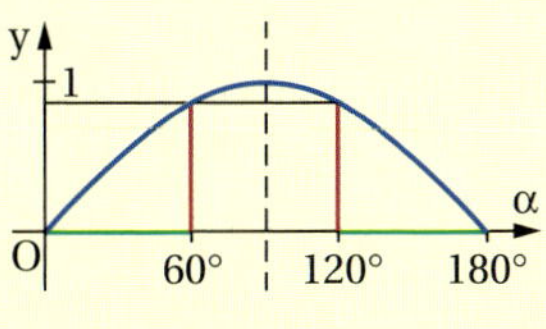	$\sin 60° = \sin 120°$ $\sin 60° = \frac{1}{2}\sqrt{3}$ $\sin 60° = 0{,}866$
Der Graph ist *punktsymmetrisch* zum Koordinatenursprung.	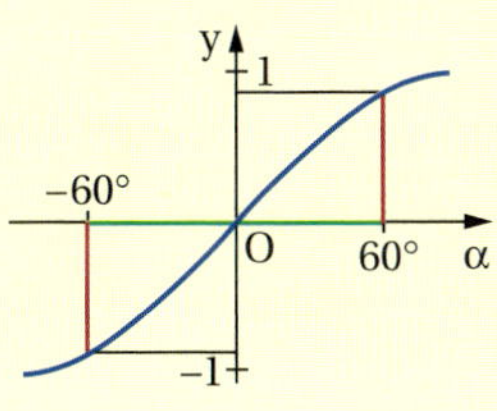	$\sin 60° = -\sin(-60°)$ $\sin 60° = \frac{1}{2}\sqrt{3}$

Die Funktion $y = f(x) = a \cdot \sin bx$

Zur Beschreibung realer periodischer Vorgänge können oft nicht die „speziellen“ Winkelfunktionen verwendet werden, sondern z. B. Funktionen mit der Gleichung $y = a \cdot \sin bx$; $a, b, x \in \mathbb{R}$; $b > 0$.

B Die aktuelle Auslenkung eines Fadenpendels aus seiner Ruhelage kann durch folgende Gleichung beschrieben werden, wenn der Luftwiderstand vernachlässigt wird:

$y = f(t) = y_{max} \cdot \sin \frac{2\pi}{T}\, t$

Dabei ist y_{max} die maximale Auslenkung und T die Zeitdauer für eine vollständige Schwingung (Schwingungsdauer).

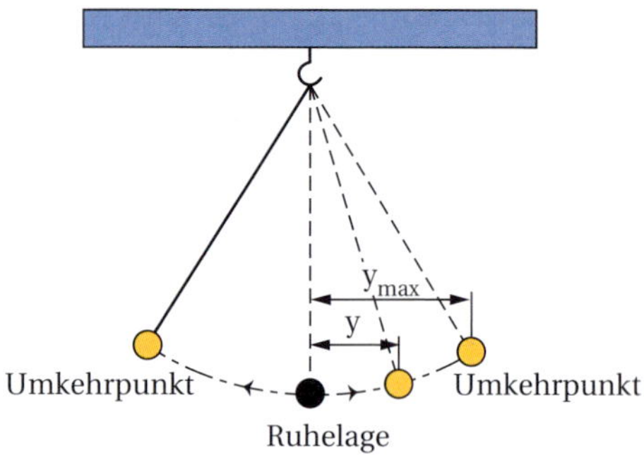

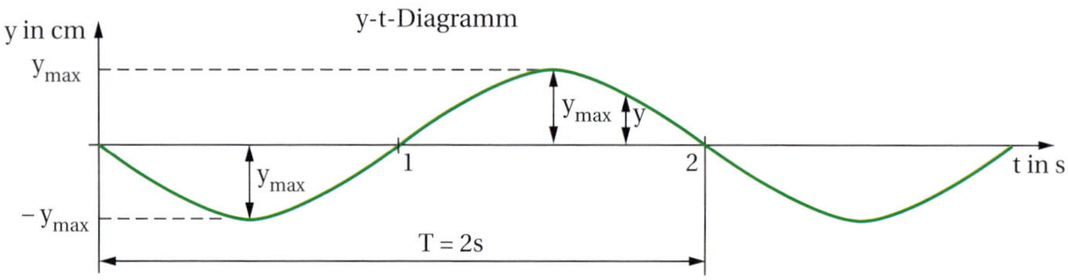

In der Funktionsgleichung $y = f(x) = a \cdot \sin bx$; $a, b, x \in \mathbb{R}$; $b > 0$, bewirkt der **Parameter a** eine Streckung oder Stauchung in y-Richtung bzw. eine Spiegelung an der x-Achse. Dies entspricht dem Einfluss des Parameters a in den schon untersuchten Funktionsgleichungen $y = ax^2$ oder $y = a \cdot x^n$.

$a > 1$	Streckung des Graphen in y-Richtung
$0 < a < 1$	Stauchung des Graphen in y-Richtung
$a < 0$	Spiegelung an der x-Achse mit möglicher Streckung oder Stauchung

B Die Funktionen

$f_1(x) = \sin x$,

$f_2(x) = 2 \cdot \sin x$ und

$f_3(x) = -\frac{1}{2} \cdot \sin x$

haben als wesentliche Gemeinsamkeiten die *gleiche Periode*, die *gleichen Nullstellen* und das *gleiche Symmetrieverhalten*.
Sie unterscheiden sich im Wertebereich.

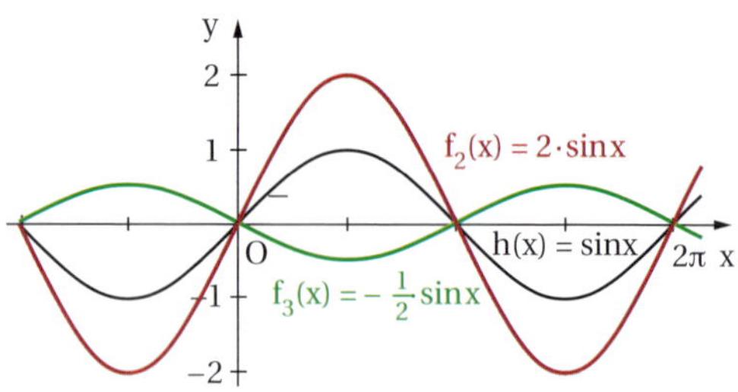

Der Betrag von a gibt den maximalen Funktionswert an. Er heißt auch **Amplitude** der Funktion. Die Amplitude ist, physikalisch betrachtet, die maximale Auslenkung, in der sich ein schwingender Körper während einer ganzen Periode befindet, sie entspricht dem Abstand zwischen einem Umkehrpunkt und der Ruhelage des Körpers.

Der **Parameter b** in der Funktionsgleichung $y = a \cdot \sin bx$; $a, b, x \in \mathbb{R}$; $b > 0$ bewirkt eine Streckung bzw. Stauchung in x-Richtung.

Die Funktionen
$f_1(x) = \sin x$,
$f_2(x) = \sin 2x$ und
$f_3(x) = \sin \frac{1}{2} x$
haben den gleichen Wertebereich.
Die Unterschiede in der Lage der Nullstellen ergeben sich insbesondere aus der unterschiedlichen Periodenlänge.

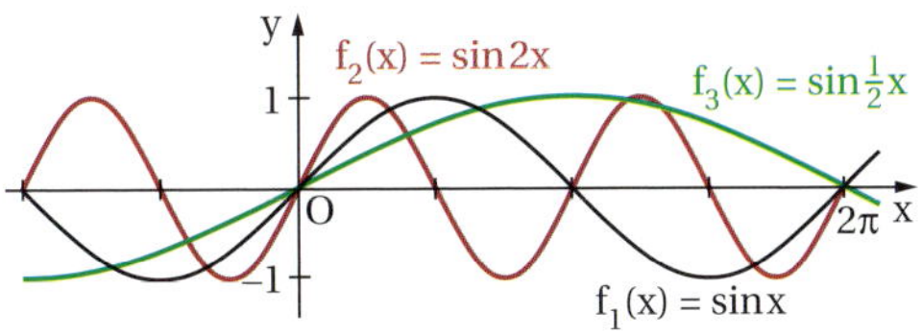

Die Funktion $f_2(x) = \sin 2x$ hat die Periode π bzw. 180° und die Funktion $f_3(x) = \sin \frac{1}{2} x$ hat die Periode 4π bzw. 720°.

Die Funktion $y = f(x) = a \cdot \sin bx$; $a, b, x \in \mathbb{R}$; $b > 0$, hat die Periodenlänge $\frac{2\pi}{b}$ bzw. $\frac{360°}{b}$.

Der Parameter b gibt für $b \in \mathbb{N}$ die Anzahl der vollständigen Perioden von 0 bis 2π an und heißt auch die **Frequenz** der Funktion.

Der Wert der Parameter a und b kann aus dem Graphen der Funktion näherungsweise ermittelt werden. Dazu muss eine Periode der Funktion untersucht werden.

Der Parameter a ist der maximale bzw. minimale Funktionswert, der zuerst erreicht wird. Dann kann die Länge p der Periode abgelesen werden.
Daraus ergibt sich: $b = \frac{2\pi}{p} = \frac{360°}{p}$

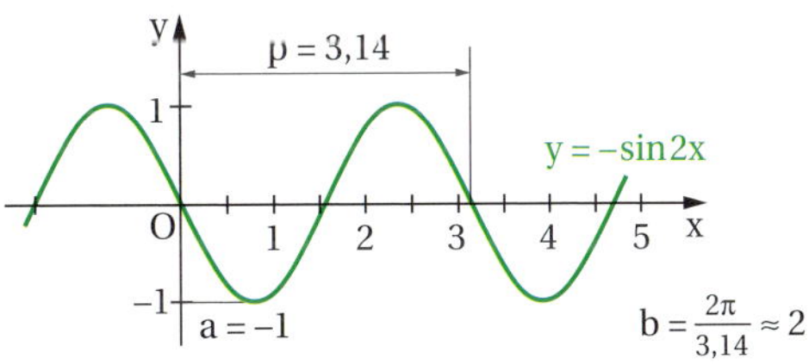

Aufgaben

Erweiterung des Winkelbegriffs

1. Mit welchem Drehwinkel lässt sich jeweils die Bewegung des Rades erfassen?
a) Ein Rad wurde $4\frac{3}{4}$-mal im positiven Drehsinn bewegt.
b) Ein Rad wurde 2,7-mal im negativen Drehsinn bewegt.

2. Zeichne einen Schenkel eines Winkels und trage dann folgende Winkel an!
a) $\alpha = +60°$ b) $\beta = -120°$ c) $\gamma = +240°$ d) $\delta = +455°$ e) $\varepsilon = -783°$

3. In der Abbildung sind verschiedene Winkel dargestellt.
Ordne diese den entsprechenden Werten von +100°, –50°, +280°, –190°, +380° und –730° zu!

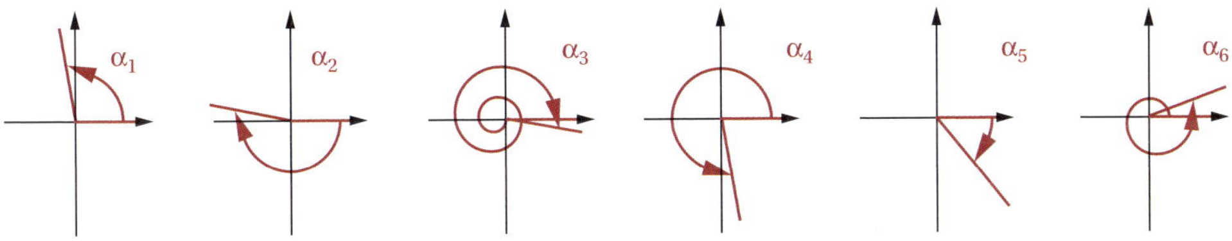

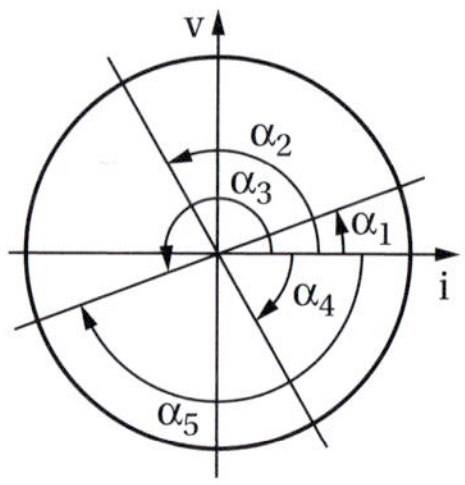

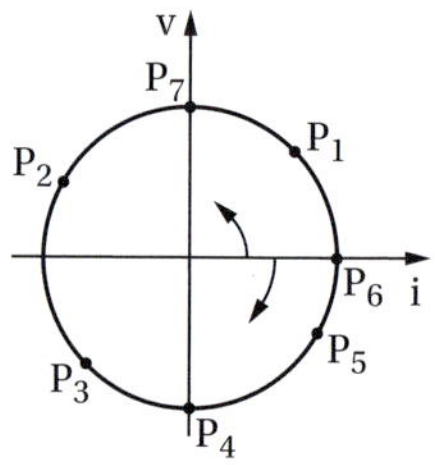

4. Die Größen der dargestellten Winkel α_1 bis α_5 sind +200°; −60°; +20°; +120°; −160°. Ordne richtig zu!

5. Die Lage der dargestellten (sieben) Punkte P_1 bis P_7 ist durch folgende Winkelgrößen festgelegt: +720°; −390°; +510°; −315°; +585°; +810°; −450°
Welcher Punkt gehört zu welchem Winkelmaß? Gib für jeden Punkt ein weiteres Winkelmaß an!

Das Bogenmaß von Winkeln

6. Den Winkeln +120°, +200°, −40°, −120°, +480° und −1030° wird jeweils ein Punkt des Einheitskreises zugeordnet.
a) Gib die Koordinaten der Punkte an!
b) Berechne die Länge des jeweiligen Bogens!

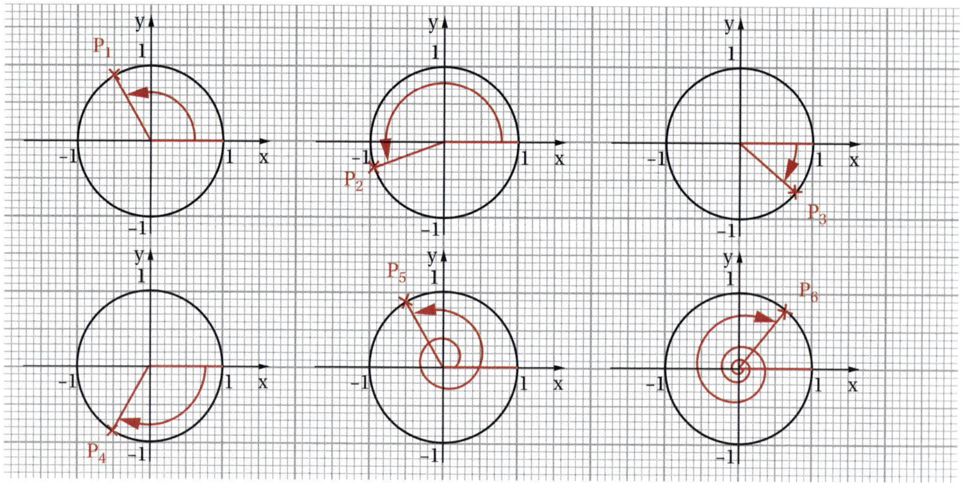

7. Berechne für folgende Winkel auf Hundertstel genau das dazugehörige Bogenmaß!

a) 31°	b) 47°	c) 92°	d) 175°	e) 342°
f) 612°	g) 1540°	h) −27°	i) −159°	j) −360°

8. Die Größe der folgenden Winkel ist im Bogenmaß angegeben. Berechne das dazugehörige Gradmaß!

a) 2,42	b) 4,05	c) 1,28	d) 0,40	e) 12,5
f) 25,2	g) −0,38	h) −15,3	i) −9,4	j) 0,5

9. Berechne das Bogenmaß folgender Winkel! Gib es als Vielfaches oder Bruchteil von π an!

a) 30°	b) 90°	c) 360°	d) 1080°	e) 45°
f) 225°	g) 540°	h) −90°	i) 180°	j) −720°

Beispiel: $\alpha = 270°;\ x = \frac{270°\pi}{180°} = \frac{3}{2}\pi$

10. Entscheide! Richtig oder falsch?

a) $\text{arc}\,270° = 15\pi$ b) $\text{arc}\,0° = \pi$ c) $\text{arc}-180° = -\pi$ d) $\text{arc}\,\alpha = -1{,}75\pi;\ \alpha = -330°$

11. Übernimm die Tabelle in dein Heft und ergänze!

Gradmaß	33°			−646°	388°		−66°		
Bogenmaß		3,36	−12,3			0,45		−1,12	9,3

12. Übernimm die Tabelle in dein Heft und vervollständige sie!

Winkel in Gradmaß			75°		−1260°				255°	
Winkel im Bogenmaß	als Vielfaches von π	3π				$\frac{3}{4}\pi$				1,75π
	als Zahlenwert (gerundet)			−3,14			0,00	1,83		

Die Sinusfunktion für beliebige Winkel

13. Berechne mithilfe des Taschenrechners den Wert von $\sin\alpha$!
a) $\alpha = 30°$ b) $\alpha = 241°$ c) $\alpha = 320°$ d) $\alpha = 500°$ e) $\alpha = -45°$

14. Bestimme alle Winkel im Intervall $0 \leq \alpha \leq 360°$, für die gilt:
a) $\sin\alpha = 0{,}6$ b) $\sin\alpha = -0{,}5$ c) $\sin\alpha = 0$ d) $\sin\alpha = 0{,}4$ e) $\sin\alpha = 0{,}87$

15. Bestimme den Winkel β zwischen 90° und 180°, bei dem die Sinusfunktion den gleichen Wert annimmt wie bei dem angegebenen Winkel α!
a) $\alpha = 54°$ b) $\alpha = 81°$ c) $\alpha = 35°$ d) $\alpha = 2°$ e) $\alpha = 63°$

16. Stelle mithilfe des Taschenrechners für $0° \leq \alpha \leq 360°$ bei einer Schrittweite von 15° eine Wertetabelle für die Sinusfunktion $y = \sin\alpha$ auf! Trage die Punkte in ein Koordinatensystem ein und verbinde diese! Verwende zum Zeichnen Millimeterpapier und folgende Einteilungen: 30° sollen einem Zentimeter entsprechen und $-1 \leq \sin\alpha \leq 1$ sollen 10 cm entsprechen.

17. Stelle mithilfe des Taschenrechners für $-360° \leq \alpha \leq 360°$ bei einer Schrittweite von 15°eine Wertetabelle für die Sinusfunktion $y = \sin\alpha$ auf! Trage die Punkte in ein Koordinatensystem ein und verbinde diese! Verwende zum Zeichnen Millimeterpapier (A4 Querformat) und folgende Einteilungen:
30° sollen einem Zentimeter entsprechen und $-1 \leq \sin\alpha \leq 1$ sollen 10 cm entsprechen.

18. Stelle mithilfe des Taschenrechners für $0° \leq x \leq 2\pi$ bei einer Schrittweite von $\frac{\pi}{12}$ eine Wertetabelle für die Sinusfunktion $y = \sin x$ auf! Trage die Punkte in ein Koordinatensystem ein und verbinde diese!
Verwende zum Zeichnen Millimeterpapier und folgende Einteilungen:
$\frac{\pi}{6}$ sollen einem Zentimeter entsprechen und $-1 \leq \sin x \leq 1$ sollen 10 cm entsprechen.

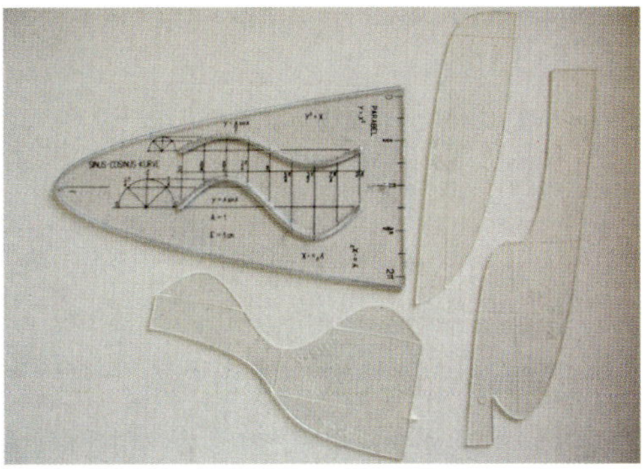

19. Zeichne die Funktion $y = \sin\alpha$ mithilfe der Schablone im Intervall $-360° \leq \alpha \leq 360°$!

20. Zeichne die Funktion $y = \sin x$ mithilfe der Schablone im Intervall $-\pi \leq x \leq 2\pi$!

Die Funktion $y = f(x)\ a \cdot \sin(bx)$

21. Bestimme die Funktionsgleichungen der in den Abbildungen dargestellten Funktionsgraphen für Funktionen der Form $y = f(x) = a \cdot \sin bx$!
Gib jeweils den Definitions- und Wertebereich an! Lies die Nullstellen ab!

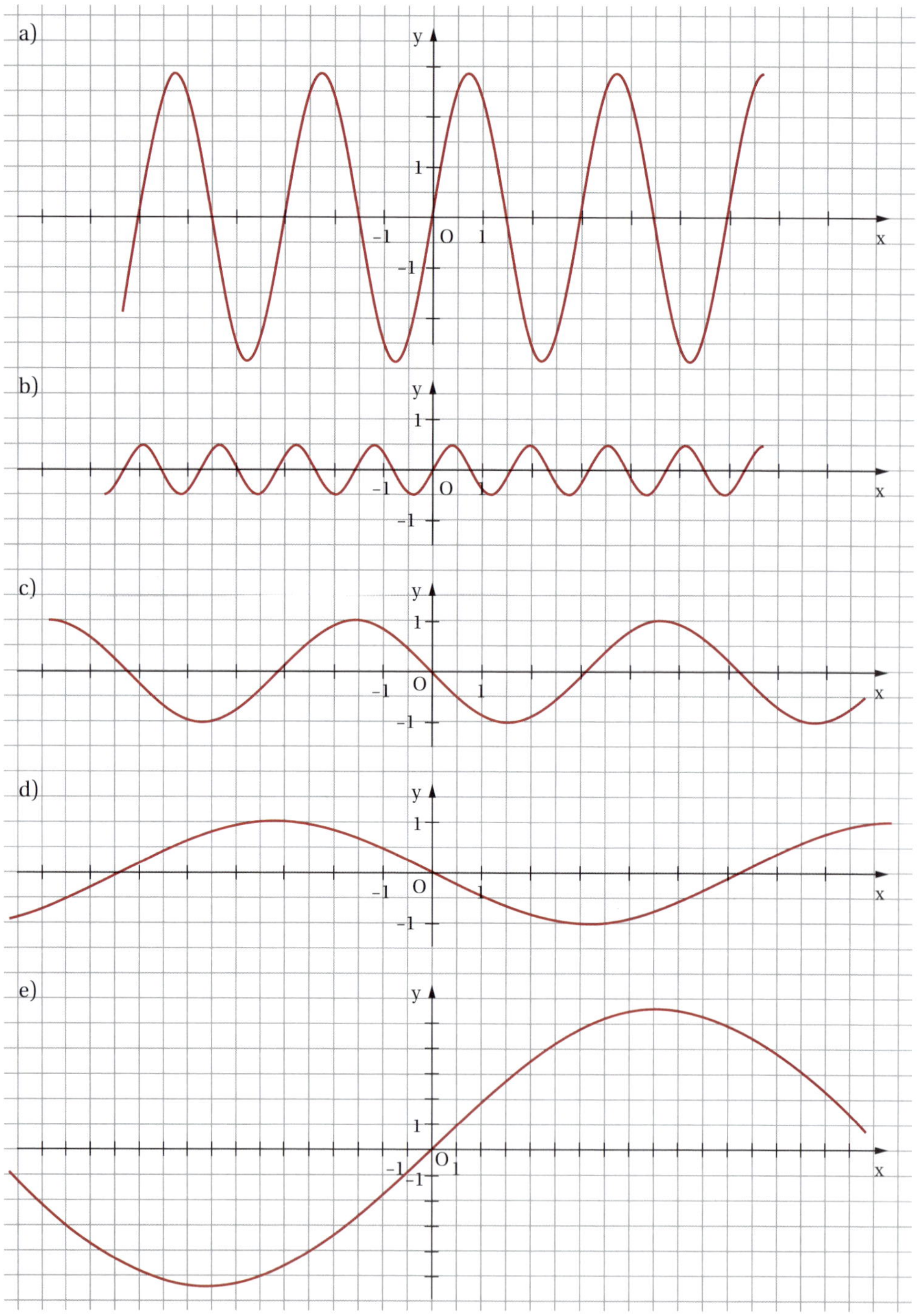

22. In den folgenden Diagrammen sind Graphen von Funktionen mit der Gleichung $y = f(x) = a \cdot \sin(b \cdot x)$ dargestellt. Bestimme jeweils die Parameter a und b!

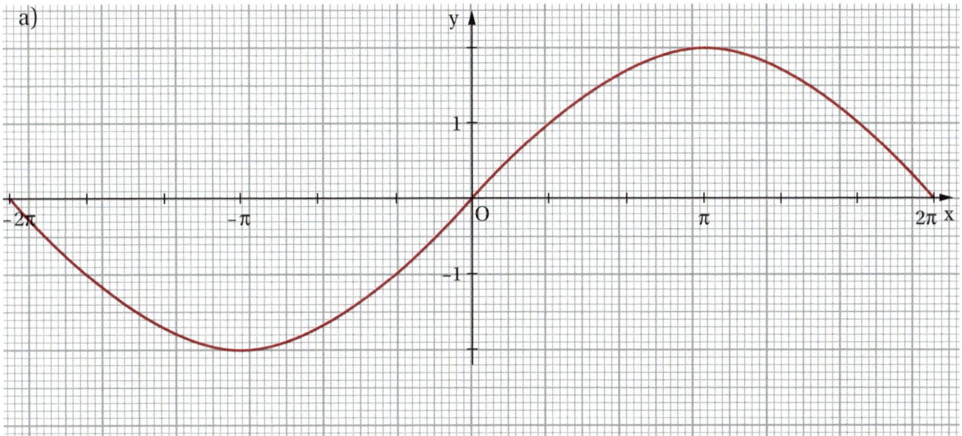

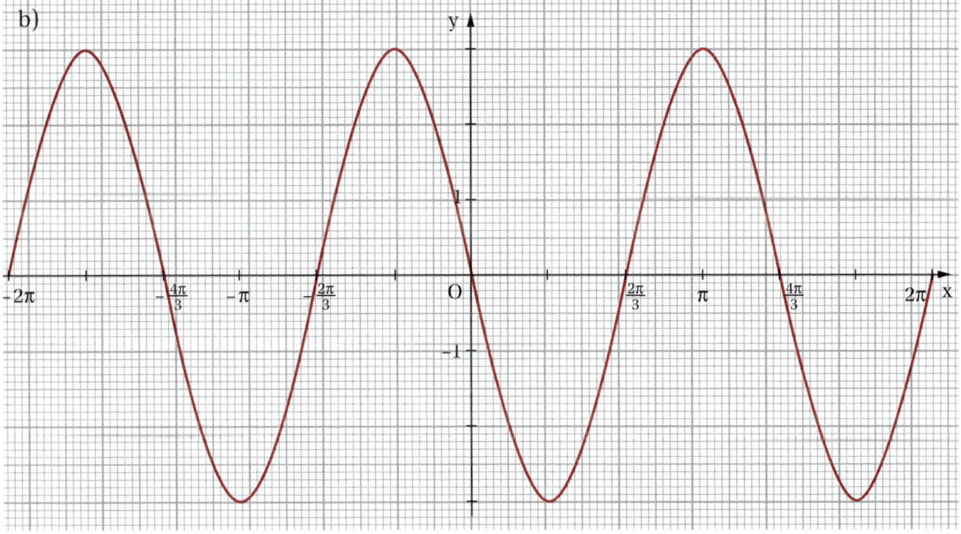

23. Stelle für die angegebenen Funktionen jeweils eine Wertetabelle für das Intervall $-\pi \le x \le 2\pi$ in Schritten von $\frac{\pi}{6}$ auf! Nutze den Taschenrechner oder ein Tabellenkalkulationsprogramm! Skizziere den Graphen in diesem Intervall im Koordinatensystem!

a) $y = 3 \cdot \sin x$ b) $y = 1{,}5 \cdot \sin(2x)$ c) $y = \sin(2x)$ d) $y = \sin(\frac{x}{2})$
e) $y = -2 \cdot \sin x$ f) $y = -0{,}5 \cdot \sin x$ g) $y = 2 \cdot \sin(3x)$ h) $y = \frac{1}{2} \cdot \sin(2x)$

24. Bestimme die Anzahl der Nullstellen im Intervall $0 \le x \le 2\pi$ für $y = f(x) = \sin(bx)$!

a) $b = 1$ b) $b = 3$ c) $b = 0{,}5$ d) $b = \pi$

25. Bestimme für folgende Funktionen die Periodenlänge!

a) $y = \sin(2x)$ b) $y = \sin(\frac{1}{4}x)$ c) $y = \sin(\pi x)$ d) $y = \sin(\frac{x}{3})$

26. Entscheide, ob folgende Aussage wahr ist! Begründe!
Für das Zeichnen beliebiger Funktionen $y = f(x) = a \cdot \sin x$ und $y = f(x) = \sin(bx)$ kann die Schablone der Funktion $f(x) = \sin x$ verwendet werden.

2.4 Gemischte Aufgaben

Potenzfunktionen

1. Jeder gegebene Punkt liegt auf dem Graphen einer Potenzfunktion der Form $y = x^n$ ($x \in \mathbb{Z}$).
Ermittle die Funktionsgleichung!

	a)	b)	c)	d)	e)	f)
x	1,5	–2	–0,5	– 4	2,5	–3
y	3,375	16	– 8	256	0,16	–243

2. Übertrage die folgende Wertetabelle in dein Heft und ermittle jeweils die fehlenden Funktionswerte für die angegebenen Funktionen! Benutze dazu einen Taschenrechner!
Zeichne dann mithilfe der Wertetabelle die Graphen der Funktionen!

	Funktion	–1,5	–1	–0,75	–0,5	–0,25	–0,1	0	0,1	0,25	0,5	0,75	1	1,7
a)	$y = x^2$													
b)	$y = x^3$													
c)	$y = x^4$													
d)	$y = x^5$													

3. Ein Balken hat einen quadratischen Querschnitt.
Ermittle das Volumen in Abhängigkeit folgender Größen!
a) Länge des Balkens
b) Kantenlänge a des Querschnitts
Stelle die Funktionen grafisch dar! Wie verändert sich das Volumen V, wenn die Kantenlänge a verdoppelt (verdreifacht, vervierfacht) wird?

4. a) Stelle die Volumina von Würfeln in Abhängigkeit von den Seitenlängen grafisch dar! Trage dazu auf der Abszissenachse (Einheit 2 cm) die Seitenlängen und auf der Ordinatenachse (Einheit 2 cm) die Volumina ab!
b) Ermittle mithilfe der grafischen Darstellung die folgenden Größen!
Volumen zu den Kantenlängen: 1,8 m; 2,7cm; 0,9 dm; 3,1 mm; 1,4 cm
Kantenlängen zu den Volumen: 2,5 m^3; 8,0 cm^3; 15 dm^3; 43 mm^3; 55 cm^3

5. Untersucht werden die Funktionen $f(x) = x^3$ und $g(x) = 4x^3$.
Ermittle alle x-Werte für die gilt:
a) $f(x) = 8$
b) $f(x) = -15{,}625$
c) $f(x) = 0{,}001$
d) $f(x) = -1\frac{331}{1000}$
e) $g(x) = 0{,}5$
f) $g(x) = -0{,}256$
g) $g(x) = -108$
h) $g(x) = -2{,}916$

6. Ergänze die Wertepaare jeweils so, dass sie ein Punkt der Funktion sind bzw. auf dem Graphen liegen!
a) $y = x^{-1}$: A (1;); B (1,5;); C (–1,5;); D (; 2); E (; –0,42); F (; –0,25)
b) $y = x^{-2}$: R (0,1;); S (2;); T (; 1); U (; 0,16); V (; 6,25); W (5;)
c) $y = x^{-3}$: K (2;); L (; 8); M (; –0,125); N (; –1); L (0,4;); M (–0,4;)
Kennzeichne die nicht eindeutigen Ergebnisse, gib dazu die jeweils zweite Lösung an!

7. Gegeben sind die Funktionen
$y = f(x) = x$, $y = g(x) = x^2$; $y = h(x) = x^3$; $y = i(x) = x^{-2}$; $y = j(x) = x^{-3}$.
a) Berechne jeweils für alle fünf Funktionen den Funktionswert y zu den Argumenten –3; –2; –1; 0; 1; 2 und 3! Erfasse die Ergebnisse in einer Tabelle!
b) Ermittle jeweils für alle fünf Funktionen die Argumente zum Funktionswert 10!
c) Zeichne die Graphen der Funktionen in ein Koordinatensystem!

8. Zeichne die Graphen folgender Funktionen!
Welche Wirkung hat der Faktor a in $f(x) = a \cdot x^n$ im Vergleich zur Funktion $f(x) = x^n$?

a) $f(x) = -x^2$ b) $f(x) = -x^3$ c) $f(x) = -2x^{-\frac{1}{2}}$ $(x \geq 0)$ d) $f(x) = 2{,}5x^2$

e) $f(x) = 3x^{-1}$ f) $f(x) = -\frac{3}{4}x^3$ g) $f(x) = 3x^{-2}$ h) $f(x) = -3x^{-2}$

9. Gegeben sind zwei Funktionen $f(x) = -3x^{-1}$ und $g(x) = -\frac{1}{2x^2}$.

a) Stelle für beide Funktionen geeignete Wertetabellen auf und zeichne die Graphen!
b) Gib den Definitionsbereich und den Wertebereich der Funktionen an!
c) Triff Aussagen zur Monotonie und Symmetrie der beiden Funktionen!
d) Ermittle die Argumente zu den gegebenen Funktionswerten!

$f(x_1) = 2$; $f(x_2) = -1$; $g(x_3) = -\frac{4}{3}$; $g(x_4) = -\frac{1}{3}$

10. Die Abbildung zeigt die Graphen der Exponentialfunktionen $y = f(x) = 2^x$ und $y = g(x) = 2{,}5^x$.

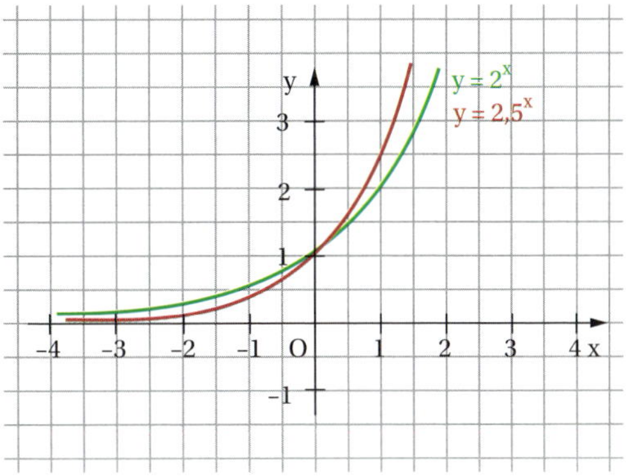

a) Bestimme mithilfe der grafischen Darstellung die Funktionswerte y für folgende x-Werte!
-2; $-1{,}5$; -1; $-\frac{1}{2}$; 0; $\frac{1}{2}$; 1; $1{,}5$; 2
Prüfe die abgelesenen Werte durch Rechnung nach!

b) Führe für beide Funktionen im Intervall $-2{,}5 \leq x \leq 2{,}5$ die Kurvendiskussion durch!

***11.** Gleichungen, in denen die Variablen im Exponenten einer Potenz auftreten, heißen Exponentialgleichungen. Löse die folgenden Exponentialgleichungen!

a) $4^x - 64$	b) $5^x - 125$	c) $6^x - \frac{1}{36}$	d) $7^x = 343$
$10^x = 0{,}1$	$8^x = 4096$	$2^x = 0{,}0625$	$0{,}5^x = 4$
$2^x = 64$	$3^x = 0{,}\bar{3}$	$10^x = 100\,000$	$0{,}2^x = 625$

***12.** Löse die folgenden Exponentialgleichungen näherungsweise!

a) $2^x = 8$ b) $3^x = 10$ c) $5^x = 100$ d) $10^x = 5$

13. In ein Gewässer werden drei Teichrosen gepflanzt. Ihr monatliches Wachstum beträgt 40 %.
Wie viele solcher Rosen sind nach zwei, drei bzw. vier Monaten im Teich?
Nach wie vielen Monaten wären es 23 Rosen?

14. Das radioaktive Element Einsteinium-253 (^{253}Es) hat eine Halbwertszeit von 20 Tagen. Berechne die Menge von 10 g ^{253}Es nach 50 Tagen und nach 100 Tagen bzw. nach einem Jahr!
Hinweis:
Berechne zuerst den Abnahmefaktor b!

15. Angenommen, die jährliche Wertminderung einer Komplettküche wird mit 15 % angegeben.
Welchen Wert hätte eine 9000 € teure Küche noch nach vier bzw. acht Jahren?
Wann wäre die Küche „theoretisch wertlos“ (abgeschrieben)?

16. Die Halbwertszeit von Plutonium-238 (^{238}Pu) beträgt 88 Jahre. Bestimme die Restmenge von 200 g ^{238}Pu nach 100 Jahren, 200 Jahren bzw. 1000 Jahren!

17. Der Neuwert einer technischen Anlage betrug 3500000 €. Innerhalb von zehn Jahren verringert sich dieser Wert durch Abschreibungen, die jährlich gleich hoch waren, auf 400000 €. Nach zwölf Jahren wurde die Anlage stillgelegt.
Berechne den Schrottwert, wenn sich auch in den letzten zwei Jahren die Abschreibungsrate nicht geändert hat!

18. Bei vielen Feiern wird getanzt. Ein lustiger Tanz geht so: Ein Paar tanzt, die Musik stoppt und die beiden Tanzenden holen sich jeweils einen weiteren Partner, …
Nach wie vielen Musikstopps würde ganz Deutschland mit rund 80 Millionen Einwohnern tanzen?

19. Der Luftdruck beträgt auf Meereshöhe rund 1000 hPa. Mit zunehmender Höhe verringert er sich, er nimmt pro Kilometer Höhe um etwa 12 % ab.
a) Berechne den Luftdruck auf der Zugspitze, auf dem Mont Blanc und auf dem Mount Everest! Informiere dich über die jeweiligen Höhen!
b) Auf welchem afrikanischen Berg wurde ein Luftdruck von 470 hPa gemessen?

20. Ein 4 km^2 großes Areal mit 20 % Waldbestand soll aufgeforstet werden. In den nächsten vier Jahren wird der Bestand jährlich um 10 % vergrößert.
a) Wie viel Hektar Wald sind nach vier Jahren vorhanden?
b) Wie viel Prozent des Areals müssen dann noch aufgeforstet werden?
c) Nach wie vielen Jahren wäre bei gleicher Aufforstungsrate die gesamte Fläche bewaldet?

21. Ein Gummiball fällt aus 4 m Höhe zur Erde und verliert nach jedem Aufprall jeweils $\frac{1}{5}$ der vorherigen Höhe. Welche Höhe erreicht der Ball noch nach dem dritten Aufprall?

22. Eine Pilzkultur hat sich in zehn Tagen auf 400 cm^2 bei einer Verdopplungszeit von zwei Tagen ausgebreitet. Berechne die Ausgangsgröße!

Winkelfunktionen

23. Der Graph zeigt die Änderung der Höhe h des Flügelendpunktes P einer Windkraftanlage bei einer gleichmäßigen Rotation.

a) Beschreibe den Graphen mit Worten!

b) Wie müsste sich der Graph ändern, wenn sich der Flügel doppelt (halb) so schnell drehen würde?

c) Wie müsste sich der Graph ändern, wenn sich die Länge der Flügel verdoppeln (halbieren) würde?

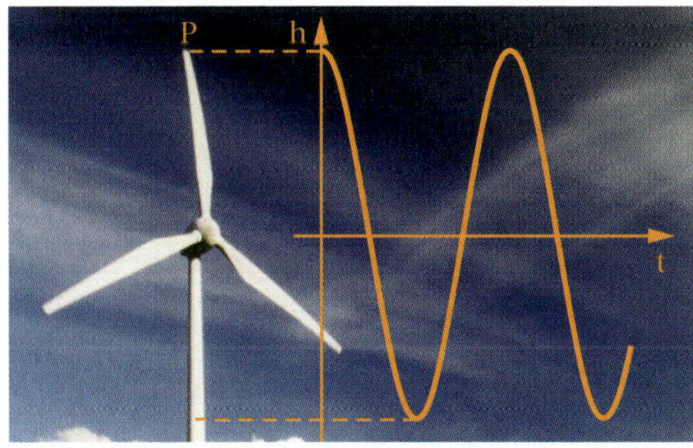

24. Welche der folgenden Vorgänge können zumindest näherungsweise durch eine periodische Funktion beschrieben werden? Nenne jeweils Bedingungen, unter denen dies zutrifft!

a) Bewegung eines Uhrzeigers
b) Wasserstand an einem Nordseestrand
c) sichtbarer Teil des Mondes
d) Wachstum der Früchte eines Obstbaumes
e) Menstruationszyklen einer Frau
f) Erddrehung

25. In einer Telefonanlage gibt es folgende Ruftakte.
Stelle die Ruftakte mit einer geeigneten Codierung grafisch dar!

Art des Anrufs	Folgen von Tonrufen und Pausen
externer Anruf	1 s Ton; 3 s Pause; 1 s Ton; 3 s Pause; …
Rückruf	1 s Ton; 1 s Pause; 1 s Ton; 1 s Pause; …
interner Anruf	$\frac{1}{3}$ s Ton; $\frac{1}{3}$ s Pause; $\frac{1}{3}$ s Ton; $2\frac{2}{3}$ s Pause; $\frac{1}{3}$ s Ton; $\frac{1}{3}$ s Pause; …

26. Bestimme für die folgenden Winkel deren Bogenmaße als Vielfache von π!

a) $\alpha_1 = 0°$
b) $\alpha_2 = 180°$
c) $\alpha_3 = 360°$
d) $\alpha_4 = 30°$
e) $\alpha_5 = 45°$
f) $\alpha_6 = 120°$
g) $\alpha_7 = 150°$
h) $\alpha_8 = 300°$

27. Bestimme für die folgenden Winkel deren Gradmaße! Es gilt: $\alpha_{\text{Gradmaß}} = \frac{360°}{2\pi} \cdot x$.

a) $x = \frac{\pi}{2}$
b) $x = \frac{3}{4}\pi$
c) $x = -\pi$
d) $x = \frac{\pi}{3}$
e) $x = -\frac{\pi}{2}$
f) $x = \frac{\pi}{18}$
g) $x = -\frac{\pi}{18}$
h) $x = \pi$

***28.** Informiere dich über die Sonnenaufgangs- und Sonnenuntergangszeiten über ein Jahr, z. B. im Internet!
Suche die entsprechenden Angaben für deinen Heimatort oder einen in der Nähe liegenden Ort heraus!
Trage die Daten in ein Koordinatensystem in Abhängigkeit vom Datum (wochenweise für ein Jahr) ein!
Die Angaben können auch einem Kalender entnommen werden.
Beschreibe die Punktmenge!

29. Die Grafik zeigt die Veränderung der Kohlendioxidkonzentration in der Atmosphäre. Die Messungen wurden in Hawaii auf dem Berg Mauna Loa in 3400 m Höhe vorgenommen. Die jahreszeitlichen Schwankungen werden durch die unterschiedlichen biologischen Aktivitäten der Vegetation hervorgerufen.

a) Begründe, warum sich die Kurve durch die Summe aus einer periodischen Funktion und einer linearen Funktion beschreiben lässt!

b) Bestimme näherungsweise die Periodenlänge und die Amplitude des periodischen Anteils der Funktion! Interpretiere die Werte!

c) Bestimme näherungsweise den Anstieg des linearen Anteils der Funktion! Interpretiere den Wert!

d) Berechne die mittlere Kohlendioxidkonzentration im Jahre 2010 unter der Annahme, dass sich der Entwicklungstrend nicht ändert! Interpretiere dein Ergebnis!

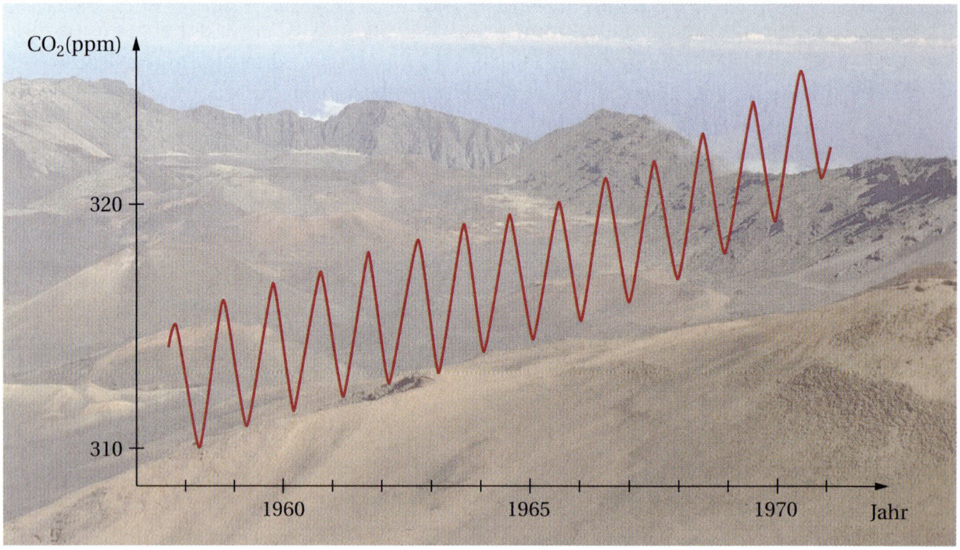

***30.** In einem selbstgebauten Generator, der sich mit einer Frequenz von 20 Hz dreht, wird eine Wechselspannung $U(t) = U_{max} \cdot \sin(2\pi f \cdot t)$ erzeugt. Der Maximalwert der erzeugten Spannung beträgt 10 V. Die Frequenz gibt an, wie oft sich der Generator in einer Sekunde dreht.

a) Skizziere den Graphen der Funktion!

b) Gib an, zu welchen Zeiten keine bzw. maximale Spannung erzeugt wird!

c) Erläutere, wie sich die Eigenschaften des Graphen der Funktion ändern würden, wenn man die Frequenz verdoppeln bzw. halbieren würde!

d) Berechne den Momentanwert der Spannung nach 0,001 s, 0,05 s, 0,25 s und 2 s!

e) Berechne die Zeitpunkte, bei denen die Spannung den Wert von +8 V bzw. −8 V hat!

31. Beispiele von harmonischen Schwingungen sind auch einfache akustische Schwingungen, z. B. das Schwingen einer Stimmgabel, zu denen auch einzelne Töne gehören. Bei der grafischen Darstellung dieser Schwingungen werden die Lautstärke und die Höhe des Tones (in der Fachsprache der Physik die Frequenz) berücksichtigt.
Stelle eine Vermutung auf, welche Parameter der Sinusfunktion $y = f(x) = a \cdot \sin bx$ die Lautstärke bzw. die Tonhöhe bei der Beschreibung der Schwingung berücksichtigen, und erläutere diese! Berücksichtige bei deinen Überlegungen deine Kenntnisse über die Funktionsweise deines Ohres!

32. Multiple-Choice-Test
Zu den nachfolgenden Aussagen werden jeweils vier Ergänzungen angeboten, von denen genau eine richtig ist.
Findet diese Antworten heraus!

Die Lösungsbuchstaben, in die richtige Reihenfolge gebracht, ergeben die beste Zeit des Jahres.

a) Die Funktion $y = x^2 - 1$ hat die folgende Anzahl von Nullstellen:

R	zwei	E	drei	I	eine	M	keine

b) Der Graph der Funktion $y = -2x^2$ ist gegenüber dem Graphen der Funktion $y = x^2$ …

Z	gestaucht	A	gestreckt	U	gespiegelt	N	gestreckt und gespiegelt

c) Die Variable a in $b = a^n$ ($a \in \mathbb{R}$, $a \neq 0$ und $n \in \mathbb{N}$) nennt man …

K	Nenner	I	Fundament	E	Basis	L	Exponent

d) Die Potenzfunktion $y = x^1$ hat als Graph eine …

F	Parabel	E	Gerade	L	Hyperbel	D	Welle

e) Der Graph der Potenzfunktion $y = x^{-2}$ …

M	schneidet die x-Achse	A	ist parallel zur x-Achse	I	nähert sich der x-Achse	S	berührt die x-Achse

f) Die Graphen aller Exponentialfunktionen mit $y = a^x$ haben einen gemeinsamen Punkt P:

O	P(0; 0)	F	P(0;1)	E	P(1; 0)	N	P(1; 1)

g) Eine Bakterienkultur besteht anfangs aus 10 Bakterien und verdoppelt sich innerhalb einer Stunde. Wann sind ca. 640 Bakterien vorhanden?

M	nach 4 h	E	nach 6 h	H	nach 8 h	L	nach 10 h

h) Die Sinuswerte der Funktion $y = \sin x$ sind im zweiten Quadranten ($\frac{\pi}{2} < x < \pi$) …

G	null	E	negativ	I	unendlich	Z	positiv

i) Der Parameter a der Funktion $y = a \cdot \sin x$ bewirkt für $a > 1$ beim Graphen der Funktion gegenüber dem Graphen von $y = \sin x$ …

I	eine Streckung	D	eine Spiegelung	O	eine Stauchung	L	keine Veränderung

j) Die Periodenlänge der Funktion $y = \sin x$ ist 2π.
Die Periodenlänge der Funktion $y = \sin 2x$ ist …

R	4π	A	2π	T	π	E	$\frac{\pi}{2}$

Teste dich selbst!

1. Berechne jeweils die fehlende Koordinate des Punktes! Die Punkte liegen auf den Graphen der angeführten Potenzfunktionen.

a) $f(x) = x^3$ A(0; □); B(2; □); C(□; 125); D (□; −4,096); E(□; 512); F($-2\frac{2}{5}$; □)

b) $f(x) = x^4$ G($\frac{1}{2}$; □); H(□; 0,0001); I(□; −2); J (−2; □); K(10; □); L(−10; □)

c) $f(x) = x^{-2}$ M(□; 1); N(−1; □); O(□; $\frac{1}{9}$); P(−10; □); Q($\frac{1}{3}$; □); R(□; 64)

2. Ordne je eine Funktionsgleichung einem im Koordinatensystem dargestellten Graphen zu!
$f(x) = x^3$; $f(x) = \frac{1}{2}x^2$; $f(x) = \frac{1}{5}x^{-2}$;
$f(x) = 3x^{-1}$; $f(x) = -x^{-4}$

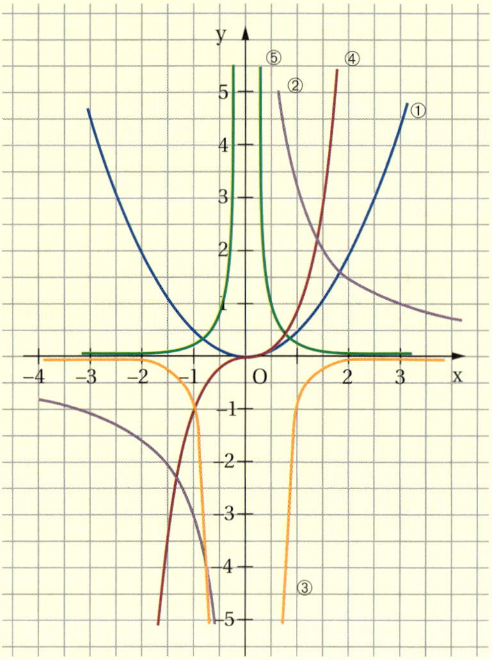

3. Wie verändern sich die Funktionswerte der folgenden Funktionen?

a) $f(x) = x^1$ b) $f(x) = x^{-1}$
c) $f(x) = x^2$ d) $f(x) = x^{-2}$

4. Eine Kultur aus 500 Bakterien nimmt innerhalb einer Stunde jeweils um 20 % zu.

a) Stelle den Sachverhalt mithilfe einer Exponentialfunktion (Gleichung) dar!
b) Berechne die Bakterienzahlen in den ersten sechs Stunden!
c) Zeichne ein Diagramm!
d) Wann hat sich die Anzahl der Bakterien verzehnfacht?

5. Berechne den Winkel auf eine Dezimalstelle genau!

a) $\sin\alpha = 0{,}31$ b) $\sin\beta = 0{,}01$ c) $\sin\gamma = 0{,}999$ * d) $\sin 2\delta = 0{,}2$

6. Zeichne den Graphen der Sinusfunktion im Intervall von $-360° \leq \alpha \leq 360°$ und gib den Definitions- und den Wertebereich an!

7. Die Abbildungen unten zeigen Graphen mit Funktionsgleichungen der Form $y = f(x) = a \cdot \sin bx$.

a) Bestimme jeweils die Parameter a und b!
b) Bestimme jeweils die Periodenlänge! Stelle jeweils eine Funktionsgleichung auf!

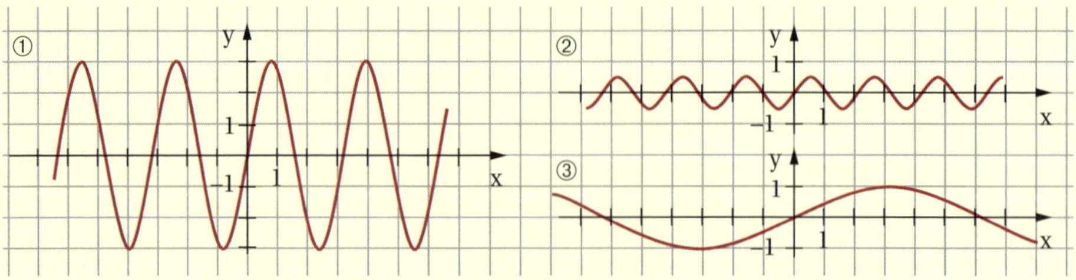

Projekt

Experimente zu exponentiellen Vorgängen

Projektziel

Die Funktionen finden eine große Anwendung in den Naturwissenschaften.
In den folgenden Experimenten der Physik sollt ihr das selbstständig untersuchen.

Projektdurchführung

Bittet euren Physiklehrer um die Bereitstellung von Geräten, die ihr zum Experimentieren braucht! Führt alle Experimente vorsichtig durch und dokumentiert eure Ergebnisse!

1. Abnahme der Temperatur:
   a) Entnimm der Wasserleitung oder einer Thermoskanne etwa 200 ml heißes Wasser! Miss nach 10 s; 20 s; 30 s und 60 s und dann nach jeder Minute die Temperatur des Wassers! (Rühre dabei ab und zu um!)
   Trage die Messwertpaare in ein Diagramm ein!
   b) Hülle den Wasserbehälter in wärmedämmende Stoffe wie Styropor, Dämmwolle, Wolle o. Ä. und führe den Versuch erneut durch!
   Trage die Messwertpaare andersfarbig in dasselbe Diagramm ein!
   c) Untersuche, ob es sich bei der Abkühlung um eine lineare oder eine exponentielle Abnahme handelt!

2. Schwingung einer Feder:
   Ein Wägestück, das an einer Feder hängt, wird durch einen einmaligen Zug nach unten zum Schwingen gebracht. Die maximale Auslenkung wird bei jeder Schwingung etwas kleiner.
   Untersuche, ob es sich um eine exponentielle Abnahme handelt!

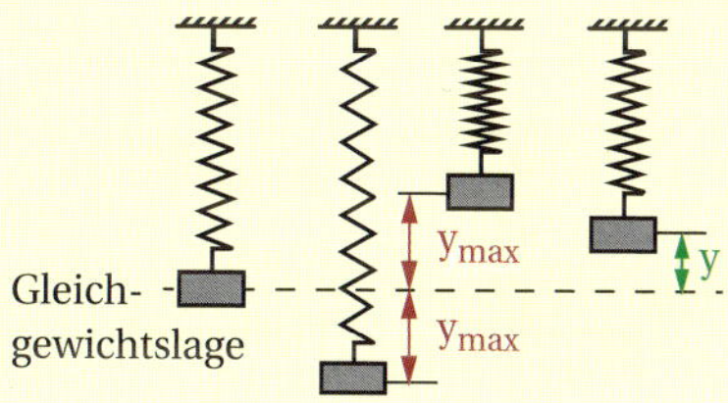

   Probiere verschiedene Wägestücke aus! Miss die jeweilige maximale Auslenkung bis zur Gleichgewichtslage! Markiere die Gleichgewichtslage durch eine Klammer am Lineal!

3. Die Periodendauer T eines Fadenpendels ist die Zeit, die das Pendel für eine volle Periode benötigt. Zur Ermittlung misst man die Zeit, die das Pendel für ein zehnmaliges Hin- und Herschwingen benötigt, und dividiert diesen Wert dann durch 10.
   Untersuche, wie die Periodendauer eines Fadenpendels von seiner Länge abhängt!

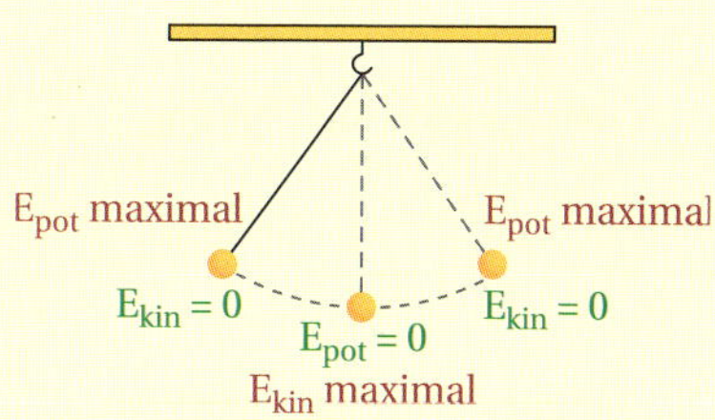

   Bestimme dann rechnerisch die Länge eines Pendels für eine Periodendauer T = 1 s bzw. für eine Periodendauer T = 2 s! Bei welchen Geräten treten solche Periodendauern auf?

Projektauswertung

Gestaltet zu diesen experimentellen Aufgaben eine Powerpoint-Präsentation und stellt sie in der Klasse vor!

Das Wichtigste auf einen Blick

Unter einer Funktion versteht man eine Abbildung, die jedem Element einer Menge X (Definitionsbereich) ein Element einer anderen Menge Y (Wertebereich) zuordnet.
Die Vorschrift, nach welcher der y-Wert aus dem x-Wert berechnet wird, nennt man die Funktionsgleichung. Man schreibt: $y = f(x)$

Potenzfunktionen $y = f(x) = x^n$ $(n \in \mathbb{Z};\ n \neq 0)$

n gerade

	$n > 0$	$n < 0$
Definitionsbereich	$x \in \mathbb{R}$	$x \in \mathbb{R}$ mit $x \neq 0$
Wertebereich	$y \in \mathbb{R}$ mit $y \geq 0$	$y \in \mathbb{R}$ mit $y > 0$
gemeinsame Punkte	(–1; 1); (1; 1); (0; 0)	(–1; 1); (1; 1)
Nullstellen	$x_0 = 0$	keine Nullstellen
Graph	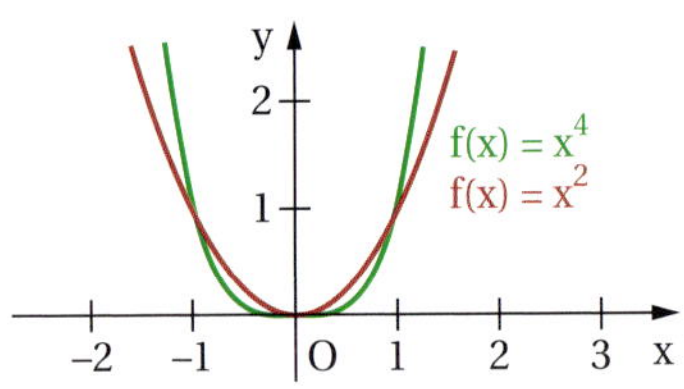	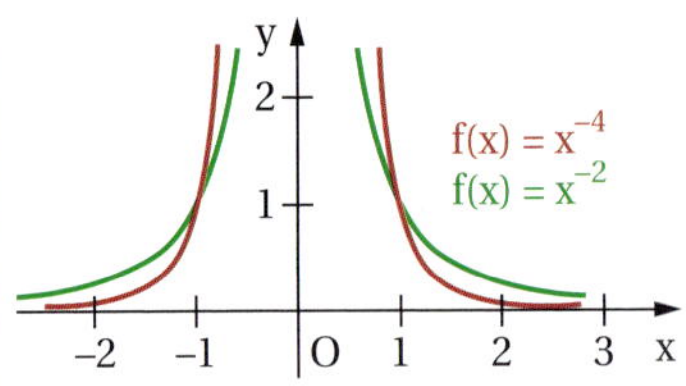

n ungerade

	$n > 0$	$n < 0$
Definitionsbereich	$x \in \mathbb{R}$	$x \in \mathbb{R}$ mit $x \neq 0$
Wertebereich	$y \in \mathbb{R}$	$y \in \mathbb{R}$ mit $y \neq 0$
gemeinsame Punkte	(–1; –1); (1; 1); (0; 0)	(–1; –1); (1; 1)
Nullstellen	$x_0 = 0$	keine Nullstellen
Graph	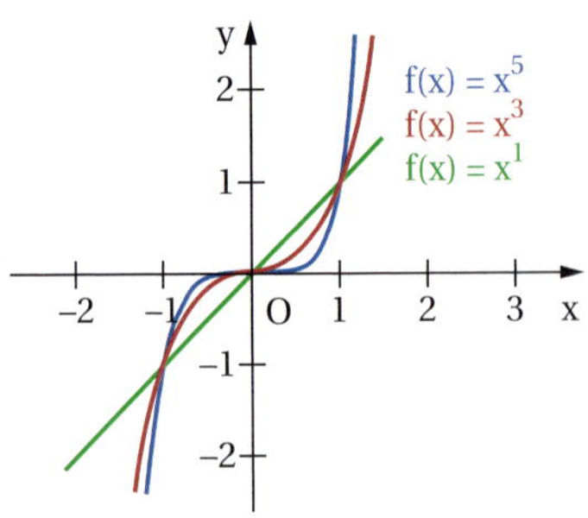	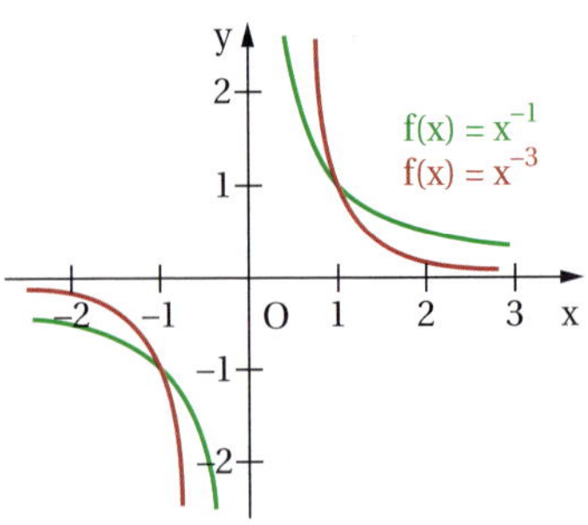

Das Wichtigste auf einen Blick

Exponentialfunktionen $y = f(x) = a^x$ $(a \in \mathbb{R};\ a > 0,\ a \neq 1)$

	$a > 1$	$0 < a < 1$
Definitionsbereich	$x \in \mathbb{R}$	$x \in \mathbb{R}$
Wertebereich	$y \in \mathbb{R}$ mit $y > 0$	$y \in \mathbb{R}$ mit $y > 0$
gemeinsame Punkte	(0; 1)	(0; 1)
Nullstellen	keine Nullstellen	keine Nullstellen

Graph

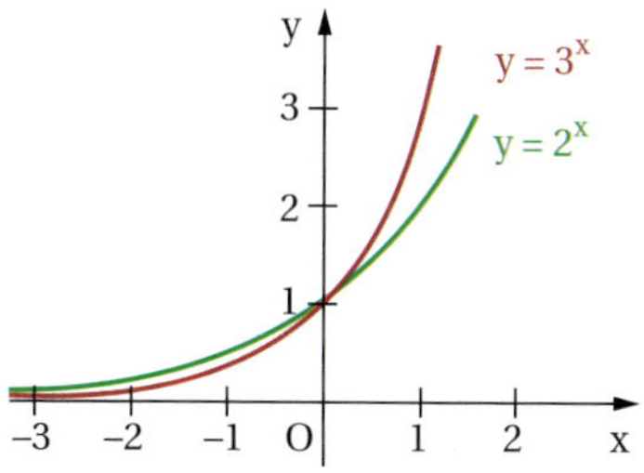

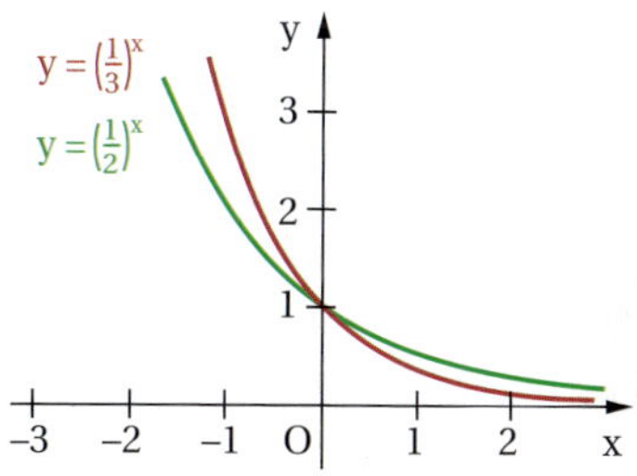

Sinusfunktion $y = f(x) = a \cdot \sin bx$ $(a, b \in \mathbb{R})$

	$a \neq 0$ und $b = 1$	$a = 1$ und $b \neq 0$
Definitionsbereich	$x \in \mathbb{R}$	$x \in \mathbb{R}$
Wertebereich	$-a \leq y \leq a$	$-1 \leq y \leq 1$
Nullstellen	$x_k = k\pi$	$x_k = \frac{k\pi}{b}$
Periode	2π	$\frac{2\pi}{\lvert b \rvert}$

Graph

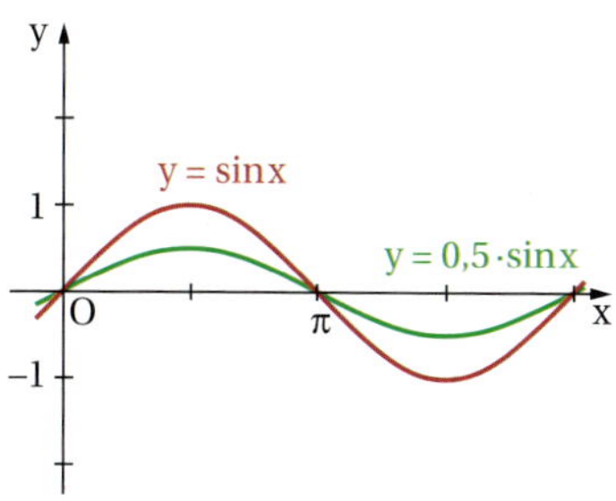

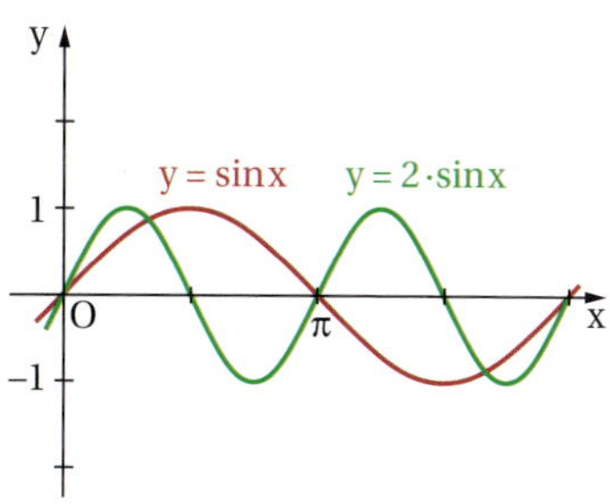

Parameter a und b in $y = f(x) = a \cdot \sin bx$

- $\lvert a \rvert > 1$ ($\lvert a \rvert < 1$) eine Streckung (Stauchung) der Amplitude
- $a < 0$ zusätzlich eine Spiegelung an der x-Achse
- $b > 1$ ($b < 1$) eine Verkleinerung (Vergrößerung) der Periode

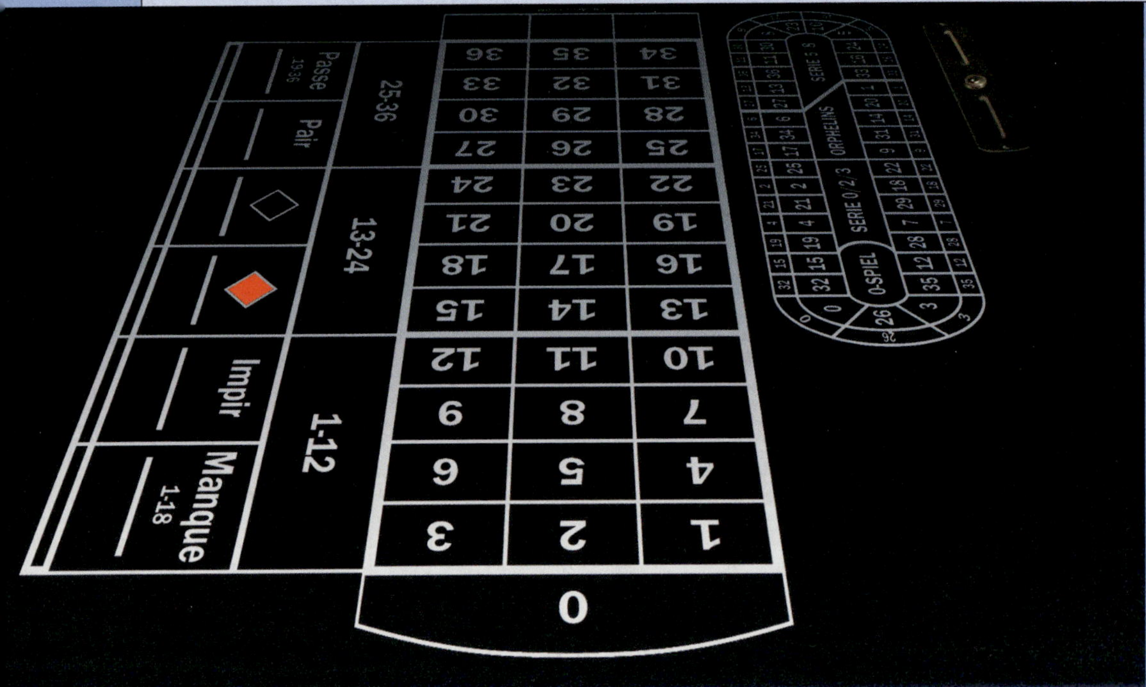

3 Zufallsgrößen

Lottogewinn

Millionen Menschen geben in jeder Woche ihre Lottotipps ab und erhoffen sich bei der nächsten Ziehung der Lottozahlen im Spiel 6 aus 49 einen Gewinn.
Wie hoch sind die Chancen?

Maschinenausfall

Maschinen sind komplexe Gebilde. Jede geht einmal kaputt. Mit welcher Wahrscheinlichkeit wird aufgrund plötzlichen Turbinenschadens die Produktion einer Textilfabrik gestoppt?
Wie viel Euro Verlust kann man erwarten?
Ist es günstiger, eine teure Ersatzturbine auf Vorrat zu kaufen?

Klimawandel

Jahrhundert-Hochwasser, extreme Trockenheit in Sachsen, Tornados über Karlsruhe – die Klima-Extreme häufen sich.
Wie stellen sich die Versicherungen auf das erhöhte Risiko von Naturkatastrophen ein?

Kannst du das noch?

Ergebnis und Ereignis

Das mehrfache Wiederholen eines zufälligen Vorganges unter gleichen Bedingungen, z. B. das zehnmalige Werfen eines Würfels, nennt man **Zufallsexperiment.**
Die **Ergebnismenge** ist die Menge aller möglichen Ergebnisse eines Zufallsexperimentes, beim Werfen eines Würfels also

$\Omega = \{1; 2; 3; 4; 5; 6\}$.

Jede Teilmenge einer Ergebnismenge Ω wird **Ereignis** genannt. Ein mögliches Ereignis beim einmaligen Werfen eines Würfels ist z. B. „Es wird eine ungerade Zahl gewürfelt", also

$E = \{1; 3; 5\}$.

Absolute und relative Häufigkeit

Die **absolute Häufigkeit** $H_n(E)$ gibt an, wie oft ein bestimmtes Ereignis E bei n Wiederholungen eines Vorganges aufgetreten ist.
Die **relative Häufigkeit** $h_n(E)$ eines Ereignisses E beim n-maligen Wiederholen eines Vorganges ergibt sich als Quotient aus der absoluten Häufigkeit und der Anzahl der Wiederholungen:

$h_n(E) = \frac{H_n(E)}{n}$

Wahrscheinlichkeit

Die relativen Häufigkeiten für das Eintreten eines Ereignisses E bei hinreichend großer Anzahl von Versuchen schwanken um einen festen Wert, der **Wahrscheinlichkeit** P(E) genannt wird.
Nach der **Laplace-Regel** wird die Wahrscheinlichkeit P(E) eines Ereignisses wie folgt berechnet:

$P(E) = \frac{\text{Anzahl der für E günstigen Ergebnisse}}{\text{Anzahl der möglichen Ergebnisse}}$

Beim einmaligen Werfen eines (idealen) Würfels beträgt die Wahrscheinlichkeit für das Ereignis „Augenzahl 5" also:

$P(5) = \frac{1}{6} \approx 0{,}167 \approx 16{,}7\ \%$

Mehrstufige Vorgänge

Laufen mehrere zufällige Vorgänge nacheinander oder gleichzeitig ab, spricht man von einem mehrstufigen Vorgang. Die dabei erhaltenen Ergebnisse setzen sich aus den Ergebnissen der Teilvorgänge zusammen und können als Pfade in einem Baumdiagramm dargestellt werden.
Um ein Baumdiagramm zu zeichnen, gehe in folgenden Schritten vor:

1. Bestimme die Teilvorgänge und ihre Ergebnisse!
2. Ordne die Teilvorgänge nacheinander an!
3. Jedes Ergebnis des ersten Teilvorganges ist Ausgangspunkt für alle Ergebnisse des zweiten Teilvorganges usw.

Kannst du das noch?

Zur Berechnung der Wahrscheinlichkeiten werden die Pfadregeln verwendet:

1. Pfadregel:
In einem Baumdiagramm ist die Wahrscheinlichkeit für ein zusammengesetztes Ergebnis gleich dem Produkt der Wahrscheinlichkeiten längs des Pfades.
2. Pfadregel:
Bilden mehrere zusammengesetzte Ergebnisse ein Ereignis, so ist die Wahrscheinlichkeit des Ereignisses gleich der Summe der Wahrscheinlichkeiten dieser Ergebnisse.

Beispiele:
Es ist die Wahrscheinlichkeit zu ermitteln,

a) bei drei Versuchen drei Körbe beim Basketballspiel zu werfen
(T – Treffer; kT – kein Treffer)
$0{,}5 \cdot 0{,}5 \cdot 0{,}5 = 0{,}125 = 12{,}5\ \%$;
b) bei drei Versuchen genau einen Korb zu werfen
$0{,}125 + 0{,}125 + 0{,}125 = 0{,}375 = 37{,}5\ \%$.

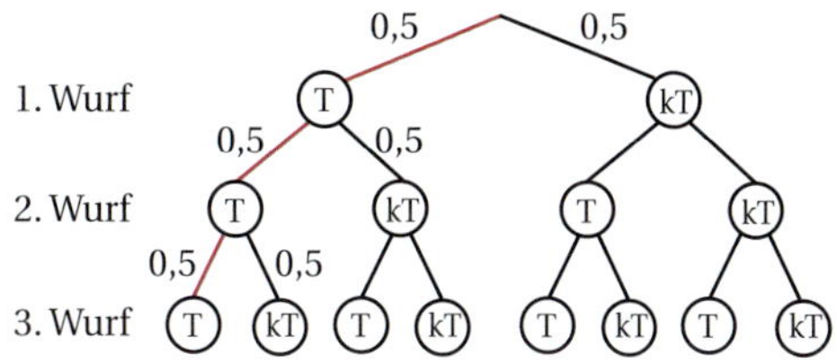

Aufgaben

1. Gib für folgende Zufallsexperimente die Ergebnismenge an!
a) Werfen eines Würfels
b) Werfen einer Münze
c) Ziehen einer Karte aus einem gemischten und verdeckt liegenden Skatspiel
d) Geburt eines Kindes
e) Geburt von Zwillingen

2. Ein Würfel wird mehrfach geworfen. Es zeigen sich folgende Zahlen:
5; 1; 2; 2; 5; 4; 6; 3; 2; 5; 6; 2; 1; 3; 5; 4; 6; 4; 4; 1; 3; 5; 1; 6; 4
Mit welcher absoluten bzw. relativen Häufigkeit treten die einzelnen Zahlen auf?

3. Gib die Anzahl der möglichen Ergebnisse bei folgenden Vorgängen und die Wahrscheinlichkeit jedes Ergebnisses als Bruch, Dezimalbruch und in Prozent an!
a) Werfen einer Münze
b) Ziehen eines Loses aus einer Lostrommel mit 250 Losen
c) Ziehen einer Karte aus einem Skatblatt (32 verschiedene Karten)
d) Erzeugen einer dreistelligen Zahl mit der RAN-Taste eines Taschenrechners

4. Bei einer Tombola mit 500 Losen gibt es 10 Hauptgewinne und 75 Kleingewinne. Der Rest sind Nieten.
Berechne die Wahrscheinlichkeit, dass das erste Los folgende Eigenschaft hat!
a) Es ist ein Hauptgewinn.
b) Es ist ein Kleingewinn.
c) Es ist eine Niete.

Kannst du das noch?

5. Wie groß ist die Wahrscheinlichkeit,
a) mit einem Würfel eine gerade Zahl zu werfen?
b) aus einem Skatspiel eine Karte zu ziehen, auf der eine Person abgebildet ist?
c) bei zweimaligem Werfen einer Münze zweimal Wappen zu haben?

6. Bei einer Verkehrskontrolle von 180 Autos fehlte in 15 Autos nur das Warndreieck, bei 20 Autos wurde eine defekte Lampe gefunden. 10 Autos wiesen beide Mängel auf.
a) Bestimme die Wahrscheinlichkeit, dass ein kontrolliertes Auto mindestens einen Mangel aufweist!
b) Wie viele mangelhafte Autos können bei der nächsten Kontrolle von 500 Autos erwartet werden, wenn man dabei die gleiche Mängelwahrscheinlichkeit voraussetzt?

7. Von 30 Schülern der Klasse 10a haben fünf Schüler ihre Hausaufgaben in Mathematik nicht und sieben Schüler nur unvollständig angefertigt. Aus Zeitgründen wählt die Lehrerin nach dem Zufallsprinzip ein Heft zur Kontrolle aus.
Wie groß ist die Wahrscheinlichkeit, dass sich in diesem Heft
a) eine unvollständige Hausaufgabe,
b) eine vollständige Hausaufgabe,
c) keine Hausaufgabe befindet?

8. In einer Urne befinden sich rote und weiße Kugeln. Ermittle jeweils die Wahrscheinlichkeit (in Prozent), beim Ziehen einer Kugel eine rote auszuwählen!

	a)	b)	c)	d)	e)	f)
rote Kugeln	5	10	20	25	60	1
weiße Kugeln	5	20	10	100	40	99

9. Ein Glücksrad ist in 12 gleiche Sektoren unterteilt, die unterschiedlich gefärbt sind. Beim Drehen des Glücksrades hat jede Endstellung die gleiche Wahrscheinlichkeit. Bestimme für jede Farbe die Wahrscheinlichkeit, dass der Zeiger auf ein Feld dieser Farbe zeigt!

a) 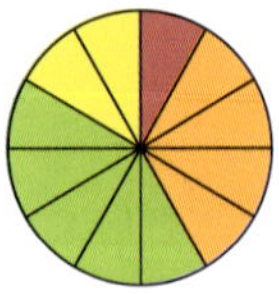
b) 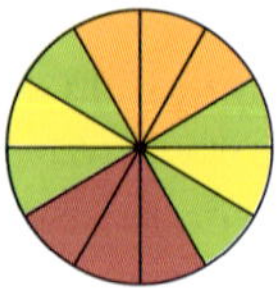
c) 
d) 

10. Sven hat eine Musik-CD mit 15 Titeln, auf der sich auch drei Titel seiner Lieblingsband befinden.
Wie groß ist die Wahrscheinlichkeit, dass bei zufälliger Auswahl eines Titels der CD ein Titel seiner Lieblingsband gespielt wird?

Kannst du das noch?

11. In einem Ziehungsbehälter sind nur gleich große schwarze und weiße Kugeln. Gib die Wahrscheinlichkeit an, dass bei zufälliger Auswahl eine schwarze Kugel gezogen wird, wenn die Anzahl der schwarzen und weißen Kugeln in folgendem Verhältnis stehen!

a) 1 : 1 b) 1 : 2 c) 2 : 3 d) 5 : 1 e) 1 : 100
f) 2 : 998 g) 10 : 1 h) 24 : 1 i) 0,5 j) 1,5

12. Frau Schulze hat in ihrem Kühlschrank drei Eier, wovon eines der Eier faul ist. Sie will sich zum Mittagessen zwei Spiegeleier zubereiten.
Zeichne ein Baumdiagramm und gib an, wie groß die Wahrscheinlichkeit ist, dass beide Spiegeleier gute Eier sind!

13. Aus einer Klasse mit 15 Jungen und 10 Mädchen werden zwei Personen zufällig ausgewählt.
Berechne die Wahrscheinlichkeit dafür, dass es zwei Mädchen sind!

14. Bestimme für die folgenden mehrstufigen Vorgänge die Anzahl der Stufen, die Teilvorgänge, die Ergebnisse der Teilvorgänge und alle möglichen zusammengesetzten Ergebnisse!

a) Es werden gleichzeitig eine Münze und ein Würfel geworfen.
b) Aus einer Urne mit roten und blauen Kugeln wird dreimal nacheinander eine Kugel gezogen und jeweils wieder zurückgelegt.
c) In einer Molkerei wird Frischmilch und homogenisierte Milch mit einem Fettgehalt von jeweils 1,5 % und 3,5 % hergestellt. Zur Kontrolle wird eine beliebige Packung ausgewählt.
d) In einer statistischen Untersuchung wird nach der (natürlichen) Haarfarbe und der Augenfarbe gefragt.

15. In einer Urne befinden sich 2 rote und 6 blaue Kugeln, die sich nur in der Farbe unterscheiden. Es werden nacheinander 2 Kugeln gezogen, ohne die erste Kugel wieder zurückzulegen.

a) Zeichne für diese Ziehung ein Baumdiagramm!
b) Berechne für folgende Ereignisse die Wahrscheinlichkeit:
A: Beide Kugeln sind rot. B: Die Kugeln sind verschiedenfarbig.
C: Mindestens eine Kugel ist rot. D: Beide Kugeln sind blau.

16. Bestimme näherungsweise die Wahrscheinlichkeit P, mit der ein Widerstand funktioniert! Es ist bekannt, dass in einem Schaltkreis mit n unabhängig voneinander funktionierenden gleichen Widerständen mindestens einer mit der Wahrscheinlichkeit P ausfällt.

a) $n = 2$; $P = 0{,}0975$ b) $n = 3$; $P = 0{,}271$ c) $n = 5$; $P = 0{,}23$ d) $n = 6$; $P = 0{,}74$

17. Zum Schreiben des Wortes ICH in einer SMS im T9-Modus tippt man (ghi) (abc) (ghi) ein. Aus wie vielen Möglichkeiten sucht sich das System das Wort ICH heraus?

3.1 Zufallsgröße und Erwartungswert

Im vorangegangenen Abschnitt hast du u.a. das Berechnen von **Chancen** bei Spielen wiederholt. Den Spieler oder den Unternehmer, auch dessen Entscheidungen beruhen manchmal auf der Spieltheorie, interessiert aber in erster Linie, welcher **Gewinn** zu erwarten ist. Um fundierte Aussagen über den Gewinn treffen zu können, ist die Berechnung des **Erwartungswertes** notwendig.

Bei der Durchführung von Zufallsversuchen können verschiedene Größen betrachtet werden, z.B. die Augenzahl beim Würfeln, die Augensumme bzw. die Augendifferenz beim Werfen zweier Würfel oder die Anzahl der Wappen beim mehrmaligen Werfen einer Münze.
Wenn eine Größe bei Versuchen, die unter gleichen Bedingungen durchgeführt werden, verschiedene (Zahlen-)Werte annehmen kann, von denen jeder ein zufälliges Ereignis ist, so spricht man von einer **Zufallsgröße.**
Zufallsgrößen werden im Allgemeinen mit großen lateinischen Buchstaben X, Y, Z, ... und ihre Werte mit x_1, x_2, x_3, ... bezeichnet.

B Es werden drei Münzen gleichzeitig geworfen. Die Anzahl der Wappen W wird betrachtet. Die Zufallsgröße W kann die Werte $x_1 = 0$, $x_2 = 1$, $x_3 = 2$ und $x_4 = 3$ annehmen.

Ergebnis	WWW	ZWW; WWZ; WZW	WZZ; ZZW; ZWZ	ZZZ
X (Anzahl W)	3	2	1	0

Die einzelnen Werte x_1, x_2, x_3, ... einer Zufallsgröße X treten mit bestimmten Wahrscheinlichkeiten p_1, p_2, p_3, ... auf.

M Die Funktion, die jedem Wert einer Zufallsgröße X die Wahrscheinlichkeit für sein Eintreten zuordnet, wird **Wahrscheinlichkeitsverteilung der Zufallsgröße** genannt.

B Für die Anzahl der Wappen beim dreimaligen Münzwurf ergibt sich:

Ergebnis	ZZZ	WZZ;ZZW;ZWZ	ZWW; WWZ; WZW	WWW
X (Anzahl W)	0	1	2	3
Wahrscheinlichkeit	$\frac{1}{8}$	$\frac{3}{8}$	$\frac{3}{8}$	$\frac{1}{8}$

Für die Augenzahl beim Werfen eines idealen Würfels ergibt sich:

X (Augenzahl)	1	2	3	4	5	6
Wahrscheinlichkeit	$\frac{1}{6}$	$\frac{1}{6}$	$\frac{1}{6}$	$\frac{1}{6}$	$\frac{1}{6}$	$\frac{1}{6}$

Bei finanziellen Entscheidungen wird als Zufallsgröße oft der Gewinn bzw. der Verlust betrachtet, der beim Eintreten der jeweiligen Ereignisse entsteht.

B

Aus Erfahrung weiß ein Obsthändler, dass von den gelieferten Äpfeln eines Großhändlers 70 % sehr gut, 20 % gut, 8 % minderwertig und die restlichen Äpfel verfault sind.
Er kauft die Äpfel für 1 € pro Kilogramm ein und verkauft nur die mit sehr guter Qualität für 2,49 € pro Kilogramm und die mit guter Qualität für 1,49 € pro Kilogramm. Die minderwertigen Äpfel verkauft er nicht.
Der Qualität der Äpfel wird so der mögliche Gewinn pro Kilogramm zugeordnet.

Vorgang:	Merkmal: Qualität	Zufallsgröße: Gewinn pro kg	Wahrscheinlichkeit:
Lieferung von Äpfeln	sehr gut	+ 1,49 €	0,70
	gut	+ 0,49 €	0,20
	minderwertig	− 1,00 €	0,08
	verfault	− 1,00 €	0,02

Ist die Wahrscheinlichkeitsverteilung der Zufallsgröße X bekannt, kann man den **Erwartungswert** E(X) der Zufallsgröße berechnen.

	Werte der Zufallsgröße X	Wahrscheinlichkeit:
Vorgang	x_1	p_1
	x_2	p_2
	⋮	⋮
	x_n	p_n

Der **Erwartungswert einer Zufallsgröße** X ist die Summe der Produkte aus den Werten der Zufallsgröße und den Wahrscheinlichkeiten dieser Werte:

$$E(X) = x_1 \cdot p_1 + x_2 \cdot p_2 + \ldots + x_n \cdot p_n$$

B

Ergebnisse: Qualitätsgruppen	Werte der Zufallsgröße: Gewinn in $\frac{€}{kg}$	Wahrscheinlichkeiten
sehr gut	+ 1,49	0,70
gut	+ 0,49	0,20
unverkäuflich	−1,00	0,10

Für jedes Kilogramm der gelieferten Äpfel kann der Obsthändler mit einer Wahrscheinlichkeit von 70 % einen Gewinn von 1,49 €, mit einer Wahrscheinlichkeit von 20 % einen Gewinn von 0,49 € und mit einer Wahrscheinlichkeit von 10 % einen Verlust von 1,00 € erwarten.
Der Erwartungswert der Zufallsgröße Gewinn pro Kilogramm (G) beträgt:

$$E(G) = 1{,}49\ \frac{€}{kg} \cdot 0{,}70 + 0{,}49\ \frac{€}{kg} \cdot 0{,}20 + (-1{,}00\ \frac{€}{kg} \cdot 0{,}10) = 1{,}041\ \frac{€}{kg}$$

Der Obsthändler kann also theoretisch für jedes gelieferte Kilogramm Äpfel einen Gewinn von ca. 1,04 € erwarten. Bei 500 kg beträgt die Gewinnerwartung 520 € und bei 1000 kg sind es 1040 €.

Der Erwartungswert gibt an, welcher durchschnittliche Wert ungefähr zu erwarten ist, wenn man eine Zufallsgröße sehr häufig beobachtet.
Mithilfe der Berechnung von Erwartungswerten lassen sich auch Glücksspiele bewerten, z. B. ob es sich bei einem Glücksspiel um ein **faires Spiel** handelt. Ein Spiel wird als fair bezeichnet, wenn der Erwartungswert für den Gewinn 0 ist.

B Bei einem Schulfest soll eine Tombola veranstaltet werden. Bei 1000 Losen sollen 10 Gewinne zu 25 €, 25 Gewinne zu 10 €, 50 Gewinne zu 5 €, 125 Gewinne zu 2 € und der Rest der Lose Nieten sein. Als Lospreis wird 1 € festgelegt. Handelt es sich um ein faires Spiel?

Gewinn minus Einsatz in €	24	9	4	1	–1
Wahrscheinlichkeit	$\frac{10}{1000} = 0{,}01$	$\frac{25}{1000} = 0{,}025$	$\frac{50}{1000} = 0{,}05$	$\frac{125}{1000} = 0{,}125$	$\frac{790}{1000} = 0{,}79$

Als Erwartungswert für den Gewinn G ergibt sich:
$E(G) = 24 \cdot 0{,}01 + 9 \cdot 0{,}025 + 4 \cdot 0{,}05 + 1 \cdot 0{,}125 + (-1) \cdot 0{,}79 = 0$
Bei der Tombola handelt es sich also um ein faires Spiel.

Aufgaben

1. Welcher der folgenden Größen ist eine Zufallsgröße? Begründe!
a) Fallzeit eines Wassertropfens für 152,5 m im Brunnen der Festung Königstein
b) Spielausgang eines Tischtennis-Matches bei gleich starken Gegnern
c) Werfen einer Münze

2. Bei einem Autorennen sind 18 Fahrzeuge am Start. Die Zufallsgröße X beschreibt die Anzahl der durch Defekt, Unfall oder Disqualifikation ausgefallenen Fahrzeuge. Welche Werte kann X annehmen?

3. Ein Los der Ochsenbastei-Wiederaufbau-Lotterie kostet 50 Cent. Man kann 1 €, 10 €, 100 € oder 1000 € gewinnen. Welche Werte kann die Zufallsgröße R (Reingewinn) annehmen?

4. Skatkarten haben folgende Punktwerte: Ass – 11, König – 4, Ober – 3, Unter – 2, Zehn – 10 und Lusche – 0 Punkte. Es gibt 12 Luschen; die anderen Karten sind jeweils viermal vorhanden. Es wird eine Karte zufällig gezogen. Die Zufallsgröße P ordnet der gezogenen Karte ihren Punktwert zu.
Stelle die möglichen Ergebnisse, die zugehörigen Werte der Zufallsgröße P und deren jeweilige Wahrscheinlichkeit in Tabellenform dar!

5. Du willst eine Runde auf dem Mensch-ärgere-dich-nicht-Spielbrett (40 Felder) zurücklegen.
a) Berechne den Erwartungswert der Zufallsgröße „Augenzahl beim Würfeln"!
b) Wie oft musst du auf lange Sicht für 40 Felder würfeln (ohne Rauswerfen)?

6. Welchen Erwartungswert hat die Zufallsgröße „Anzahl Wappen" beim dreimaligen Münzwurf?

7. Ein Obsthändler hat eine Lieferung von 200 kg Orangen verschiedener Qualität erhalten. Davon sind 60 % ausgezeichnet, 30 % sind minderwertig, aber verkäuflich. Der Rest ist unverkäuflich. Der Händler kauft die Orangen für 0,50 € pro Kilogramm.
Bestimme den zu erwartenden Gewinn des Händlers beim Verkauf der 200 kg Orangen, wenn er die ausgezeichneten für 1,49 € pro Kilogramm und die minderwertigen für 0,49 € pro Kilogramm verkauft!

8. Ein Bratwurstverkäufer kann seinen Grill in den kommenden Sommermonaten in der Geschäftszone aufstellen, wo er einen durchschnittlichen täglichen Gewinn von 100 € erreicht, oder einen Stand in Strandnähe eröffnen. Erfahrungsgemäß ist der Verkauf in Strandnähe sehr wetterabhängig. Bei Sonnenschein steigt der Tagesgewinn auf 250 €, bei mäßigem Wetter auf 125 €. Bei Regenwetter und Sturm wird der Stand nicht betrieben. An den 120 Tagen der Sommersaison, die der Stand in Betrieb sein soll, kann man mit 25 % Regentagen, mit 35 % mäßigem Wetter und mit 40 % Sonnentagen rechnen.
Bestimme den zu erwartenden Gewinn in den Sommermonaten und entscheide dich für den günstigeren Standort der kommenden Saison!

9. Ein Händler kauft Brote für 0,50 € pro Stück von einer Brotfabrik. Er verkauft 70 % der Brote am ersten Tag für 1,99 €, 15 % der Brote am zweiten Tag für 1,00 €, und 5 % der Brote am dritten Tag für 0,50 €. Den Rest verschenkt er später.
a) Berechne und deute den Erwartungswert des Gewinns!
b) Welchen Gewinn kann der Händler pro Woche erwarten, wenn er von Montag bis Freitag 100 Brote einkauft, die er von Montag bis Samstag verkaufen kann?

10. Ein Zeitschriftenhändler hat beim Verkauf einer Wochenzeitung folgende Erfahrungen gemacht.

Nachfragen pro Woche	0	1	2	3	4	5 und mehr
Wahrscheinlichkeit	0,1	0,2	0,3	0,2	0,1	0,1

Eine Wochenzeitung kostet 9,80 €. Der Handler bezieht die Wochenzeitung für 5 €. Unverkaufte Exemplare kann er nicht zurückgeben. Soll der Händler wöchentlich zwei, drei oder vier Zeitschriften bestellen?
Berechne jeweils den zu erwartenden Gewinn!
Bedenke dabei auch, dass unzufriedene Kunden meistens verlorene Kunden sind!

11. Fanny hat einen kleinen Spielautomaten, bei dem sich zwei Räder mit jeweils vier Bildern unabhängig voneinander drehen. Auf jedem Rad sind die gleichen vier Bilder. Der Einsatz pro Spiel soll 10 ct betragen. Bleiben die zwei Räder auf dem gleichen Bild stehen, sollen 50 ct ausgezahlt werden.
a) Wird Fanny auf lange Sicht reich?
b) Welche Summe sollte Fanny auszahlen, um das Spiel fair zu gestalten?
c) Fanny möchte im Mittel nur 0,25 ct pro Spiel gewinnen.
Welchen Betrag kann sie nun bei gleichen Bildern auszahlen?

12. In der Endfertigung eines Computerherstellers werden drei Baugruppen getestet. Das Motherboard, das Netzteil und die Festplatte. Es werden folgende Ausfallquoten ermittelt:
Motherboard: 2,3 %
Netzteil: 0,6 %
Festplatte: 1,1 %

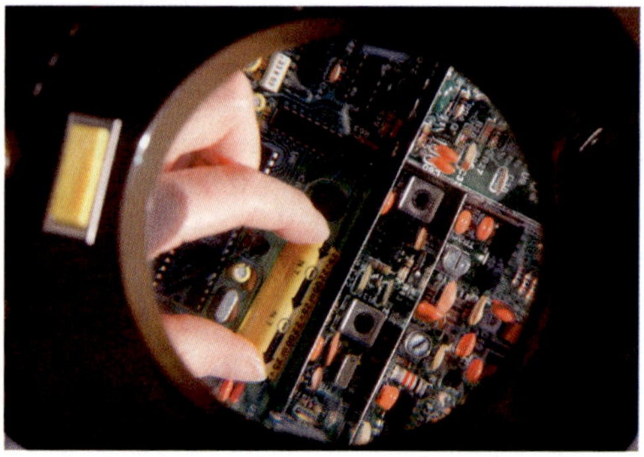

a) Wie groß ist die Wahrscheinlichkeit, dass ein Computer keine Fehler hat?
b) Wie groß ist die Wahrscheinlichkeit, dass ein Computer defekt ist?
c) Wie groß ist die Wahrscheinlichkeit, dass alle drei Bauteile defekt sind?
d) Wie groß ist die Wahrscheinlichkeit, dass Netzteil und Festplatte gleichzeitig defekt sind?
e) Gib jeweils die Gegenereignisse für die Aufgaben a), b) und c) an!

Ein neues Motherboard kostet 100 €, ein Netzteil 10 € und ein Festplatte 150 €.
Mit welchen Ersatzteilkosten pro Computer muss der Hersteller rechnen?

13. Am 18. 6. 1977 brachte ein Sechser im deutschen Lotto nur ca. 16000 €, weil über 200 Tipper die richtigen Zahlen hatten.
Im österreichischen Zahlenlotto „5 aus 90“ hingegen gibt es feste Quoten, die nicht von der Anzahl der Gewinner abhängen. Der Tipper kann aus sieben Spielvarianten auswählen. In der einfachsten Variante „Extrakt“ kreuzt man nur eine Zahl an und gewinnt das 5-Fache des Einsatzes, wenn diese Zahl unter den 5 gezogenen ist. Die Gewinn-Wahrscheinlichkeit beträgt hier 0,056.

a) Berechne den Erwartungswert dieser Spielvariante beim Mindesteinsatz von 75 ct pro Tipp!
b) In der Spielart „Ruf“ tippt man ebenfalls nur eine einzige Zahl. Man gewinnt den 125-fachen Einsatz nur dann, wenn diese Zahl als erste der fünf Lottozahlen gezogen wird. Ermittle die Gewinn-Wahrscheinlichkeit und den Erwartungswert bei Mindesteinsatz!
c) Der Maximalgewinn liegt beim 5000-Fachen des Einsatzes. Dieser wird in der Spielvariante „Ambo-Terno“ ausgezahlt, wenn man einen Fünfer hat. Der Erwartungswert ist dort aber ähnlich gering. Warum spielen trotzdem viele Menschen dieses Lotto? Immerhin finden pro Woche drei Ziehungen statt.

14. Ein großer Textilbetrieb stellt hochwertige Stoffe her und erwirtschaftet in einer störungsfreien Woche einen Gewinn von 5 Millionen Euro.
Das Risiko, dass die Produktion durch Havarie der großen Prozessdampfturbine für eine Woche zum Erliegen kommt, liegt bei 5 %. Die neue Turbine muss erst gekauft, antransportiert und montiert werden.
Das bringt dem Betrieb einen Verlust von 20 Millionen Euro ein, denn zum Produktionsausfall kommen noch die Kosten für die Turbine, Zahlungen für Transport und Montage, Vertragsstrafen für ausgefallene Lieferungen usw.
Eine Ersatzturbine kostet 3 Millionen Euro. Wenn diese auf Vorrat gekauft und sofort eingebaut wird, verringert sich der Verlust auf 5 Millionen Euro in der Havarie-Woche.

a) Welchen Gewinn kann der Betrieb langfristig pro Woche ohne Ersatzturbine erwarten?
b) Welchen Gewinn kann der Betrieb langfristig pro Woche mit Ersatzturbine erwarten?
c) Was würdest du dem Betrieb empfehlen? Berücksichtige die 3 Millionen Euro Kaufpreis!

3.2 Simulation von Zufallszahlen

Schon die alten Griechen wussten: Die Kreiszahl π ist so groß wie der Flächeninhalt eines Kreises mit dem Radius 1. Heute lässt sich π mithilfe von Computersimulationen auf beliebig viele Nachkommastellen genau bestimmen. Dazu beschreibt man den Kreis einem Quadrat ein (Abbildung).
Auch bei vielen anderen Problemen, mit denen sich Technik, Politik, Wissenschaft und Wirtschaft beschäftigen, sind Simulationen ein kostengünstiges und präzises Werkzeug.

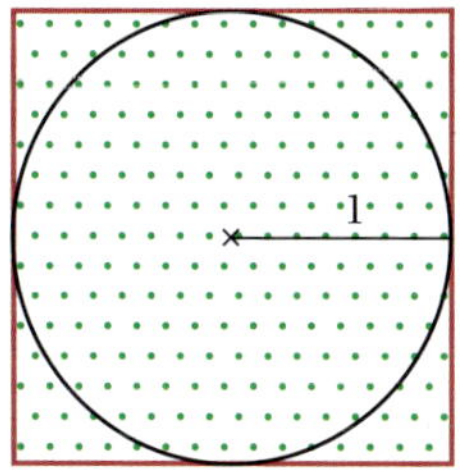

B

Bestimmung von π

Es gilt: Kreisfläche $A_K = \pi \cdot r^2 = \pi \cdot 1^2 = \pi$; Quadratfläche $A_Q = 2^2 = 4$

$$A_K : A_Q = \pi : 4$$

Wenn man aus zirka einem halben Meter Höhe 400 Sandkörner auf das Quadrat fallen lässt, verteilen sich diese gleichmäßig über die gesamte Fläche.

$$\text{Körner im Kreis} : \text{Körner gesamt} = \pi : 4$$
$$\text{Körner im Kreis} : 400 = \pi : 4$$
$$\pi = \text{Anzahl der Körner im Kreis} : 100$$

Statt Sandkörnern nimmt man Punkte (x; y), die ein Computer zufällig erzeugt. Der entscheidet für jeden Punkt, ob dieser inner- oder außerhalb des Kreises liegt. (Durch Prüfung, ob $x^2 + y^2$ größer oder kleiner als 1 ist.) Dann zählt der Computer die Punkte im Kreis und dividiert die Anzahl durch 100. Damit hat man eine Näherung für π.

Nr.	x	y	im Kreis?
1	0,0123	0,7674	ja
2	0,7318	0,2003	ja
97	0,0951	0,7113	ja
98	0,8918	0,6285	nein
99	0,7048	0,1054	ja
100	0,8275	0,8447	nein
101	0,5227	0,6170	ja
102	0,7324	0,3118	ja
197	0,6674	0,1388	ja
198	0,4455	0,7976	ja
199	0,4710	0,9122	nein
200	0,7984	0,9795	nein
ja			**158**

Nr.	x	y	im Kreis?
201	0,1995	0,2999	ja
202	0,0483	0,3161	ja
297	0,8509	0,4196	ja
298	0,8925	0,1687	ja
299	0,8125	0,1053	ja
300	0,4617	0,5125	ja
301	0,5327	0,2925	ja
302	0,3611	0,8964	ja
397	0,6983	0,8477	nein
398	0,2662	0,8330	ja
399	0,5231	0,2032	ja
400	0,9651	0,3904	nein
ja			**157**

Anzahl im Kreis	**315**	**Näherungswert**	**3,150**	**wahrer Wert**	**3,142**	**Fehler**	**0,3 %**

Aus Platzgründen wurden nur einige der 400 Werte gedruckt.

Großcomputer arbeiten mit Billionen von „Sandkörnern“ und erreichen so die gewünschte Stellenzahl von π.
Für eine beliebige Anzahl von Punkten muss man die Formel etwas variieren. Dabei ist n_1 die Anzahl der Punkte im Kreis und n_2 die Gesamtzahl der Punkte. Man erhält $\frac{n_1}{n_2} = \frac{\pi}{4}$.
Daraus folgt $\pi = \frac{4n_1}{n_2}$. Je größer die Versuchsanzahl, desto genauer erhält man π.

Simulation mit Zufallszahlen

Eine besonders effektive Methode der Simulation ist die Verwendung von **Zufallszahlen,** die auch als **Monte-Carlo-Methode** bezeichnet wird. Zufallszahlen entstehen z. B., wenn als Zufallsgenerator ein Glücksrad mit 10 gleichen Sektoren verwendet wird, auf denen die Zahlen 0 bis 9 stehen. Wird das Glücksrad mehrfach gedreht, erhält man eine Folge von einstelligen Zahlen, die alle mit der gleichen Wahrscheinlichkeit auftreten.

Einstellige Zufallszahlen können in einer Zufallszahlentabelle angegeben werden. Zur besseren Übersicht sind immer 5 Zahlen zu einer Gruppe zusammengefasst und die Zeilen sowie die Spalten mit den Fünfergruppen sind nummeriert. Eine Zufallszahlentabelle hat folgende Eigenschaften:

- Jede der Zahlen von 0 bis 9 tritt mit der Wahrscheinlichkeit 0,1 auf.
- Jede zweistellige, dreistellige bzw. n-stellige Zahl, die in der Tabelle durch Zusammenfassen benachbarter Ziffern gebildet wird, tritt mit der Wahrscheinlichkeit 0,01; 0,001 bzw. 10^{-n} auf.
- Zur Bildung einer Folge einstelliger oder mehrstelliger Zufallszahlen kann man an einer beliebigen Stelle in der Tabelle beginnen und in Zeilen- oder Spaltenrichtung weitergehen.

Um mit einer Zufallszahlentabelle das Auftreten eines Ergebnisses A zu simulieren, dass mit der Wahrscheinlichkeit P(A) eintritt, gibt es zwei Möglichkeiten.

1. Es werden alle auftretenden Zufallszahlen berücksichtigt.

P(A)	gebildete Zufallszahlen	Simulation: „A tritt ein“	Simulation: „A tritt nicht ein“
0,5	einstellige	0; 1; 2; 3; 4	5; 6; 7; 8, 9
0,98	zweistellige	00 bis 97	98; 99
0,514	dreistellige	000 bis 513	514 bis 999

2. Es werden nur bestimmte Zahlen berücksichtigt. Da alle einstelligen, zweistelligen usw. Zahlen gleichwahrscheinlich sind, trifft dies auch für alle Zahlen einer beliebigen Teilmenge zu. Es ist also eine beliebige Einschränkung der Ergebnismenge möglich.

Um das Würfeln mit einem Würfel zu simulieren, können nur die einstelligen Zufallszahlen 1; 2; 3; 4; 5 und 6 berücksichtigt werden.
Das Baumdiagramm zeigt, das unter der Bedingung, dass eine dieser Zahlen auftritt, alle die Wahrscheinlichkeit $\frac{1}{6}$ haben.

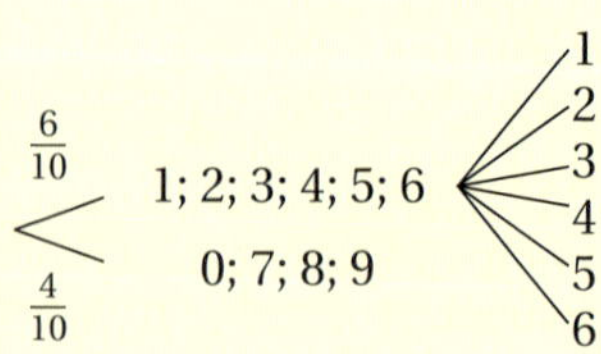

Zufallszahlen können auch mit Taschenrechnern oder Computern erzeugt werden. Die Tasten oder Befehle haben meist die Bezeichnung RAN (*engl.: random* – zufällig). Taschenrechner zeigen nach Betätigen der RAN-Taste oft einen dreistelligen Dezimalbruch von 0,000 bis 0,999 an.

Diese Anzeige kann auch als eine dreistellige Zahl von 0 bis 999 aufgefasst werden.
Alle angezeigten Zahlen haben die gleiche Wahrscheinlichkeit von 0,001.

Analog zum Arbeiten mit der Zufallszahlentabelle können zur Simulation eines Ereignisses mit der Wahrscheinlichkeit P wieder alle oder nur bestimmte Zahlen berücksichtigt werden.

P(A)	verwendete Zufallszahlen	Simulation: „A tritt ein“	Simulation: „A tritt nicht ein“
0,5	alle	0,000 bis 0,499	0,500 bis 0,999
0,98	alle	0,000 bis 0,979	0,980 bis 0,999
0,514	alle	0,000 bis 0,513	0,513 bis 0,999
$\frac{1}{6}$	nur 0,100 bis 0,699	0,100 bis 0,199	0,200 bis 0,699

Um die Zuverlässigkeit des Schätzwertes für die Wahrscheinlichkeit des Ereignisses A (In einer Zehnerpackung Disketten ist keine Diskette defekt) zu verbessern, werden mit einem Taschenrechner 100 Zehnerpackungen simuliert, wobei als Wahrscheinlichkeit für das einwandfreie Funktionieren einer Diskette p = 0,98 angenommen wird.
Es wird jeweils zehnmal die RAN-Taste betätigt. Erscheint dabei eine der Zahlen 0,000 bis 0,979 tritt A ein, in allen anderen Fällen $\bar{A}$.
Aus der Tabelle ist zu entnehmen, dass P(A) = 0,81 beträgt. Der theoretische Wert ist 81,71 %.

Ereignis	Strichliste	H_i	h_i
A : In der Packung ist keine defekte Diskette.	𝍸 𝍸 𝍸 𝍸 𝍸 𝍸 𝍸 𝍸 𝍸 𝍸 𝍸 𝍸 𝍸 𝍸 𝍸 𝍸 /	81	0,81
$\bar{A}$: In der Packung ist mindestens eine defekte Diskette.	𝍸 𝍸 𝍸 ////	19	0,19

Mit Computern kann eine sehr große Anzahl von Wiederholung des Vorgangs simuliert werden, sodass man sehr gute Schätzwerte für unbekannte Wahrscheinlichkeiten erhalten kann.

Zufallszahlen werden in der Praxis auch verwendet, um eine zufällige Auswahl aus einer Menge von durchnummerierten Objekten vorzunehmen, z. B. bei der Auswahl einer Stichprobe.

B

Am Eingang einer Quizshow erhalten die 98 Kandidaten Nummern in der Reihenfolge ihres Erscheinens von 1 bis 98. Um 10 Mitspieler für die Show auszuwählen, werden zweistellige Zufallszahlen mit einem Computer ermittelt, von denen nur die Zahlen 01 bis 98 berücksichtigt werden. Zahlen, die schon vorkamen, werden ebenfalls nicht berücksichtigt.

Der Computer zeigt folgende Zahlen an: 00; 85; 13; 79; 07; 48; 39; 13; 84; 84; 45; 69; 98; 67; 07; 65

Die Kandidaten mit den rot markierten Nummern sind die ausgewählten Mitspieler.

Simulation von Zufallsexperimenten mittels Rechenhilfsmittel

Tabellenkalkulationen und CAS eignen sich auch als Hilfsmittel zur Simulation realer Vorgänge. Mithilfe eines integrierten Zufallszahlengenerators ist es möglich, verschiedene Zufallsexperimente zu simulieren und mathematisch auszuwerten.

Eingaben zur Simulation von Zufallsexperimenten mit Excel

Erzeugen einer Zufallszahl aus dem Intervall $0 \leq Z < 1$: = *ZUFALLSZAHL ()*
Erzeugen einer Zufallszahl aus dem Intervall $0 \leq Z < m$: = *m · ZUFALLSZAHL ()*
Erzeugen einer Zufallszahl aus dem Intervall $1 \leq Z < m$: = *m · ZUFALLSZAHL () + 1*
Erzeugen einer *ganzzahligen* Zufallszahl aus dem Intervall $1 \leq Z < m$
(Ziehen einer von m durchnummierten Kugeln aus einer Urne): = *GANZZAHL(m · ZUFALLSZAHL() + 1)*
Erzeugen einer Zufallszahl aus der Zweiermenge {0; 1}
(Werfen einer Münze): = *GANZZAHL(2 · ZUFALLSZAHL ())*
Erzeugen einer Zufallszahl aus der Sechsermenge {1; 2; 3; 4; 5; 6}
(Werfen eines Würfels): = *GANZZAHL(6 · ZUFALLSZAHL() + 1)*

B Mithilfe einer Tabellenkalkulation soll ein 10-maliger Münzwurf simuliert werden. Dabei ist die relative Häufigkeit für das Auftreten von „Wappen“ und „Zahl“ zu ermitteln.

Das Werfen einer Münze kann mithilfe der Zufallszahlen 0 und 1 simuliert werden, 0 stehe für „Wappen“ und 1 für „Zahl“.

Die anzulegende Kalkulationstabelle besteht aus drei Spalten. In Spalte A werden die Würfe fortlaufend nummeriert und in Spalte B die Zufallszahlen der Menge {0; 1} erzeugt.

Dazu wird in den Zellen B5 bis B14 eingetragen:
*=GANZZAHL(2*ZUFALLSZAHL()).*

In der Spalte C werden den erzeugten Zufallszahlen die Begriffe „Wappen“ oder „Zahl“ zugeordnet.

◇	A	B	C
1	Simulation von Zufallsexperimenten:		
2	Werfen einer Münze		
3			
4	Wurf	Zufallszahl	Ergebnis
5	1	0	Wappen
6	2	1	Zahl
7	3	1	Zahl
8	4	1	Zahl
9	5	1	Zahl
10	6	0	Wappen
11	7	1	Zahl
12	8	0	Wappen
13	9	0	Wappen
14	10	1	Zahl
15	Wappen	Summe	4
16		rel. Häufigkeit	0,4
17	Zahl	Summe	6
18		rel. Häufigkeit	0,6

Realisiert wird diese Zuordnung mithilfe einer so genannten *WENN*-Funktion:
WENN(B5 = 0; „Wappen“; „Zahl“) bedeutet, wenn in Zelle B5 die Zufallszahl 0 erscheint, wird „Wappen“ ausgegeben, ansonsten „Zahl“.

Die Eintragung erfolgt in Zelle C5 und wird dann auf C6 bis C14 kopiert.
In den Zellen C15 und C17 wird mit der ZÄHLENWENN-Funktion ermittelt, wie oft „Wappen“ und „Zahl“ geworfen wurden.
In C15 wird =ZÄHLENWENN(C5:C14; „Wappen“) eingetragen, in C17 dasselbe analog für „Zahl“.
In den Zellen C16 und C18 erfolgt mit =C15/10 bzw. =C17/10 die Berechnung der relativen Häufigkeiten. Neue Zufallszahlen erzeugt man mit der Taste F9.

Ein häufig verwendetes Zufallsexperiment ist das Ziehen von Kugeln aus einer Urne.
Aus einer Urne mit zwölf weißen und acht schwarzen Kugeln sollen einzeln zehn Kugeln entnommen und sofort wieder zurückgelegt werden.
In Spalte A werden die Ziehungen fortlaufend gezählt und in Spalte B werden ganzzahlige Zufallszahlen der Menge {1; 20} erzeugt.
In den Spalten C und D wird erfasst, ob eine weiße bzw. eine schwarze Kugel gezogen wurde.

	A	B	C	D
1	**Simulation von Zufallsexperimenten: Ziehen von Kugeln aus einer Urne**			
2	(Die entnommenen Kugeln werden nach jeder Ziehung zurückgelegt.)			
3				
4	Anzahl weißer Kugeln:		12	
5	Anzahl schwarzer Kugeln:		8	
6	Ziehung	Zufallszahl	gezogene weiße Kugeln	gezogene schwarze Kugeln
7	1	15	0	1
8	2	8	1	0
9	3	11	1	0
10	4	10	1	0
11	5	9	1	0
12	6	20	0	1
13	7	5	1	0
14	8	8	1	0
15	9	12	1	0
16	10	17	0	1
17	Summe		7	3

Dazu müssen folgende Zellenverknüpfungen vorgenommen werden:
Zelle B7: =*GANZZAHL(($C$4 + $C$5) * ZUFALLSZAHL() + 1)*, dann auf B8 bis B16 kopieren
Zelle C7: =*WENN(B7 <= $C$4; 1; 0)*, dann auf C8 bis C16 kopieren
Zelle D7: =*WENN(B7 > $C$4; 1; 0)*, dann auf D8 bis D16 kopieren

Aufgaben

1. Welche Zufallsgeneratoren eignen sich zur zufälligen Auswahl? Formuliere Entscheidungsregeln!
- Zwei von sechs Kindern dürfen mit einer Freikarte in die Schwimmhalle gehen.
- Einer von drei Jungen soll einen Mutsprung mit dem Mountainbike machen.
- 22 von 36 Schülern dürfen den gewünschten Auswahlpflichtkurs belegen.

2. Pauline und Clara sind am Strand und verspüren Appetit auf Eis. Keine von beiden mag jedoch das Eis holen. Also überlegen sie, wie man ausknobeln kann, wer gehen muss. Beende folgende Sätze so, dass eine Entscheidung möglich wird!
a) Wenn wir ein Kartenspiel hätten, dann …
b) Wenn wir einen Würfel hätten, dann …
c) Wir nehmen eine kleine Muschel oder einen flachen Stein …

3. Wera spielt gegen Zarah 4 Partien Tischtennis. Wera gewinnt davon 3 und behauptet, die bessere Spielerin zu sein. Zarah nimmt 4 Münzen in die Hand und sagt: „Auch wenn wir beide etwa gleich stark sind, ist es nicht unwahrscheinlich, dass du 3 oder auch 4 Partien gewinnst. Das beweise ich dir mit diesen 4 Münzen, bei denen die Seiten „Wappen“ oder „Zahl“ die gleiche Chance haben und für einen Sieg von dir oder mir stehen.“ Wie könnte Zarah den Beweis erbringen? Plane ein geeignetes Simulationsexperiment und führe es durch! Kommentiere dein Ergebnis!

4. Drei Freunde stellen fest, dass in diesem Jahr zwei von ihnen am gleichen Wochentag Geburtstag haben.
a) Schätze, mit welcher Wahrscheinlichkeit so etwas vorkommt!
b) Plane ein Experiment mit 7 Karten eines Kartenspiels, mit dem die Wahrscheinlichkeit ermittelt wird, dass von 3 Personen zwei am gleichen Wochentag Geburtstag haben! Führe das Experiment durch!

5. Prüfe anhand eines Telefonbuches, ob man die Telefonnummern als Zufallszahlen benutzen kann! Untersuche auch, ob sich eventuell die letzten drei Ziffern der Telefonnummern als Zufallszahlen eignen!

6. Wie kann man mit Zufallszahlen folgende Vorgänge simulieren?
a) Verlosung von 4 Freikarten unter 53 Schülern
b) Raten einer beliebigen Zahl aus 10 vorgegebenen Zahlen
c) Ankreuzen von 6 Zahlen im Spiel 6 aus 49, wobei alle Zahlen die gleiche Chance der Auswahl haben sollen
d) Zufällige Auswahl von 50 Schülern für eine Befragung an einer Schule mit 613 Schülern

7. Eine Stadt hat 9 751 erwachsene Einwohner, die im Computer des Einwohnermeldeamtes erfasst sind. 600 Einwohner sollen Fragebögen für eine repräsentative Umfrage zugeschickt bekommen. Wie könnte man die Adressen zufällig auswählen?

8. Ein Computerhersteller garantiert, dass nur 0,5 % seiner Computer bei Auslieferung Fehler aufweisen. Eine Schule kauft 25 Computer. Mit welcher Wahrscheinlichkeit ist mindestens ein defekter Computer (zwei oder mehr defekte Computer) bei der Lieferung? Simuliere zur Lösung der Aufgabe zehnmal den Kauf von 25 Computern!

9. Felix und Friedrich vereinbaren ein Spiel. Sie werfen abwechselnd eine Münze. Bei „Wappen“ muss Felix an Friedrich, bei „Zahl“ Friedrich an Felix jeweils eine Nuss „zahlen“. Jeder hat 4 Nüsse als Startkapital. Das Spiel ist beendet, wenn einer der beiden sein Startkapital verspielt hat.
a) Die beiden wollen aber nicht „unendlich lange“ spielen. Daher wollen sie spätestens nach 30 Würfen aufhören. Hältst du diese zusätzliche Stoppregelung für erforderlich?
b) Simuliere unter Verwendung von Zufallszahlen 5 Spiele!
c) Ermittle aus allen in deiner Klasse durchgeführten Simulationen die mittlere Spiellänge!

10. Statistische Untersuchungen ergaben, dass rund 10 % der Schulanfänger bevorzugt die linke Hand beim Schreiben benutzen. Eine Grundschullehrerin meint: „In meiner zukünftigen Klasse mit 21 Schülern werde ich wieder 2 Linkshänder haben.“ Mit welcher Wahrscheinlichkeit sind in dieser Klasse genau 2 Linkshänder? Simuliere zur Lösung der Aufgabe die zufällige Zusammenstellung einer Klasse mit 21 Schülern mindestens zehnmal!

11. In einer Stadt erkranken während einer Grippewelle 40 % der Bevölkerung. In der Schule dieser Stadt wird in einer Klasse der Unterricht eingestellt, wenn mindestens die Hälfte der Schüler krank sind. In einer Klasse lernen 24 Schüler. Wie groß ist die Wahrscheinlichkeit, dass der Unterricht in dieser Klasse nicht stattfindet, wenn man annimmt, dass die Erkrankung eines Schülers unabhängig von der Erkrankung seiner Mitschüler ist? Simuliere zur Lösung der Aufgabe die zufällige Erkrankung von 24 Schülern mindestens zehnmal!

12. Teste den „Zufallsgenerator“ im Kopf deines Banknachbarn auf folgende Weise:

a) Lass dir von deinem Banknachbarn 20 fünfstellige Zahlen nennen und schreibe diese hintereinander auf! Ermittle die relative Häufigkeit der Ziffern 0 bis 9 und vergleiche diese mit dem theoretischen Wert von 0,1! Welche Zahlen sind die „Lieblingszahlen“ von deinem Banknachbarn?

b) Fasse jeweils zwei benachbarte Ziffern als zweistellige Zahl auf und zähle, wie oft zweistellige Zahlen mit gleichen Ziffern auftreten (00; 11; …; 99)! Vergleiche die relative Häufigkeit mit dem theoretischen Wert von 0,1!

13. 8 Schüler einer Klasse zielen auf 8 vor ihnen stehende Dosen. Die Dosen sind so angeordnet, dass eine eindeutige Zuordnung zwischen Dose und Schüler nicht möglich ist. Die Schüler werfen zufällig auf eine Dose und treffen ihre gewählte Dose 100 %ig.
Wie viele Dosen werden im Mittel getroffen, wenn die 8 Schüler gleichzeitig und ohne Absprache auf die Dosen zielen? Löse die Aufgabe durch Simulation mit Zufallszahlen!

***14.** Ändere das zweite Beispiel (s. S. 111) auf eine grüne und 36 andersfarbige Kugeln (Roulette-Null)!

a) Wie viele Zehnerserien benötigst du, um 10-mal „Grün“ zu ziehen?

b) Bildet den Durchschnittswert der Klasse!

c) Welcher Durchschnittswert ist langfristig zu erwarten? Begründe!

Spalte C weglassen, dafür die grüne Zufallszahl grün erscheinen lassen mit:
FORMAT / ZELLEN FORMATIEREN / ZAHLEN / BENUTZERDEFINIERT:
[Grün] [=0]; Standard

15. Programmiere eine Tabelle wie im ersten Beispiel (s. S. 110)!

a) Notiere jeweils die relative Häufigkeit für „Wappen“ bei 10 Versuchen!

b) Mache dasselbe für eine Tabelle mit 25 Würfen. Was stellst Du fest?

16. Löse Aufgabe 15 noch einmal mit dem Taschenrechner!
Die Tastenfolge 1000 (RAN) erzeugt eine dreistellige Zufallszahl. Neue Zahlen erzeugt man mit der (=)-Taste. Wappen und Zahl können jetzt geraden bzw. ungeraden Zahlen zugeordnet werden.

17. Das Bild zeigt das „Schnick-Schnack-Schnuck“-Spiel in Form eines Tabellenkalkulationsprogrammes. Programmiere es ebenfalls!

◇	A	B	C	D	E	F	G	H	I
1									
2	**Schnick - Schnack - Schnuck**					Peter			
3						0 - Brunnen	1 - Schere	2 - Stein	3 - Papier
4	Peter			Claudia	0 - Brunnen				
5	2	Stein			1 - Schere				
6	Claudia				2 - Stein				
7	3	Papier			3 - Papier			Claudia	
8							Sieger		

– In A5 / A7 Zufallszahlen von 0 … 3 erzeugen: =GANZZAHL(4*ZUFALLSZAHL())

– Für die Zuordnung Zufallszahl in A5 → Gegenstand in B5 verwendet man =WENN(A5=0; „Brunnen“; WENN(A5=1; „Schere“; WENN(A5=2; „Stein“; WENN(A5=3; „Papier“)))), analog für die Zellen B5 → B7

– Für Papier–Brunnen erfolgt die Ermittlung des Siegers in Zelle I4 mit =WENN(UND($A$5=3; $A$7=0); $A$6; „“), andere Ergebnisse analog.

– Die „Unentschieden“-Zellen bleiben frei.

18. Es gibt Weltmeisterschaften im Schnick-Schnack-Schnuck. Dort sind Strategie und Taktik gefragt.

a) Welche Chancen haben Peter und Claudia langfristig? Spiele 100-mal!

b Da „Brunnen“ außer gegen „Papier“ immer gewinnt, sollte man vielleicht stets „Brunnen“ nehmen? Ändere die Zufallszahl bei Peter so, dass immer Null und damit „Brunnen“ erscheint. Wie ändern sich jetzt die Ergebnisse?

c) Ist das realistisch?

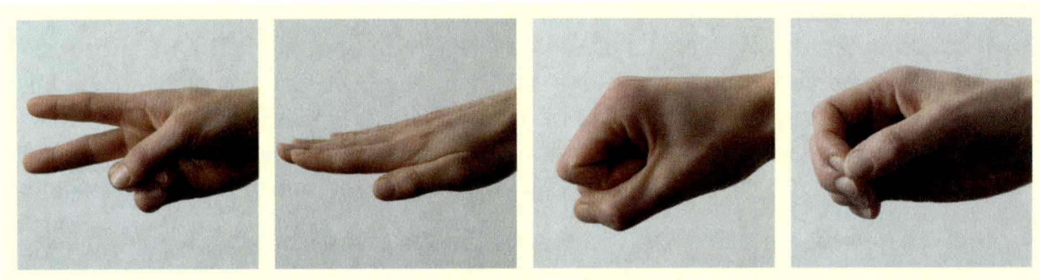

Schere fällt in den Brunnen.
Stein schleift Schere.

Stein fällt in den Brunnen.
Schere schneidet Papier.

Papier deckt den Brunnen zu.
Papier wickelt Stein ein.

19. Die Gewinnzahl der Lotterie „Glücksspirale“ hat sieben Stellen.
Möglich sind also 3452344, 6529104, …, aber auch 1234567 oder 3333333.
Es gibt 10 Millionen Möglichkeiten.
Die Glückszahl ergibt sich durch das Aneinanderreihen der sieben ohne Zurücklegen in dieser Reihenfolge gezogenen Zahlen. Bei der ersten Ausspielung 1971 im ZDF verwendete man eine große Urne mit 70 Kugeln (Bild unten links).
Es stellte sich heraus, dass nicht alle Zahlen gleich wahrscheinlich waren.
Danach wurde der Aufbau des Ziehungsgerätes geändert:
Statt einer Urne mit 70 Kugeln verwendet man 7 kleine Urnen mit je 10 Kugeln.

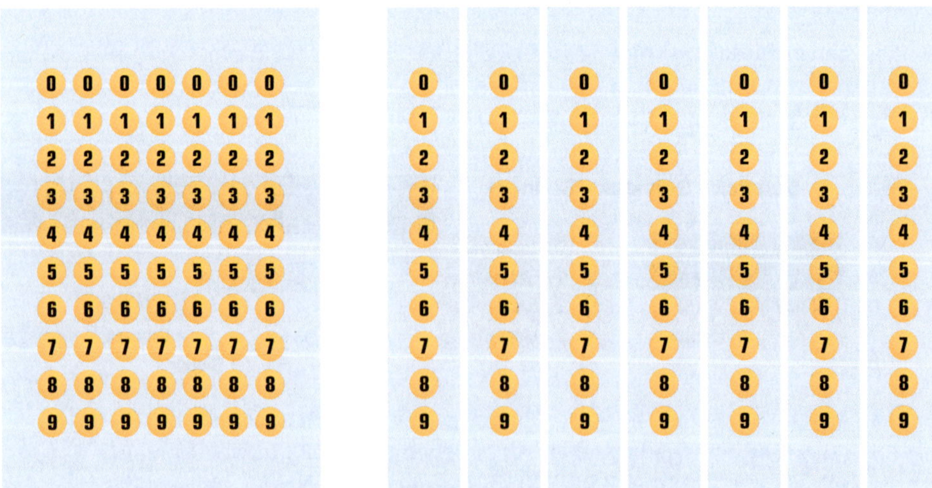

Informiere Dich, welchen Mangel das alte Gerät aufwies und halte einen Vortrag darüber!

Quellen: Karl Bosch: Lotto und andere Zufälle, Braunschweig 1994 (Vieweg-Verlag)
Walter Krämer: Denkste! Piper-Serie 2443

3.3 Gemischte Aufgaben

1. Pseudogenauigkeit durch unterlassenes Runden ist ein Formverstoß in der Prüfung. Die folgende Aufgabe soll dir zeigen, dass das keine Schikane, sondern sachlich begründet ist.
Am 27. 6. 2006 fand das WM-Viertelfinalspiel Frankreich gegen Spanien statt. Die Tabelle enthält Mannschaftsaufstellung und die Geburtsdaten der Franzosen.
Der Reporter sagte unter anderem, dass die französische Mannschaft „... ein Durchschnittsalter von 29,64 – also knapp unter 30 Jahren ...“ habe.
a) Wie kam der Reporter auf dieses Ergebnis?
b) Wie hätte er die Zahl bei seiner Rechenweise runden müssen?
c) Berechne das exakte Durchschnittsalter auf eine Dezimale genau!
d) Um welchen Wert hat sich das Durchschnittsalter während des fünfwöchigen Turniers erhöht?

Name	Geburtsdatum
Barthez	28. 6. 1971
Sagnol	18. 3. 1977
Thuram	1. 1. 1972
Gallas	17. 8. 1977
Abidal	11. 9. 1979
Viera	23. 6. 1976
Makelele	18. 2. 1973
Ribery	7. 4. 1983
Zidane	23. 6. 1972
Malouda	13. 6. 1980
Henry	17. 8. 1977

2. Spamfilter sind Computerprogramme, die unerwünschte E-Mails fernhalten sollen. Sie arbeiten mit statistischen Worthäufigkeiten.
Zuerst werden Tausende Mails in Spam und Nicht-Spam vorsortiert. Dann errechnen die Programme für jedes Wort die Wahrscheinlichkeit, ob eine Nachricht, die dieses Wort enthält, erwünscht ist oder nicht. Negative Wörter sind u. a. „Viagra“, „Penisvergrößerung“, „Rolex“ etc. E-Mails mit diesen Wörtern werden als Spam einsortiert.
Um die Filter auszutricksen, lassen mittlerweile viele Mailabsender nicht nur solche Wörter weg, sondern laden die Mails mit unschuldigen Wörtern auf, die gar keinen Bezug zum eigentlichen Inhalt der Mail haben. So wird bei einem Rolex-Spam aus Richard Bachs „Die Möwe Jonathan“ zitiert.
Erkläre diesen Trick mathematisch!
Benutze dabei die Begriffe absolute und relative Häufigkeit!

3. Ein Multiple-Choice-Test besteht aus zehn Aufgaben mit je drei Antworten, von denen immer nur eine richtig ist.
Wie groß ist die Wahrscheinlichkeit, nur durch Raten alle Aufgaben richtig zu lösen?

4. Die Wahrscheinlichkeit eines Ereignisses kann auch durch die Angabe des Verhältnisses der Möglichkeiten für das Eintreten bzw. Nichteintreten zum Ausdruck gebracht werden. Man spricht in diesem Fall von den Chancen für das Ereignis.
Zum Beispiel sind die Chancen für das Würfeln einer Sechs mit einem Spielwürfel 1 : 5.
a) Wie groß ist die Wahrscheinlichkeit eines Ereignisses, wenn die Chancen für sein Eintreten 1 : 1 (bzw. 1 : 3; 4 : 1 oder 9 : 1) stehen?
b) Wie stehen die Chancen für ein Ereignis, wenn seine Wahrscheinlichkeit $\frac{1}{2}$ (bzw. $\frac{1}{3}$; $\frac{3}{4}$ oder $\frac{2}{5}$) beträgt?

5. Eine Näherei produziert Vorhänge, die mit einer Wahrscheinlichkeit von 5 % nicht maßhaltig sind. Zwei Vorhänge werden stets in einer Packung verkauft. Befindet sich mindestens ein Vorhang in der Packung, der nicht maßhaltig ist, muss die Näherei vom Kunden mit einer Reklamation der Packung rechnen.
Berechne die Wahrscheinlichkeit für eine Reklamation!

6. Ein T-Shirt, das von der Firma Schnippelfix hergestellt wird, hat mit einer Wahrscheinlichkeit von 10 % kleine Fehler. Alle T-Shirts dieser Firma werden im Doppelpack abgegeben. Berechne mithilfe eines Baumdiagramms die Wahrscheinlichkeit, dass folgende Aussagen wahr sind!

a) beide T-Shirts sind fehlerfrei
b) kein T-Shirt ist fehlerfrei
c) genau 1 T-Shirt ist fehlerfrei
d) mindestens ein T-Shirt ist fehlerfrei

Eine Ladenkette kauft 5000 Doppelpackungen von der Firma Schnippelfix.
Wie viele fehlerfreie Packungen kann sie erwarten?

7. Rot-Grün-Blindheit tritt bei Männern mit einer Wahrscheinlichkeit von 0,08 auf, bei Frauen mit einer Wahrscheinlichkeit von 0,04. In Deutschland leben rund 38 000 000 Männer und 41 000 000 Frauen. Schätze die Anzahl von Männern und Frauen in Deutschland mit der Rot-Grün-Blindheit!

8. In den vergangenen Jahren wurden bei Weihnachtsspendenaktionen in der Stadt A folgende Erfahrungen gemacht:

Spende in Euro	0	10	25	50	100
Bevölkerungsanteil	60 %	20 %	10 %	5 %	5 %

a) Simuliere das Spendenverhalten von 10 bzw. 100 Einwohnern der Stadt und bestimme jeweils das arithmetische Mittel der Spenden!
b) Bestimme und deute den Erwartungswert der Spenden!
c) Die Stadt A hat 4000 Einwohner. Welchen Erlös kann man bei diesjährigen Weihnachtsaktionen erwarten?

9. Die folgende Tabelle zeigt die auf Wochen gerundete Aufenthaltsdauer eines Patienten mit Hüftknochenbruch im Krankenhaus:

Aufenthaltsdauer in Wochen	3	4	5	6	7	8	9	10
Wahrscheinlichkeit	0,05	0,1	0,13	0,26	0,18	0,11	0,08	0,09

a) Mit welcher Wahrscheinlichkeit dauert der Aufenthalt im Krankenhaus länger als sechs Wochen?
b) Skizziere die Wahrscheinlichkeitsverteilung in einem geeigneten Diagramm!
c) Berechne und interpretiere den Erwartungswert!
d) Bei Patienten, die älter als 60 Jahre sind, verlängert sich die Aufenthaltsdauer erfahrungsgemäß um zwei Wochen.
Welcher Erwartungswert gilt für diese Altersgruppe?

10. Ein Autohersteller beschreibt den Dieselverbrauch seines PKW folgendermaßen:
Stadtverkehr: 5,4 *l* pro 100 km
Landstraße: 4,8 *l* pro 100 km
Autobahn: 6,0 *l* pro 100 km
Herr Möller ist Vertreter und weiß, dass er seinen Dienst-PKW zu 40 % im Stadtverkehr, zu 50 % auf Landstraßen und zu 10 % auf Autobahnen benutzt.
Frau Werners Zweitwagen desselben Typs wird zu 70 % im Stadtverkehr und zu 30 % auf Landstraßen gefahren.
Welcher Benzinverbrauch ist bei den beiden Autos zu erwarten?

11. An 160 Tagen im Jahr betreibt Frau Sommer an einer stark befahrenen Straße einen Blumenstand. Der Verkauf hängt von vielen Faktoren ab, z. B. vom Wochentag, vom Wetter, vom Verkehrsaufkommen. Die Gärtnerei liefert Frau Sommer die Sträuße für 3,75 € das Stück. Frau Sommer muss sich in dem Vertrag festlegen, ob sie täglich 100, 150, 180 oder 200 Sträuße abnehmen möchte. Sie verkauft ihre Sträuße für 7,50 € und weiß aus Erfahrung, dass sie an 40 Tagen etwa 200 Sträuße, an 80 Tagen etwa 120 Sträuße und an weiteren 40 Tagen etwa 80 Sträuße verkauft.
Welche Vertragsbedingungen würdest du Frau Sommer empfehlen, wenn die nicht verkauften Sträuße als Verlust verbucht werden?

12. Eine Firma stellt Glühlampen mit einer Ausschusswahrscheinlichkeit von 2 % her. Sie verlassen die Firma in Viererpackungen. Mit allen belieferten Geschäften wird vereinbart, dass die Firma eine Viererpackung nicht berechnet, sobald sich eine oder mehr defekte Glühlampen darin befinden.

a) Wie viele reklamierte Viererpackungen kann die Firma in ihrer Tagesproduktion von 3000 Packungen erwarten?

b) Berechne den mittleren Gewinn der Tagesproduktion, wenn eine verkaufte Packung einen Gewinn von 70 ct und eine reklamierte Packung einen Verlust von 80 ct bedeutet!

13. Eine Risiko-Lebensversicherung versichert ihre Kunden für den Todesfall für einen Beitrag von 600 € jährlich, der immer am Jahresanfang fällig ist. Erfahrungsgemäß gibt es Todesfälle bei 2 % der Kunden pro Jahr. In diesem Fall werden 25 000 € ausgezahlt.

a) Welchen Gewinn kann die Versicherungsgesellschaft pro Versicherungsnehmer jährlich erwarten?
Mit welchem maximalen Gewinn kann die Versicherungsgesellschaft bei 250 000 Versicherten jährlich rechnen?

b) Welchen Wert darf der Anteil der Todesfälle nicht übersteigen, damit die Versicherungsgesellschaft im Gewinnbereich bleibt?

c) Im vergangenen Jahr starben 4 % der Versicherungsnehmer. Die Gesellschaft sieht sich deshalb gezwungen, die Beiträge anzuheben.
Wie hoch müssten die jährlichen Beiträge sein, wenn die Gesellschaft bei veranschlagten 4 % Todesfällen einen Gewinn von 25 € pro Versicherungsnehmer erreichen will?

14. Eine Firma stellt elektrische Spulen her. Die Herstellungskosten betragen 8,75 € pro Stück. Sie verkauft die Spulen zum Preis von 15,00 €. Erfahrungsgemäß funktionieren 3 % der Spulen nicht einwandfrei. Der Geschäftsinhaber steht vor der Entscheidung zwischen folgenden Varianten:

A: Jede Spule wird vor dem Verkauf einer Kontrolle unterzogen, die pro Spule weitere 1,25 € kostet. Im Ergebnis der Kontrolle kann die Funktionstüchtigkeit der Spule mit Sicherheit festgestellt werden. Die Spule kostet weiterhin 15,00 €.

B: Die Spulen werden ohne eine solche Kontrolle verkauft. Reklamiert ein Kunde eine defekte Spule, erhält er den Preis zurück und bekommt obendrein noch unentgeltlich eine kontrollierte Spule. Die defekte Spule hat für die Firma keinen Wert mehr.

Welcher Fall ist ökonomisch günstiger für die Firma? Was ist vorteilhafter für den Kunden?

15. An einer Losbude steht die Aufschrift „Jedes zweite Los gewinnt." Prüfe folgende Aussagen!
a) Die Hälfte aller Lose sind Gewinne.
b) Wenn ich zwei Lose kaufe, habe ich garantiert einen Gewinn.
c) Wenn unsere Klasse 100 Lose kauft, haben wir 50 Gewinne.
d) Die Wahrscheinlichkeit für einen Gewinn beträgt 50 %.

16. Beim Spiel 77 wird bei einer Ziehung eine siebenstellige Losnummer zufällig ausgewählt. Ein gekauftes Los hat die Nummer 7582536.

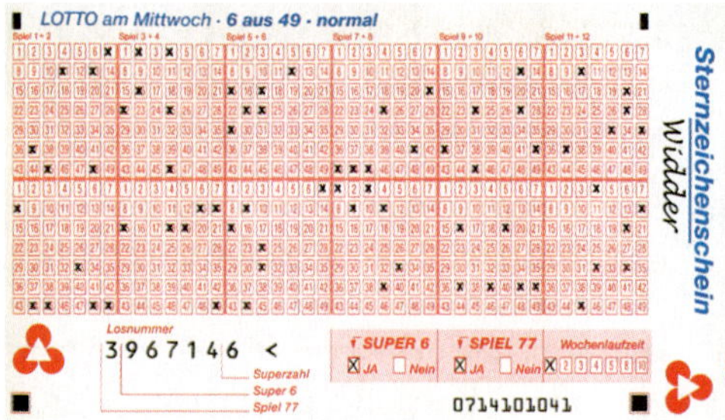

a) Wie groß ist die Wahrscheinlichkeit, dass die letzte Ziffer der Losnummer richtig ist?
b) Wie groß ist die Wahrscheinlichkeit, dass die Losnummer komplett richtig ist?
c) In einem Ziehungsgerät liegt eine schwarze Kugel. Wie viele weiße Kugeln müssen dazu gelegt werden, damit die Wahrscheinlichkeit für das Ziehen der schwarzen Kugel der Wahrscheinlichkeit für einen Hauptgewinn beim Spiel 77 (Losnummer richtig) entspricht?
d) Wie viele Hauptgewinne sind im Spiel 77 bei 20 Mio. verkauften Losen zu erwarten?
e) Was ist wahrscheinlicher, ein Hauptgewinn beim Spiel 77 oder die zufällige Auswahl einer Minute im Leben eines 20-jährigen Menschen?

17. In einem erdölreichen Land ist eine Bohrung mit der Wahrscheinlichkeit 0,15 erfolgreich.
a) Mit welcher Wahrscheinlichkeit hat man bei drei Bohrungen bzw. bei zehn Bohrungen mindestens einen Erfolg?
b) Wie viele Bohrungen müsste man durchführen, um die Wahrscheinlichkeit, mindestens eine erfolgreiche Bohrung zu haben, auf 90 % zu erhöhen?

18. Verschaffe dir im Internet einen Überblick über Programme zur π-Berechnung!

19. Die Abbildung zeigt eine Simulation zur π-Bestimmung mit 40 Punkten.
a) Zähle die Punkte im Kreis aus!
b) Ermittle π mit der Formel von Seite 108!
c) Um wie viel Prozent weicht dein Wert vom wahren Wert ab?

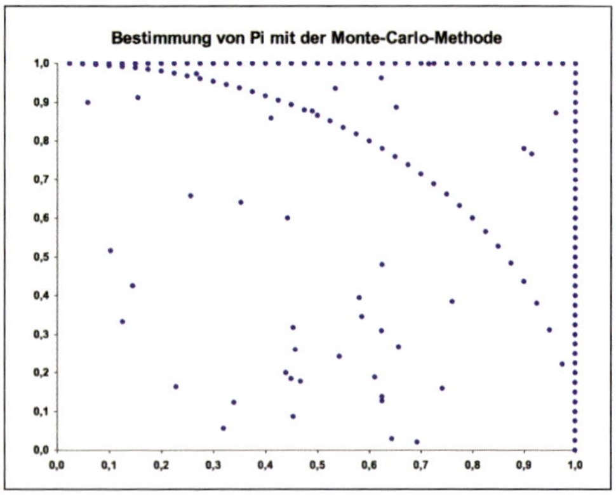

20. Führe die π-Bestimmung von Seite 107 diesmal mit Reiskörnern durch!
Probiere dabei zunächst, aus welcher Fallhöhe, bei welcher Körnerzahl und bei welcher Größe des Quadrates sich eine gute Verteilung ergibt!

Nr.	außerhalb	innerhalb (n_1)	Gesamt (n_2)
1			
2			
3			
4			

Nr.	außerhalb	innerhalb (n_1)	Gesamt (n_2)
5			
6			
7			
8			

Teste dich selbst!

1. Die Zufallsgröße X bezeichnet die Anzahl der beim einmaligen Kegeln in die Vollen umgefallenen Kegel. Welche Werte kann X annehmen?

2. Aus einer Urne mit zwei roten und zwei schwarzen Kugeln werden zwei Kugeln gezogen. Ordne jedem Ergebnis den Wert der Zufallsgröße R (Anzahl der roten Kugeln) zu!

3. Die Zahlen im Glücksrad beziffern Gewinn oder Verlust des Spielers. Wie groß ist der Erwartungswert, wenn der Einsatz 0 € beträgt?

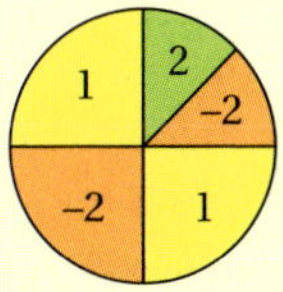

4. In der Tabelle ist die Zufallsgröße „Augensumme beim doppelten Würfelwurf" dargestellt.
a) Ergänze die fehlenden Ergebnisse!
b) Ergänze die Wahrscheinlichkeiten!
c) Berechne den Erwartungswert!

Ergebnis	1, 1	1,2; 2,1	…	…							
X(Augensumme)	2	3	4	5	6	7	8	9	10	11	12
Wahrscheinlichkeit											

5. Ein Mathematiklehrer in Stochastien bestimmt die Zensuren für das Zeugnis mit dem Würfel. Würfelt er eine 1; 2; 3; 4 oder 5, so ist dies die Zensur des betreffenden Schülers. Würfelt er eine 6, so würfelt er noch einmal und gibt dem Schüler die zweite geworfene Augenzahl als Zensur.
Berechne jeweils die Wahrscheinlichkeit für die Zeugniszensuren 1 bis 6!
Ermittle auch den Erwartungswert!

6. Das Messer einer Schneidemaschine muss monatlich mit einem Aufwand von 100 € neu geschliffen werden. Der 4500 € teure Motor hat eine Ausfall-Wahrscheinlichkeit von 3 %. Jedes der 15 Armaturenlämpchen geht mit 5%iger Sicherheit im Laufe des Monats kaputt und muss für 20 € ersetzt werden.
Welche monatlichen Reparatur- und Wartungskosten muss der Betrieb kalkulieren?

7. Eine Zeitschrift veranstaltet ein Preisausschreiben mit folgenden Gewinnen:
1-mal 1000 €, 4-mal 500 €, 10-mal 100 €, 100-mal 20 €
Es nehmen 30000 Einsender an der Preisverlosung teil.
Vergleiche den Erwartungswert des Gewinns mit dem Porto für die Postkarte!

8. Welcher der Vorgänge lässt sich mittels Würfeln simulieren?
a) Tippen des Siegers im Pferderennen mit sechs gleich starken Pferden.
b) Erteilen von Mathematik-Zensuren.
c) Ziehen einer mündlichen Prüfungsfrage aus sechs möglichen Fragen.

9. Erzeuge zwei Zufallszahlen a, b zwischen 0 und 1!
a) Prüfe, ob $a^2 + b^2 < 1$ gilt!
b) Führe die Prozedur 10-mal, 20-mal und 30-mal durch!
Ermittle jeweils, in wie viel Prozent der Fälle die Ungleichung erfüllt war!
c) Multipliziere die Prozentzahl jeweils mit 0,04!
Welcher Zahl näherst du dich mit wachsender Versuchszahl an?

Projekt

Wie groß sind die Chancen?

Bearbeitet die Projektaufgaben jeweils in Gruppen, besprecht anschließend die aufgetretenen Probleme, vergleicht die Lösungswege und präsentiert die Ergebnisse!

1. Zimmerbelegung

Die 10. Klasse einer Realschule plant eine Abschlussfahrt nach Paris. Für die Unterkunft ist eine Jugendherberge vorgesehen, die für die zwölf Mädchen der Klasse drei Vier-Bett-Zimmer (allerdings von sehr unterschiedlicher Qualität) zur Verfügung hat. Da es bei der Frage nach der Zimmerbelegung zu langwierigen Diskussionen kommt, wird beschlossen, die Zimmerbelegung auszulosen.

a) Wie viele Möglichkeiten der Zimmerbelegung gibt es?

b) Da Jana und Lara befreundet sind, möchten sie zusammen in einem Zimmer wohnen. Wie groß sind bei dem Losverfahren ihre Chancen, dass ihr Wunsch in Erfüllung geht?

2. Lotto „6 aus 49"

Viele sitzen jeden Sonnabend vor dem Fernseher, warten angespannt auf die Ziehung der Lottozahlen und träumen von einem „Sechser"im Lotto. Wie groß sind die Chancen

a) auf einen „Sechser",

b) überhaupt auf einen Gewinn?

Berechnet jeweils für die einzelnen Gewinnklassen (auch unter Berücksichtigung der Zusatzzahl) die entsprechende Wahrscheinlichkeit!

3. Teilungsproblem

Das sogenannte „Teilungsproblem" findet sich schon in alten arabischen Manuskripten und wurde vom italienischen Mathematiker Luca Paccioli (1445 bis 1514) im Jahr 1494 in folgender Form gestellt:

„Eine Brigade spielt Ball. Eine Partie ist 10 Punkte wert. Sieger ist diejenige Mannschaft, die zuerst 60 Punkte erreicht. Jede Mannschaft setzt 10 Dukaten ein. Durch unvorhergesehene Umstände kann das Spiel nicht zu Ende gebracht werden. Die eine Seite hat 50 Punkte, die andere 20 erzielt. Man möchte wissen, welcher Teil des Einsatzes jeder Seite zufällt."

Verschiedene Mathematiker lösten das Problem unterschiedlich. So gab Paccioli selbst das Verhältnis 5 : 2 der erreichten Punkte an.

Blaise Pascal (1623 bis 1662)

Im Jahre 1654 tauschten die französischen Mathematiker Pierre de Fermat (1601 bis 1665) und Blaise Pascal ihre Gedanken zur Lösung des Problems in einem Briefwechsel aus. Pascal löste das Problem, indem er für jede Mannschaft die Wahrscheinlichkeit für den Gewinn des Spiels berechnete.

Löse das Teilungsproblem in der pascalschen Weise! Setze voraus, dass die Gewinnwahrscheinlichkeit beider Mannschaften 50 % beträgt!

Das Wichtigste auf einen Blick

Grundbegriffe und Betrachtungsweisen der Stochastik

Zufälliger Vorgang: Vorgang, der verschiedene Ergebnisse haben kann

Modell für zufällige Erscheinungen:

Verlauf eines Vorgangs	untersuchtes Merkmal	mögliche Ergebnisse	Wahrscheinlichkeiten der Ergebnisse

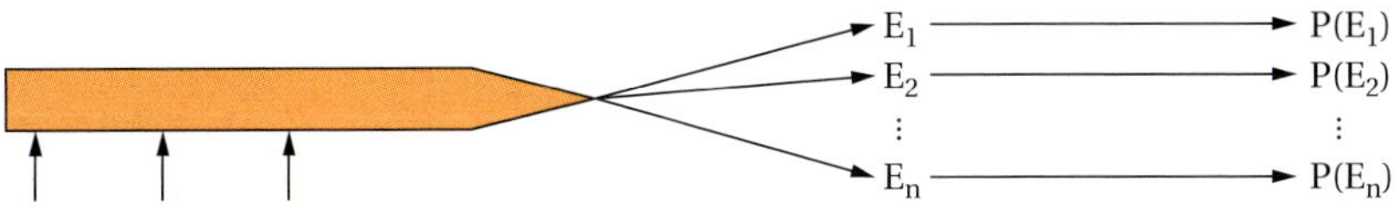

Bedingungen, die Einfluss auf den Vorgang haben

Ergebnismenge $S = \{E_1; E_2; \ldots E_n\}$	Wurf eines Würfels: $S = \{1; 2; 3; 4; 5; 6\}$
Zufälliges Ereignis: Aussage über Ergebnisse des Vorgangs	Vorgang: Wurf eines Würfels Ereignis: Die Augenzahl ist gerade.
Arten zufälliger Vorgänge:	
– physikalisch-technische Vorgänge	Herstellung eines Werkstücks
– biologische Prozesse	Wachstum einer Getreidepflanze
– Entwicklung von Eigenschaften eines Menschen	Entwicklung der Freizeitinteressen eines Schülers
– Finden von Erkenntnissen über unbekannte Zustände	Überlegungen eines Arztes bei der Diagnose einer Krankheit
Mehrfache Wiederholung zufälliger Vorgänge:	
– mehrfacher Ablauf	eine Münze zehnmal werfen
– gleichzeitiger Ablauf	Körperwachstum aller Schüler
Ermittlung bzw. Berechnung von Wahrscheinlichkeiten:	
– Kenntnisse oder Annahmen über die Bedingungen des Vorgangs, insbesondere zur Gleichwahrscheinlichkeit der Ergebnisse	Regelmäßiger Aufbau eines Würfels: → alle 6 Seiten gleichwahrscheinlich P(Es fällt eine 6.) = $\frac{1}{6}$
– vorliegende Ergebnisse mehrfacher Wiederholungen des Vorgangs bei gleichen Bedingungen	50 Trainingssprünge eines Schülers: → relative Häufigkeit der Sprungweiten als *Näherungswerte* für Wahrscheinlichkeit der Sprungweiten
– mithilfe bekannter Wahrscheinlichkeiten	Wahrscheinlichkeit des Gegenereignisses $\bar{A}$: $P(\bar{A}) = 1 - P(A)$ 1. und 2. Pfadregel bei mehrstufigen Vorgängen

4 Mathematik im Alltag

4

Kreditangebote

Familie Neis bekommt von zwei Banken ein Angebot für einen benötigten Kredit in Höhe von 10 000 €.
Angebot A beinhaltet die Rückzahlung innerhalb von 3 Jahren mit einem Zinssatz von 9,5 % p.a. und einer einmaligen Bearbeitungsgebühr von 2 %, während bei Angebot B mit der gleichen Laufzeit ohne Bearbeitungsgebühr ein Zinssatz von 9,75 % p.a. vorgesehen ist.
Gib an, welches Angebot für Familie Neis günstiger wäre!

Ratenzahlung

Frank will sich eine Stereoanlage mit einem integrierten DVD-Player kaufen.
Da sein Erspartes nicht zur sofortigen Barzahlung ausreicht, beschließt er, den Preis von 1299 € in 24 monatlichen Raten zu zahlen. Er muss für den Abschluss des Kreditvertrages eine Bearbeitungsgebühr von 2 % zahlen. Der vereinbarte Zinssatz beträgt 0,61 % p.m.
Berechne die monatliche Rate, die Frank aufbringen muss!

Elefantenrüssel

Im Zoo steht auf dem Hinweisschild zum Elefanten:
Sein 1,50 m langer Rüssel kann 10 *l* Wasser aufnehmen.
Wie groß ist der Innendurchmesser des Rüssels, wenn man ihn als Zylinder auffasst?
Wie dick ist der Rüssel am Kopf, wenn der Innendurchmesser unten 6 cm beträgt und der Rüssel als Kegelstumpf betrachtet wird?

Kannst du das noch?

Prozentrechnung

Grundgleichung der Prozentrechnung

$$\frac{p}{100} = \frac{W}{G}$$

$W = \frac{p \cdot G}{100}$ **Prozentwert**

$G = \frac{100 \cdot W}{p}$ **Grundwert**

$p = \frac{100 \cdot W}{G}$ **Prozentsatz**

Diagramme

Beispiel: Stimmenanteile der Parteien bei einer Wahl

Streifendiagramm

Säulendiagramm

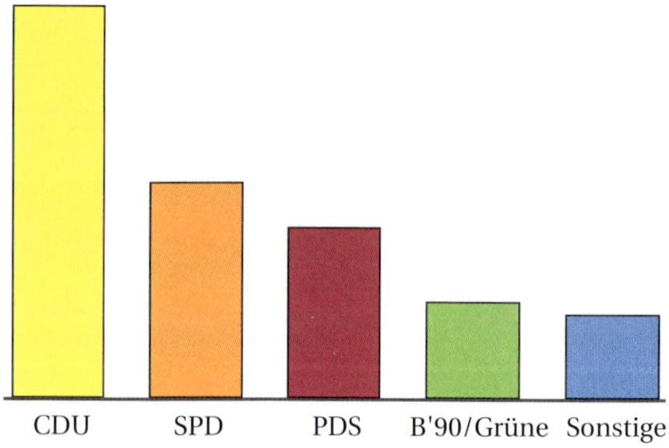

Kreisdiagramm

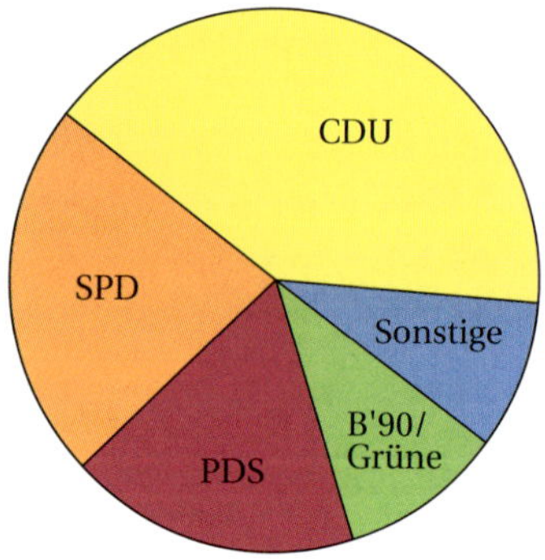

Skonto

Erfolgt die Begleichung einer Rechnung innerhalb einer festgelegten Frist, so vermindert sich der Rechnungsbeitrag um den ausgewiesenen prozentualen Anteil (z. B. 3 % Skonto).

Rabatt

Bei Barzahlungen oder bei Bestellungen, die über einem festgelegten Betrag liegen, kann ein Preisnachlass in Form eines prozentualen Abschlages gewährt werden (z. B. 2 % Rabatt).

Beim Bezug einer größeren Warenmenge bekommt ein Einzelhändler 2 % Mengenrabatt und bei sofortiger Zahlung 1,5 % Skonto auf eine Summe von 8755 €.

$8755\,€ - 8755\,€ \cdot 0{,}02 - 8755\,€ \cdot 0{,}015 = 8755\,€ - 0{,}035 \cdot 8755\,€ = 8755\,€ - 306{,}43\,€ = 8448{,}57\,€$

Der Nettopreis für die Ware beträgt etwa 8449 €.

Kannst du das noch?

Zinsrechnung

Begriffe

Die Zinsrechnung ist eine Anwendung der Prozentrechnung im Bankwesen.
Der Grundwert wird **Kapital** genannt und mit **K** abgekürzt.
Der Prozentsatz wird **Zinssatz** genannt und mit **p %** abgekürzt.
Die **Zinsen** sind die dem Zinssatz entsprechenden Prozentwerte und werden mit Z abgekürzt.

Zinsen für ein Jahr

$$\text{Zinsen} = \text{Zinssatz} \cdot \text{Kapital} \qquad \text{Zinssatz} = \frac{\text{Zinsen}}{\text{Kapital}}$$

$$Z = \frac{p}{100} \cdot K \qquad p = \frac{Z \cdot 100}{K}$$

$$\text{Kapital} = \frac{\text{Zinsen}}{\text{Zinssatz}}$$

$$K = \frac{Z \cdot 100}{p}$$

Monatszinsen (Zinsen für Monate)

$$\text{Zinsen} = \text{Zinssatz} \cdot \text{Kapital} \cdot \frac{\text{Anzahl der Monate}}{12} \qquad Z = \frac{p \cdot K \cdot m}{100 \cdot 12}$$

Tageszinsen (Zinsen für Tage)

$$\text{Zinsen} = \text{Zinssatz} \cdot \text{Kapital} \cdot \frac{\text{Anzahl der Tage}}{360} \qquad Z = \frac{p \cdot K \cdot t}{100 \cdot 360}$$

Zinseszins

Werden die Zinsen am Jahresende nicht abgehoben, so werden diese mit dem Kapital im Folgejahr mitverzinst. Man spricht dann vom Zinseszins.

Ratenkauf

Kreditsumme:	$K_S = \text{Kreditbetrag} + \text{Kreditbetrag} \cdot \text{Bearbeitungsgebühr (in \%)}$	
Gesamtschulden:	$S = K_S + \text{Zinsen } (Z)$	
Zinsen:	$Z = \frac{\text{Zinssatz} \cdot \text{Kreditbetrag}}{m}$	m – Laufzeit in Monaten
Monatsrate:	$R = \frac{S + Z}{m - 1}$	R wird auf volle 5 € aufgerundet.
letzte Rate:	$R_n = S - R(m - 1)$	

Kannst du das noch?

Körper

Prisma

rechtwinklige dreiseitige Grundfläche

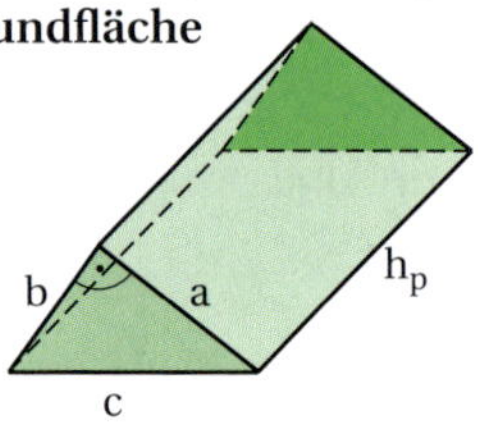

Volumen:

$V = \frac{a \cdot b}{2} \cdot h_p$

Oberflächeninhalt:

$A_O = ab + (a + b + c) \cdot h_p$

dreiseitige Grundfläche

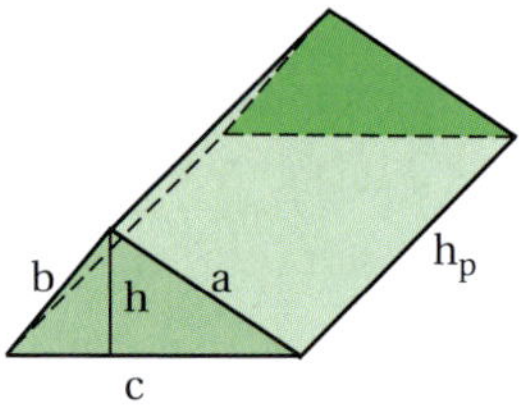

Volumen:

$V = \frac{c \cdot h}{2} \cdot h_p$

Oberflächeninhalt:

$A_O = c \cdot h + (a + b + c) \cdot h_p$

trapezförmige Grundfläche

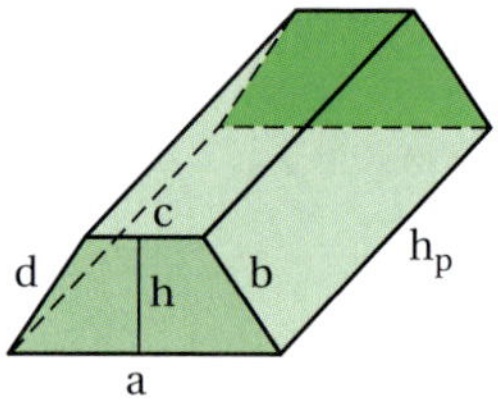

Volumen:

$V = \frac{a + c}{2} \cdot h \cdot h_p$

Oberflächeninhalt:

$A_O = (a + c) \cdot h + (a + b + c + d) \cdot h_p$

Kreiszylinder

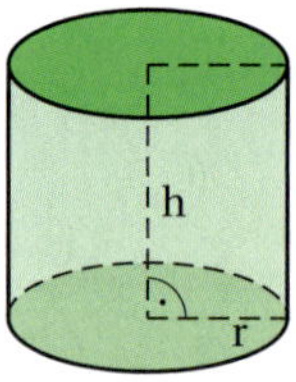

Volumen:

$V = \pi r^2 h$

Oberflächeninhalt:

$A_O = 2\pi r(r + h)$

Pyramide

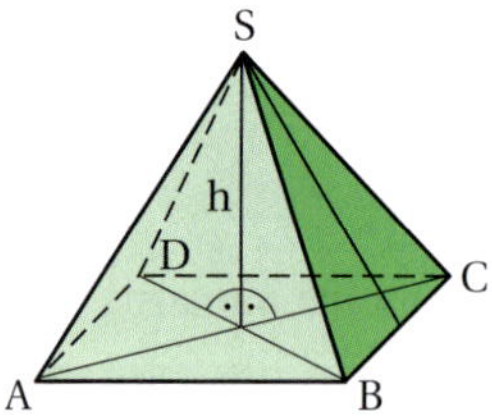

Volumen:

$V = \frac{1}{3} A_G \cdot h$

Oberflächeninhalt:

$A_O = A_G + A_M$ $A_O = A_G + n \cdot A_{Dreieck}$

Kreiskegel

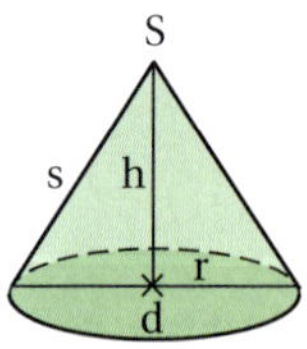

Volumen:

$V = \frac{1}{3} A_G \cdot h = \frac{1}{3} \pi r^2 h$

Oberflächeninhalt:

$A_O = A_G + A_M = \pi r(r + s)$

$A_M = \pi rs$ $s = \sqrt{r^2 + h^2}$

Kugel

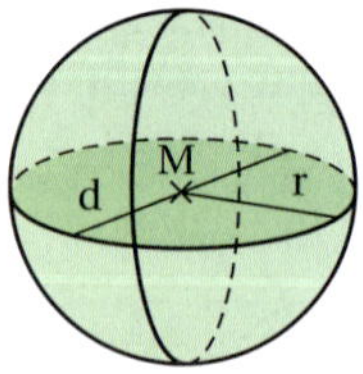

Volumen:

$V = \frac{4}{3} \pi r^3$

Oberflächeninhalt:

$A_O = 4\pi r^2$

Kannst du das noch?

Funktionen

Lineare Funktion

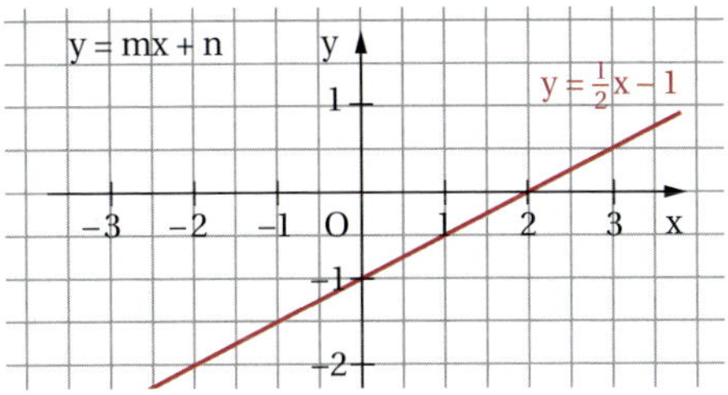

Umfang u eines Quadrates mit der Seitenlänge a

$u = 4a$

$a = \frac{u}{4}$

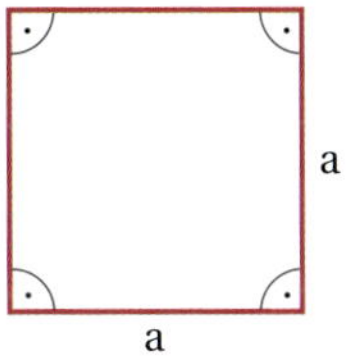

Quadratische Funktion

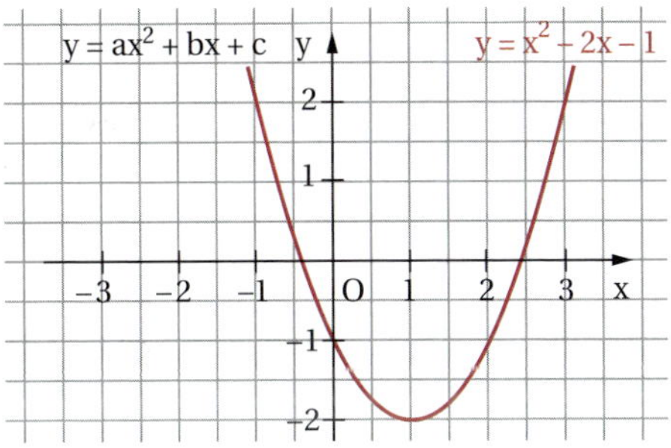

Flächeninhalt eines Quadrats mit der Seitenlänge a

$A = a^2$

$a = \sqrt{A}$

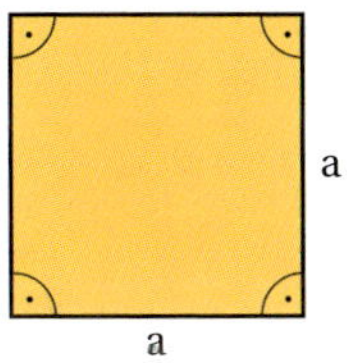

Potenzfunktion

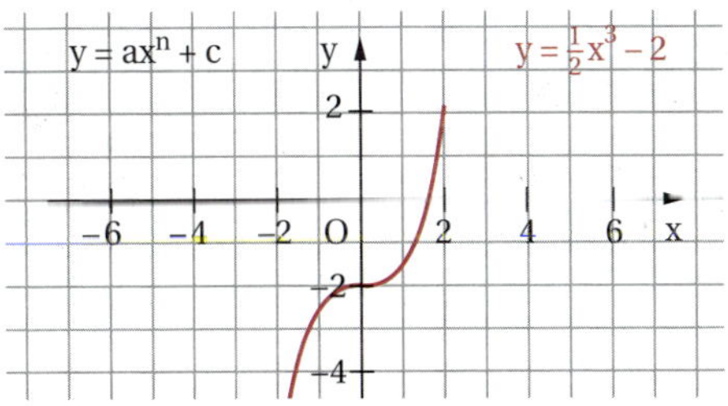

Volumen eines Würfels mit der Kantenlänge a

$V = a^3$

$a = \sqrt[3]{A}$

$A_O = 6a^2$

$a = \sqrt{\frac{A}{6}}$

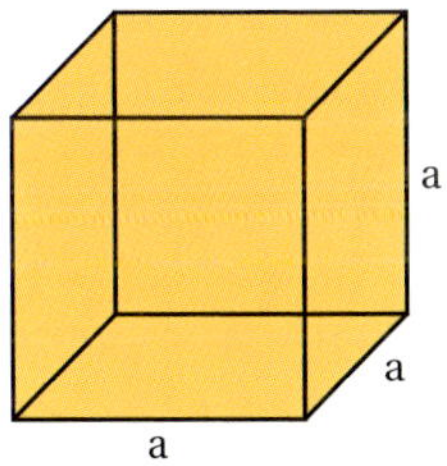

Exponentialfunktionen

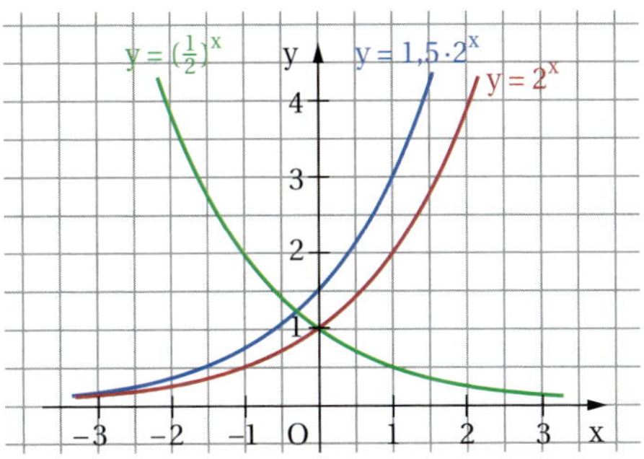

Zinseszins bei der Berechnung von Kapital

$K_n = K_0 \cdot q^n$

Kannst du das noch?

Aufgaben

Prozentrechnung

1. Die Spätvorstellung im Kino „Central" war mit 468 Kinobesuchern ausverkauft. Allerdings kamen 85 Zuschauer erst nach der Werbung.
Berechne, wie viel Prozent dies waren!

2. Herr Weindel verdient im Monat 1356 €. Davon zahlt er jeden Monat 8 % auf sein Sparkonto ein! Berechne, wie viel Euro er nach einem Jahr gespart hat!

3. Familie Kuchner muss für ihre Wohnung monatlich 487,70 € Miete zahlen, das sind 32,5 % des Einkommens der Familie.
Berechne, welches Einkommen Familie Kuchner hat!

4. Von den 116 Schülern der Klassenstufe 10 einer Realschule, werden 8 Schüler die Fachhochschule besuchen, 87 Schüler eine Berufsausbildung beginnen, 13 Schüler in die gymnasiale Oberstufe in Aufbauform übergehen. Der Rest der Schüler konnte zum Zeitpunkt der Umfrage noch keine genauen Angaben zur weiteren Ausbildung machen.
a) Berechne die prozentualen Anteile!
b) Zeichne ein Säulen- und ein Kreisdiagramm!

5. Eine Reise in die USA wird als Frühbucherangebot bis zum 31. März um 12 % auf 2601,28 € gesenkt.
Berechne, wie viel Euro diese Reise ab dem 1. April kosten wird!

6. Frau Winter erhielt aufgrund ihrer langen Firmenzugehörigkeit eine Gehaltserhöhung von 4 %.
Berechne, wie viel Euro sie bisher verdient hat, wenn sie nun 1122,99 € Gehalt bekommt!

7. In den Sommermonaten Juli und August ist das Hotel „Holiday & Fun" im Durchschnitt täglich zu 88 % ausgelastet, d.h., es sind im Durchschnitt 110 Betten in dieser Zeit belegt. Berechne, wie viel Betten das Hotel insgesamt hat!

8. Der Preis eines Vorführwagens wurde um 18 % auf 14 349,18 € gesenkt.
Berechne, wie viel Euro dieses Auto ohne Preissenkung kostet!

9. Nach einer Preiserhöhung um 8 % kostet eine CD 20,08 €. Berechne den alten Preis!

10. Frau Schulze hat ein Monatseinkommen von 1187,40 €. Sie plant ihre monatlichen Ausgaben für den Monat September wie folgt: Miete 321,60 €, Lebensmittel 370,00 €, Kleidung 250,00 €, Fahrschein 53,50 €, Kultur 30 €, Mitgliedsbeiträge 88,00 €. Den Rest möchte sie für eine Urlaubsreise nach Kenia sparen.
a) Berechne die prozentualen Anteile!
b) Zeichne ein Säulen- und ein Kreisdiagramm!

Kannst du das noch?

Zinsrechnung

11. Berechne die jeweiligen Jahreszinsen!

Kapital in €	500	4 000	245	155	56 780	248 000
Zinssatz p. a.	1 %	3 %	2,5 %	3,25 %	3,75 %	4,25 %

12. Nina hat 290 € auf ihrem Sparbuch. Berechne, wie viel Zinsen sie erhält, wenn das Kapital mit 3,5 % p. a. für die Dauer eines Jahres verzinst wird!

13. Übernimm die Tabellen in dein Heft und ergänze!
Man kann in das Ausgangsfeld einen beliebigen Geldbetrag einsetzen.

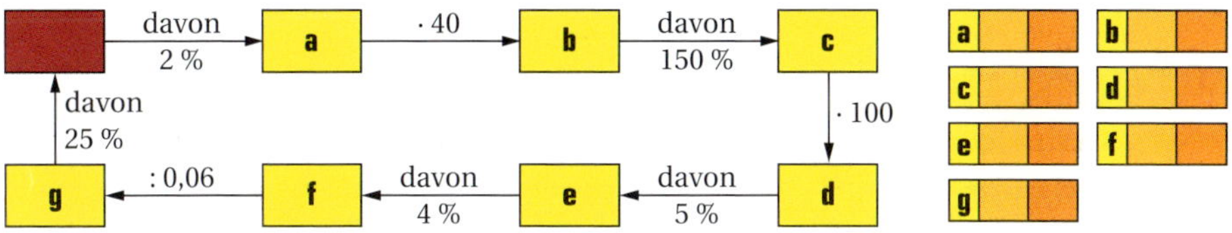

14. Berechne das Kapital, das Frau Scholz angelegt hat, wenn sie bei einem Zinssatz von 4,5 % nach neun Monaten 55,35 € Zinsen bekommt!

15. Herr Sommer will sich in einem Jahr einen neuen Fernseher für maximal 750 € kaufen. Das dazu benötigte Geld will er durch Zinsen finanzieren. Berechne, wie viel Euro er für ein Jahr anlegen muss, wenn er einen Zinssatz von 4,25 % p. a. vereinbart!

16. Familie Neus benötigt für den Kauf einer Waschmaschine noch 330 €. Sie leiht sich das Geld zu einem Zinssatz von 13,5 % p. a. Berechne, wie viel Zinsen sie zahlen muss, wenn sie nach 65 Tagen das geliehene Geld wieder zurückzahlt!

17. Frederike hat für ihre ersparten 280 € nach einem Jahr 9,10 € Zinsen erhalten. Berechne, welchen Zinssatz sie vereinbart hatte!

18. Frau Wachs bringt am 5. Mai 870 € auf ihr neu eröffnetes Sparbuch. Aufgrund einer kurzfristig notwendigen Autoreparatur hebt sie den gesamten Betrag am 26. Juli desselben Jahres wieder ab. Berechne die Zinsen, die sie für diesen Zeitraum erhält, wenn der Zinssatz 2,5 % p. a. betrug!

19. Ein Guthaben von 5 860 € wird mit 3,6 % p. a. verzinst.
Wie viel Euro Zinsen erhält man nach einem Jahr bzw. nach 300 Tagen?

20. Ein Termingeld wird mit 4 % p. a. verzinst. Nach 100 Tagen werden 180 € Zinsen gutgeschrieben. Berechne die Höhe der Geldanlage!

Kannst du das noch?

Körperdarstellung und Körperberechnung

21. a) Stelle den abgebildeten Quader im Schrägbild dar!
(Maße in Millimeter, nicht maßstabsgerecht)
b) Berechne das Volumen V und den Oberflächeninhalt A_O dieses Quaders!

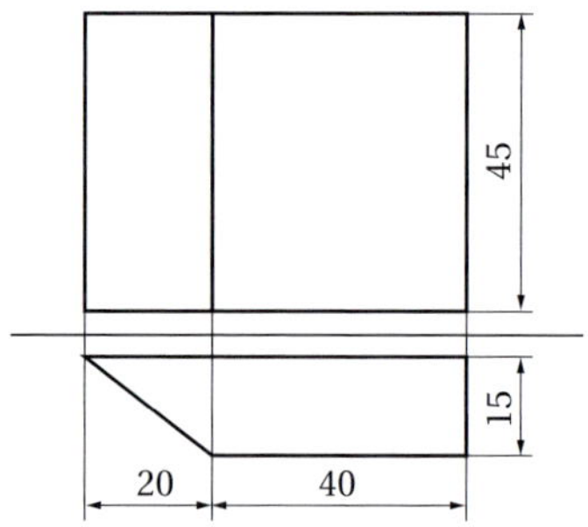

22. Zeichne ein Körpernetz des Quaders aus Aufgabe 21!

23. Beschreibe die Körper!
Skizziere das jeweilige Schrägbild!

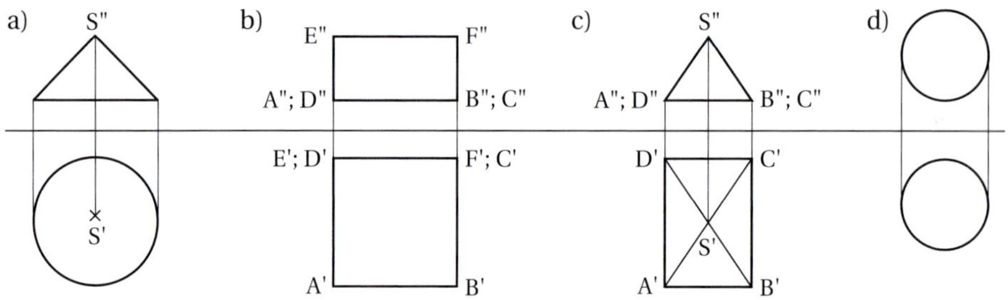

24. Beschreibe die Körper! Skizziere das jeweilige Zweitafelbild!

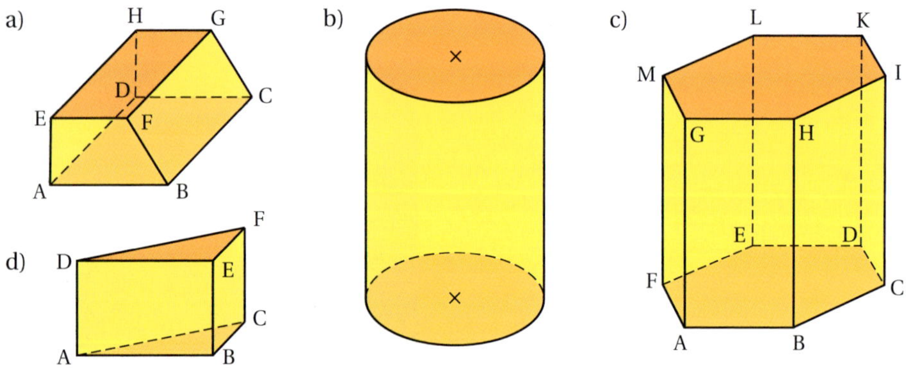

25. Konstruiere eine quadratische Pyramide mit der Kantenlänge a = 4 cm und einem Neigungswinkel der Seitenfläche von 37° im Maßstab 1 : 1!
Welche Darstellungsart wählst du? Begründe deine Entscheidung!
Lies die Höhe der Pyramide ab!
Vergleiche dein abgelesenes Ergebnis mit einer Rechnung!

26. Wie groß ist der Neigungswinkel eines Kegels, der durch Rotation eines rechtwinkligen Dreiecks $\sphericalangle BCA = 90°$ um dessen Katheten $\overline{BC} = a = 3$ cm bzw. $\overline{AC} = b = 4$ cm entsteht? Um wie viel Prozent verändert sich das Volumen beider Kegel zueinander?

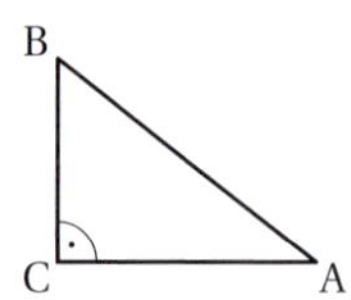

Kannst du das noch?

27. Schnee aus der Kanone gibt es seit dem 22. März 2003 im Skiparadies Snowtropolis in Senftenberg. Auf die etwa 130 m lange und 36 m breite Piste wird eine 60 cm hohe Schneedecke geblasen. Auf der Piste besteht ein Gefälle bis zu 25 % mit unterschiedlichen Schwierigkeitsstufen. Angenommen, das Gefälle beträgt durchschnittlich 18 % und die Abfahrt ist glatt für Anfänger.
a) Welches Volumen nimmt dann die Schneemenge ein?
b) Welche Menge Material musste für den Untergrund verbaut werden?
c) Wie hoch ist die Startpiste, wenn das Gefälle ① 25 % und ② 18 % einnimmt?
d) Bestimme die Breite der Piste der Skihalle in Bottrop. Diese ist 640 m lang und ähnlich der Piste in Senftenberg!

28. Das Volumen einer zylindrischen Dose beträgt 2 *l*. Ihre Höhe wird mit 12 cm gemessen.
a) Schätze den Durchmesser der Dose!
b) Berechne den Durchmesser der Dose!
c) In der Dose dürfen 5 % Luft enthalten sein. Welche Füllmenge passt in diese Dose?
d) Welcher Flächeninhalt steht für Werbezwecke zur Verfügung?
e) Konstruiere das Zweitafelbild und das Netz für diese Dose!

29. a) Welches Volumen besitzt ein Sandkegel, dessen Höhe 7,0 m und dessen Breite 32 m beträgt?
b) Wie oft muss ein 7,5-Tonnen-LKW fahren, um den Sandhaufen komplett abzufahren, wenn 1 m^3 Sand eine Masse von 1600 kg besitzt?

30. Die Kuppel des Raumflugplanetariums in Cottbus hat die Form einer Halbkugel. Eine Firma möchte sich an der Ausschreibung für die Reinigung beteiligen. Sie hat aber nur die Kenntnis, dass für den neuen Planetenpark, der im Maßstab 1 : 10 Millionen entsteht, die Kuppel in diesem Maßstab die Sonne darstellt.
Gib ein Preisangebot ab, wenn die Reinigung von 1 m^2 Kuppelfläche 12,50 € kostet!

31. Gegeben sind die Grundflächen von Prismen. Gib jeweils die Gleichung zur Berechnung des Volumens und der Oberfläche an, wenn für die Höhe h = x gilt!

a)
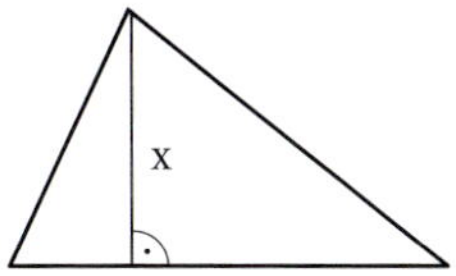

b)
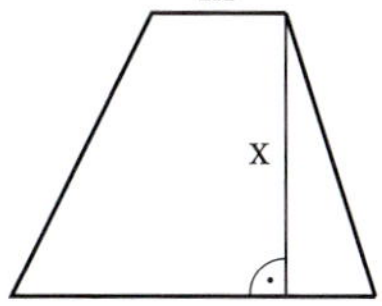

c)
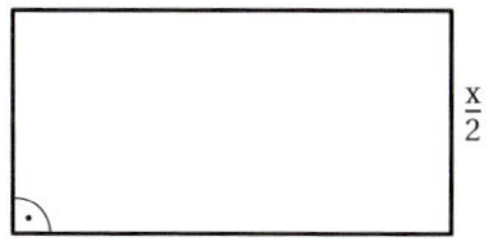

32. a) Gib das Volumen des dargestellten Körpers in Abhängigkeit von a an!
b) Berechne das Volumen für a = 2,5 m!

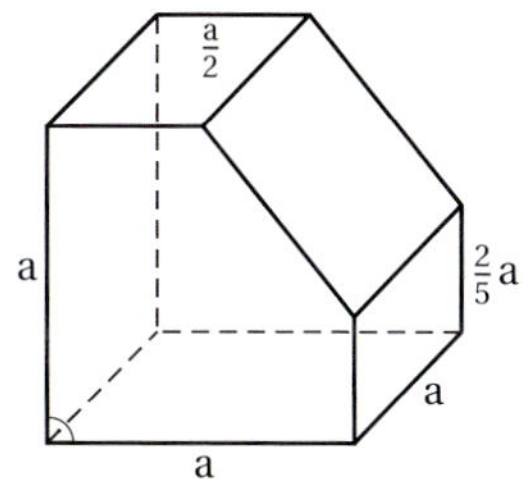

Kannst du das noch?

Funktionen

33. Stelle die Funktion $y = f(x) = \frac{2}{3}x - 1$ ($x \in \mathbb{R}$) im Intervall $-4 \leq x \leq 4$ grafisch dar!

a) Gib den Definitionsbereich und den Wertebereich der Funktion an! Beachte das Intervall! Äußere dich zur Monotonie des Graphen!

b) Spiegele die Gerade an der x-Achse ① bzw. an der y-Achse ②!
Welche Funktionsgleichungen gehören zu den gespiegelten Geraden?

34. a) Gib die Funktionsgleichungen der Geraden an!

b) Bestimme den Anstieg der Geraden, die Koordinaten ihres Schnittpunkts mit der y-Achse und ihre Nullstellen! Erfasse deine Ergebnisse in einer Tabelle!

c) Bestimme die Koordinaten der Schnittpunkte der Geraden $f_2(x)$ und $f_3(x)$, $f_2(x)$ und $f_4(x)$ anhand der Darstellung und rechnerisch!

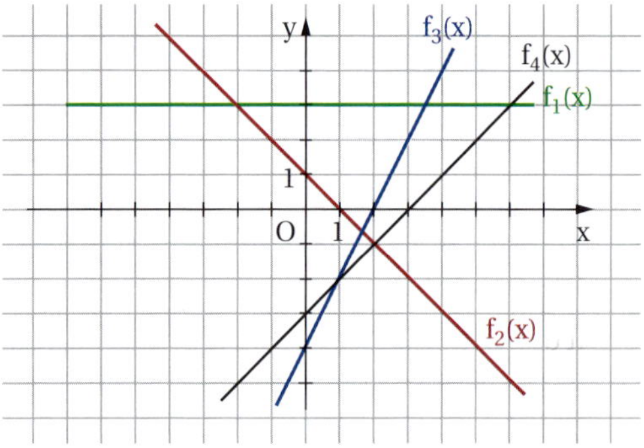

35. Zwei lineare Funktionen f(x) und g(x) schneiden einander in S (0; 4). Dabei hat f(x) den Anstieg 2 und g(x) den Anstieg $-\frac{1}{2}$.

a) Stelle die Graphen beider Funktionen in einem Koordinatensystem dar!

b) Gib für f(x) und g(x) jeweils eine Funktionsgleichung an!

c) Berechne die Nullstellen von f(x) und g(x)!
Vergleiche deine Ergebnisse mit der zeichnerischen Lösung!

36. Löse folgende Aufgaben!

a) Eine verschobene Normalparabel hat den Scheitelpunkt S (–4; –9). Ermittle die Funktionsgleichung, die Nullstellen und den Schnittpunkt mit der Ordinatenachse!

b) Ermittle den kleinsten Funktionswert der Funktion $y = x^2 - 8x + 11$ ($y = x^2 + \frac{3}{4}x + 10$)!

c) Welche Gleichung hat die Symmetrieachse der Funktion $y = x^2 - 12x + 26$?

37. Die Punkte gehören zum Graphen der jeweiligen Funktion.
Bestimme die fehlende Koordinate!

a) $f(x) = x^1$	b) $g(x) = x^2$	c) $h(x) = x^3$	d) $i(x) = x^4$
A (–2,4; ■)	F (–4; ■)	K (■; –169)	P(–2; ■)
B (■; –3,1)	G (–2,4; ■)	L (–0,8; ■)	Q(■; 64)
C (■; $\frac{3}{7}$)	H (■; 49)	M (■; $\frac{27}{125}$)	R ($-\frac{1}{3}$; ■)

38. Betrachtet werden die Funktionen $f(x) = x^2$ und $g(x) = x^3$.

a) Wie verändern sich die Funktionswerte f(x) bzw. g(x), wenn die Argumente verdoppelt, verdreifacht, verfünffacht, halbiert oder gedrittelt werden?

b) Bestimme die Koordinaten der Schnittpunkte der Graphen beider Funktionen!

c) Ermittle alle x-Werte, für die gilt:
$f(x) = 0$; $f(x) = 4$; $f(x) = 13{,}69$; $f(x) = -5$; $f(x) = 26$
$g(x) = 0$; $g(x) = 3$; $g(x) = 9{,}261$; $g(x) = -9{,}261$; $g(x) = -12$

4.1 Zinseszinsrechnung

Aus der Zinsrechnung ist uns bekannt, dass beim „leihweise Überlassen" eines bestimmten Geldbetrages (dem Kapital) der Kreditgeber vom Kreditnehmer Zinsen verlangt.

Bisher haben wir nur solche Beispiele betrachtet, bei denen das Kapital für den Zeitraum von höchstens einem Jahr oder weniger verzinst wurde. In der Praxis ist es aber sehr oft der Fall, dass Zinsen für Geldbeträge über einen Zeitraum von mehr als einem Jahr berechnet werden müssen.

Wenn ein Kapital für zwei oder mehr Jahre fest anlegt wird, werden im Allgemeinen jeweils am Jahresende die erzielten Zinsen dem bestehenden Kapital zugeschlagen und im folgenden Jahr mitverzinst. Diese Rechnung wird als **Zinseszinsrechnung** bezeichnet (s. Seite 71).

Stimmt das Angebot auf dem Werbeschild?

Um diese Frage beantworten zu können, betrachten wir folgendes Beispiel.

B

Bei einer Bank werden 2000 € mit einem Zinssatz von 6 % p.a. für acht Jahre fest angelegt. Berechne, auf wie viel Euro das Kapital nach dieser Zeit angewachsen ist, wenn die jährlich erzielten Zinsen im darauffolgenden Jahr wieder verzinst werden!

Gegeben: p % = 6 %
K_0 = 2 000 € (Anfangskapital)
n = 8 (Anzahl der Jahre)

Gesucht: K_8 (Kapital nach 8 Jahren)

Lösung:

Jahr	Kapital in €	Zinsen in €	neues Kapital in €
1	2 000,00	120,00	2 120,00
2	2 120,00	127,00	2 247,00
3	2 247,00	134,00	2 381,00
4	2 381,00	142,00	2 523,00
5	2 523,00	151,00	2 674,00
6	2 674,00	160,00	2 834,00
7	2 834,00	170,00	3 004,00
8	3 004,00	180,00	3 184,00

Antwort: Nach acht Jahren ist das Kapital einschließlich Zinsen auf ca. 3 184 € angewachsen.

Die Aussage auf dem Werbeschild stimmt, denn mit 1 184 € mehr als am Anfang hätte der Anleger sein Kapital sogar um 59,2 % (1 184 € von 2 000 €) gesteigert.

Diese Methode des Berechnens eines Endkapitals bei Zinseszins ist sehr umständlich.

Die folgenden Überlegungen an unserem Beispiel zeigen, wie wir diese Art von Berechnungen vereinfachen können.

1. Jahr: $K_1 = 2\,000\,€ \cdot 1{,}06$ allgemein $K_1 = K_0 \cdot \frac{100+p}{100}$

$K_1 = 2\,120\,€$

2. Jahr: $K_2 = 2\,120\,€ \cdot 1{,}06$ allgemein $K_2 = K_1 \cdot \frac{100+p}{100} = K_0 \cdot \frac{100+p}{100} \cdot \frac{100+p}{100}$

$K_2 = 2\,247{,}20\,€$ $K_2 = K_0 \cdot \left(\frac{100+p}{100}\right)^2$

3. Jahr: $K_3 = 2\,247{,}20\,€ \cdot 1{,}06$ allgemein $K_3 = K_2 \cdot \frac{100+p}{100} = K_0 \cdot \left(\frac{100+p}{100}\right)^2 \cdot \frac{100+p}{100}$

$K_3 = 2\,382{,}03\,€$ $K_3 = K_0 \cdot \left(\frac{100+p}{100}\right)^3$

Verfahren wir ebenso für das vierte bis zum achten Jahr, erhalten wir für das 8. Jahr folgende Formel:

$K_8 = K_0 \cdot \left(\frac{100+p}{100}\right)^8$

Wenn wir nun diese Formel verallgemeinern und für die Anzahl der Jahre die Variable n einsetzen, erhalten wir

$K_n = K_0 \cdot \left(\frac{100+p}{100}\right)^n$.

Man setzt $\frac{100+p}{100} = 1 + \frac{p}{100} = q$ und nennt q den Zinsfaktor. Dann erhalten wir $K_n = K_0 \cdot q^n$.

M Ein Anfangskapital K_0 wächst bei einem Zinssatz von p % in n Jahren auf ein Endkapital K_n nach folgender Formel:

$K_n = K_0 \cdot q^n$ mit $q = 1 + \frac{p}{100}$

B Familie Berg legt bei einem Zinssatz von 4,5 % p. a. für zehn Jahre 5000 € an.

Berechne das Endkapital!

Gegeben: $p\,\% = 4{,}5\,\%$; $p = 4{,}5$; $q = 1{,}045$ Gesucht: K_{10}
$K_0 = 5\,000\,€$
$n = 10$

Lösung:
$K_n = K_0 \cdot q^n$
$K_{10} = 5\,000\,€ \cdot 1{,}045^{10}$
$K_{10} \approx 7765\,€$

Antwort: Nach 10 Jahren besitzt Familie Berg etwa 7765 €.

Da Geldinstitute jährlich abrechnen, dabei Zinsen immer abrunden und nur ganze Eurobeträge verzinst werden, würde Familie Berg in Wirklichkeit nur 7762 € erhalten.

Neben der Berechnung des Endkapitals ist es oft auch wichtig, das Anfangskapital K_0 beziehungsweise den Zinssatz bestimmen zu können. Die benötigten Formeln erhalten wir durch Umstellen der Formel $K_n = K_0 \cdot q^n$ nach K_0 bzw. q:

$K_0 = \frac{K_n}{q^n}$

$q^n = \frac{K_n}{K_0}$

$q = \sqrt[n]{\frac{K_n}{K_0}}$

$q = 1 + \frac{p}{100} \quad | -1$

$q - 1 = \frac{p}{100} \quad | \cdot 100$

$p = (q-1) \cdot 100$

Aufgaben

1. Gib jeweils den Zinsfaktor q an!

a) p % = 9 %   b) p % = 13 %   c) p % = 11 %   d) p % = 7 %   e) p % = 4 %
f) p % = 3,5 %   g) p % = 2,5 %   h) p % = 9,4 %   i) p % = 2,25 %   j) p % = 5,75 %

2. Gib jeweils den Zinssatz p in % an!

a) q = 1,07   b) q = 1,05   c) q = 1,13   d) q = 1,11   e) q = 1,03
f) q = 1,065   g) q = 1,045   h) q = 1,083   i) q = 1,0325   j) q = 1,0575

3. Berechne das Endkapital!

Anfangskapital in €	1000	5000	300	175	12,50	1
Zinssatz p.a. in %	5	6	4	3,5	5,75	3,25
Jahre	3	5	10	20	50	100

4. Berechne das Anfangskapital!

Endkapital in €	1 000	5 000	1 250	15 000	45 000	250 000
Zinssatz p.a. in %	4	2,75	3	2,5	5,25	3,75
Jahre	2	4	8	20	30	50

5. Berechne den festgelegten Zinssatz!

Anfangskapital in €	100	500	2 000	2000	750	5
Endkapital in €	121	1 000	5 000	23 000	75 000	150 000
Jahre	2	5	7	15	25	65

6. Übernimm die Tabelle in dein Heft und ergänze!

Anfangskapital in €	200	500	1 500		10	
Endkapital in €		550		2 500	100	150 000
Jahre	3	2	9	10	20	50
Zinssatz p.a. in %	4		3,5	6		8,75

7. Berechne die fehlenden Größen!

a) 5 000 € mit 4 % p.a. auf 6 Jahre
b) Mit 7 % p.a. sind es nach 15 Jahren 3 500 €.
c) 6 500 € mit 8 % p.a. auf 12 Jahre
d) Aus 450 € werden in 7 Jahren 722,60 €.
e) 350 € mit 2,5 % p.a. auf 35 Jahre
f) Aus 100 € werden in 50 Jahren 1 000 €.
g) Aus 1 € werden in 100 Jahren 13 780 €.
h) Mit 3 % p.a. sind es nach 10 Jahren 1 520 €.

8. Herr Schneider hat auf seinem Sparbuch ein Guthaben von 1 869,20 €.
Berechne, wie viel Euro er nach zehn Jahren auf seinem Sparbuch hat, wenn ein Zinssatz von 4,5 % p.a vereinbart wurde!

9. Berechne das Kapital, welches angelegt werden muss, um nach 15 Jahren bei einem Zinssatz von 4,75 % p.a. auf 7500 € angewachsen zu sein!

10. Frau Schulze legt bei einem Geldinstitut für zwölf Jahre 950 € auf einem Sparkonto an! Berechne, welcher Zinssatz p. a. vereinbart werden muss, um nach Ablauf dieser Zeit 2000 € zu erhalten!

11. Familie Meister legt für 18 Jahre 3600 € an. Sie erhält am Ende der Laufzeit einen Betrag von 9848 €. Berechne, mit welchem Zinssatz p. a. der Geldbetrag angelegt wurde!

12. Berechne das Kapital, das angelegt werden muss, um nach zwölf Jahren bei einem Zinssatz von 5,25 % p. a. über einen Betrag von 1 037 € verfügen zu können!

13. Ein Grundstücksmakler kaufte vor 17 Jahren ein Grundstück im Wert von 37000 €. Seitdem erhöhte sich der Wert auf 235 400 €.
Berechne, mit welchem Zinssatz man das Kapital vom Kauf des Grundstücks hätte anlegen müssen, um den gleichen Wertzuwachs zu erzielen!

14. Ein Junge im Alter von sechs Jahren erhält einen Erbteil in Höhe von 5000 €. Sein Vormund legt diesen Betrag auf einem Sparkonto an. Der Zinssatz ist unverändert 3,25 % p. a. Berechne, über welchen Betrag der Junge an seinem 25. Geburtstag verfügt!

15. Frau Zander möchte in fünf Jahren einen Betrag von 5000 € zur Verfügung haben. Sie hat die Möglichkeit, durch eine einmalige Festgeldanlage mit 4,75 % p. a. diesen Betrag durch die Zinsen zu erwirtschaften. Berechne, wie viel Euro sie jetzt anlegen muss!

16. Frau Blümchen verkauft ein Bild, welches ihr Großvater vor 55 Jahren im Wert von 15 € gekauft hatte, für 9760 €. Berechne, welcher Zinssatz bei damaliger Einzahlung des Betrages bei einer Bank die gleiche Wertsteigerung erbracht hätte!

17. Bettina hat vor vier Jahren 325 € auf ihr Sparbuch mit einem Zinssatz von 3,25 % p. a. gebracht. Sie lässt diesen Betrag vier Jahre lang auf diesem Sparbuch, nur die Zinsen lässt sie sich jeweils am Jahresende auszahlen. Berechne, wie viel Euro Bettina nach Ablauf der vier Jahre auf ihrem Sparbuch hat!

18. Herr Winter ist ein leidenschaftlicher Briefmarkensammler. Eine vor 32 Jahren für 1,60 DM (≈ 0,80 €) gekaufte Briefmarke hat jetzt einen Wert von 780 €. Berechne, welchem Zinssatz p. a. diese Wertsteigerung entspricht!

19. Franks Eltern legen für ihren Sohn zu dessen Geburt ein Sparbuch mit 250 € an. Berechne, wie viel Euro Frank an seinem 18. Geburtstag auf seinem Sparbuch hat, wenn ein Zinssatz von 6,25 % p. a. vereinbart wurde!

20. Berechne, welches Endkapital man erhält, wenn man 1 ct für 50 Jahre bei einem Zinssatz von 5 % p. a. anlegt!

21. Frau Rampe schenkt ihrer Nichte Marie bei deren Geburt ein Sparbuch mit 500 € Guthaben. Zu ihrem 18. Geburtstag darf Marie über das Konto verfügen, um z. B. ihre eigene Wohnung zu finanzieren. Berechne, wie hoch dann der Kontostand ist, wenn das Guthaben mit 4,5 % p. a. jährlich verzinst wird.

22. Herr Meyer hört mit 40 Jahren auf zu Rauchen und spart dadurch täglich 2,50 €. Er zahlt den ersparten Betrag ab dem 41. Geburtsag jährlich zu Jahresbeginn auf ein Konto mit einem Zinssatz von 5 % p. a. ein. Von dem ersparten Geld will er mit seiner Frau eine Weltreise machen. Berechne, welchen Betrag er zu seinem 65. Geburtstag auf dem Konto hat!

4

4.2 Anwendungen

Währungen

Viele Länder haben ihre eigenen Zahlungsmittel, ihre eigene Währung. Zahlungsmittel in Deutschland ist z.B. der Euro, in Dänemark die dänische Krone, in den USA der US-Dollar.

Das Wertverhältnis der ausländischen Währung zur inländischen Währung ist der sogenannte Wechselkurs (kurz: Kurs). Im Normalfall bezieht sich der Kurs auf 100 Geldeinheiten der ausländischen Währung. Die Kurse der wichtigsten Währungen werden jeden Tag an den Devisenbörsen neu ermittelt (notiert).

Der Handel mit ausländischen Zahlungsmitteln stellt für die Geldinstitute eine Dienstleistung dar. Dafür möchten diese Geldinstitute ein Entgelt haben. Dieses Entgelt erhalten sie, indem sie ausländisches Geld zu einem bestimmten Kurs ankaufen und für den Verkauf von ausländischen Zahlungsmitteln einen höheren Kurs berechnen und oft auch noch zusätzliche Wechselgebühren erheben.

Nachfolgend ist ein Auszug aus einer Kurstabelle aufgeführt. Sie zeigt die Tagesnotierungen der verschiedenen Währungen. Diese Notierungen schwanken häufig. Aktuelle Wechselkurse findet ihr in der Tagespresse oder in den Kurstabellen der Geldinstitute.

Land	ISOCode / Währung		100 WE = ... EUR (Stand vom 18.12.2006)	
			Ankauf	Verkauf
China	CNY	Yuan	10,37	10,42
Dänemark	DKK	Krone	13,41	14,01
Großbritannien	GBP	Pfund	144	147
Japan	JPY	Yen	0,646	0,653
Norwegen	NOK	Krone	12,36	12,71
Schweden	SEK	Krone	10,29	11,47
Türkei	TRL	Lira	54,58	54,84
USA	USD	Dollar	76,41	76,49

WE = Währungseinheit

Beispiel für USD:
Für 100 USD erhält man 76,41 EUR (Ankauf).
Für 100 USD zahlt man 76,44 EUR (Verkauf).

Beim **Ankauf** ausländischer Währungen rechnet das Geldinstitut mit dem **niedrigeren Kurs,** es wird eine ausländische Währung in Euro umgetauscht.

Beim **Verkauf** ausländischer Währungen rechnet das Geldinstitut mit dem **höheren Kurs,** es wird ein Betrag in Euro in eine ausländische Währung umgetauscht.

B

Eine deutsche Familie will für ihren Urlaub in Dänemark 2000 € in dänische Kronen umtauschen.
Berechne, wie viel dänische Kronen die Familie dafür bekommt!

Lösung: Beim Lösen dieser Aufgabe können wir die Kenntnisse über die proportionalen Zuordnungen, d.h. die Quotientengleichung anwenden.

Da das Geldinstitut ausländische Zahlungsmittel verkauft, berechnet sie den höheren Kurs. Dieser Kurs für DKK für 100 WE ist 13,414 €, d.h., für 100 DKK zahlt man 13,414 € (Stand 18.12.2006).

DKK	100	x
€	13,414	2 000

Quotientengleichung: $\frac{x}{2000\,€} = \frac{100\text{ DKK}}{13{,}414\,€} \quad | \cdot 2\,000\,€$

$$x = \frac{100\text{ DKK} \cdot 2000\,€}{13{,}414\,€}$$

$$x \approx 14\,910\text{ DKK}$$

Antwort: Für 2000 € erhält die deutsche Familie 14 910 DKK.

B

Für eine USA-Reise hat ein Student bei seiner Bank, die für jeden Geldwechsel 1,5 % Bearbeitungsgebühren verlangt, 800 USD gekauft.
Da er wegen Krankheit die Reise nicht antreten kann, tauscht er die 800 USD bei seiner Bank wieder in Euro zurück.
Berechne, wie viel Euro der Student dabei „verloren" hat!

Gegeben: Betrag in Fremdwährung 800 USD
Bearbeitungsgebühr 1,5 %

Lösung:	Die Bank verkauft 800 USD	≙ 611,28 €	
	+ Bearbeitungsgebühr von 1,5 %	≙ + 9,17 €	
	Der Student muss	620,45 €	zahlen.
	Die Bank kauft zurück 800 USD	≙ 611,92 €	
	– Bearbeitungsgebühr von 1,5 %	≙ – 9,18 €	
	Der Student erhält	602,74 €	zurück.
		620,45 €	
		– 602,74 €	
		= 17,71 €	

Antwort: Der Student „verliert" dabei 17,71 €.

4

Lohnberechnungen

Der Arbeitnehmer setzt seine Arbeitskraft z. B. im Unternehmen oder im öffentlichen Dienst ein und erhält hierfür vom Arbeitgeber ein Entgelt (Lohn, Gehalt). Der Lohn beziehungsweise das Gehalt sind somit Vergütung für die Arbeitsleistung des Arbeitnehmers. Die Festsetzung des Lohns oder des Gehalts erfolgt im Arbeitsvertrag. Er wird als **Bruttolohn** bezeichnet. Von diesem Bruttolohn werden die Sozialversicherungsbeiträge, die Lohnsteuer und bei Kirchenzugehörigkeit die Kirchensteuer sofort abgezogen und an die entsprechenden Institutionen weitergeleitet. Der Lohn, der nun noch übrig bleibt, wird dem Arbeitnehmer ausgezahlt. Er wird als **Nettolohn** bezeichnet.

Im Jahr 2007 betragen die Sozialversicherungsbeiträge max. 40,8 % des Bruttolohns. Sie werden je zur Hälfte vom Arbeitgeber und Arbeitnehmer bezahlt. Zu ihnen gehören die Krankenversicherung (13 % bis ca. 15 %), die Pflegeversicherung (1,7 %), die Rentenversicherung (19,9 %) und die Arbeitslosenversicherung (4,2 %). Die Lohnsteuer richtet sich nach der Höhe des Bruttolohnes und der Steuerklasse. Sie wird aus der Lohnsteuertabelle bestimmt. Die Kirchensteuer beträgt in Sachsen 8 % der Lohnsteuer.

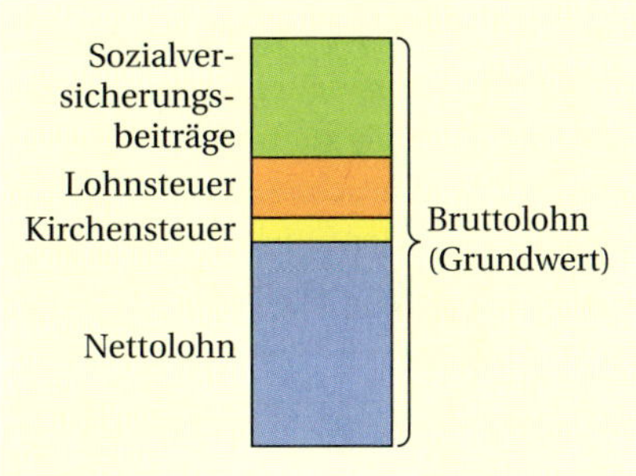

Seit 1991 wird dem Arbeitnehmer von seinem Bruttolohn auch noch der Solidaritätszuschlag abgezogen. Dieser Abzug beträgt gegenwärtig 5,5 % der Einkommenssteuer.

M

Bruttolohn ist der Lohn ohne Abzüge.
Nettolohn ist der Lohn mit Abzügen, d. h. der Lohn, den man ausgezahlt bekommt.
Nettolohn = Bruttolohn – Abzüge

B

Eine Verkäuferin (Steuerklasse 1) verdient im Monat 1370 € brutto. Berechne den Nettolohn!

Berechnung der Abzüge:

– Krankenversicherung (13,5 %):	184,95 €	(13,5 % von 1370,00 €)
– Pflegeversicherung (1,7 %):	23,29 €	(1,7 % von 1370,00 €)
– Rentenversicherung (19,9 %):	272,63 €	(19,9 % von 1370,00 €)
– Arbeitslosenversicherung (4,2 %):	57,54 €	(4,2 % von 1370,00 €)
Summe der Sozialversicherungsbeiträge:	538,41 €	
Hälfte davon bezahlt Arbeitnehmer:	– 269,21 €	
Lohnsteuer:	– 107,58 €	(aus der Lohnsteuertabelle)
Solidaritätszuschlag:	– 5,92 €	(5,5 % von 107,58 €)
Kirchensteuer:	– 8,61 €	(8 % von 107,58 € – Lohnsteuer)
	– 391,32 €	

Bruttolohn:	1370,00 €
Abzüge:	– 391,32 €
Nettolohn:	978,68 €

Antwort: Die Verkäuferin erhält 978,68 € als Nettolohn ausgezahlt.

Preiskalkulation

Jede Firma ist bestrebt, einen Gewinn zu erzielen. Der Verkaufspreis muss deshalb alle entstandenen Kosten abdecken und einen bestimmten Gewinnzuschlag enthalten. Die Berechnung des Verkaufspreises wird Preiskalkulation genannt. Es müssen also alle Kosten vom Wareneinkauf, über die Lagerung einschließlich der Verwaltung und des Vertriebes berücksichtigt werden.

Alle Kosten, die mit dem Einkauf der Ware zusammenhängen, werden zum Bezugspreis zusammengefasst. Dazu gehören z.B. der Einkaufspreis abzüglich Rabatt oder Skonto, Frachtkosten, Kosten für die Verpackung oder Versicherung.

Die Addition der Geschäftskosten (betriebliche Aufwendungen) zum Bezugspreis der eingekauften Ware ermöglichen dem Geschäftsführer, das Geschäft oder die Firma zum sogenannten Selbstkostenpreis zu führen.
Der darauf aufgeschlagene Gewinn (Bezahlung seiner Arbeit), der sich am Wettbewerb auf dem freien Markt orientieren muss, ergibt den Nettopreis.
Zuzüglich der gesetzlichen Mehrwertsteuer erhalten wir den endgültigen Verkaufspreis (Bruttopreis).

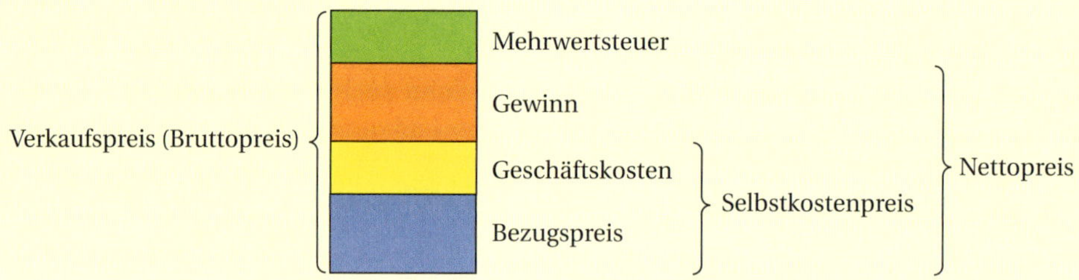

B Der Geschäftsführer von einem Elektrofachgeschäfts berücksichtigt bei seiner Preiskalkulation 35 % Geschäftskosten und 25 % Gewinn. Berechne den Bruttopreis, wenn der Einkaufspreis eines Artikels 419 € und die Mehrwertsteuer 19 % beträgt!

Einkaufspreis:	419,00 €	(ist gleichzeitig der Bezugspreis)
+ 35 % Geschäftskosten:	+ 146,65 €	(35 % von 419,00 € (Bezugspreis))
Selbstkostenpreis:	565,65 €	
+ 25 % Gewinn:	+ 141,41 €	(25 % von 565,65 € (Selbstkostenpreis))
Nettopreis:	707,06 €	
+ 19 % Mehrwertsteuer:	+ 134,34 €	(19 % von 707,06 € (Nettopreis))
Verkaufspreis:	841,40 €	

Antwort: Der Verkaufspreis der Ware beträgt 841,40 €.

Ratenzahlungen

Leiht sich jemand von einer Bank Geld, d.h., jemand nimmt einen Kredit auf, so muss er für diese Dienstleistung Zinsen zahlen. Gleichzeitig verlangt die Bank in der Regel auch noch Bearbeitungsgebühren.

Es ergeben sich also Gesamtkosten, die während der Laufzeit des Kredits zurückgezahlt werden müssen.

Diese Zahlungen werden überwiegend in monatlichen Raten geleistet. Oft werden die monatlichen Raten auf volle Euro (bzw. volle 5 oder 10 €) auf- bzw. abgerundet.

Eine Ausgleich findet bei der letzten Rate statt: Bei einer Aufrundung ergibt sich eine niedrigere Ausgleichsrate.
Eine Abrundung führt zu einer höheren Ausgleichsrate.

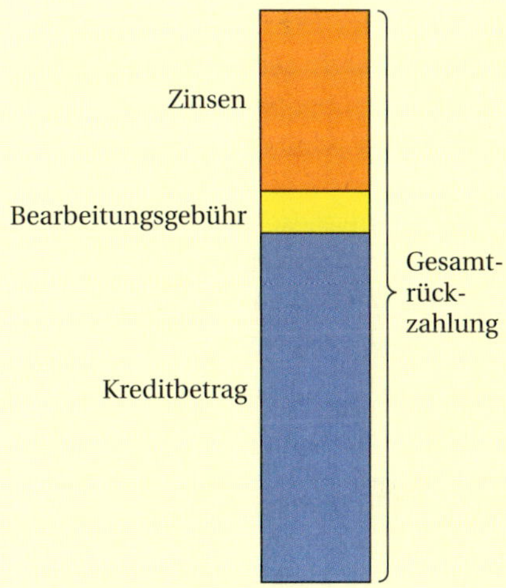

Jennifer möchte sich eine Konzertgitarre für 525 € kaufen.
Die Verkäuferin macht ihr folgendes Finanzierungsangebot:

Zinssatz 0,6 % p.m.
Bearbeitungsgebühr 1 % des Kreditbetrages
Laufzeit 2 Jahre

Berechne die Höhe der monatlichen Rate R!

Gegeben: K = 525 €
p % = 0,6 %, d.h. p = 0,6
Bearbeitungsgebühr 1 % des Kreditbetrages
Laufzeit 24 Monate

Gesucht: R

Lösung:

Kreditbetrag K:			525,00 €
Bearbeitungsgebühr:	1 % von 525 €	=	5,25 €
Zinsen (pro Monat):	$Z = \frac{p \cdot K}{100} = \frac{0{,}6 \cdot 525}{100}$	= 3,15 €	
Zinsen (24 Monate):	3,15 € · 24	=	75,60 €
Summe der Gesamtrückzahlung:			605,85 €
Monatliche Rate R:	605,85 € : 24	=	25,24 €

Antwort: Jennifer muss monatlich 25,24 € zurückzahlen.

Die Raten würden in der Praxis auf 25 € abgerundet werden. Da 23 Monatsraten zu je 25 € insgesamt 575 € ergeben, wird die letzte Rate eine höhere Ausgleichsrate mit 30,85 € sein.

Versicherungen und Kraftfahrzeugsteuern

Die **Kraftfahrzeug-Haftpflichtversicherung** sichert Geschädigte finanziell ab und schützt den versicherten Fahrer selbst vor Ansprüchen, wenn durch sein Fahrzeug Personen verletzt oder getötet, Sachen beschädigt oder zerstört werden oder ein Vermögensschaden eintritt.

Die Versicherungsgesellschaft haftet für die vom Fahrer verursachten Schäden bis zu einer vertraglich festgelegten Höhe, meist unbegrenzter Deckungssumme.

Die Versicherungsbeiträge sind vom Fahrzeughalter abhängig und richten sich in erster Linie nach dem Wohnort, der KFZ-Typklasse, der Fahrleistung und der Unterbringung des Fahrzeugs.

Kaskoversicherungen kommen im Gegensatz zur Kfz-Haftpflichtversicherung für Schäden am eigenen Fahrzeug auf. Als Fahrzeughalter ist man nicht zum Abschluss einer solchen Versicherung verpflichtet. Man kann die Kaskoversicherung in Teilkaskoversicherung und Vollkaskoversicherung unterteilen.

Jedes Kraftfahrzeug, das für den Verkehr auf öffentlichen Straßen zugelassen ist, wird versteuert. Die **Kraftfahrzeugsteuer** wird nach folgenden Kriterien berechnet: bei Krafträdern und PKW nach dem Hubraum, zusätzlich nach Schadstoffemissionen und Kohlenstoffdioxidemissionen.

Sehr sparsame oder saubere Autos erhalten eine befristete Steuerbefreiung, für besonders umweltbelastende Modelle muss eine höhere Steuer gezahlt werden.

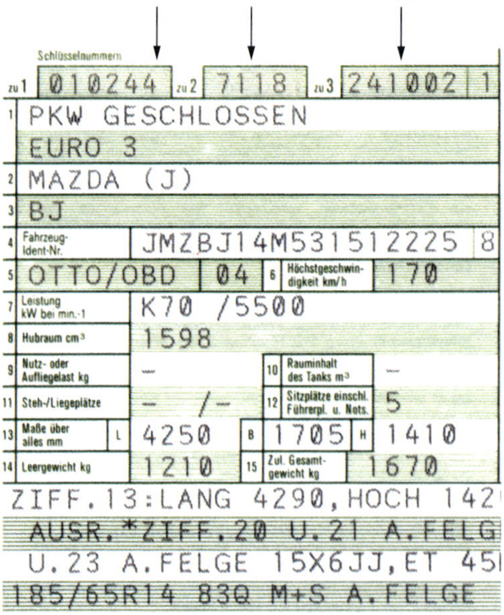

Schlüsselnummern
zu 1 010244 zu 2 7118 zu 3 241002 1
1 PKW GESCHLOSSEN
EURO 3
2 MAZDA (J)
3 BJ
4 Fahrzeug-Ident-Nr. JMZBJ14M531512225 8
5 OTTO/OBD 04 6 Höchstgeschwindigkeit km/h 170
7 Leistung kW bei min.-1 K70 /5500
8 Hubraum cm³ 1598
9 Nutz- oder Aufliegelast kg — 10 Rauminhalt des Tanks m³ —
11 Steh-/Liegeplätze — /— 12 Sitzplätze einschl. Führerpl. u. Nots. 5
13 Maße über alles mm L 4250 B 1705 H 1410
14 Leergewicht kg 1210 15 Zul. Gesamtgewicht kg 1670
ZIFF.13:LANG 4290,HOCH 142
AUSR.*ZIFF.20 U.21 A.FELG
U.23 A.FELGE 15X6JJ,ET 45
185/65R14 83Q M+S A.FELGE

Ausschnitt aus einem Fahrzeugschein

Beitragssätze einer Versicherung
– Schadenfreiheitsklassen –

in Klasse	Haftpflichtversicherung in Prozent	Vollkaskoversicherung in Prozent
SF 12	40	45
SF 11	45	45
SF 10	45	50
SF 9	45	50
SF 8	50	55
SF 7	50	60
SF 6	55	60
SF 5	55	65
SF 4	60	70
SF 3	70	80
SF 2	85	85
SF 1	100	100
SF 1/2	140	115
S	155	–
0	230	125

Aufgaben

Währungen

1. Der Umrechnungskurs unterliegt Kursschwankungen (Dollar/Euro).

1. Tag	2. Tag	3. Tag	4. Tag	5. Tag
0,8085	0,8100	0,8105	0,8115	0,8050

a) Wie viel Euro muss man am 4. Tag bezahlen, um bei einer Gebühr von 1,2 % 1500 Dollar zu erwerben?
b) Stelle die Kursschwankungen in einem geeigneten Diagramm dar!
c) Berechne den Mittelwert der fünf Tage!

2. Herr Heftig kauft 1200 GBP (britische Pfund) für den geplanten Urlaub, kann die Reise aber nicht antreten und verkauft den erworbenen Betrag drei Tage später wieder. Dafür muss er eine Gebühr von 1,5 % zahlen.

Tageskurs	1. Tag	2. Tag	3. Tag	4. Tag	5. Tag
Verkauf	1,5425	1,5405	1,5500	1,5405	1,5475
Ankauf	1,4485	1,4480	1,4555	1,4490	1,4480

a) Wie viel Euro muss man am 1. Tag bezahlen, um bei einer Gebühr von 1,3 % 1200 GBP zu erwerben?
b) Stelle die Kursschwankungen in einem geeigneten Diagramm dar!
c) Wie viel Euro erhält Herr Heftig, wenn er die 1200 GBP am 4. Tag zurücktauscht?

3. Rechne jeweils den Währungsbetrag in Euro um! Nutze dazu die Übersicht von Seite 137 und berücksichtige An- oder Verkaufskurs!

a) Ankauf von 100 DKK
b) Ankauf von 200 JPY
c) Ankauf von 15 USD
d) Verkauf von 100 SEK
e) Verkauf von 400 GBP
f) Verkauf von 250 NOK
g) Ankauf von 750 CNY
h) Verkauf von 360 JPY
i) Ankauf von 78 USD

4. Susen fährt im Rahmen des Schüleraustausches mit der Partnerschule nach Dänemark. Für den Besuch kultureller Veranstaltungen werden von jedem Schüler 220 DKK eingesammelt. Berechne, wie viel Euro Susen beim Geldwechsel zahlen muss!

5. Peter erhält von seinen Verwandten aus Schweden zum Geburtstag 500 SEK. Berechne, wie viel Euro Peter bei einer Wechselstelle dafür bekommt, wenn noch 2,5 % Wechselgebühren anfallen!

6. Der Vertreter einer Firma will für eine Geschäftsreise nach Dänemark 300 DKK eintauschen. Berechne, wie viel Euro er dafür bezahlen muss, wenn noch 1,5 % Wechselgebühren anfallen!

7. Ein Tourist aus Japan möchte sich in einem Kaufhaus eine Lederjacke für 399 € kaufen. Berechne, wie viel Yen er dafür in der Wechselstelle tauschen muss!

8. Ein ausländischer Gast begleicht seine Hotelrechnung über 276,80 € mit schwedischen Kronen. Berechne, wie viel schwedische Kronen er zu zahlen hat!

Lohnberechnungen

9. Christian erhält im 3. Lehrjahr einen Bruttolohn von 671,80 €. Ihm werden davon 30,1 % abgezogen. Berechne, wie viel Euro Christian ausgezahlt werden!

10. Frau Schnitzer (Steuerklasse 2) verdient 1 889,50 € brutto im Monat. Berechne, wie viel Lohn ihr ausgezahlt wird, wenn die Sozialversicherungsbeiträge 40,8 % betragen! Berücksichtige auch die Lohnsteuer!

11. Herr Scholz hat ein Bruttogehalt von 2 156,20 €. Berechne die Höhe der einzelnen Sozialversicherungsbeiträge, wenn der Beitrag für die Krankenversicherung 14,4 % ist!

12. Frau Meiner hat ein monatliches Bruttogehalt von 1 545,65 €. Berechne unter Berücksichtigung des Beitragssatzes von 13,4 % zur Krankenversicherung die Höhe der einzelnen Abzüge zu den Versicherungsbeiträgen!

13. Frau Müller (Steuerklasse 1) erhielt im November einen Bruttolohn von 1 325,80 €.
Berechne jeweils die entsprechenden Abzüge (Krankenversicherung 13,5 %) und den sich daraus ergebenen Nettolohn, wenn sie keine Kirchensteuer zahlen muss!

14. Ein verheirateter Mann (Steuerklasse 4) erhält einen Bruttolohn von 2 689,90 € und ist mit 8 % kirchensteuerpflichtig. Erstelle eine Gehaltsabrechnung, aus der die Höhe der einzelnen Abzüge hervorgehen, wenn der Krankenversicherungsbeitrag 13,8 % beträgt!

15. Die Sachbearbeiterin der Firma „Fix & Clean“ erhält einen monatlichen Bruttolohn von 1 175,20 €. Berechne den Lohn, den die Sachbearbeiterin ausgezahlt bekommt, wenn sie Steuerklasse 1 hat und der Beitragssatz zur Krankenversicherung 13,7 % beträgt!

16. Berechne den Nettolohn von Frau Tanner (Steuerklasse 4), wenn sie einen Bruttolohn von 1 298,64 € hat, kirchensteuerpflichtig ist und 14,1 % Krankenversicherung zahlt!

17. Herr Schneider (Steuerklasse 3) hat monatlich 2 312,50 € als Bruttolohn. Der Beitrag zu seiner Krankenversicherung beträgt zurzeit 14,5 %. Er überlegt, ob er den Krankenversicherungsträger wechseln sollte. Es liegen ihm verschiedene Angebote vor, das günstigste Angebot liegt bei einem Betragsatz von 12,9 %. Berechne, wie viel Euro er monatlich spart, wenn er zum günstigeren Versicherungsträger wechselt!

Preiskalkulation

18. Die Herstellerfirma von Waschmaschinen und Wäschetrocknern bietet einem Großhändler Wäschetrockner für 170 € abzüglich 14 % Rabatt an. Bei Zahlung innerhalb von 14 Tagen dürfen zusätzlich noch 3 % Skonto berücksichtigt werden.
Berechne, wie viel Euro der Bezugspreis für den Wäschetrockner beträgt!

19. Der Einkaufspreis eines CD-Players beträgt 73,50 €. Berechne, welchen Bezugspreis der CD-Player hat, wenn bei der Bestellung eines Paketes mit 25 Stück 47,50 € an Frachtkosten anfallen und 11 % Mengenrabatt gewährt werden!

20. Die Geschäftsführerin eines Friseursalons kalkuliert den Kauf einer Trockenhaube mit folgenden Werten: Stammkundenrabatt 12 %, Skonto 2 %, Frachtkosten 7,60 € und Frachtversicherung 3,50 €. Berechne, wie viel Euro der Bezugspreis beträgt, wenn der Einkaufspreis der Trockenhaube 212,80 € ist!

21. Einem Geschäftsführer liegen folgende Angebote vor:
Angebot 1: Stückpreis 109,80 €, Frachtkosten 3,50 € je Stück, 12 % Rabatt, 3 % Skonto bei Zahlung innerhalb von 14 Tagen
Angebot 2: Stückpreis 102,40 €, frachtfrei, 8 % Mengenrabatt
Berechne, wie viel Euro der Geschäftsführer beim Einkauf von 35 Stück spart, wenn er das günstigere Angebot für seine Bestellung nutzt!

22. Ein Hersteller bietet seine Fernseher der Reihe FF 2002 zu einem Preis von 289,00 € an. Bei der Bestellung von mindestens 10 Stück erhält man einen Mengenrabatt von 17 % und bei Zahlung innerhalb von 14 Tagen 2 % Skonto. Berechne den Bezugspreis und den Selbstkostenpreis, wenn mit 15 % Geschäftskosten kalkuliert wird und 12 Geräte bestellt werden!

23. Der Bezugspreis einer Ware beträgt 6 512,30 €. Es wird mit 30 % Geschäftskosten und 12,5 % Gewinn kalkuliert. Berechne den Nettoverkaufspreis!

24. Ein Kaufhaus bestellt 300 Skianzüge zu je 52 €. Die Herstellerfirma gibt 15 % Mengenrabatt und 3 % Skonto. Für die Lieferung der Ware müssen 18,20 € gezahlt werden.
Berechne den Nettoverkaufspreis pro Skianzug, wenn mit 20 % Geschäftskosten und 18 % Gewinn kalkuliert wird!

25. Der Besitzer eines Lederfachgeschäftes kauft bei einem Großhändler braune Aktenkoffer für 52,50 €. Berechne, für wie viel Euro ein Aktenkoffer verkauft werden soll, wenn er mit 30 % Geschäftskosten, 20 % Gewinn und 19 % Mehrwertsteuer kalkulieren muss!

26. Eine Supermarktkette bezieht 12 000 Gläser Lindenblütenhonig zum Preis von 1,15 € je Glas. Die Lieferfirma gewährt 33 % Mengenrabatt und 2 % Skonto.
a) Berechne den Verkaufspreis für ein Glas Lindenblütenhonig, wenn die Supermarktkette mit 18 % Geschäftskosten, 15 % Gewinn und mit 7 % Mehrwertsteuer kalkuliert!
b) Berechne den Gewinn, den die Supermarktkette beim Verkauf aller 12 000 Gläser macht!

27. Der Geschäftsführer eines Elektrofachgeschäftes kauft bei einem Großhandel für seine vier Filialen 20 Kühlschränke zu je 237 €. Vom Großhändler erhält er 12 % Rabatt und bei Zahlung innerhalb von 14 Tagen 2 % Skonto. Berechne den Verkaufspreis eines Kühlschrankes, wenn der Geschäftsführer mit 22 % Geschäftskosten, 25 % Gewinn kalkuliert und 19 % Mehrwertsteuer berücksichtigt!

Ratenzahlung

28. Ein Geschäftsführerin muss sich eine neue Bürokasse kaufen. Den Preis von 990 € zahlt sie in neun Raten bei einem Zinssatz von 0,65 % p.m. Die Bearbeitungsgebühr wird ihr erlassen. Berechne die monatliche Rate, die sie zahlen muss!

29. Annalena will sich für 589 € eine neue Stereoanlage kaufen. Sie beabsichtigt, den Preis in 15 Raten zu zahlen. Dafür werden ihr Zinsen mit einem Zinssatz von 0,63 % p.m. und eine Bearbeitungsgebühr von 2 % berechnet. Berechne die monatliche Rate!

30. In der Tabelle sind verschiedene Finanzierungsbeispiele angegeben.
Übernimm die Tabelle in dein Heft und ergänze!

Zinssatz p % p.m.	0,60 %	0,77 %	0,65 %	0,58 %	0,52 %
Laufzeit in Monaten	24	12	9	36	120
Kreditbetrag K in €	3 500,00	1 800,00	7 800,00	3 200,00	120 000
Bearbeitungsgebühr	keine	2 %	1 %	2 %	1 %
Zinsen für 1 Monat					
Zinsen für die Laufzeit					
Summe der Kreditkosten					
erste Rate					
weitere Raten					

31. Herr Hasler hat durch einen Autokauf sein Konto um 2 380 € überzogen. Da der Zinssatz des Überziehungskredits sehr hoch ist, beabsichtigt er, für neun Monate einen Kredit zu einem Zinssatz von 0,70 % p.m. aufzunehmen. Berechne die monatliche Rate, die Herr Hasler zahlen muss, wenn das Geldinstitut 1 % Bearbeitungsgebühr berechnet!

32. Eine Textilfirma muss sich vier neue Maschinen für insgesamt 23 780 € kaufen. Ein Geldinstitut bietet einen Kredit mit einem Zinssatz von 0,58 % p.m. über 24 Monate Laufzeit an. Berechne die monatliche Rate, wenn eine Bearbeitungsgebühr von 1 % berechnet wird!

33. Um ihr Bad neu gestalten zu können, muss Familie Tal einen Kredit von 11 800 € aufnehmen. Berechne die monatliche Rate, wenn eine Bearbeitungsgebühr von 1 %, ein Zinssatz von 0,55 % p.m. und eine Laufzeit von 48 Monate vereinbart werden!

34. Familie Wenz will sich neue Wohnzimmermöbel kaufen. Für die benötigten 4 450 € stehen zwei Finanzierungsangebote zur Auswahl.
Angebot 1: Zinssatz: 0,60 % p.m., Bearbeitungsgebühr: 1 %
Angebot 2: Zinssatz: 0,58 % p.m., Bearbeitungsgebühr: 2 %
Für welches Angebot würdest du dich entscheiden, wenn die Laufzeit 36 Monate beträgt? Begründe deine Entscheidung!

Vergleich von Kreditangeboten

35. Die Firma „Schnell wie der Wind“ nimmt für den Kauf neuer Maschinen einen Kredit von 100 000 € mit einem Zinssatz von 0,54 % p.m. und einer Laufzeit von 10 Jahren auf. Es wird eine Bearbeitungsgebühr von 1 % des Kreditbetrages vereinbart.
Berechne den Gesamtkredit!

36. Frau Geiger bestellt sich bei einem Versandhaus Waren im Wert von 600 €. Bei der telefonischen Bestellung vereinbart Frau Geiger Teilzahlung mit 18 Monatsraten bei einem Zinssatz von 0,65 p.m. und einer Bearbeitungsgebühr von 1 %.
Überprüfe, ob das Versandhaus bei der Lieferung der Waren und Zustellung der Rechnung den Zinssatz mit 15,27 % richtig angegeben hat!

37. Familie Walter plant den Kauf einer neuen Küche für insgesamt 12 000 €. Frau Walter lässt sich verschiedene Angebote für die Finanzierung des Kaufes erstellen. Die Bank „Geld ohne Sorgen“ bietet der Familie Walter einen Kredit mit einer Laufzeit von 60 Monaten und einem Zinssatz von 0,69 % p.m.
Durch eine Sonderaktion kann die Bearbeitungsgebühr auf einen Pauschalbetrag von 50 € festgelegt werden. Eine andere Bank bietet eine Finanzierung mit einem Effektivzinssatz von 7,5 % p.a. an.
Entscheide und begründe, welches Angebot du annehmen würdest!

38. Daniel hat einen Traum, den er sich nach abgeschlossener Lehre erfüllen möchte: … ein kleines, aber flottes Motorrad.
Schon frühzeitig informiert er sich, was ihn dieser Wunsch kosten könnte.

Bei einem Motorradhändler erhält er ein gutes Angebot:

eine gut erhaltene, gebrauchte Maschine	3200,00 €
Motorradanzug	134,95 €
Integralhelm	99,00 €
Motorradhandschuhe	29,95 €

Nimmt er alles als Paket, räumt ihm der Händler einen Rabatt von 12% ein. Er kann selbst 1 800 € aufbringen, Versicherung und Steuern schenken ihm seine Eltern zum erfolgreichen Abschluss der Lehre.

a) Um das Motorrad bezahlen zu können, nimmt er einen Kredit zu folgenden Konditionen auf:
Kreditsumme: Restbetrag, aufgerundet auf volle 100 €
monatlicher Zinssatz: 0,75 %
Bearbeitungsgebühr: 1,5 %
Laufzeit: 18 Monate
Was kostet der Kredit? Wie hoch sind die Raten im ersten Monat und in den folgenden Monaten? Wie groß ist der effektive Jahreszins?
b) Seine Eltern und er vergleichen mehrere Versicherungen. Eine günstige Versicherung verlangt einen Tarifbetrag von 156,80 €. Da Daniel Fahranfänger ist, muss er einen Zuschlag für Anfänger zahlen: 125 % des Tarifbetrags.
Wie hoch ist der jährliche Beitrag zur Haftpflicht?
c) Die Haftpflicht soll vierteljährlich gezahlt werden, der dafür fällige Vierteljahreszuschlag beträgt 3,9 %. Wie hoch ist dieser?
d) Daniel fährt ein halbes Jahr unfallfrei, er wird in die Schadenfreiheitsklasse SF 1/2, 75 % des Tarifbetrags, eingestuft. Wie viel Euro muss jetzt im Vierteljahr bezahlt werden?

4.3 Teilkörper und zusammengesetzte Körper

Gegenstände unserer realen Welt haben selten die Form eines der elementaren geometrischen Körper Prisma, Zylinder, Pyramide, Kegel oder Kugel. Wir können sie uns aber häufig aus solchen Körpern zusammengesetzt bzw. durch Zerlegung dieser Körper entstanden denken.

Interessante Beispiele für zusammengesetzte Körper sind in der Architektur zu finden. Zur Berechnung des Volumens dieser Körper muss man sie in elementare Körper zerlegen bzw. zu elementaren Körpern ergänzen können.

Zerlegen von zusammengesetzten Körpern

Körper können aus elementaren Körpern zusammengesetzt sein. Das Volumen des zusammengesetzten Körpers ergibt sich dann aus der Summe der Rauminhalte der einzelnen Körper.

B Ein Walmdach hat eine Breite von 10,5 m, eine Tiefe von 8,0 m, eine Firsthöhe von 4,0 m und eine Firstlänge von 3,5 m.

Berechne das Dachvolumen!

Lösungsidee:
Das Walmdach kann man durch zwei parallele Schnitte in ein liegendes dreiseitiges Prisma mit der Höhe 3,5 m und zwei vierseitige Pyramiden mit der Höhe 4,0 m zerlegen.

Lösung:

$$V = 2 \cdot V_{Pyramide} + V_{Prisma}$$

$$V_{Pyramide} = \frac{1}{3} \cdot A_G \cdot h$$

$$V_{Pyramide} = \frac{1}{3} \cdot 3{,}5 \cdot 8{,}0 \cdot 4{,}0 \text{ m}^3 = 37{,}3 \text{ m}^3$$

$$V_{Prisma} = A_G \cdot h$$

$$V_{Prisma} = \frac{1}{2} \cdot 8{,}0 \cdot 4{,}0 \cdot 3{,}5 \text{ m}^3 = 56 \text{ m}^3$$

$$V = 2 \cdot 37{,}3 \text{ m}^3 + 56 \text{ m}^3 \approx 130 \text{ m}^3$$

Skizze:

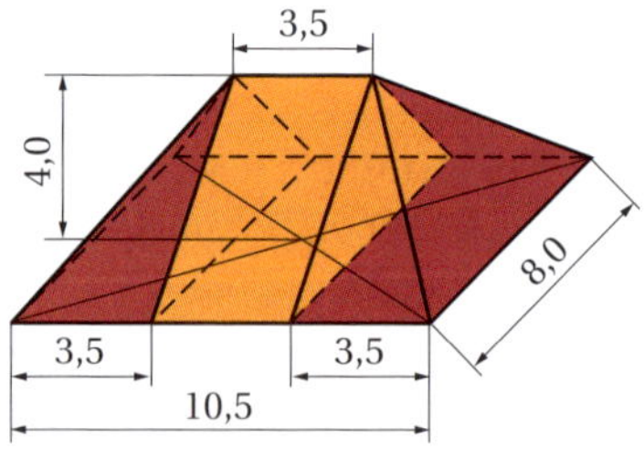

Maße in Meter

Markiere in der Skizze die Teilkörper!
Notiere die Formeln für die Teilkörper!
Beschrifte die Skizze mit allen Maßen, die du zur Rechnung benötigst!
Entnimm die Werte der Größen direkt aus der Skizze!
Achte auf gleiche Einheiten aller Maße und auf sinnvolle Genauigkeit!

Ergänzen von Körpern

Einige Körper können auch durch elementare Körper zu einem anderen elementaren Körper ergänzt werden. Das Volumen des Ausgangskörpers ist dann die Differenz der Rauminhalte des ergänzten Körpers und des Ergänzungskörpers.

B

Ein Werkstück aus Stahl (Dichte: $\rho = 7{,}8\ \frac{g}{cm^3}$) mit den im folgenden Bild angegebenen Maßen besitzt zwei Bohrungen mit einem Durchmesser von je 40 mm.
Berechne die Masse des Werkstücks!

Lösungsidee:
Die Masse m des Werkstücks ergibt sich aus seinem Volumen V und der Dichte von Stahl.
Zur Berechnung von V kann der Körper durch zwei Zylinder zu einem Quader *ergänzt* werden.

Lösung:

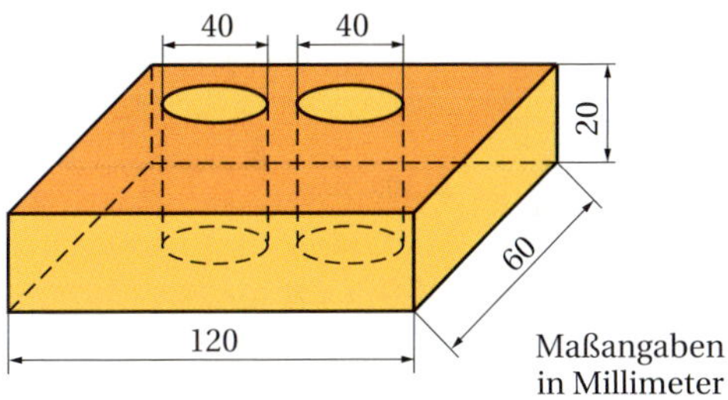

$$V_{Werkstück} = V_{Quader} - 2 \cdot V_{Zylinder}$$

$$V_{Quader} = a \cdot b \cdot c$$

$$V_{Quader} = 120 \cdot 60 \cdot 20\ mm^3 = 144\,000\ mm^3$$

$$V_{Zylinder} = \pi \cdot r^2 \cdot h$$

$$V_{Zylinder} = \pi \cdot 20^2 \cdot 20\ mm^3 \approx 25\,100\ mm^3$$

$$V = 144\,000\ mm^3 - 2 \cdot 25\,100\ mm^3 = 93\,800\ mm^3 = 93{,}8\ cm^3$$

$$m = \rho \cdot V = 7{,}8\ \frac{g}{cm^3} \cdot 93{,}8\ cm^3 \approx 730\ g$$

Berechne den *Oberflächeninhalt* von zusammengesetzten Körpern oder von Teilkörpern direkt als Summe der Inhalte aller Begrenzungsflächen. Bilde nicht die Summe oder die Differenz der Oberflächeninhalte der einzelnen elementaren Körper.

B

Für das abgebildete Werkstück mit den angegebenen Maßen soll der Oberflächeninhalt berechnet werden! (Maße in Millimeter)

Lösungsidee:
Alle Begrenzungsflächen sind Rechtecke bzw. können in Rechtecke zerlegt werden.

$$A_{Rechteck} = a \cdot b$$

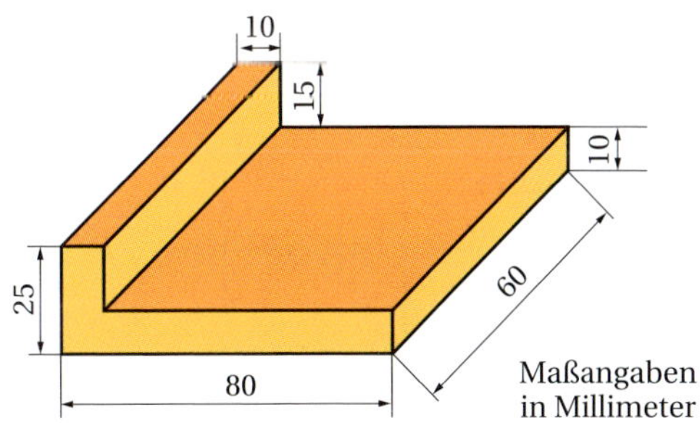

Lösung:

$$A_O = (2 \cdot 70 \cdot 10 + 2 \cdot 10 \cdot 25 + 60 \cdot 10 + 60 \cdot 70 + 60 \cdot 15 + 60 \cdot 10 + 60 \cdot 25 + 60 \cdot 80)\ mm^2$$

$$A_O = 14\,500\ mm^2 = 145\ cm^2$$

Zerlege die Flächen in der Skizze und zeichne die Maße aller benötigten Teilstrecken ein!
Gehe systematisch vor, damit du keine Fläche vergisst!
Rechne geschickt und beachte, dass Flächen doppelt vorkommen können!
Achte auf gleiche Einheiten aller Größen!

Pyramidenstumpf und Kegelstumpf

Wird eine Pyramide bzw. ein Kegel parallel zur Grundfläche durch eine Ebene geschnitten, so entstehen zwei Körper, ein **Pyramidenstumpf** bzw. ein **Kegelstumpf** sowie eine Ergänzungspyramide bzw. ein Ergänzungskegel.

Da viele Gegenstände oder Teile von Gegenständen die Form eines Pyramiden- oder Kegelstumpfes haben, gibt es spezielle Formeln für das Volumen und den Oberflächeninhalt dieser Teilkörper.

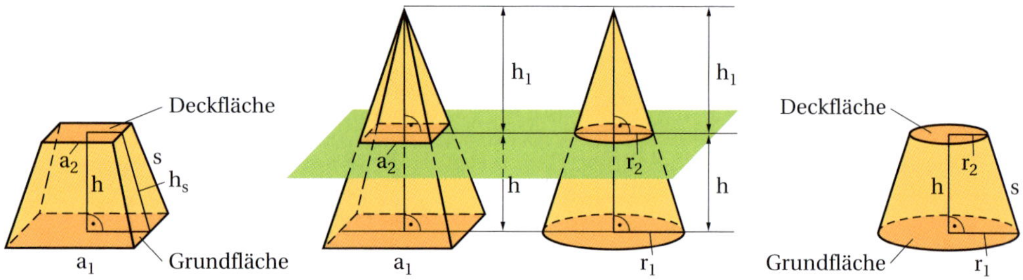

Quadratische Pyramidenstümpfe haben als Grund- und Deckfläche Quadrate.
Ihr Flächeninhalt beträgt:

$A_G = a_1^2$ und $A_D = a_2^2$

Der Mantel besteht aus vier zueinander kongruenten Trapezen mit dem Flächeninhalt:

$A_M = 4 \cdot \frac{1}{2} \cdot (a_1 + a_2) \cdot h_s$

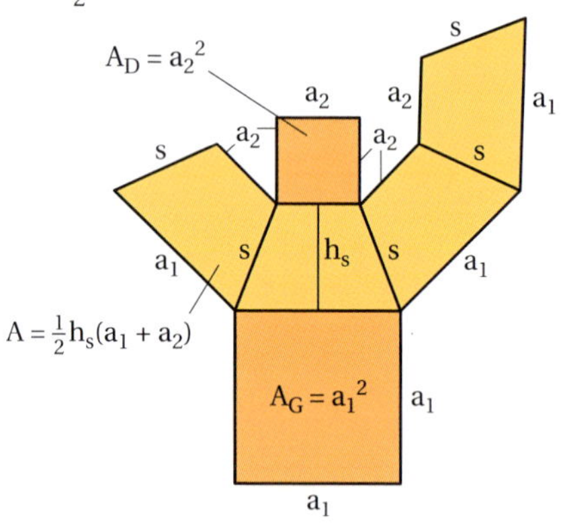

Kreisförmige Kegelstümpfe haben als Grund- und Deckfläche Kreise und als Mantel eine gekrümmte Seitenfläche.

Der Mantelflächeninhalt eines Kegelstumpfes ergibt sich aus der Differenz der Mantelflächeninhalte des großen und des kleinen Kegels.

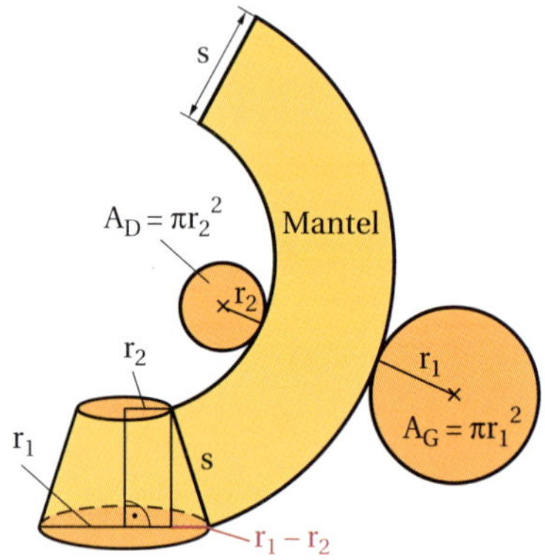

Für den **Mantelflächeninhalt A_M** und den **Oberflächeninhalt A_O** eines quadratischen Pyramidenstumpfes mit den Grundkantenlängen a_1 und a_2 und der Seitenhöhe h_s gilt:

$A_M = 2(a_1 + a_2)h_s$

$A_O = a_1^2 + 2(a_1 + a_2)h_s + a_2^2$

Für den **Mantelflächeninhalt A_M** und den **Oberflächeninhalt A_O** eines Kreiskegelstumpfes mit den Radien r_1 und r_2 und der Mantellinie s gilt:

$A_M = \pi s(r_1 + r_2)$

$A_O = \pi(r_1^2 + s(r_1 + r_2) + r_2^2)$

Das Volumen eines Körperstumpfes kann als Differenz aus den Rauminhalten des ursprünglichen Körpers und des Ergänzungskörpers berechnet werden. Der jeweilige Ergänzungskörper und der ursprüngliche Körper sowie die Grund- und Deckfläche eines Stumpfes sind zueinander ähnlich.

M

Für das **Volumen V eines quadratischen Pyramidenstumpfes** mit den Grundkanten a_1 und a_2 und der Höhe h gilt:

$V = \frac{1}{3}\, h\,(a_1^2 + a_1\, a_2 + a_2^2)$

Für das **Volumen V eines Kreiskegelstumpfes** mit den Radien r_1 und r_2 und der Höhe h gilt:

$V = \frac{1}{3}\, \pi\, h\,(r_1^2 + r_1\, r_2 + r_2^2)$

Aufgaben

Zerlegen und Ergänzen von Körpern

1. Beschreibe die Form folgender Gegenstände als eine Zusammensetzung aus den elementaren geometrischen Körpern Würfel, Quader, Prisma, Zylinder, Pyramide, Kegel oder Kugel!

a) 

b) 

c) 

d) 

2. Skizziere drei verschiedene Körper im Schrägbild, die aus zwei oder mehreren der abgebildeten Körper zusammengesetzt sind!

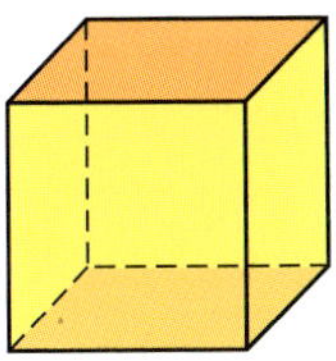

Würfel

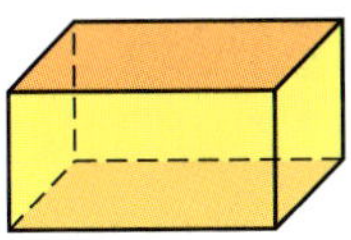

Quader

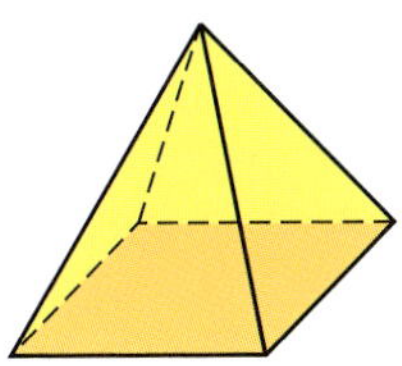

Pyramide

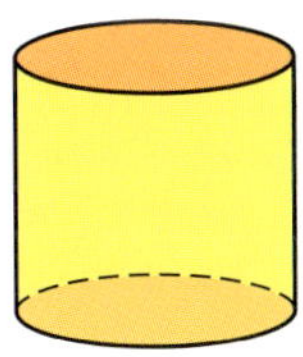

Zylinder

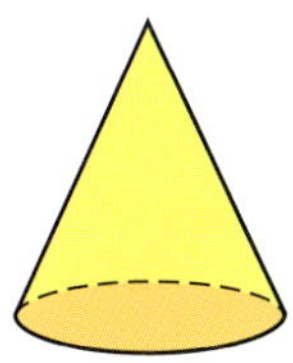

Kegel

3. Durch welche elementaren Körper können die folgenden Werkstücke zu einem elementaren Körper *ergänzt* werden?

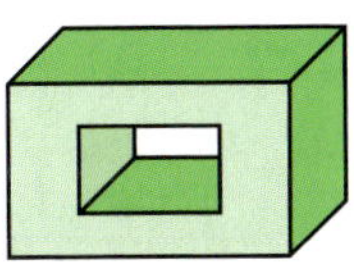

Rechteckdurchbruch

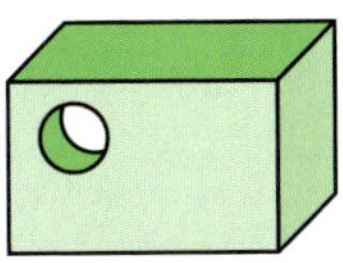

Bohrung

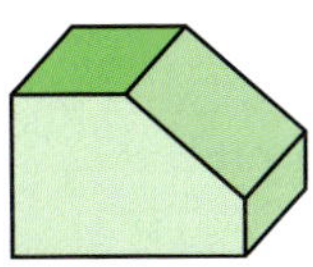

Abschrägung

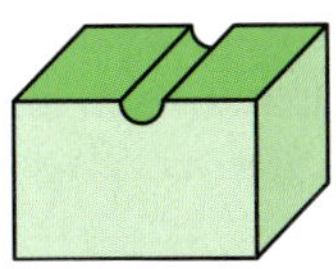

Rille

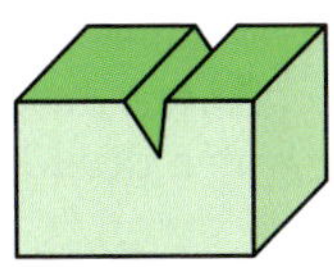

Kerbe

4. Aus einem Quader sind die abgebildeten Körper entfernt worden.
Skizziere ein Schrägbild eines *möglichen Restkörpers!*

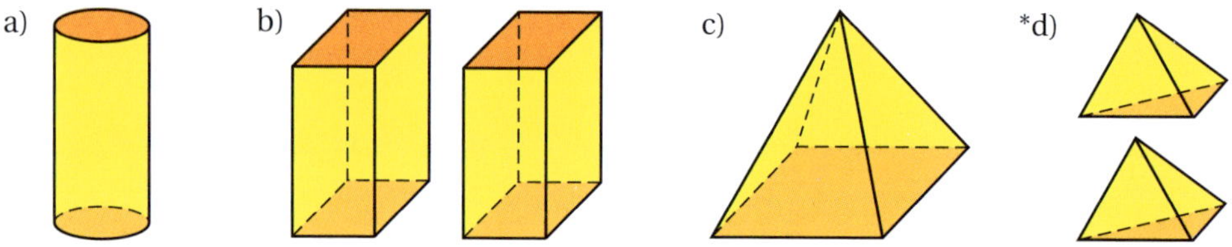

5. Die folgenden Körper sind aus einem Würfel entstanden. Skizziere jeweils das Zweitafelbild!

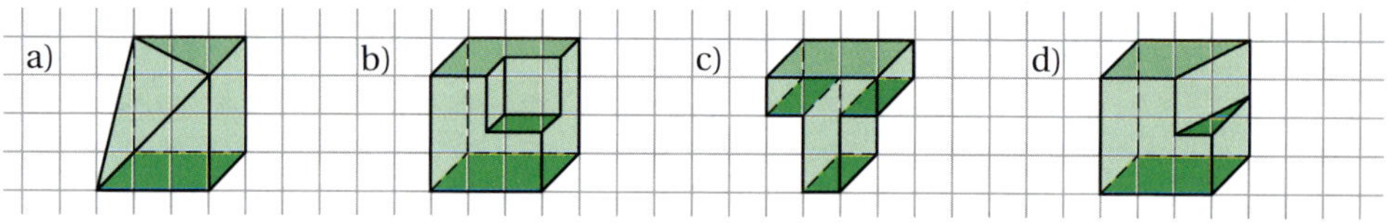

6. Berechne Volumen und Oberflächeninhalt des im Schrägbild dargestellten Körpers!

Gegeben: a = 6,0 cm
b = 5,0 cm
c = 1,5 cm
d = 2,0 cm
e = 1,5 cm

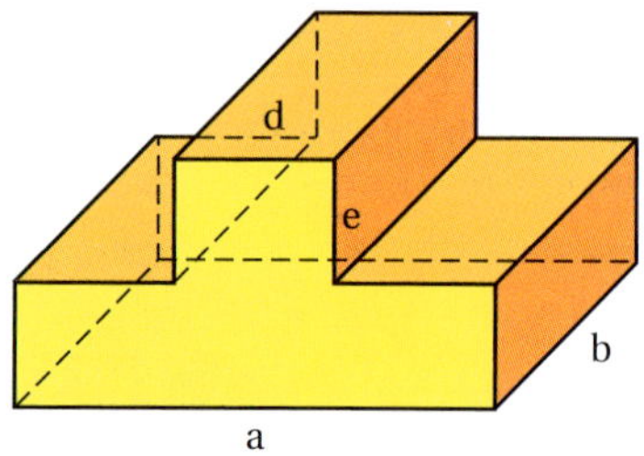

Skizze nicht maßstäblich

7. Ermittle Volumen und Oberflächeninhalt des im Zweitafelbild dargestellten Körpers von Abbildung ①!
Entnimm die Maße der Zeichnung!

8. Der 8 cm hohe Deckel einer Geschenkverpackung soll außen und innen mit farbigem Papier bezogen werden.
Wie viel Quadratzentimeter Papier sind mindestens notwendig?
Die nebenstehende Abbildung ② zeigt den Grundriss des Deckels.

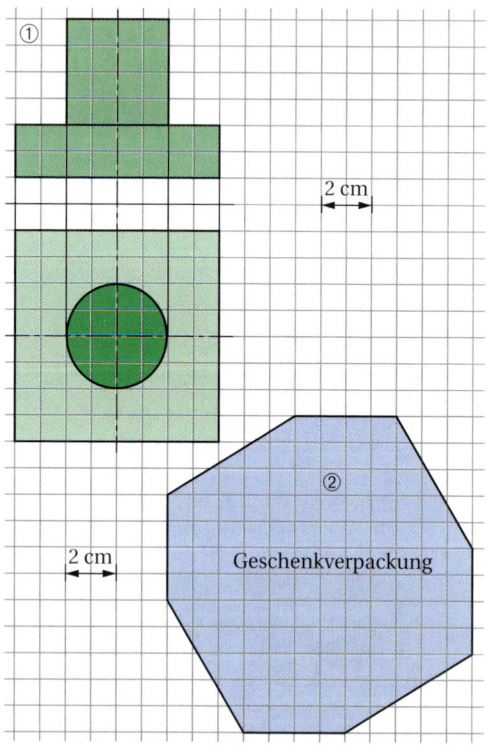

9. Berechne das Volumen des abgebildeten Körpers! Er hat folgende Maße:

$\overline{AB} = \overline{CD} = 80$ mm

$\overline{AD} = \overline{BC} = \overline{FG} = \overline{EH} = 55$ mm

$\overline{AE} = \overline{DH} = 40$ mm

Die Fläche EFGH ist quadratisch. Die Bohrung liegt genau in der Mitte der Fläche und hat einen Durchmesser von 18 mm.

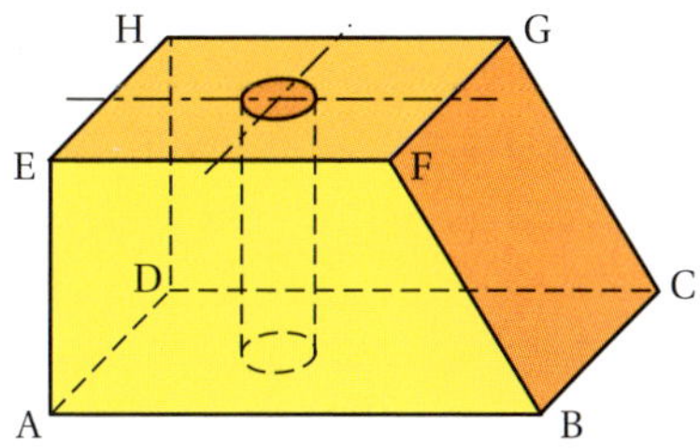

10. Berechne die Masse des nebenstehenden Werkstücks, wenn es aus Stahl (bzw. aus Buchenholz) ist!
Verwende deine Formelsammlung, wenn du Formeln bzw. Dichten benötigst!
- Maßangaben in Zentimeter
- Skizze nicht maßstäblich

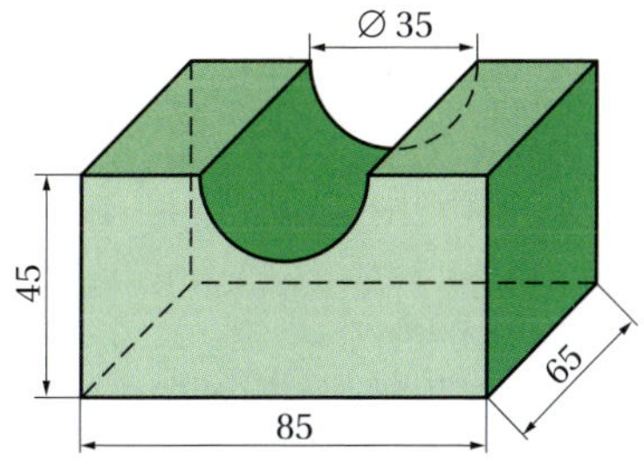

11. In einen Würfel mit der Kantenlänge von 0,7 dm wurden vier halbkugelförmige Hohlräume mit jeweils einem Durchmesser von 0,3 dm gefräst, deren Mittelpunkte in den Schnittpunkten der Diagonalen der Seitenflächen liegen.

a) Stelle das Werkstück in senkrechter Zweitafelprojektion dar!
b) Wie groß ist der prozentuale Abfall, der bei der Herstellung des Werkstücks entsteht?
c) Auf wie viel Prozent erhöht sich der Abfall, wenn die Hohlräume auf allen sechs Seiten des Würfels gefräst werden?
d) Welche Masse hat das Werkstück mit den vier gefrästen Hohlräumen, wenn es aus Fichtenholz (Dichte: $\rho = 0{,}5\ \frac{g}{cm^3}$) angefertigt wird?

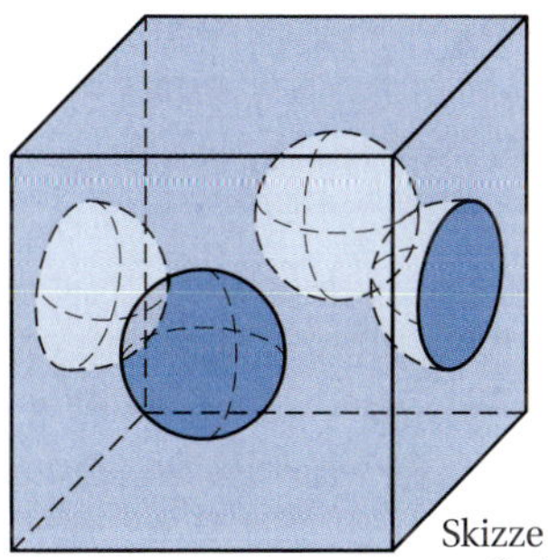
Skizze nicht maßstäblich

12. Zeichne je ein Schrägbild folgender Körper!

a) Würfel (Kantenlänge: 5 cm) mit aufgesetzter Pyramide (gleiche Grundfläche; Höhe: 3 cm)
b) Zylinder (Durchmesser und Höhe: je 5 cm) mit aufgesetztem Kegel (Höhe: 5 cm)
c) Haus mit Walmdach im geeigneten Maßstab (Haus – Breite: 12 m, Tiefe: 8 m, Höhe: 5 m; Dach – Firsthöhe: 5 m, Firstlänge: 6 m)

13. Konstruiere je ein Zweitafelbild der abgebildeten Körper!

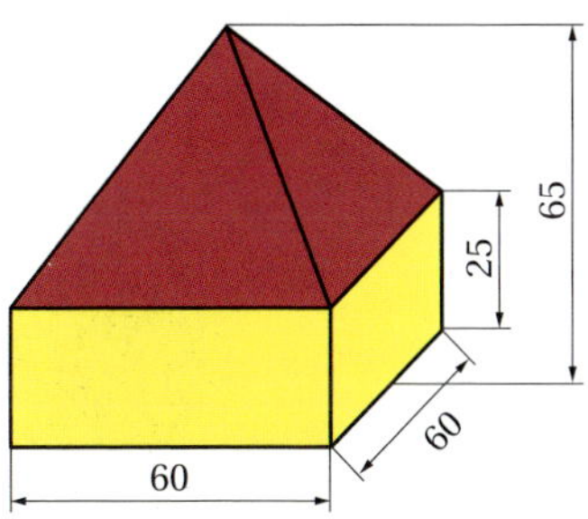

Maßangaben in Millimeter

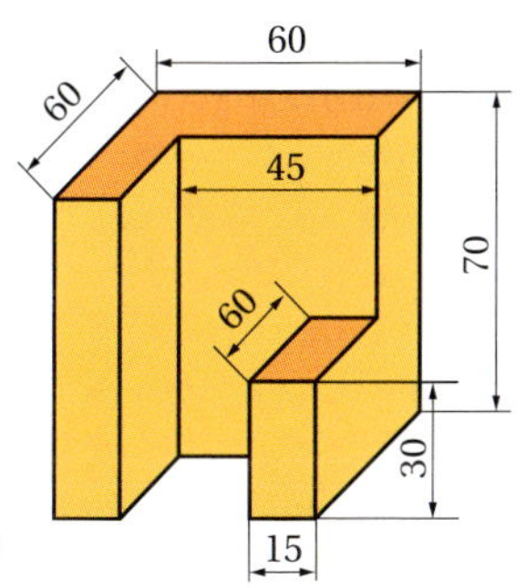

14. Berechne Volumen V und Oberflächeninhalt A_O der abgebildeten Körper!
(Maßangaben in Zentimeter)

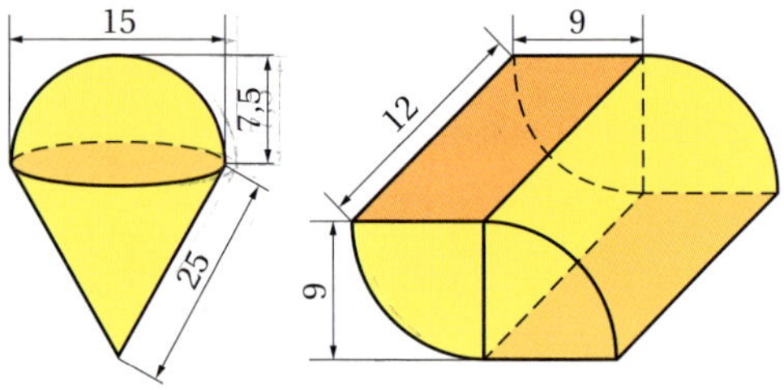

15. Vergleiche die Volumina der beiden abgebildeten Körper (Quader mit durchgebohrtem Zylinder und Zylinder mit durchgebohrtem Quader)!
Schätze vorher!
(Maßangaben in Zentimeter)

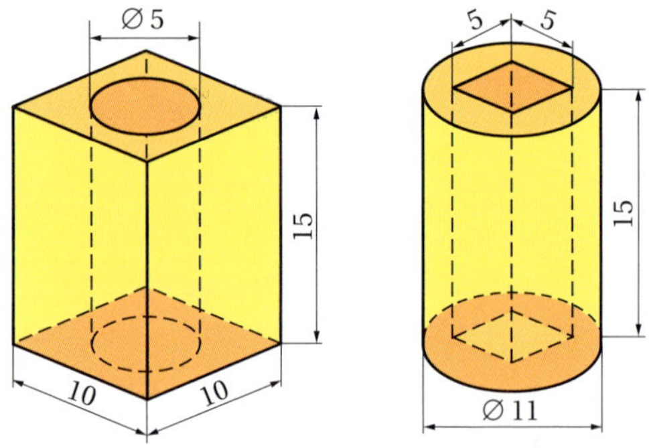

16. Ein Betonsockel (Dichte: $\rho = 2{,}4\ \frac{g}{cm^3}$) hat die Form eines Quaders mit aufgesetztem Halbzylinder.
Berechne seine Masse!

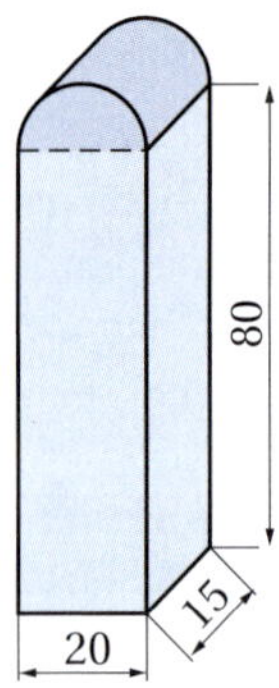

Maßangaben in Zentimeter

17. Ein Walmdach mit a = 16,0 m; b = 7,5 m; f = 6,0 m und h = 5,5 m soll gedeckt werden.
a) Wie viel Quadratmeter Dachziegel werden benötigt?
b) Berechne das Volumen des Dachraumes!

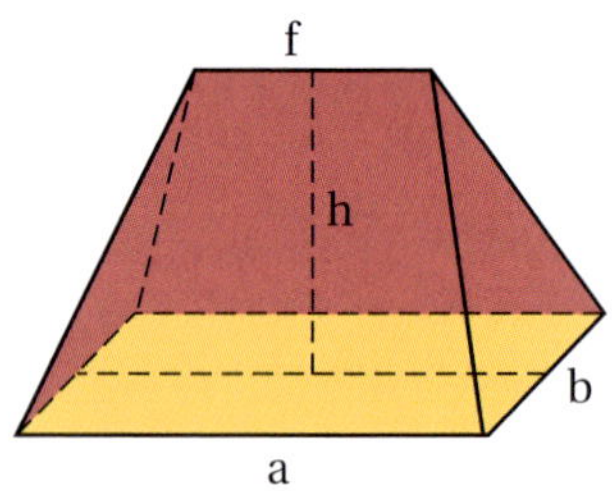

18. Karl und Paul überlegen, wie viel Kubikmeter Holz in einem gefällten Baumstamm enthalten sind. Sie wollen mithilfe der Volumenformel für einen Zylinder einen Näherungswert berechnen.
Der Stamm ist 25,00 m lang, seine Durchmesser an den beiden Enden betragen $d_1 = 0{,}80$ m und $d_2 = 0{,}50$ m.
Karl berechnet zuerst den Inhalt von Grund- und Deckfläche und bildet daraus den Mittelwert. Paul bestimmt zuerst das arithmetische Mittel der beiden Radien und ermittelt daraus eine mittlere Querschnittsfläche.
Bewerte die beiden Rechenwege!

$V_{Karl} = \frac{A_G + A_D}{2}\,h \qquad V_{Paul} = \pi \cdot \left(\frac{r_G + r_D}{2}\right)^2 h$

Pyramiden- und Kegelstümpfe

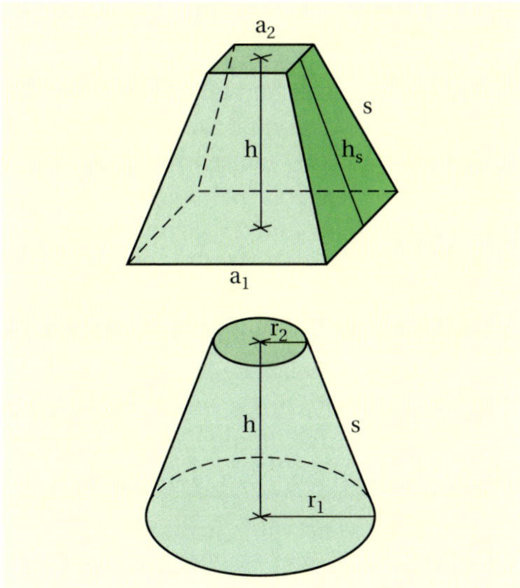

19. Berechne den Inhalt der Mantelfläche A_M und den Oberflächeninhalt A_O der quadratischen Pyramidenstümpfe!

a) $a_1 = 23$ cm; $a_2 = 7$ cm; $h_s = 17$ cm
b) $a_1 = 4{,}4$ cm; $a_2 = 2{,}4$ cm; $h_s = 2{,}6$ cm

20. Berechne das Volumen V der quadratischen Pyramidenstümpfe!

a) $a_1 = 7$ cm; $a_2 = 6$ cm; $h = 9$ cm
b) $a_1 = 10$ cm; $a_2 = 3{,}4$ cm; $h = 58{,}6$ cm

21. Berechne den Inhalt der Mantelfläche A_M und der Oberfläche A_O der Kegelstümpfe!

a) $r_1 = 5$ cm; $r_2 = 2$ cm; $s = 5$ cm
b) $r_1 = 195$ mm; $r_2 = 125$ mm; $h = 240$ mm

22. Berechne das Volumen der Kegelstümpfe!

a) $r_1 = 8$ cm; $r_2 = 3$ cm; $h = 10$ cm
b) $r_1 = 3{,}9$ dm; $r_2 = 3{,}0$ dm; $s = 4{,}1$ dm

23. Berechne das Volumen V, den Inhalt des Mantels A_M und der Oberfläche A_O der quadratischen Pyramidenstümpfe!

a) $a_1 = 3{,}4$ dm; $a_2 = 10$ cm; $h = 3{,}5$ dm
b) $a_1 = 28{,}4$ m; $a_2 = 14{,}0$ m; $h = 154$ dm
c) $a_1 = 5{,}8$ cm; $a_2 = 3{,}0$ cm; $h_s = 5{,}0$ cm
* d) $a_1 = 7{,}3$ cm; $a_2 = 4{,}7$ cm; $s = 5{,}9$ cm

24. Berechne das Volumen V, den Inhalt des Mantels A_M und der Oberfläche A_O der folgenden Kegelstümpfe!

a) $r_1 = 0{,}30$ m; $r_2 = 0{,}25$ m; $h = 0{,}45$ m
b) $r_1 = 34$ mm; $r_2 = 24$ mm; $s = 13$ mm

25. Berechne Volumen V und Oberflächeninhalt A_O der abgebildeten quadratischen Pyramidenstümpfe! (Maßangaben in cm)

a)

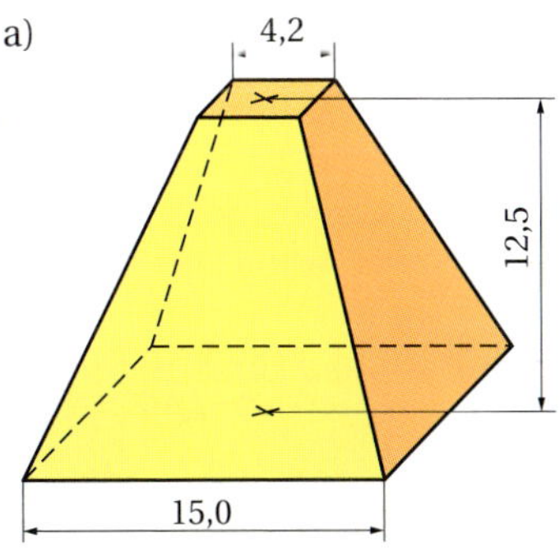

b)

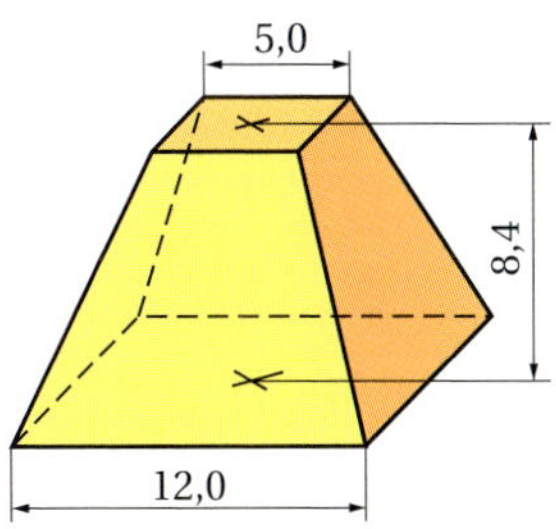

c)

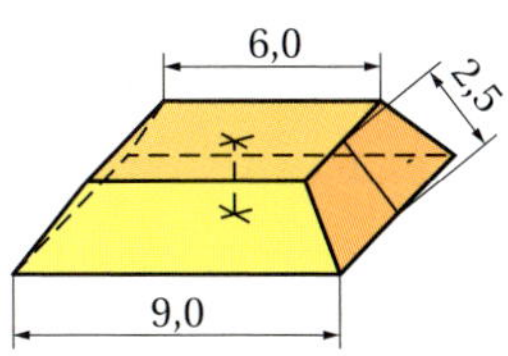

26. Welche Höhe haben quadratische Pyramidenstümpfe bei folgenden Maßangaben?

a) $a_1 = 18$ cm; $a_2 = 12$ cm; $V = 2736\ cm^3$
b) $a_1 = 10$ cm; $a_2 = 4$ cm; $V = 0{,}52\ dm^3$
c) $a_1 = 2{,}5$ m; $a_2 = 15$ dm; $V = 7{,}35\ m^3$
d) $a_1 = 1$ m; $a_2 = 1$dm; $V = 1\ m^3$

27. Ein 12 cm hoher Kegelstumpf mit $r_1 = 15$ cm und $r_2 = 8$ cm ist bei durchgehender Wandstärke von 2 cm innen hohl.
Berechne das Volumen des Kegelstumpfes!

4.4 Gemischte Aufgaben

Zinsen, Rabatt und Skonto

1. Ein Großhändler für Elektroartikel will ein neues Haushaltsgerät in sein Sortiment aufnehmen. Die Lieferfirma macht ihm folgendes Angebot: Einkaufspreis 320 € mit 5 % Rabatt und 2 % Skonto zuzüglich 7,50 € Frachtkosten. Der Großhändler kalkuliert mit 18 % Geschäftskosten und 35 % Gewinn. Berechne den Verkaufspreis bei einer gesetzlichen Mehrwertsteuer von 19 %! Entscheide und begründe, ob der Großhändler diesen Elektroartikel in sein Sortiment aufnehmen soll, wenn aus Konkurrenzgründen das Gerät für nicht mehr als 550 € angeboten werden kann!

2. Bei Messen ist es üblich, die Preise der Artikel nicht nur in Euro, sondern auch in ausländischen Währungen auszupreisen. Gib an, mit welchem Preis ein Artikel im Wert von 37,90 € in dänischen Kronen, in englischen Pfund und in US-Dollar angegeben werden muss!

3. Frau Hansen (Steuerklasse 1) erhielt im Oktober einen Bruttolohn von 1 345,58 €. Berechne jeweils die entsprechenden Abzüge (Krankenversicherung 13,6 %) und den sich daraus ergebenen Nettolohn, wenn sie keine Kirchensteuer zahlen muss!

4. Eine Filmvertriebsfirma verkauft Filme auf DVD für 18,90 € auch in Norwegen, Japan und Schweden. Berechne die jeweiligen Preise in den entsprechenden Währungen!

5. Zu einem Anfangskapital von 2 500 € werden am Jahresanfang 15 Jahre lang jeweils 200 € eingezahlt. Berechne, wie viel Euro nach dieser Zeit auf dem Konto sind, wenn ein Zinssatz von 4,25 % p. a. vereinbart wurde!

6. Eine Abteilungsleiterin fliegt geschäftlich nach Los Angeles und Tokio. Vor Antritt der Reise kauft sie bei der Bank für 1 200 € US-Dollar und für 650 € Yen.
   Informiere dich über die aktuellen Wechselkurse!
   a) Berechne, wie viel US-Dollar und wie viel Yen sie von der Bank erhält!
   b) Als sie von der Reise zurückkehrt, hat sie noch 159,90 US-Dollar und 3 520,60 Yen. Berechne, wie viel Euro sie insgesamt von der Bank bekommt, wenn sie diese zurücktauscht!

7. Eine Firma hat für den Kauf eines Notebooks drei Angebote:
   Angebot 1: 1 550 € bar ohne Abzug
   Angebot 2: 1 580 € mit 3 % Skonto
   Angebot 3: 1 620 € mit 5 % Rabatt.
   Entscheide und begründe, welches Angebot das billigste ist!

8. Ein Spielcomputer wird mit 249 € ausgepreist. Bei Barzahlung werden 2% Skonto gewährt.
   Berechne, um wie viel Euro der Ratenkauf teurer wird, wenn der Händler eine Anzahlung von 100 € und sechs Monatsraten zu 28 € verlangt!

Mehrwertsteuer und andere Kosten

9. Ein Gartengroßmarkt bezieht von einem Gartenbaubetrieb 4200 Erdbeerpflanzen zu 28 ct pro Stück. Es werden 15 % Betriebskosten, 20 % Gewinn und 19 % Mehrwertsteuer aufgeschlagen.
Frau Emsig kauft 40 Pflanzen für ihren Garten.
Wie viel Euro Mehrwertsteuer sind in diesem Einkauf enthalten?

10. Ein Einzelhändler (Buchladen) erwirbt vom Verlag drei verschiedene Titel, die hier nur mit Buch 1, Buch 2 und Buch 3 beschrieben werden.
Buch 1 kostet ab Verlag 7,85 €, Buch 2 kostet 6,95 € und Buch 3 kostet 11,25 €.
Bestellt werden von jeder Sorte 45 Exemplare.
Für den Verkauf rechnet der Buchhändler 15 % Betriebskosten, 20 % Gewinn und 7 % Mehrwertsteuer dazu.
a) Wie viel Euro kostet dann jedes der drei Bücher?
b) Wie viel Euro Mehrwertsteuer muss der Händler an das Finanzamt abführen, wenn vom Buch 1 genau 22 Exemplare, vom Buch 2 31 Exemplare und vom Buch 3 alle Exemplare verkauft wurden?

11. Ein Einzelhändler, der Unterhaltungselektronik verkauft, erwirbt beim Großhandel 85 CD-Player der Marke „Smart“ zu 35,99 € je Stück, 40 DVDs „Die Ferne ruft“ zu 12,98 € je Stück und 35 Computerweichen zu 6,65 € je Stück. Er kann auf jeden Artikel 20 % Betriebskosten sowie 25 % Gewinn und muss 19 % Mehrwertsteuer aufschlagen.
a) Wie viel Euro kostet dann jeder der Artikel?
b) Wie viel Euro Mehrwertsteuer muss er an das Finanzamt abführen, wenn er 61 „Smart“, 25 DVDs und 28 Computerweichen verkauft hat?

12. Ein Süßwarenbetrieb gibt an den Großhandel die 80-g-Tafel Schokolade der Sorte „Premiere“ zu 38 ct pro Stück ab.
Der Großhandel ordert 4500 Stück und verkauft sie an den Einzelhandel mit folgenden Aufschlägen: Betriebskosten 15 %, Gewinn 15 % und Mehrwertsteuer 7 %.
Der Einzelhändler verkauft die Ware mit 10 % Betriebskosten und 20 % Gewinn.

a) Welchen Betrag muss der Großhandel an den Hersteller bezahlen?
b) Wie viel Gewinn macht der Einzelhandel beim Verkauf von 125 Tafeln „Premiere“?

13. Ein Textil-Großhändler bezieht aus China 25000 Stück Taschentücher zu einem Preis von 2500 € und gibt diese an den Einzelhandel mit folgenden Aufschlägen ab: Betriebskosten 25 %, Gewinn 10 % und Mehrwertsteuer 19 %.
Ein Einzelhändler übernimmt 500 Stück davon und rechnet die Betriebskosten von 10 % und einen Gewinn von 15 % dazu.
Frau Kindler kauft ein Dutzend (12 Stück) Taschentücher.
a) Welche Gewinnsumme erzielt der Verkäufer?
b) Wie viel Euro Mehrwertsteuer muss der Großhandel an das Finanzamt abführen?

14. Theo hat sich ein tragbares Radio gekauft. Es kostete 27,99 €. Der Händler hat auf seinen Einkaufspreis für das Gerät vorher 22 % Betriebskosten, 18 % Gewinn und 19 % Mehrwertsteuer aufgeschlagen.
Welchen Betrag macht die Mehrwertsteuer aus?

15. Frau Lammert kauft sich einen Warmwasserbereiter zum Preis von 67,99 €. In diesem Verkaufspreis sind 20 % Betriebskosten, 20 % Gewinn und 19 % Mehrwertsteuer enthalten. Welchen Betrag kann der Verkäufer als Gewinn verbuchen?

16. Die Familien Krause, Wiemer und Band lassen sich 7200 Liter Heizöl zum Preis von 62 ct pro Liter liefern. Vorher wurde vereinbart, dass jede Familie 15 % des Preises bezahlt und der Rest nach Wohnungsgröße aufgeteilt wird.
Familie Krause verfügt über 102 m^2 Wohnfläche, Familie Wiemer über 96 m^2 und Familie Band hat eine Wohnfläche, die $66\frac{2}{3}$ % der Wohnfläche von Familie Krause ausmacht.
a) Wie viel Euro hat jede Familie zu zahlen?
b) Wie viel Euro Mehrwertsteuer muss der Lieferant an das Finanzamt in diesem Fall abführen (BK: 15 %, Gewinn: 20 %, MWSt.: 19 %)?

17. Die Gartennachbarn Grün, Kohl und Kräuter, die eine gemeinsame Trinkwasserentnahmestelle nutzen, erhalten für ihren Verbrauch vom Gartenvorstand eine Rechnung über 235,80 € (Jahresbetrag). Sie hatten vereinbart, dass jeder 20 % des Gesamtpreises begleicht und der Rest der Summe je nach Gartengröße aufgeteilt wird.
Grün besitzt 305 m^2, Kohl 365 m^2 und Kräuter 288 m^2.
a) Wie viel Euro hat jeder Gartenfreund zu zahlen?
b) Wie viel Euro Mehrwertsteuer (19 %) entfallen auf Herrn Kohl?

18. Ein Händler bezieht eine Ware für 456 € pro Stück und verkauft sie für 781,40 €.
Im Aufschlag sind enthalten: 20 % Betriebskosten, 20 % Gewinn und 19 % Mehrwertsteuer.
Berechne die Gewinnsumme!

19. Ein Händler bezieht vom Großhandel eine Ware zum Preis von 3,66 € pro Stück.
Er verkauft davon 45 Stück zu insgesamt 200,25 €.
Wie groß ist der Betrag für die Mehrwertsteuer (19 %)?

20. Ein Betrieb, der Verpackungsautomaten herstellt, verkauft zwei Typen (A und B genannt) zum gleichen Stückpreis.
Der Verkaufsanteil des Typs A am Gesamtumsatz des Herstellerbetriebes beträgt 34 %. Der Anteil des Typs B liegt um 8 % unter dem Umsatz vom Typ A. Die Automaten der Sorte A bringen einen Jahresumsatz von 1245860 €.
Um wie viel Euro muss der Verkauf des Typs A erhöht werden, um die Verluste des Typs B auszugleichen?

21. Ein Forstwirtschaftsbetrieb stellt sogenannte Jägerzäune und normale Staketenzäune her. Das Feld Staketenzaun kostet aber 20 % mehr als ein Feld Jägerzaun. Die insgesamt 840 Felder Jägerzäune bringen allerdings im Jahresumsatz 20 % mehr Erlös als die Staketenzäune, nämlich insgesamt 7560 €.
Wie viel Euro kostet ein Staketenzaunfeld?

22. Die monatlichen Betriebskosten eines Textilbetriebes gliedern sich in 45 % Personalkosten, 36 % Energiekosten und der Rest entfällt auf die Maschinenabschreibung.
48 % der Energiekosten entfallen auf die Heizung.
Stelle die einzelnen Positionen in einem Kreisdiagramm dar!

23. Die monatlichen Betriebskosten eine Handwerksbetriebes bestehen zu 30 % aus Personalkosten, 55 % Energiekosten und der Rest auf Abschreibung.
20 % der Personalkosten entfallen auf den Lehrling.
Stelle die einzelnen Posten in einem Kreisdiagramm dar!

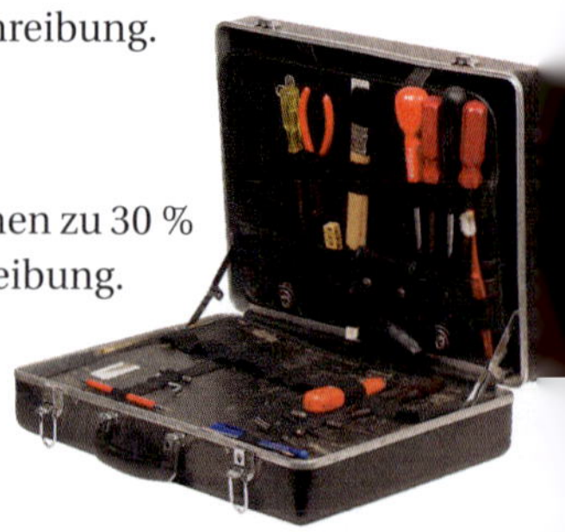

24. Ein Garten- und Baumarkt verkauft, über das Jahr verteilt, im Monat durchschnittlich 450 Packungen Blumendünger zu 14,95 € je Packung.

a) Durch eine Preiserhöhung um 10 % sinkt die verkaufte Menge um 10 %. Macht der Markt dadurch Gewinn oder Verlust? Entscheide und begründe!

b) Untersuche das Einnahmeergebnis für den Fall, dass durch ein Preissenkung um 10 % der Umsatz um 10 % steigt.

25. Ein Betonwerk stellt unter anderem Fertigteile für Entlüfterschächte her.

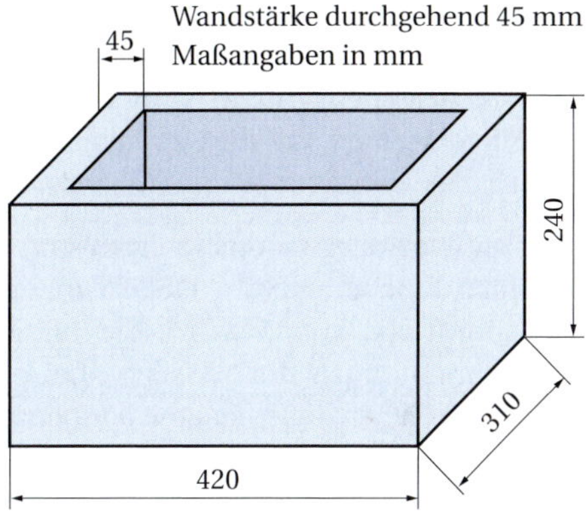

a) Ein Kubikmeter Fertigbeton wird mit etwa 65 € in Rechnung gestellt. Der Betrieb fertigt 1200 derartige Teile und liefert sie an eine Großbaustelle. Berechne zunächst die reinen Materialkosten bei 5 % Materialverlust während der Herstellung dieser Teile!

b) Das Betonwerk übernimmt auch die Zulieferung der Steine an die Baustelle. Wie viele Fahrten sind nötig, wenn für den Transport ein Lkw mit 12 t Ladefähigkeit eingesetzt wird, und 1 m^3 Beton 2,5 t wiegt?

c) Wie viel Euro kostet dem Abnehmer ein Fertigteil, wenn auf die Materialkosten $33\frac{1}{3}$ % Betriebskosten, 25 % Gewinn und 19 % Mehrwertsteuer aufzuschlagen sind?

26. Dasselbe Betonwerk stellt auch Pflastersteine für Baumärkte her. Die Steine sind zur Befestigung von Garageneinfahrten und Gartenwegen besonders geeignet, weil sie das Regenwasser durchlassen.

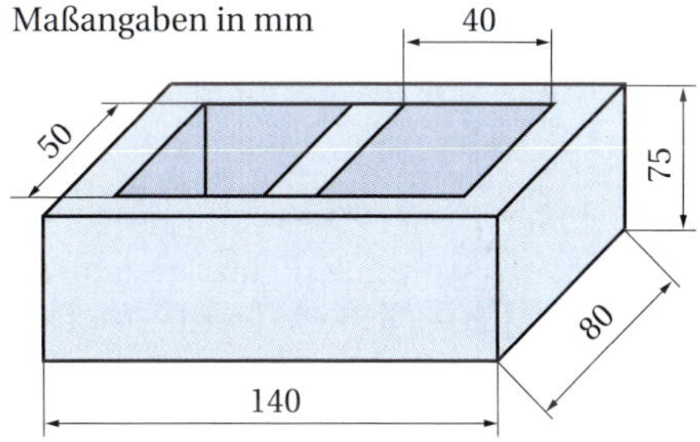

a) Berechne die Materialkosten für einen Stein bei 8 % Bearbeitungsverlust, wenn 1 m^3 Fertigbeton 63 € kostet.

b) Das Werk liefert die Steine in Paletten verpackt. In einer Schicht liegen 40 Steine. Eine Palette hat sechs Schichten. Wie viele Paletten kann ein Lkw bei einer Ladefähigkeit von 15 Tonnen laden?

c) Zu den reinen Materialkosten rechnet das Werk $33\frac{1}{3}$ % Betriebskosten, 22 % Gewinn und 19 % Mehrwertsteuer hinzu. Außerdem kostet die Anlieferung pro Palette 12,50 €.

d) Stelle eine Rechnung über die Lieferung von 14400 Steinen an einen Baumarkt aus!

27. Nebenstehende Abbildung zeigt eine Zulieferung für einen Schaltschrank.

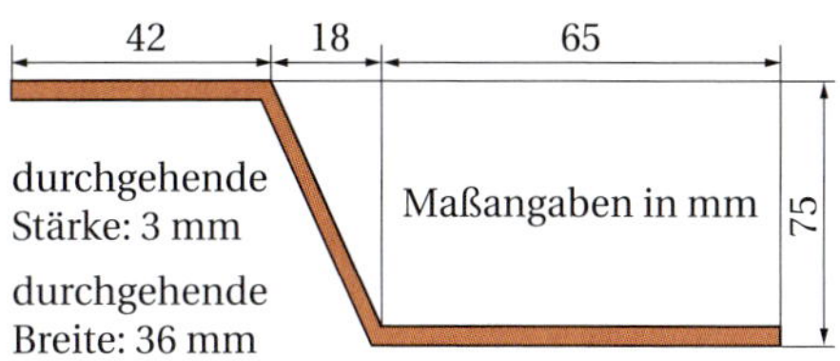

a) Berechne die Masse eines solchen Teiles aus Kupfer (spez. Dichte: 8,96 $\frac{g}{cm^3}$)!

b) Es sind 4860 derartige Teile an den Endhersteller zu liefern. Wie viel Kilogramm Rohmaterial muss bereit gestellt werden, wenn bei der Bearbeitung mit einem Materialverlust von $8\frac{1}{3}$ % gerechnet wird?

c) Eine Tonne Kupfer kostet auf dem Rohstoffmarkt 7200 €. Berechne die Materialkosten!

Wohnen, Miete und andere Kosten

28. Herr Wilhelm hat eine Eigentumswohnung erworben. Sie kostete 84 600 € und hat eine Fläche von 84 m^2. Dazu gehören ein Balkon und ein Platz in der hauseigenen Tiefgarage. Er hätte diese Wohnung auch für 8,35 € / m^2 mieten können. Die Nebenkosten wären die gleichen.
Wie viele Jahre müsste Herr Wilhelm zur Miete wohnen, um die einmaligen Kosten für die Eigentumswohnung zu erreichen?

29. Frau Franke erwirbt eine Eigentumswohnung zum Preis von 90 680 € mit einer Wohnfläche von 91,5 m^2. Sie hätte die Wohnung auch für 7,95 € / m^2 bei gleich hohen Nebenkosten mieten können.
Wie viele Monate müsste Frau Franke zur Miete wohnen, um die einmaligen Kosten für die Eigentumswohnung zu erreichen?

30. Familie Baier bewohnt in einer Stadt mit etwa 200 000 Einwohnern in zentraler Lage eine Dreiraumwohnung von 77,5 m^2 und zahlt monatlich 706,03 € Kaltmiete. Bisher berechnete der Vermieter 1,03 € Heizkostenzuschlag pro Quadratmeter.
a) Berechne die Kaltmiete pro Quadratmeter! Diese wurde ab Januar um 6,5 % erhöht!
b) Berechne den monatlichen Heizkostenzuschlag nach einer Erhöhung um 4,2 %!

31. Familie Dreier bewohnt am Stadtrand einer Kleinstadt eine Vierraumwohnung von 102,5 m^2 Wohnfläche und bezahlt im Monat 712,38 € Kaltmiete. Die Heizkosten betrugen bisher 1,28 € / m^2 und wurden zu Jahresbeginn um 5,5 % erhöht.
a) Berechne die monatliche Kaltmiete pro Quadratmeter!
b) Berechne die jährlichen Heizkosten nach dem neuen Tarif!

32. Der Student Friedewald erhält ein monatliches Bafög von 520 €. Jeden Monat überweisen ihm seine Eltern 200 €. Mehr ist für sie nicht drin. Außerdem verdient sich Friedewald durchschnittlich wöchentlich 75 € als stundenweise Aushilfe in einem Buchladen. In seiner Wohngemeinschaft trägt er einen Mietkostenanteil von 205 €. Wöchentlich fallen durchschnittlich 25 € für das Mensaessen an. Die Monatskarte für die S-Bahn kostet 105 €.
a) Stelle die monatlich anfallenden regelmäßigen Ausgaben in einem Kreisdiagramm dar!
b) Gib den Anteil (in Prozent) der Mietkosten gegenüber den monatlichen Einkünften an!

33. Der Lehrling Carlsdorf hat seine Lehre in der 220 km entfernten Großstadt begonnen und bekommt ein monatliches Entgelt von 385 €. Seine Eltern unterstützen ihn mit 150 € monatlich. An den Wochenende trägt er Werbematerial aus und bekommt dafür wöchentlich 12,50 €. Sein Internatsplatz mit Verpflegung kostet 120 € im Monat und die wöchentliche Heimfahrt im monatlichen Durchschnitt 75,80 €.
a) Stelle die monatlichen Einkünfte in einem Kreisdiagramm dar!
b) Gib den Anteil der Fahrtkosten (in Prozent) gegenüber den Einkünften an!
c) Wie viel Euro stehen dem Auszubildenden monatlich für sonstige Ausgaben wie Freizeitbeschäftigungen zur Verfügung?

4

Teilkörper und zusammengesetzte Körper

34. Zeichne Zweitafelbilder von den beiden nebenstehenden Körpern ① und ②! (Maße in Zentimeter)

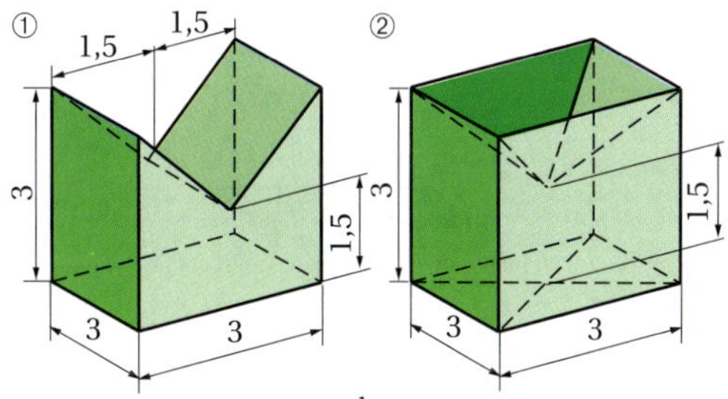

35. Eine Kugel hat einen Oberflächeninhalt von 20 cm^2.
Berechne den Radius einer zweiten Kugel, deren Oberflächeninhalt 2-, 3-, 5- bzw. 10-mal so groß ist!

36. Eine Spindel, die aus zwei gleich großen Kegeln besteht, hat die Maße h = 25 cm und r = 6 cm. Berechne Oberfläche und Volumen der Spindel!

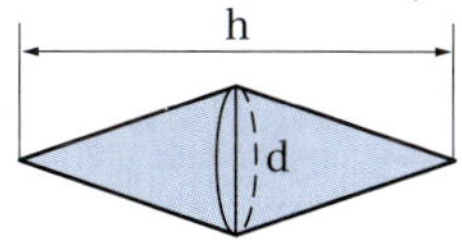

37. Eine Seeboje hat die angegebenen Maße. Die Boje hat eine Wand aus 6 mm dickem Stahl mit einer Dichte von 7,8 $\frac{g}{cm^3}$.
Damit die Boje aus dem Wasser ragt, muss ihre Masse kleiner sein als die Masse des verdrängten Wassers.

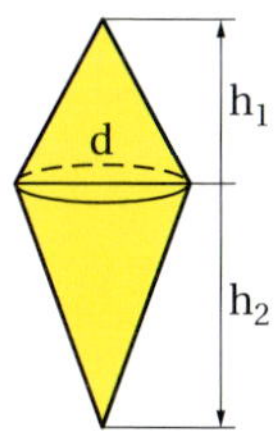

d = 1,53 m
h_1 = 2,24 m
h_2 = 3,25 m

a) Berechne Oberflächeninhalt und Volumen der Boje!
b) Berechne die Masse der Boje (ohne Anstrich) und überprüfe, ob sie aus dem Wasser ragt!
* c) Wie weit ragt die Boje etwa aus dem Wasser?

38. Zur Absperrung werden in Fußgängerzonen Betonklötze in Form quadratischer Pyramidenstümpfe verwendet. Ihre untere Kante ist 40 cm, ihre obere Kante 25 cm lang, die Höhe beträgt 80 cm und ihre Dichte beträgt 2,3 $\frac{g}{cm^3}$. Berechne die Masse eines Klotzes!

39. Ein Betonsockel in Form eines quadratischen Pyramidenstumpfes mit a_1 = 1,50 m und a_2 = 1,00 m soll eine Masse von maximal 3,5 t haben. Wie hoch darf er höchstens sein? (Dichte von Beton: 2,3 $\frac{g}{cm^3}$)

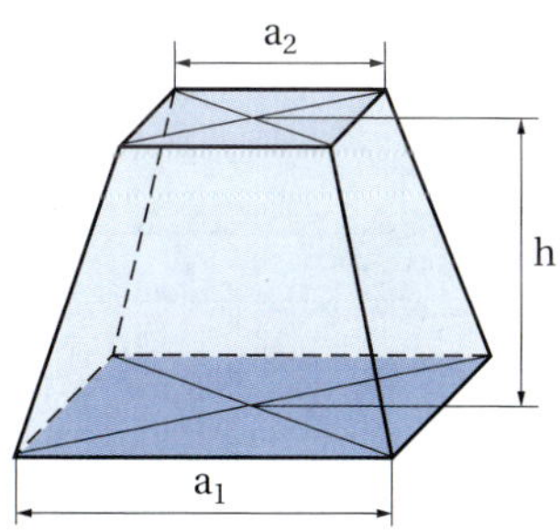

40. Welche Masse hat ein Korken (Dichte: 0,24 $\frac{g}{cm^3}$) in Gestalt eines Kegelstumpfes mit den Durchmessern 3,2 cm und 2,4 cm sowie der Höhe 1,5 cm?

41. Die Kuppel einer Sternwarte hat die Form einer Halbkugel. Ihr Durchmesser beträgt 5,30 m.
a) Berechne den Umfang der Kuppel!
b) Berechne die „Dachfläche" der Kuppel!
c) Berechne den Rauminhalt der Kuppel!
d) Warum werden für derartige Gebäude gerade halbkugelförmige Dächer verwendet?
* e) Fertige ein Modell solcher Kuppel an!

42. Berechne die Masse der dargestellten Körper aus Stahl (Maßangaben in Millimeter)! Die Dichte von Stahl beträgt $7{,}8\,\frac{\text{g}}{\text{cm}^3}$.

a)

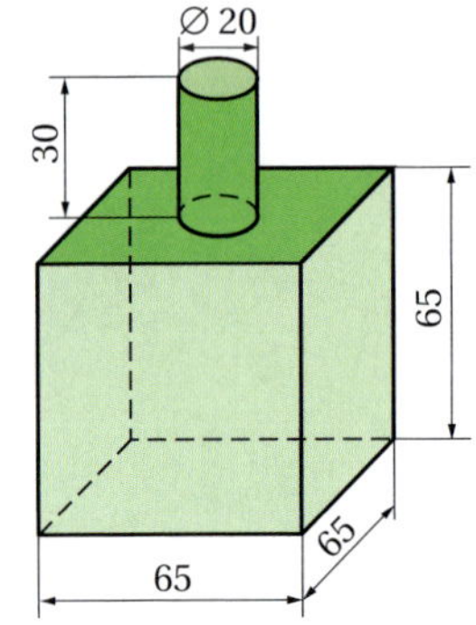

b)

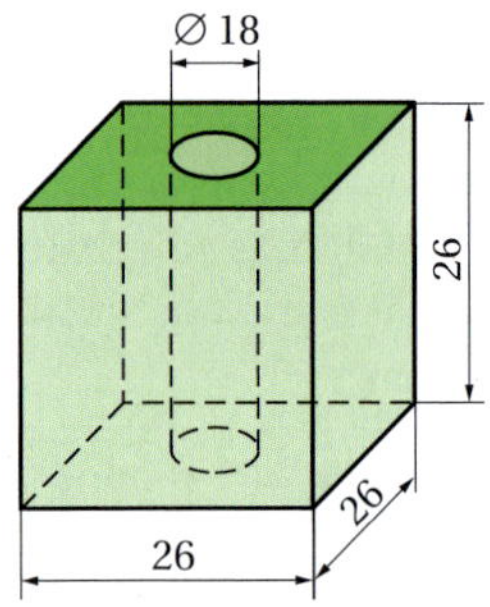

c)

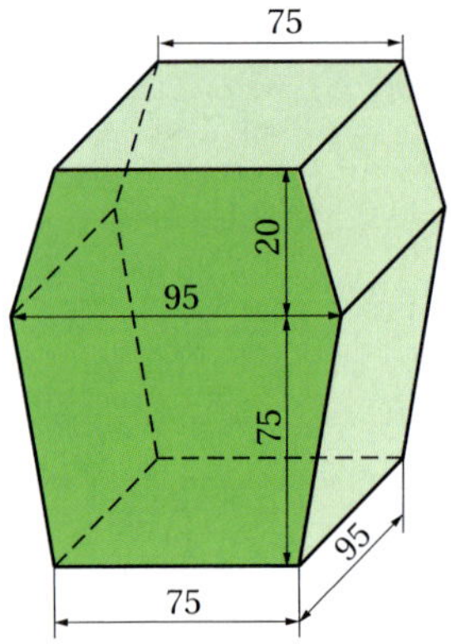

d)

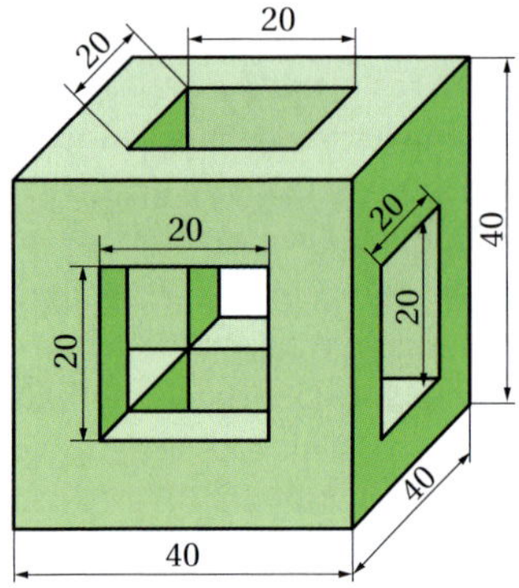

43. Berechne die Masse von jeweils 100 Stück der abgebildeten Stahlbolzen (Dichte: $7{,}8\,\frac{\text{g}}{\text{cm}^3}$)!

a)

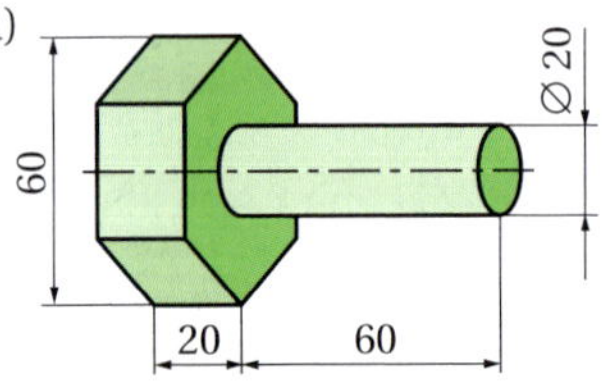

b)

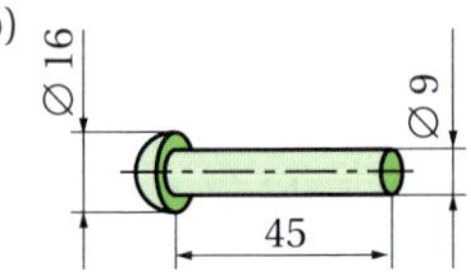

c)

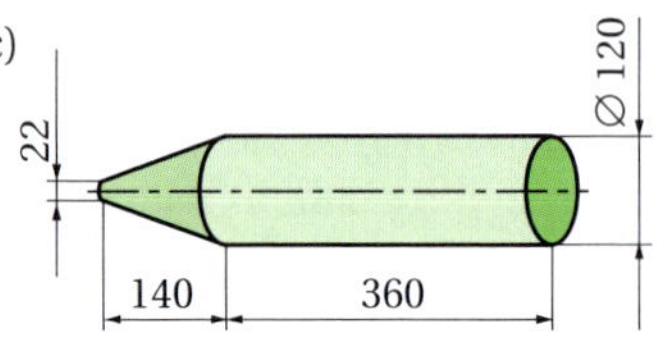

Maßangaben in mm

44. Eine Rinne aus Buchenholz, das eine Dichte von $0{,}7\,\frac{\text{g}}{\text{cm}^3}$ hat, ist 2,75 m lang.

a) Berechne das Volumen der Rinne!

b) Berechne die Masse der Rinne!

c) Berechne den Oberflächeninhalt der Rinne mit halbkreisförmigem Ausschnitt!

d) Um wie viel Kilogramm wäre die Masse einer Rinne aus Eichenholz größer als die aus Buchenholz? ($\rho_{\text{Eichenholz}} = 0{,}9\,\frac{\text{g}}{\text{cm}^3}$)

e) Fertige ein Modell der Rinne aus beliebigem Holz an!

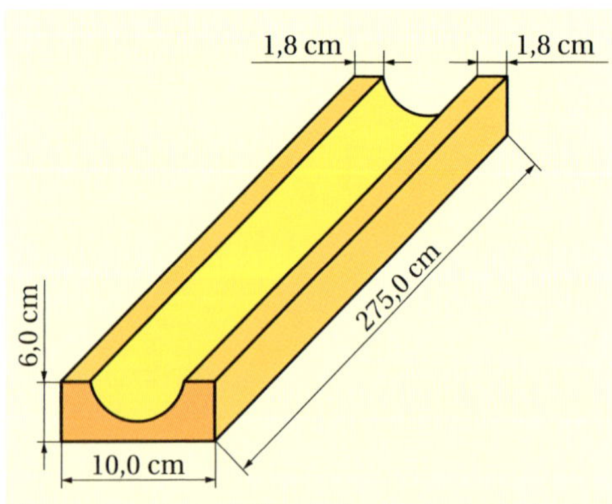

Funktionen

45. a) Gib den Wertebereich der Funktion $y = f(x) = x^2 - 3x + 2{,}25$ an!
Zeichne den Graphen der Funktion!
b) Gib den jeweiligen Wertebereich der Funktionen $y_1 = x^3 - 1$ und $y_2 = x^2 - 1$ im Intervall $-3 \le x \le 2$ an!

46. Ermittle rechnerisch und zeichnerisch die Schnittpunktkoordinaten der Parabel mit der Gleichung $y = x^2 - 4x + 3$ mit der Geraden $y = 2x - 3$!

47. Einem Quader mit den Seitenlängen a, 2a und 3a ist ein Kreiskegel so einbeschrieben, dass seine Höhe mit der Kantenlänge 3a übereinstimmt und sein Grundkreis den Radius $\frac{a}{2}$ hat.
Berechne den Mantelflächeninhalt des Kreiskegels!
Stelle die Abhängigkeit des Mantelflächeninhalts des Kegels von a grafisch dar!

48. Die Gerade mit der Gleichung $y = mx + n$ schneidet den Graphen der Funktion $y = 0{,}5^x$ in den beiden Punkten $P_1(-1; -2)$ und $P_2(2; y_2)$.
a) Ermittle y_2!
b) Gib die Geradengleichung an!

49. a) Gib eine Formel für den Flächeninhalt des rechtwinkligen Dreiecks in Abhängigkeit von x an!
b) Zeichne den Graphen dieser Funktion für $0\text{ cm} < x \le 5\text{ cm}$ in ein geeignetes Koordinatensystem!
c) Gib eine Formel für den Umfang u dieses Dreiecks in Abhängigkeit von x an!

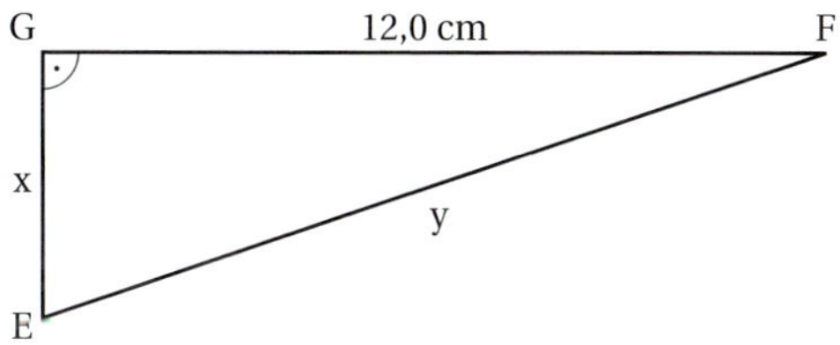

50. a) Gib eine Formel für den Inhalt der farbigen Fläche in Abhängigkeit von r an!
b) Nenne den Definitionsbereich für diese Funktion!

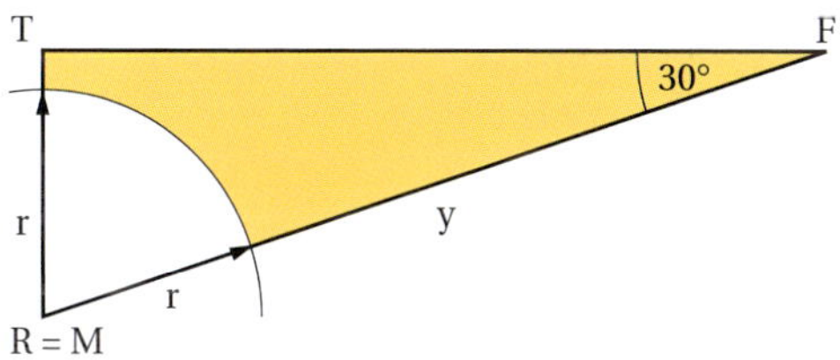

51. Einem Quadrat mit der Seitenlänge x ist ein Kreis mit dem Radius r einbeschrieben.
a) Gib eine Formel für x in Abhängigkeit von r an!
b) Stelle diese Funktion in einem geeigneten Koordinatensystem grafisch dar!
c) Gib eine Formel für den Umfang u des einbeschriebenen Kreises in Abhängigkeit von x an!
d) Stelle auch diese Funktion grafisch dar!
e) Gib eine Formel für den Flächeninhalt A des Kreises in Abhängigkeit von x an!
f) Stelle auch diese Funktion grafisch dar!

52. Gegeben ist die Gleichung $y = f(x) = ax^2 + 2x - 3$.
Ermittle a für den Fall, dass das Zahlenpaar $(-2; -5)$ Element der Funktion ist.

53. Der Punkt $P(\frac{1}{3}; -5)$ liegt auf dem Graphen der Funktion $y = f(x) = ax^3 - 1$.
Liegt der Punkt $Q(2; \frac{188}{27})$ auch auf dem Graphen dieser Funktion? Weise nach!

54. Gegeben ist die Funktion $y = f(x) = \frac{3}{4}x + 2{,}25$ $(-3 \le x \le 0)$. Die Gerade rotiere um die Ordinate. Welches ist der Radius r der Kugel, die das gleiche Volumen wie der entstandene Kreiskegel hat?

55. a) Gib den Inhalt der farbigen Fläche als Funktion des Winkels δ ($0° \leq \delta \leq 90°$) an (siehe Skizze)!

b) Übertrage die Tabelle in dein Heft und ergänze!

δ	0°	30°	45°	60°	90°
A					

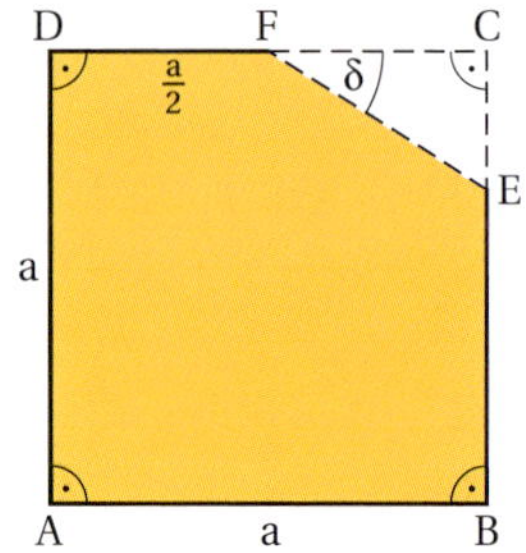

56. a) Gib den Umfang u der Figur ABED als Funktion von β ($0° \leq \beta \leq 45°$) an!

b) Übertrage die Tabelle in dein Heft und ergänze!

β	0°	15°	30°	45°
u				

c) Gib den Flächeninhalt A der Figur ABED als Funktion von β an!

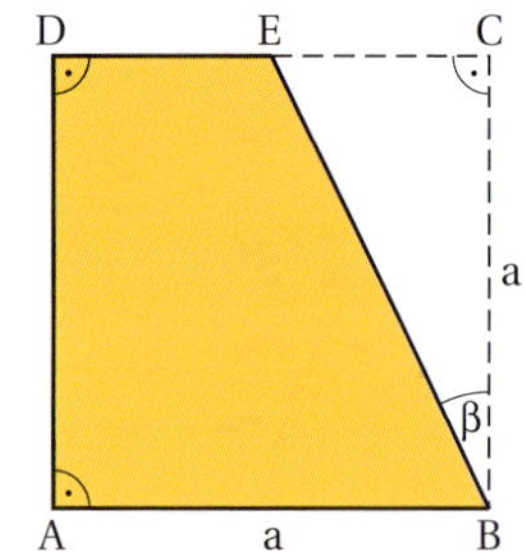

57. a) Gib den Flächeninhalt der Figur ABCDE als Funktion von a ($0 \leq x \leq 2a$) an!

b) Gib den Umfang u der Figur ABCDE als Funktion von a an!

c) Zeichne die Graphen beider Funktionen in ein geeignetes Koordinatensystem!

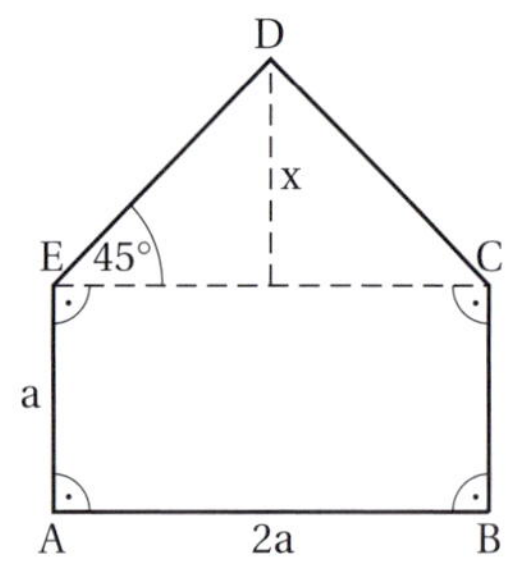

58. Stelle die abfließende Wassermenge m für jeweils t = 1 min in einem Graben mit dem trapezförmigen Querschnitt Q in Abhängigkeit von der Fließgeschwindigkeit v dar!

v	$9\,\frac{km}{h}$	$18\,\frac{km}{h}$	$36\,\frac{km}{h}$	$48\,\frac{km}{h}$
m				

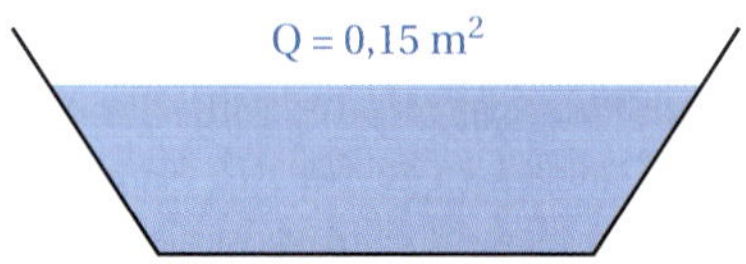

59. Bei welcher Maßzahl a haben der Umfang u und der Flächeninhalt A des skizzierten Rechtecks ABCD die gleiche Maßzahl?

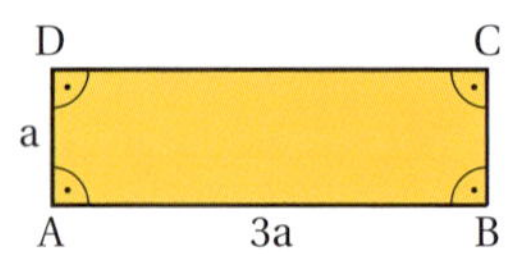

60. a) Gib die Masse des Werkstückes (siehe Skizze) aus Stahl (Dichte: $7{,}85\,\frac{g}{cm^3}$) für a = 20,0 mm in Abhängigkeit von seiner Länge l an!

b) Gib die Masse des Werkstückes für l = 80,0 mm in Abhängigkeit von a an!

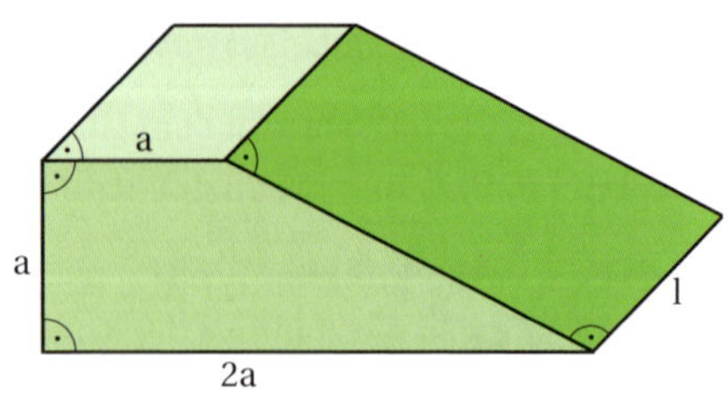

61. Die Mantelfläche eines Rundstahls (Durchmesser 8,00 mm) wird galvanisch veredelt. Die Dichte des Stahls beträgt 7,85 $\frac{g}{cm^3}$.

a) Übertrage die Tabelle in dein Heft und ergänze sie!

l (in Millimeter)	50,00	100,00	200,00	500,00	1000,00
A_O (in Quadratzentimeter)					
m (in Gramm)					

b) Stelle die Größenpaare für $A_O = f(l)$ und $m = g(l)$ in einem geeigneten Koordinatensystem dar!

62. Bei einer Wettfahrt mit fliegendem Start, die Klaus auf seinem Rennrad und Mike auf seinem Moped austragen, haben beide an der Startposition eine Anfangsgeschwindigkeit von 27 $\frac{km}{h}$. Während Klaus seine Startgeschwindigkeit beibehält, beschleunigt Mike von da an mit $a = 2{,}0\ \frac{m}{s^2}$ 10 s lang und fährt dann stetig weiter.

a) Wie weit kommt Mike, wenn Klaus nach 20 s entnervt aufgibt?

b) Löse die Aufgabe rechnerisch und zeichnerisch!

63. Nimmt ein Ausgangswert (eine Ausgangsgröße) a in gleichen Abständen um den Faktor q (rational und ungleich Null) gleichmäßig zu oder ab, so erhält man nach einer bestimmten Anzahl x von Abständen den Endwert y ($y = a \cdot q^x$).
Eine im Labor angesetzte Bakterienkultur von a = 400 Bakterien vermehrt sich pro Tag um $\frac{4}{3}$. Berechne die Anzahl der Bakterien nach zwölf Stunden, nach drei Tagen und nach vier Wochen!

64. In einem Badegewässer wurde durch die Hygieneaufsicht festgestellt, dass sich die Ausgangsmasse von giftigen Blaualgen bei gleichbleibend warmer Wetterlage pro Stunde um ca. 5 % vermehrt.
Berechne, um wie viel Prozent im Vergleich zur Ausgangsmasse sich die Algenmenge innerhalb von acht Stunden vermehrt hat!

65. Eine Kapitalanlage von 60 000 € wird zu 7,5 % p. a. für zwölf Jahre fest angelegt und verzinst.
Wie groß ist das Kapital nach sechs Jahren, nach zehn Jahren und nach 12 Jahren?

66. Jod-131 hat eine Halbwertszeit von rund acht Tagen. Das heißt, in dieser Zeit zerfällt die Hälfte der Ausgangsmenge in andere Bestandteile.

a) Stelle diesen Vorgang in einem geeigneten Koordinatensystem grafisch dar!

b) Wie viel Prozent einer Ausgangsmenge a sind nach 24 Tagen zerfallen?

67. Radon-220 ist ebenfalls eine radioaktive Substanz, allerdings mit einer Halbwertszeit von knapp einer Minute.

a) Stelle diesen Vorgang in einem geeigneten Koordinatensystem grafisch dar!

b) Auf wie viel Prozent würde sich die Ausgangsmenge nach Ablauf von knapp vier Minuten verringern?

68. a) Überprüfe alle angegebenen Formeln auf ihre Richtigkeit!
b) Löse alle Gleichungen nach a auf!

① $u = a + b + c$

$A = \frac{1}{2} a \cdot b$

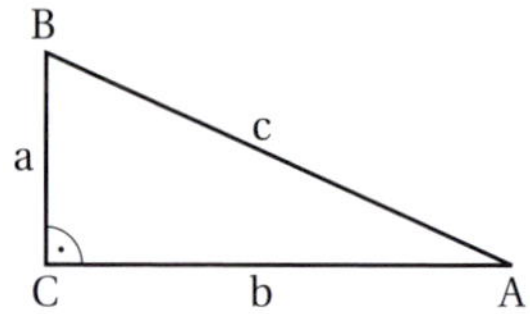

② $u = a + b + 0{,}8a$

$A = 0{,}4a^2 \cdot b \cdot \sin\beta$

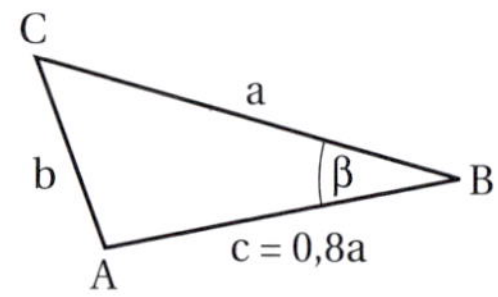

③ $u = 2a + 2b$

$A = a \cdot b \cdot \sin\beta$

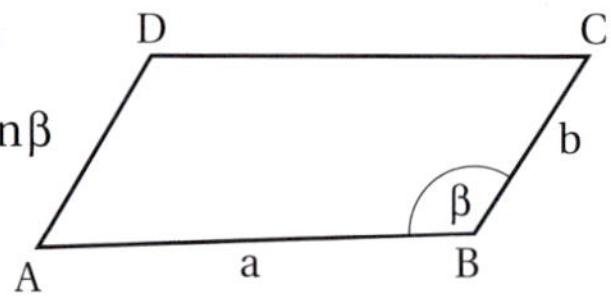

④ $u = 5a$

$A = \frac{3}{2} \cdot \sqrt{3} \cdot a^2$

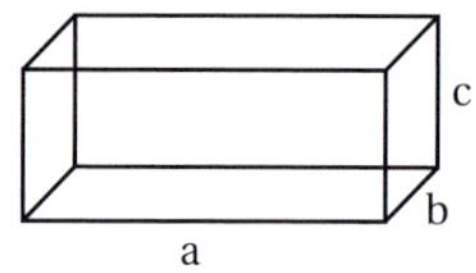

69. In den folgenden Aufgaben sind Gleichungen für die Berechnung physikalischer Größen vorgegeben.
Gib jeweils die in der Gleichung enthaltenen physikalischen Größen an!
Stelle die Gleichung nach der jeweils gesuchten Größe um!

a) Magnetische Feldstärke eines stromdurchflossenen Leiters

Löse die Gleichung $H = \frac{I}{2\pi \cdot r}$ nach I auf!

b) Eigenfrequenz f eines stromdurchflossenen Leiters

Löse die Gleichung $f = \frac{1}{2\pi\sqrt{L \cdot C}}$ nach L auf!

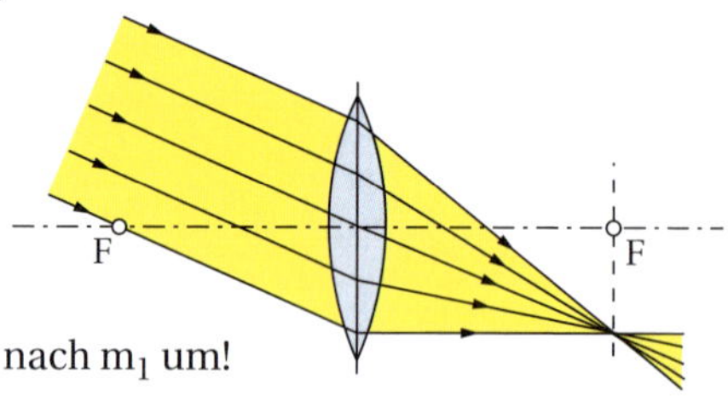

c) Abbildungsgleichung (Optik)

Löse die Gleichung $\frac{1}{f} = \frac{1}{g} + \frac{1}{b}$ nach g auf!

d) Gravitationsgesetz

Stelle die Formel $f = g \cdot \frac{m_1 \cdot m_2}{r^2}$ nach r um! Stelle sie nach m_1 um!

e) Schräger Wurf

Löse die Gleichung $v = \sqrt{v_0^2 + g^2 \cdot t^2 - 2v_0 g \cdot t \cdot \sin\alpha}$ nach v_0 auf!

Berechne v_0 für $v = 200\ \frac{m}{s}$, $t = 1{,}5$ s und $\alpha = 30°$!

f) Ohmscher Widerstand in Parallelschaltung

Berechne R_1 für $R = 0{,}6\ \Omega$; $R_2 = 2{,}4\ \Omega$ und $R_3 = 3\ \Omega$ mit der Gleichung $\frac{1}{R} = \frac{1}{R_1} + \frac{1}{R_2} + \frac{1}{R_3}$!

g) Radialkraft (Mechanik)

Löse die Gleichung $F = m \cdot \frac{4\pi^2}{T^2} \cdot r$ nach T auf! Löse sie nach r auf!

70. a) Löse die Formel für den Oberflächeninhalt des Kreiskegels nach s auf!
b) Berechne s bei einem Volumen V von $15{,}6\ cm^3$ und einem Radius r von 2,4 cm!

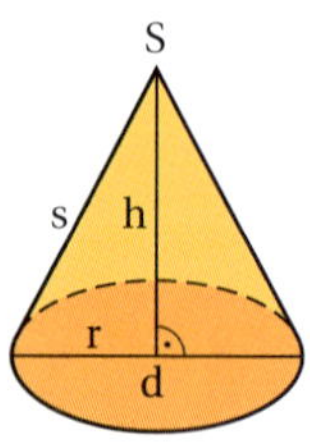

71. a) Gib eine Formel für das Volumen V des rechts abgebildeten Rohres an!
b) Stelle die Volumenformel nach r_i um!
c) Berechne die Länge l des Rohres für $V = 2{,}4\ dm^3$, $r_i = 24{,}0$ mm und $r_a = 30{,}0$ mm!

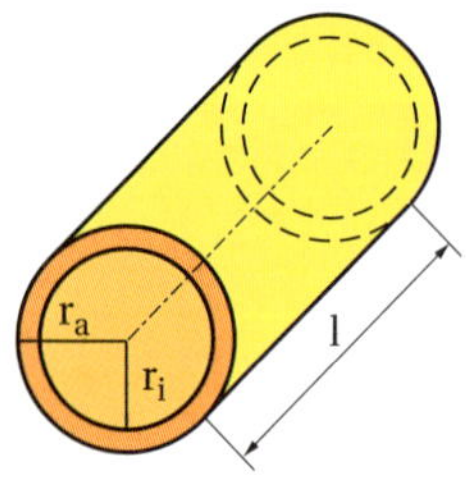

72. a) Gib eine Formel zur Berechnung des Umfangs u dieser zusammengesetzten Fläche an!
b) Stelle u als Funktion von a dar!
c) Zeichne den Graphen dieser Funktion in ein geeignetes Koordinatensystem!
d) Stelle den Flächeninhalt A dieser Fläche als Funktion von a dar!

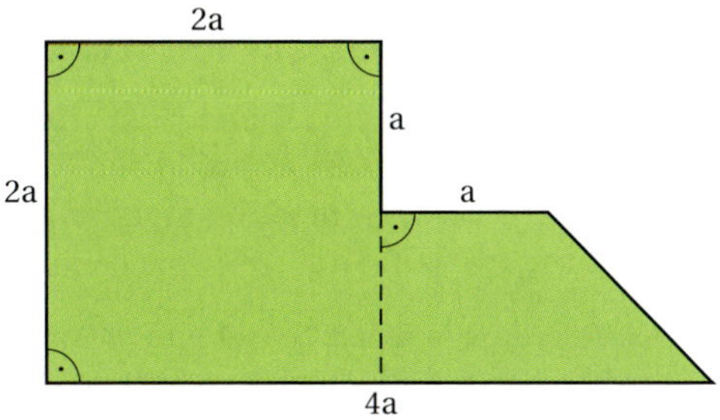

73. a) Berechne die Größe des Winkels β für c = 2,5 cm!
b) Gib eine Formel zur Berechnung des Umfangs u dieser zusammengesetzten Fläche in Abhängigkeit von β an, wenn c gegeben ist!
c) Gib eine Formel zur Berechnung des Flächeninhaltes A dieser Figur an!
d) Berechne c für $A = 12{,}0\ cm^2$ und b = 45°!

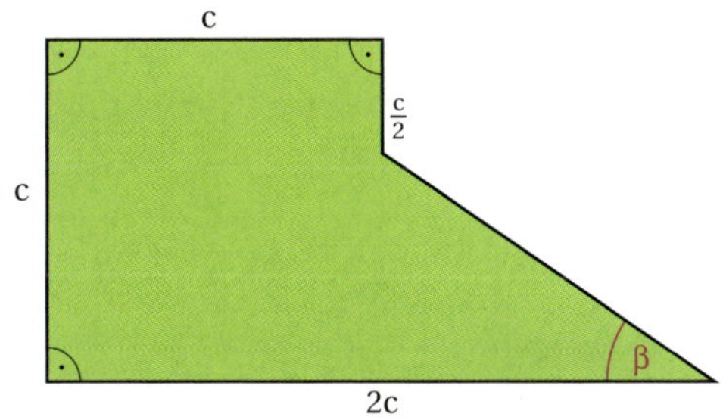

74. a) Gib eine Formel zur Berechnung des Oberflächeninhaltes A_O des abgebildeten Quaders an!
b) Löse die Formel für den Oberflächeninhalt nach b auf!
c) Stelle für a = 4,0 cm die Funktion $A_O = f(b)$ in einem geeigneten Koordinatensystem grafisch dar!
d) Stelle für b = 4,0 cm eine Funktionsgleichung zur Berechnung des Volumens V dieses Quaders in Abhängigkeit von a dar!

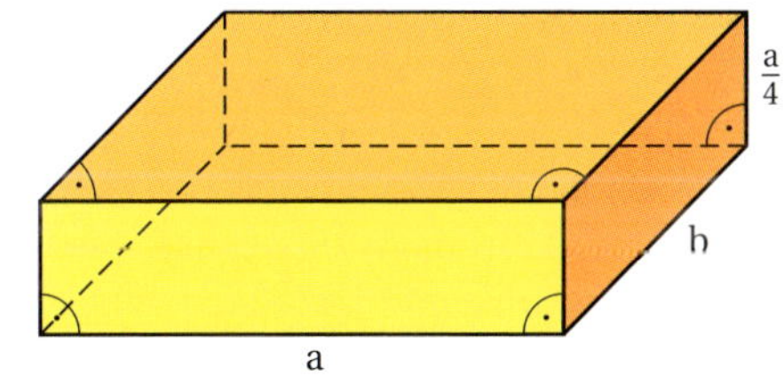

75. a) Gib eine Funktionsgleichung zur Berechnung des Volumens V dieses Prismas in Abhängigkeit von β an!
b) Berechne die Größe des Winkels β für $A_O = 100{,}0\ cm^2$ und s = 8,0 cm!

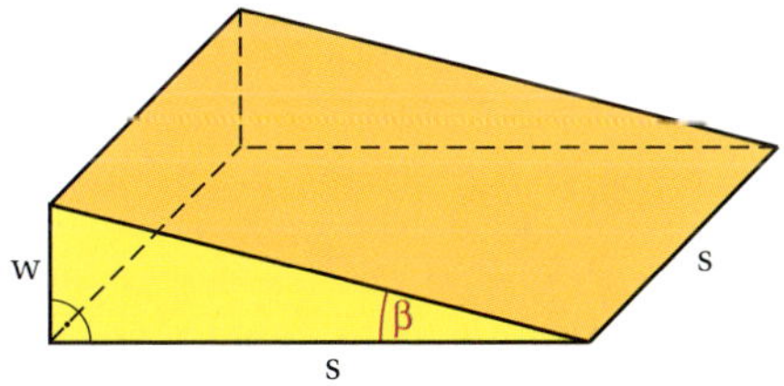

76. a) Löse die Volumenformel für dieses Prisma nach l auf!
b) Löse die Volumenformel nach d auf!

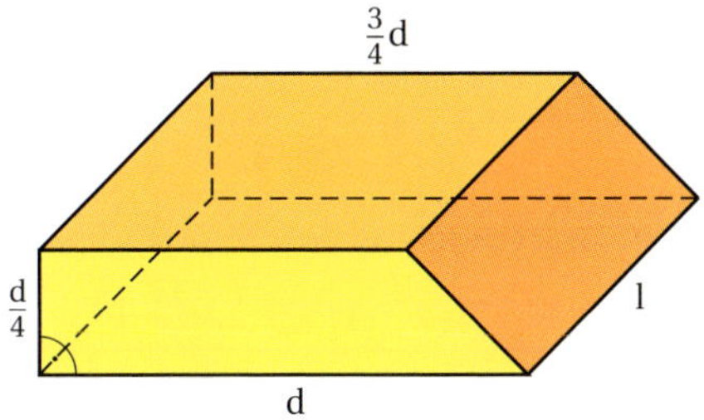

***77.** Die Volumenformel für einen Hohlzylinder lautet $V = \pi \cdot h(r_a^2 - r_i^2)$.
a) Berechne die Wandstärke w für $V = 240 \cdot \pi\ cm^3$, h = 4 cm und $r_a = 6$ cm!
b) Berechne die Höhe h für $V = 4\pi\ m^3$, $r_a = 60$ cm und $r_i = 50$ cm!

Bestimmen von Wahrscheinlichkeiten

78. Ein städtischer Betrieb spendet der erfolgreichen Volleyball-Mannschaft der Mittelschule je 15 T-Shirts und Hosen jeweils in den Farben blau, weiß und schwarz.

a) Welche Farbkombinationen zwischen T-Shirt und Hose gibt es insgesamt?

b) Wie groß ist die Wahrscheinlichkeit, dass die Mannschaft ganz weiß aufläuft?

79. Im zurückgegebenen Diktat gab es zweimal die Note 1, sechsmal die Note 2, achtmal die Note 3, dreimal die Note 4, siebenmal die Note 5, aber zum Glück keine 6.

a) Stelle die relative Häufigkeit der Noten in einem Kreisdiagramm dar!

b) Berechne den Mittelwert und den Zentralwert!

80. Polizeiliche Kennzeichen (Nummernschilder) von Kraftfahrzeugen haben neben der Kreis- oder Gebietsabkürzung noch Platz für maximal zwei weitere Buchstaben und höchstens vier Ziffern.

a) Wie viel Kraftfahrzeuge eines Kreises können mit den Buchstaben X und Y und den Ziffern 2 und 3 unterschieden werden? (Dabei müssen nicht alle möglichen Stellen besetzt werden.)

b) Wie groß ist die Wahrscheinlichkeit, ein Kraftfahrzeug nur mit den Buchstaben X und den Ziffern 2 anzutreffen?

81. Bei einer „Dreierwette“ beim Pferderennen „auf Platz“ müssen die ersten drei Pferde in der richtigen Reihenfolge ihrer Platzierung angegeben werden, um diese Wette zu gewinnen.

a) Wie groß ist die Wahrscheinlichkeit für einen absoluten Turfneuling – eine Person also, die von der Qualität der Pferde (Reiter) nicht die geringsten Vorstellungen hat – bei sechs teilnehmenden Pferden eine solche Wette zu gewinnen?

b) Wie groß ist die Wahrscheinlichkeit (unter analogen Bedingungen), die Wette zu gewinnen, wenn acht Pferde an den Start gehen?

82. Eine Firma verkauft Kaffeegeschirr zweiter Wahl mit zum Teil auffallenden Fehlern im Dekor. Derartige Fehler treten bei einem Drittel der Geschirrteile auf.
Wie groß ist die Wahrscheinlichkeit, beim Kauf von sechs Tassen inklusive Untertassen, nur zwei Teile mit Fehlern zu erwerben?

83. Bei einem Test aus fünf Fragen werden die Antworten A, B oder C so vorgegeben, dass stets nur eine Antwort richtig ist.
Berechne die Wahrscheinlichkeiten dafür, dass

a) alle Antworten richtig sind,

b) nur eine Antwort falsch ist,

c) höchstens vier Antworten richtig sind!

Vorausgesetzt wird, dass keiner der Teilnehmer eine der Antworten kennt.
Arbeite mit einem Baumdiagramm!

Ein Testbeispiel für deine Klasse							
①	Verstarb C. F. Gauss	A	1845	B	1848	C	1855?
②	Wurde Gauss in	A	Göttingen	B	Braunschweig	C	Ulm geboren?
③	Lebte A. Ries lange in	A	Annaberg	B	Plauen	C	Münster?
④	Lebte R. Descartes im	A	15. Jh.	B	16. Jh.	C	17. Jh.?
⑤	War Isaac Newton	A	Deutscher	B	Amerikaner	C	Brite?

Teste dich selbst!

1. Die Deutschen fahren immer öfter in den Urlaub. So wurden 2006 insgesamt 67 Mio. Mal die Koffer für eine längere Reise und 58 Mio. Mal für einen Kurztrip von höchstens vier Tagen gepackt.
Bei den Zielen entschieden sich 31,25 Mio. für das Reiseziel Deutschland, 43,75 Mio. für das Mittelmeer, 12,5 Mio. für Fernreisen und 37,5 Mio. für sonstige Reisen.
Stelle die Aufteilung der Reisen nach Reisezielen in einem Kreisdiagramm dar!
Berechne dazu die entsprechenden prozentualen Anteile!

2. In einem Baumarkt wird der Preis für ein Paket (1,8 m^2) Laminat mit 9,90 € angegeben. Familie Tuck möchte ihr Wohnzimmer (42,5 m^2) mit Laminat auslegen. Berechne, wie viel Euro das kosten würde, wenn mit 15 % Verschnitt zu rechnen ist!

3. Aufgrund der Einführung eines neuen Modells wurde der Verkaufspreis eines Pkw um 18 % auf 14 513,18 € gesenkt. Berechne den ursprünglichen Verkaufspreis des Pkw!

4. Berechne, welches Kapital bei einer Bank mit einem Zinssatz von 2,5 % p.a. angelegt werden muss, wenn man nach neun Monaten 118,80 € an Zinsen erhalten will!

5. Anne möchte ihre gesparten 255 € bei einem Geldinstitut für fünf Jahre anlegen. Berechne das Endkapital, wenn der vereinbarte Zinssatz 2,25 % p.a. beträgt!

6. Juliane erhält im dritten Lehrjahr eine Lohnerhöhung auf 625,75 €. Berechne den Nettolohn, wenn ihre Abzüge insgesamt 34,5 % betragen!

7. Berechne den Nettolohn von Herrn Müller (Steuerklasse 1, nicht kirchensteuerpflichtig), wenn sein Bruttoverdienst 1 667,80 € beträgt und er 13,2 % des Bruttolohnes für seine Krankenversicherung bezahlen muss!

8. Familie Schneider kauft sich den neuesten Computer für insgesamt 1999 €. Aufgrund des hohen Einkaufspreises will sie in 24 Monatsraten bezahlen.
a) Berechne die Höhe der monatlichen Rate, wenn die Bearbeitungsgebühr 2 % und der Zinssatz 0,57 % p.m. betragen!
b) Frau Schneider wollte eigentlich 24 Monate lang je 85 € ansparen, um den Computer zu kaufen. Berechne die dadurch mögliche Einsparung gegenüber dem Ratenkauf!

9. Der Geschäftsführer eines Jeansladens kalkuliert eine Jeans mit 18 % Geschäftskosten und 85 % Gewinn. Berechne den Verkaufspreis, wenn der Bezugspreis 33 € und die Mehrwertsteuer 19 % beträgt!

10. Die Tischplatte eines Konferenztisches hat die Form eines regelmäßigen Sechsecks. Die Seitenlänge beträgt 1,20 m. Die Tischplatte ist 5 cm dick. Die vier Tischbeine sind 70 cm lang und haben einen quadratischen Querschnitt (6 cm × 6 cm).
Berechne die Masse des Tisches in Kilogramm, wenn er aus Eichenholz ist!
(Die Dichte von Eichenholz beträgt $\rho = 0{,}9\ \frac{g}{cm^3}$.)

Teste dich selbst!

11. Berechne den Oberflächeninhalt und die Masse der Körper (Maße in mm)!
Die Länge der Körper beträgt 350 mm. Die Körper sind aus Eisen ($\rho = 7{,}2\ \frac{g}{cm^3}$).

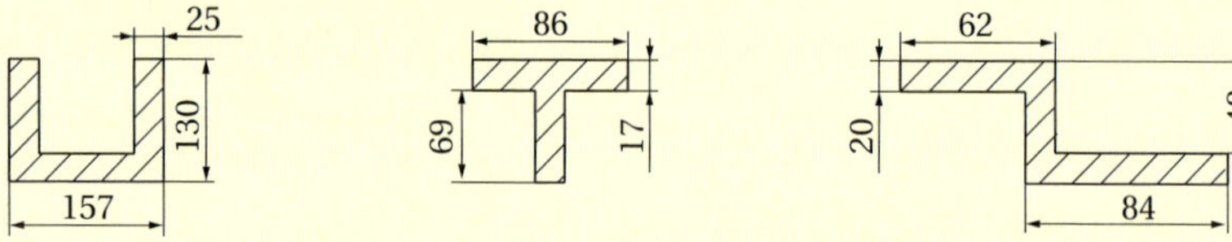

12. Ein zusammengesetzter Körper besteht aus einem Quader mit einer Grundfläche von 5,5 cm × 8,4 cm und einer Höhe von 2,1 cm sowie einer genau auf dessen Grundfläche aufgesetzten Pyramide mit der Höhe h = 16,0 cm.

a) Berechne den Oberflächeninhalt dieses Körpers!

b) Berechne die Masse dieses Körpers, wenn der Quader aus Blei ($\rho = 11{,}4\ \frac{g}{cm^3}$) und die Pyramide aus Aluminium ($\rho = 2{,}7\ \frac{g}{cm^3}$) bestehen!

13. Auf einen Holzzylinder ($\rho = 0{,}9\ \frac{g}{cm^3}$) mit 28 cm Radius und 1,30 m Höhe soll bündig eine Halbkugel aufgesetzt werden. Berechne, welche Kosten entstehen, wenn der entstandene Körper außen ohne die Grundfläche mit Farbe gestrichen wird, 1 kg Farbe 4,99 € kostet und für 3,5 m² reicht!

14. Bestimme die Funktionsgleichungen zu folgenden Graphen!

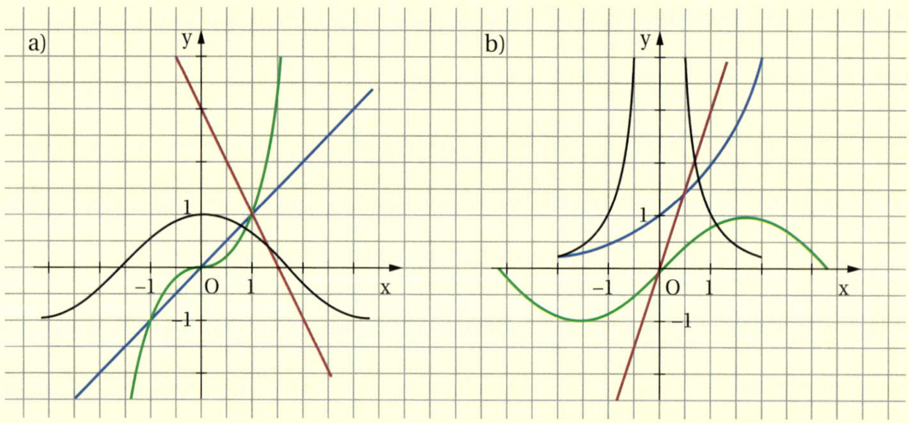

15. Für den Energieverbrauch zahlt ein Abnehmer eine Grundgebühr von 120 € im Jahr und einen Preis von 13 ct je Kilowattstunde (kWh).

a) Berechne die Kosten für einen Gesamtverbrauch von 500 kWh, 750 kWh, 900 kWh und 1200 kWh im Jahr!

b) Fertige ein Diagramm an und lies daraus ab, wie viel Kilowattstunden man bei Kosten von 400 € verbraucht hat!

16. Zeichne den Graphen der Sinusfunktion $y = 2\sin x\ (-2\pi \le x \le 3\pi)$ in ein Koordinatensystem! Gib die Eigenschaften der Sinusfunktion an!

Projekt

Sparen, Baufinanzierungen, Kredite, Zinsen

Projektziel: Erstellen einer Aufgabensammlung zum Thema Zinsrechnung

Das Aufgabenmaterial ist so zu gestalten, dass es in allen Klassenstufen 8 bis 10, besonders aber bei Gruppenarbeit und zur Prüfungsvorbereitung eingesetzt werden kann. Es empfiehlt sich eine Lose-Blatt-Sammlung (mit separaten Lösungen) auf Karteikarten, die nach Schwierigkeitsgraden geordnet ist. Die Aufgaben sollten per Computer geschrieben werden und einheitliche Gestaltungsnormen haben.

Projektvorbereitung

Erkundigt euch vor Beginn der Projektarbeit bei eurer Bank oder Sparkasse, welche Möglichkeiten der Geldanlage (lineares und exponentielles Wachstum) es gibt. Lasst euch konkrete Angebote machen. Fragt nach Varianten einer möglichen Kreditaufnahme. Erkundigt euch nach den Konditionen für die Tilgung des Kredites. Sichtet das Material, eventuell auch in Gruppen, nutzt zusätzlich das Lehrbuch Klasse 7 und beginnt mit der Arbeit.

Projektdurchführung

Die folgenden Aufgaben sollen Anregung für eure Projektarbeit sein. Es handelt sich hierbei vorrangig um anspruchsvolle Aufgaben für die Klassenstufe 10.

1. Familie Lehmann hatte ein Kapital von 20 000 € für zehn Jahre fest angelegt. Das Endkapital beträgt 32 577,90 €. Berechne Zinsfaktor und Zinssatz!

2. Franz will sich ein Motorrad kaufen. Er nimmt einen Kredit von 6000 € zu 8 % p.a. auf. Monatlich kann er 200 € aufbringen, die er in Jahresraten zurückzahlt.
   a) Welche Annuität (Zinsen + Tilgung) kann er jährlich leisten?
   b) Wie hoch sind die Zinsen, wie hoch die Tilgungsrate im ersten Jahr?
   c) Vervollständige den Tilgungsplan bis zur Löschung des Kredites!

Jahr	Kredit (Schuld)	Annuität	Zinsen	Tilgung	Restschuld
1.	6 000 €				
2.					
⋮					

   d) Wie groß ist die Restschuld im letzten Jahr, die noch zur Löschung des 6000-Euro-Kredites benötigt wird?

3. Für den Umbau eines Hauses nimmt Familie Thiele eine Hypothek in Höhe von 15 000 € bei einem Zinssatz von 9 % p.a. und einer jährlichen Annuität von 4800 € auf. Stelle einen Tilgungsplan auf!

4. Eine Familie schließt mit einem Geldinstitut eine Baufinanzierung mit annuitätischer Tilgung ab. Der Darlehensbetrag beträgt 25 000 €. Der Zinssatz bei einer Zinsbindung von fünf Jahren ist 4,9 % p.a. Die Annuität wird mit jährlich 3600 € festgelegt.
   a) Stelle den Tilgungsplan für fünf Jahre auf!
   b) Wie hoch ist am Ende der Laufzeit die noch zu begleichende Restschuld?

Projekt

Rentenrechnung

Projektziel

Erläuterung der Möglichkeiten der Rentenrechnung durch Ratenzahlungen bzw. Schuldentilgung

Projektdurchführung

1. Erkundige dich über die verschiedenen Möglichkeiten der Ratenzahlungen, die bei der Rentenrechnung genutzt werden!
   a) Erläutere die in der Formel enthaltenen mathematischen Größen!
   b) Berücksichtige die Möglichkeiten der vorschüssigen und der nachschüssigen Ratenzahlung!
   c) Beachte, dass man regelmäßig Raten einzahlen oder ein Anfangskapital vermehren kann!

2. Prüfe durch Berechnungen, welche Ratenzahlung rechnerisch die günstigste wäre!
   a) Wähle ein einfaches Beispiel (z. B. Einzahlung von 50 € bei einem Zinssatz von 6 % p. a. über eine Laufzeit von 20 Jahren, Anfangskapital 500 €)!
   b) Berechne für alle Möglichkeiten das Guthaben, welches am Ende der Laufzeit vorhanden ist!
   c) Wähle mindestens noch drei weitere Zahlenbeispiele und berechne für alle Möglichkeiten das Guthaben, welches am Ende der Laufzeit vorhanden ist!

3. Vergleiche die Ergebnisse und entscheide dich für eine Variante! Wähle andere Zahlenbeispiele und berechne jeweils den prozentualen Gewinn! Gehe dabei von der eingezahlten Summe aus und berücksichtige das entstandene Guthaben!

4. Informiere dich über die Möglichkeit der Rentenrechnung durch Schuldentilgung!
   a) Erläutere die in der Formel enthaltenen mathematischen Größen!
   b) Wähle ein einfaches Beispiel (z. B. Schuld von 200 000 € bei einem Zinssatz von 5 % p. a. über eine Laufzeit von 25 Jahren)!
   c) Wähle mindestens noch drei weitere Zahlenbeispiele und berechne jeweils die Höhe der zu zahlenden Rate!

5. Vergleiche beide Möglichkeiten der Rentenrechnung in Bezug auf die Möglichkeit des Ansparens von Geld! Nenne Vor- und Nachteile!

6. Diskutiere über die beste Möglichkeit einer Altersvorsorge! Gehe dabei von eigenen Vorstellungen aus!

Projekt

Gestaltung eines Spielplatzes

Projektziel: Erstellen eines Entwurfs für einen Spielplatz der Zukunft

Fertigt für einen Spielplatz der Zukunft einen Entwurf an!
Folgende Bedingungen werden gestellt:

- Sicherheit gewährleisten
- Attraktivität der Spielgeräte
- Material ist Holz
- drei Elemente müssen aus zusammengesetzten Körpern bestehen

Projektdurchführung

1. Notiert euch alle Gedanken, auch scheinbar nicht realisierbare!
2. Führt eure Berechnungen zum Materialverbrauch nach euren geplanten Maßen durch! Arbeitsstundenlohn, Mehrwertsteuer, Transportkosten sind mit einzuplanen.
3. Fertigt Zeichnungen zu euren Entwürfen an! Das Schrägbild für das räumliche Vorstellungsvermögen und das Zweitafelbild für den Bauherren!

Auf dem Spielplatz sollten auch Blumen nicht fehlen. Eine Möglichkeit ist es, einen Baumstamm zu halbieren und für Blumenerde auszuschaben.

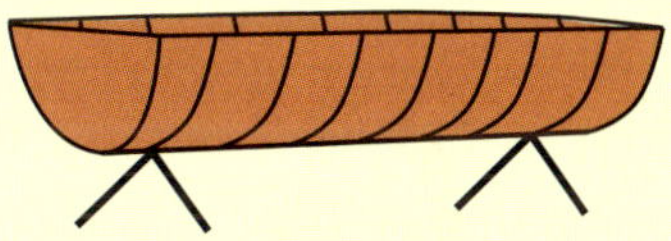

4. Aus einem 4,6 m langen Baumstamm mit einem Durchmesser von 45 cm sollen Blumenbehälter gebaut werden.
   Ein halbzylindrischer Behälter ist 70 cm breit.
   Der Rand nach dem Ausschaben ist 4 cm dick.
   a) Wie viele Blumenbehälter kann man aus einem Baumstamm bauen?
   b) Wic vicl Liter Blumenerde werden benötigt, wenn 85 % mit Erde gefüllt werden?
   c) Wie viel Baumstämme wären nötig, wenn der gesamte Spielplatz mit den Blumenbehältern umgeben sein soll? Für Durchgänge sind drei mal 60 cm freizulassen.
   d) Erfindet andere Blumenbehälter aus Holz!
5. Neben dem Spielplatz dürfen Fahrradständer mit Dach aufgestellt werden.
   In den Fotos seht ihr zwei Varianten. Bewertet diese! Schlagt weitere Varianten vor!

Das Wichtigste auf einen Blick

Rund ums Geld

Zinseszinsrechnung

Ein Anfangskapital K_0 wächst bei einem Zinssatz von p% in n Jahren auf ein Endkapital K_n nach folgender Formel:

$K_n = K_0 \cdot q^n$ mit $q = 1 + \frac{p}{100}$

Berechnung des Anfangskapitals: $K_0 = \frac{K_n}{q^n}$

Berechnung des Zinssatzes: $q = \sqrt[n]{\frac{K_n}{K_0}}$ und $p = (q - 1) \cdot 100$

Lohnberechnungen

Bruttolohn ist der Lohn ohne Abzüge.
Nettolohn ist der Lohn mit Abzügen, d. h. der Lohn, den man ausgezahlt bekommt.
Nettolohn = Bruttolohn – Abzüge

Abzüge:
- Krankenversicherung
- Pflegeversicherung
- Rentenversicherung
- Arbeitslosenversicherung

} 50 % Arbeitgeberanteil

- Lohnsteuer
- Solidaritätszuschlag
- Kirchensteuer

Ratenzahlungen

Kreditbetrag + Zinsen + Bearbeitungsgebühr = Gesamtrückzahlung

Gesamtrückzahlung : Anzahl der Monatsraten = Höhe der Monatsraten

Vergleich von Kreditangeboten

Nur über den Effektivzinssatz lassen sich Kreditangebote vergleichen.

Er berechnet sich nach der folgenden Formel:

$p = \frac{K_t \cdot 100 \cdot 12}{K \cdot m}$, wobei K_t hier die tatsächlichen Kreditkosten sind.

Schuldentilgung

Soll eine Schuld S in n Jahren bei einem Zinssatz p% p.a. durch regelmäßige Ratenzahlung jeweils am Jahresende getilgt werden, so beträgt die Rate R:

$R = \frac{S \cdot q^n(q-1)}{q^n - 1}$ mit $q = \frac{100 + p}{100}$

Das Wichtigste auf einen Blick

Körper

Zusammengesetzte Körper

Zusammensetzen aus Teilkörpern

Volumina der Teilkörper berechnen und die Summe bilden. Für den Oberflächeninhalt Teilflächen berechnen und die Summe bilden.
Verdeckte Flächen gehören nicht dazu.

Volumen:

$V = V_{Halbkugel} + V_{Zylinder} + V_{Kegel}$

Oberflächeninhalt:

$A_O = A_{M\ Halbkugel} + A_{M\ Zylinder} - A_{M\ Kegel}$

Herausschneiden von Teilkörpern

Der entstandene Körper heißt Restkörper. Volumina der Teilkörper vom Volumen des Ausgangskörper subtrahieren. Für den Oberflächeninhalt alle Teilflächen berechnen und abhängig von der Körperform addieren bzw. subtrahieren.

Volumen:

$V = V_{Quader} - V_{Zylinder}$

Oberflächeninhalt:

$A_O = A_{O\ Quader} + A_{M\ Zylinder} - 2A_{Kreis}$

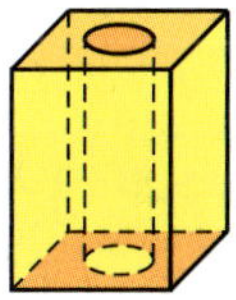

Pyramidenstumpf

Volumen:

$V = \frac{1}{3} h (A_G + \sqrt{A_G \cdot A_D} + A_D)$

Oberflächeninhalt:

$A_O = A_G + A_M + A_D$

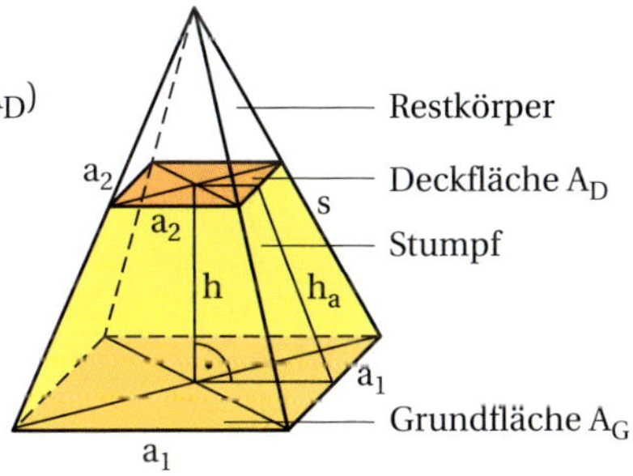

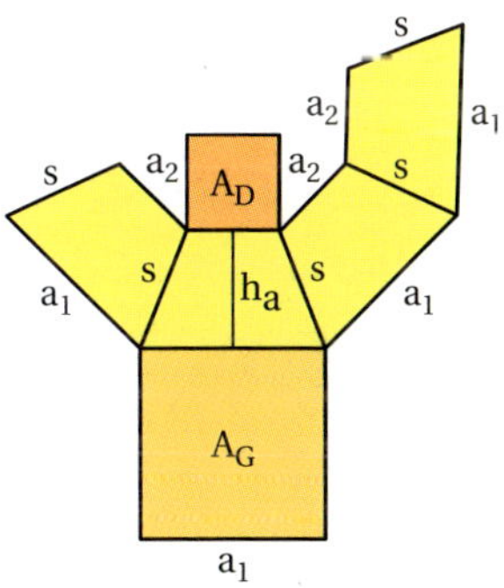

Kegelstumpf

Volumen:

$V = \frac{\pi}{3} h (r_1^2 + r_1 \cdot r_2 + r_2^2)$

Oberflächeninhalt:

$A_O = \pi (r_1^2 + r_2^2) + A_M$

$A_M = \pi \cdot s (r_1 + r_2)$

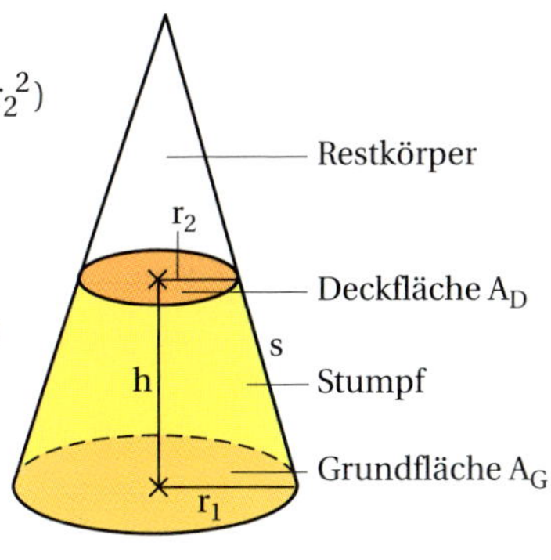

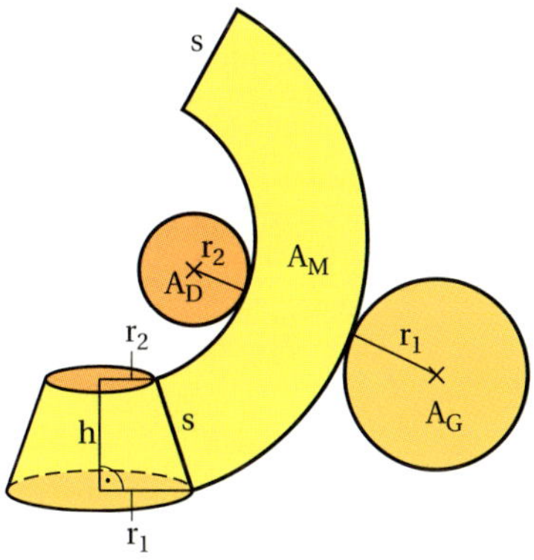

5 Anwendungen

Kalkulation

Bevor eine Ware produziert oder verkauft wird, kalkuliert (berechnet) man die Kosten bzw. den Gewinn. Viele Bedingungen, die den Preis einer Ware bestimmen, lassen sich mit Formulierungen wie „höchstens" oder „mindestens" ausdrücken. In mathematischer Schreibweise sind dies Ungleichungen.
Wie kann man die Bedingungen bei der Kostenberechnung darstellen und verwenden?

Vermessung

Vermessungstechniker sind als Erste immer dort anzutreffen, wo Straßen gebaut, Gebäude errichtet oder Flächen gestaltet werden sollen. Mithilfe von Theodoliten vermessen sie exakt die Winkel zwischen festgelegten Messpunkten. Andere Messgeräte dienen der genauen Bestimmung der Entfernung. Alle Daten werden in Messtabellen eingetragen. Wie kann man daraus maßstabsgerechte Karten erstellen?

Farbige Kleidung

Zu allen Zeiten schmücken sich die Menschen gerne mit besonders gefärbten Materialien und Stoffen.
Jede gewählte Farbe hat eine bestimmte Wirkung auf unsere Psyche. Manche Farben werden als „warm" andere als „kalt" empfunden. Farben wie Weiß und Schwarz spielen eine besondere Rolle.
Was sind deine Lieblingsfarben?
Informiere dich, welche Bedeutung die Farbe Weiß in verschiedenen Kulturen hat!

5.1 Dynamisieren geometrischer Objekte

Für die Lösung zahlreicher Aufgabenstellungen in Forschung, Wirtschaft und Technik finden mathematische Überlegungen Verwendung. Die Umsetzung dieser Lösungsideen erfolgt meist mithilfe von Rechentechnik.

Für die Realisierung einer Lösungsidee in der Praxis ist jedoch nicht nur entscheidend, ob auf diese Weise eine fehlerfreie Lösung des Problems erfolgt. Der Aufwand zur Lösung des Problems muss auch an die Leistungsfähigkeit der vorhandenen Rechentechnik angepasst sein. Gesucht sind also mathematische Lösungsideen, die einen möglichst geringen Rechenaufwand für die Lösung eines Problems verursachen.

Die Möglichkeiten zum Einzeichnen von Kreissektoren zu vorgegebenen Zentriwinkeln in einen gegebenen Kreis mit dem Programm GEONExT verdeutlichen diesen Sachverhalt.

Präsentieren mit GEONExT

Für das Vorbereiten und Präsentieren von Grafiken im Rahmen eines Schülervortrages bietet das Programm GEONExT unterschiedliche Möglichkeiten. So kann man zum Beispiel geometrische Konstruktionen Schritt für Schritt dokumentieren und jeden Schritt als einzelnes Bild abspeichern.

Als Grundlage kann ein Textverarbeitungsprogramm dienen. Mit dem Textverarbeitungsprogramm werden Überschriften, Bildunterschriften und andere Textelemente wie Merksätze geschrieben.

Um die mit GEONExT erstellten Grafiken in die mit dem Textverarbeitungsprogramm vorbereitete Datei einfügen zu können, sind die einzelnen Grafiken zunächst als Bilddateien abzuspeichern.

Dieser Vorgang des Abspeicherns heißt Exportieren. Für eine Bilddatei ist das Format PNG auszuwählen.
Die Bilddateien sollten dann im gleichen Ordner abgespeichert werden wie die Textdatei, bevor sie in die Textdatei eingefügt und entsprechend positioniert werden.

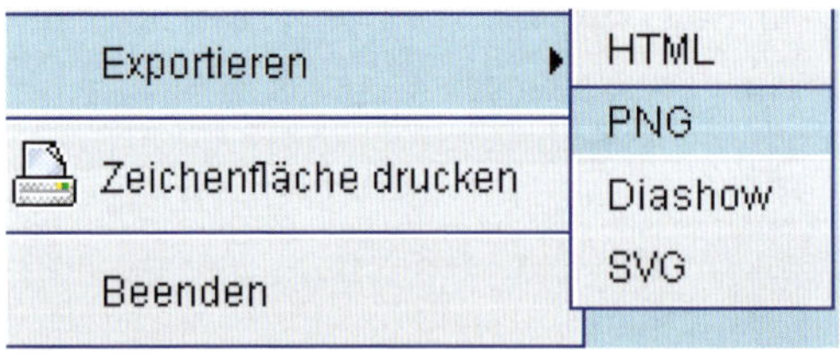

Die so erzeugten Seiten können ausgedruckt und als Hand-out verteilt werden oder für die Präsentation auf Folien für den Overheadprojektor kopiert werden.
Wenn im Rahmen des Schülervortrages die Beziehungen zwischen einzelnen Objekten der Zeichenfläche sichtbar gemacht werden sollen, bietet sich eine Live-Präsentation der GEONExT-Datei an.

Achtung:
Vor der Präsentation sollte mit der GEONExT-Datei eine Generalprobe auf dem PC durchgeführt werden, der auch für die Präsentation genutzt wird.
Wenn dabei Unterschiede zum Funktionieren der Datei am eigenen PC festgestellt werden, so kann das an unterschiedlichen Betriebssystemen, unterschiedlichen GEONExT-Versionen oder an der unterschiedlichen Leistungsfähigkeit der beiden PCs liegen.

Das Verändern von Eigenschaften der Zeichenfläche

Möchte man GEONExT für die Erstellung einer Präsentation nutzen, sollte die Zeichenfläche so angepasst werden, dass nicht benötigte Objekte nicht mehr angezeigt werden, während einige Details besonders hervorgehoben werden sollen.

Zu diesem Zweck kann das Menü „Eigenschaften der Zeichenfläche" verwendet werden. Das Menü ist in mehrere Kategorien unterteilt.

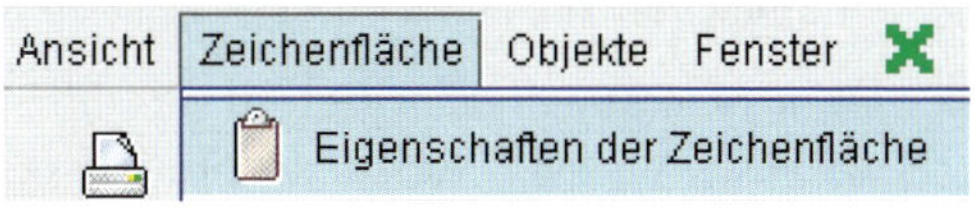

So lässt sich in der Kategorie „Allgemein" Allgemein die Schriftgröße verändern.

In der Kategorie „Koordinatensystem" Koordinatensystem kann die Beschriftung einer Achse ausgeblendet werden, die Benennung der Achsen oder die Größe der Einheiten verändert werden.

Darüber hinaus lässt sich die Übersichtlichkeit und Verständlichkeit des Vortrages verbessern, indem für die Objekte in der Zeichenfläche möglichst aussagekräftige Bezeichnungen gewählt werden. Daher ist es oftmals vorteilhaft, eine von GEONExT automatisch vorgenommene Bezeichnung zu verändern. Dazu steht das Menü „Umbenennen" zur Verfügung.
Um bei einer Strecke hervorzuheben, dass es sich um die Höhe eines Dreiecks handelt, sollte sie in *h* umbenannt werden. Sollen in dem Dreieck mehrere Höhen dargestellt und bezeichnet werden, bietet es sich an, mit Indizes zu arbeiten.

B

① Die Höhe eines Dreiecks soll in h_c umbenannt werden.
Nach dem Aktivieren des Menüs „Umbenennen" öffnet sich ein Fenster am oberen Rand der Zeichenfläche, in dem die alte Bezeichnung durch die neue ersetzt werden kann. Nach dem Löschen der alten Bezeichnung ist dann die folgende Eingabe vorzunehmen:

② Der Schnittpunkt von zwei Mittelsenkrechten soll in S_{MS} umbenannt werden. Nach dem Löschen der alten Bezeichnung lautet die neue Eingabe:

Aufgaben

1. a) Öffne eine leere Zeichenfläche und zeichne zwei freie Punkte A und B ein! Verbinde beide Punkte durch eine Strecke miteinander und benenne sie mit d!

b) Zeichne einen freien Punkt C ein, der nicht auf d liegt!
Zeichne durch C eine Gerade g, welche parallel zu d verläuft, und zeichne auf g einen Gleiter D ein!
Verbinde D mit den Punkten A und B und verstecke den Punkt C!

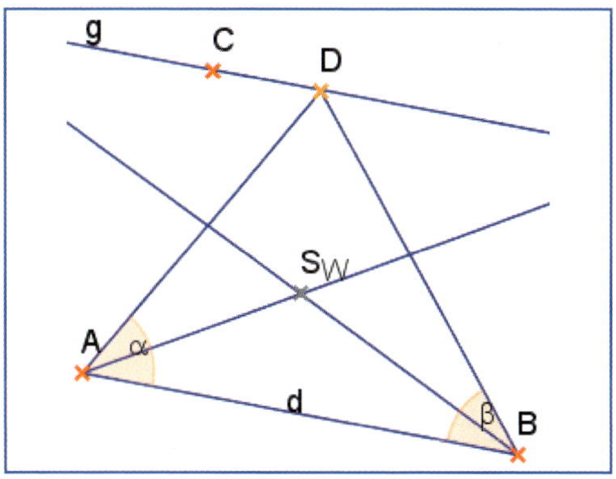

c) Markiere im Dreieck ABD die Innenwinkel mit den Scheitelpunkten A und B und bezeichne sie mit α und β! Verwende das Menü „Winkel markieren“!

d) Zeichne die Winkelhalbierenden von α und β ein! Bezeichne ihren Schnittpunkt mit S_W!

e) Aktiviere für den Punkt S_W die Option „Spur des Objekts anzeigen“! Verwende dazu das Menü „Objekteigenschaften“ oder das Menü „Spur“! Speichere die Datei unter dem Namen dreieck.gxt ab!

2. Öffne die Datei dreieck.gxt und verschiebe den Gleiter D auf der Geraden g!

a) Beschreibe den Verlauf der Spurkurve des Punktes S_W!

b) Ermittle den Abstand des Punktes S_W von der Strecke d! Da S_W bei Verschiebung von D auf der Geraden g seine Lage ändert, sollte sich dann auch der angezeigte Abstand von S_W zu g entsprechend ändern.

c) Formuliere eine Vermutung, für welche Lage des Punktes D der Abstand von S_W zu d maximal ist!

3. Öffne die Datei dreieck.gxt und verstecke die Winkelhalbierenden sowie ihren Schnittpunkt S_W!

a) Konstruiere die Mittelsenkrechten der Seiten $\overline{BD}$ sowie $\overline{DA}$ und bezeichne ihren Schnittpunkt mit S_{MS}! Aktiviere für den Punkt S_{MS} die Option „Spur des Objekts anzeigen“!

b) Verstecke die beiden Mittelsenkrechten und speichere die Datei unter dem Namen schnittpunkt1.gxt ab!

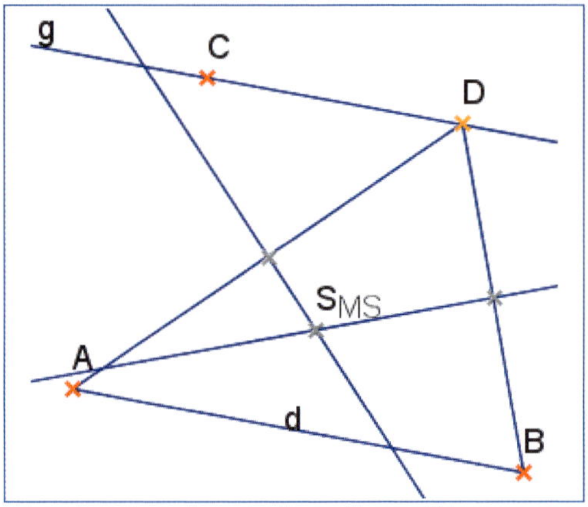

4. Öffne die Datei schnittpunkt1.gxt!

a) Konstruiere die Seitenhalbierenden der Seiten $\overline{AD}$ und $\overline{BD}$! Bezeichne ihren Schnittpunkt mit S_{SH} und aktiviere die Option „Spur des Objekts anzeigen“!

b) Konstruiere die Höhen auf die Seiten $\overline{AD}$ und $\overline{BD}$! Bezeichne ihren Schnittpunkt mit S_H und aktiviere die Option „Spur des Objekts anzeigen“!

c) Verstecke die Höhen und die Seitenhalbierenden! Verändere bei den Schnittpunkten S_{MS}, S_{SH} und S_H die Farbgebung, blende ihre Namen aus und speichere die Datei unter dem Namen schnittpunkt2.gxt ab!

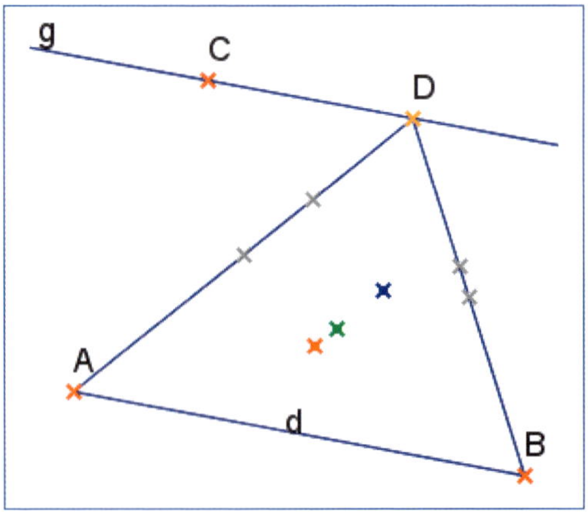

5. Öffne die Datei schnittpunkt2.gxt!
Verschiebe den Gleiter D auf der Geraden g!

a) Beschreibe den Verlauf der Spurkurve des Punktes S_{MS}!

b) Beschreibe den Verlauf der Spurkurve des Punktes S_{SH}!

c) Beschreibe den Verlauf der Spurkurve des Punktes S_H!

* d) Zeichne den Mittelpunkt der Strecke d ein und bezeichne ihn mit M! Zeichne das Lot vom Punkt D auf die Strecke d ein und bezeichne den Fußpunkt des Lotes mit W! Die Variable x bezeichne die Länge der Strecke $\overline{MW}$, die Variable y die Länge der Strecke $\overline{WS_H}$. Ermittle die Gleichung der Funktion $y = f(x)$ für den Bereich $0 \leq x \leq \overline{MB}$!
Hinweis: Mache die Höhe h_a wieder sichtbar, suche nach ähnlichen Dreiecken und stelle Verhältnisgleichungen auf, um die Gleichung der Funktion f zu ermitteln!

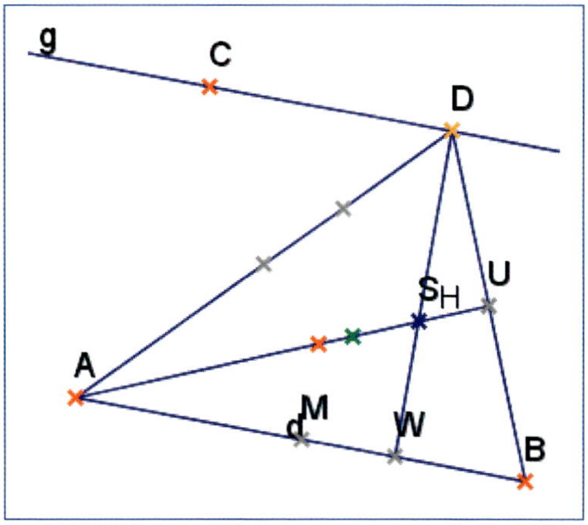

Projekt „Dynamische Diagramme"

Das Zeichnen von Kreissektoren

Zur Erstellung eines Kreisdiagramms ist in einem gegebenen Kreis ein Kreissektor mit dem Zentriwinkel α einzuzeichnen. Es bieten sich mehrere Lösungsvarianten an:

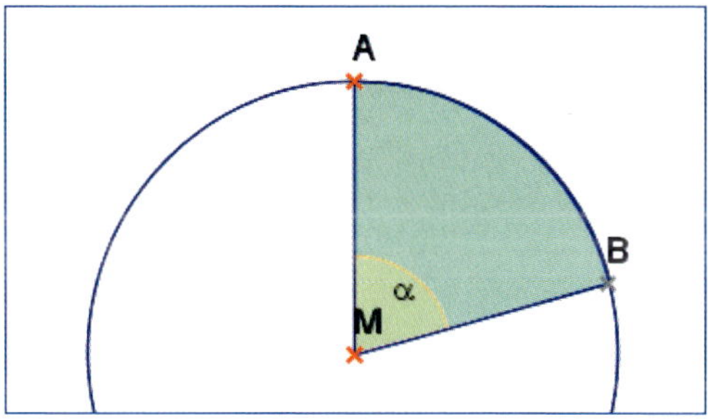

Variante 1 verwendet das Menü „Winkel (Größe eingeben)". Dazu sind zunächst der Scheitelpunkt M und der Punkt A auf dem ersten Schenkel anzuklicken. Anschließend öffnet sich das Eingabefenster.

Dort ist entweder die Maßzahl der Winkelgröße im Gradmaß oder ein Ausdruck zur Berechnung der Winkelgröße einzutragen. Die Koordinaten des Punktes B werden vom Programm automatisch berechnet und B als (x, y)-Punkt eingezeichnet.

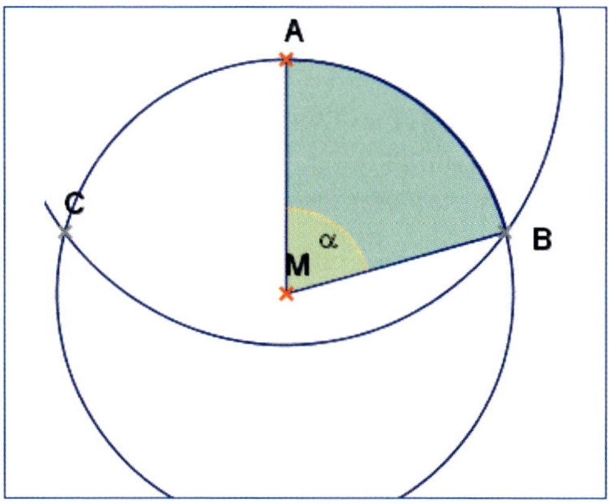

In Variante 2 entsteht B als einer der beiden Schnittpunkte eines Kreises um A mit dem Kreis um M. Der Kreis um A wird mit dem Menü „Kreis (Radius eingeben)" erzeugt. Dazu ist zunächst der Mittelpunkt A anzuklicken. Im Eingabefenster ist dann der Radius einzugeben. In diesem Fall ist der Radius im Eingabefenster durch einen Ausdruck zu seiner Berechnung anzugeben. Da der gesuchte Punkt B mit M und A ein gleichschenkliges Dreieck bildet und die Länge der Seite $\overline{AB}$ unbekannt ist, kann diese beispielsweise mit dem Kosinussatz nach der Gleichung

$\overline{AB}^2 = \overline{AM}^2 + \overline{BM}^2 - 2 \cdot \overline{BM} \cdot \overline{AM} \cdot \cos\alpha$ berechnet werden. Für $\alpha = 75°$ lautet der Ausdruck:

Sqrt(2*Dist(A,M)^2-2*Dist(A,M)^2*Cos(75/180*Pi))

Nachdem B nach einer der beiden Varianten eingezeichnet worden ist, wird der Kreissektor mithilfe des Menüs „Kreissektor“ markiert. Das Menü „Direkthilfe“ bietet dafür in der Unterkategorie des Ordners „Objekte“ die folgende Information:

> **Erzeugen eines Kreissektors**
>
> Benötigte Objekte:
>
> - Punkt (Mittelpunkt)
> - Punkt (Bogenanfang auf dem 1. Schenkel)
> - Punkt (Bogenende, das den Winkel festlegt)

Die benötigten Objekte müssen in der angegebenen Reihenfolge angeklickt werden. Automatisch werden dann der Kreisbogen, der Endpunkt des Kreisbogens, die Strecken $\overline{AM}$ und $\overline{BM}$ und die Füllung erzeugt. Der erzeugte Kreisbogen verläuft von dem als Bogenanfang angeklickten Punkt zu dem als Bogenende angeklickten Punkt in der dem Uhrzeigersinn entgegengesetzten Richtung. Der neu erzeugte Endpunkt des Kreisbogens ist hier ohne Bedeutung und kann wieder versteckt werden. Die Markierung des Winkels erfolgt mit dem Menü „Winkel markieren“.

Vergleicht man beide Varianten, so scheint zunächst Variante 1 weniger aufwendig zu sein. Intern läuft jedoch eine aufwendige Berechnung der Koordinaten von B ab. Bei mehreren Kreissektoren und veränderlichen Winkelgrößen für die Zentriwinkel kann daraus je nach Leistungsfähigkeit des PCs ein Problem werden. Variante 2 umgeht dieses Problem, da nur der Rechenschritt bei der Anwendung des Kosinussatzes erforderlich ist.

Berechnungen mithilfe von Winkelfunktionen

Für die Berechnung von *Seitenlängen* in Dreiecken kann man die Funktionen Sinus, Kosinus und Tangens nutzen. Im Programm GEONExT werden in Termen die Bezeichnungen Sin, Kos und Tan verwendet. Wie im vorhergehenden Beispiel ersichtlich ist, muss der Winkel im Bogenmaß angegeben werden. Sind hingegen *Winkelgrößen* in Dreiecken zu ermitteln, so stehen für die Terme die Funktionen ASin, ACos und ATan zur Verfügung. Als Ergebnisse werden Winkelgrößen im Bogenmaß berechnet, d. h. bei Bedarf müssen diese noch in das Gradmaß umgerechnet werden.

Das Gestalten veränderlicher Säulendiagramme

Säulendiagramme werden verwendet, um absolute oder relative Häufigkeiten zu veranschaulichen. Die standardisierte Erzeugung von Säulendiagrammen ist mit einem Tabellenkalkulationsprogramm möglich.

Die Erstellung eines Säulendiagramms mit GEONExT bietet hingegen die Möglichkeit, die Säulen im Nachhinein dynamisch verändern zu können. Der Betrachter kann dann beobachten, wie sich diese Veränderungen auswirken.

Folgende Anforderungen sollten erfüllt sein:

1. Die Säulen stehen auf der x-Achse des Koordinatensystems.
2. Alle Säulen haben die gleiche Breite und überlappen sich nicht.
3. Die Höhen der Säulen sind veränderbar.
   Sollen relative Häufigkeiten dargestellt werden, müssen die Höhen der Säulen stufenlos zwischen 0 und 1 verstellbar sein.
   Die Summe der Höhen aller Säulen muss gleich 1 sein.
   Sollen absolute Häufigkeiten dargestellt werden, müssen die Eigenschaften der Zeichenfläche so eingestellt werden, dass als Säulenhöhen nur natürliche Zahlen auftreten.

Darstellung der absoluten Häufigkeiten der Noten einer Klassenarbeit

Wie der Neubau eines Hauses muss das Säulendiagramm zunächst als „Rohbau" errichtet werden. Als „Fahrstuhlschächte" fungieren die sechs Halbgeraden. Die Punkte A1 bis A6 werden als Startpunkte für die Halbgeraden benötigt. Durch die Punkte B1 bis B6 wird die Richtung der Halbgeraden festgelegt. Alle sichtbaren Punkte können als (x, y)-Punkte eingezeichnet werden.

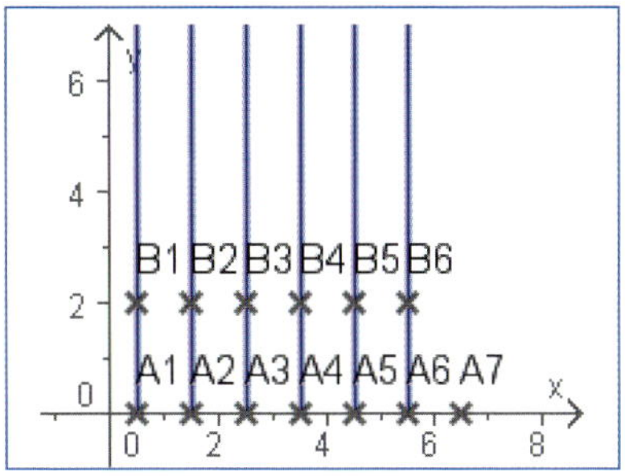

Wie beim Ausbau eines Rohbaus zum bezugsfertigen Haus sind nun noch weitere Bauteile einzubauen und alle störenden Details des Rohbaus zu verdecken.
Jede der Säulen kann nun durch das Bewegen des gelb dargestellten Gleiters in ihrer Höhe verändert werden. Wie Fahrstühle im Fahrstuhlschacht können nun die Gleiter auf den versteckten Halbgeraden bewegt werden. Damit sie nur in den Etagen halten können, müssen die Eigenschaften der Zeichenfläche entsprechend angepasst werden.

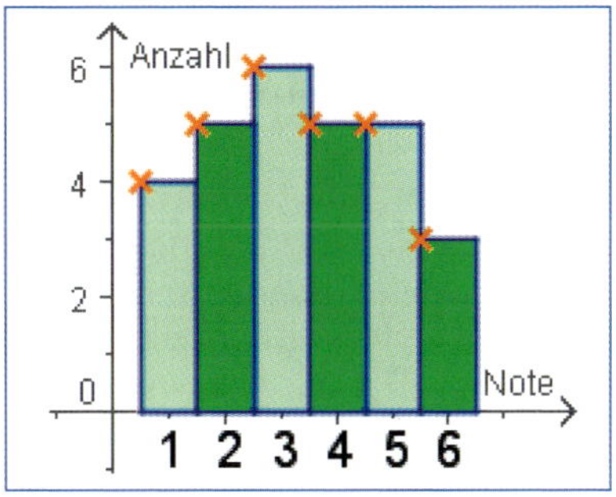

Aufgaben

1. Öffne eine neue Zeichenfläche, zeichne einen freien Punkt ein und benenne ihn mit M!

a) Zeichne einen abhängigen Punkt A ein, der genau drei Längeneinheiten senkrecht oberhalb von M liegt, und zeichne anschließend durch A einen Kreis mit dem Mittelpunkt M! Speichere die Datei unter dem Namen kreis.gxt ab!

b) Zeichne in den Kreis einen Kreissektor mit einem Zentriwinkel von 75° ein! Verwende dazu das Menü  „Winkel (Größe eingeben)", um einen Punkt B auf dem Kreis zu erzeugen, und anschließend das Menü  „Kreissektor", um den Kreissektor zu markieren! Mit GEONExT kann man Winkel messen. Prüfe, ob der Zentriwinkel ∢BMA tatsächlich die Größe von 75° hat!

c) Ersetze die Füllfarbe des markierten Kreissektors durch einen anderen selbst gewählten Farbton! Verwende das Menü  „Objekteigenschaften"!

2. Öffne die Datei kreis.gxt!

a) Zeichne in den Kreis einen Kreissektor mit dem Zentriwinkel von 75° ein!
Verwende nun das Menü  „Kreis (Radius eingeben)", um einen Kreis um A zu konstruieren! Trage in das Feld, in das der Radius einzugeben ist, einen Term zu seiner Berechnung mithilfe des Kosinussatzes ein!

b) Zeichne einen weiteren Kreissektor mit einem Zentriwinkel von 115° in den Kreis ein!
Der neue Kreissektor soll an den Kreissektor aus Aufgabe a) im Uhrzeigersinn direkt anschließen.

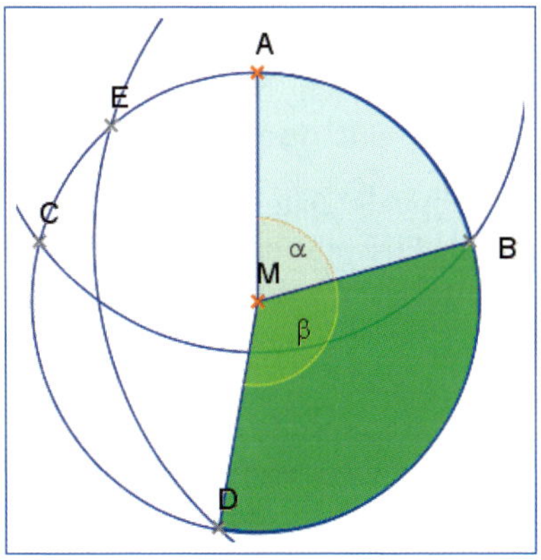

3. a) Öffne eine neue Zeichenfläche und errichte ein veränderliches Säulendiagramm mit sechs Säulen im „Rohbau"!
b) Stelle im Menü „Eigenschaften der Zeichenfläche" für die Datei die Schriftgröße 18 ein!
c) Stelle durch das Anklicken des Feldes „Verkleinern" einen Zoom von 80 % ein!
d) Stelle in der Kategorie „Koordinatensystem" des Menüs „Eigenschaften der Zeichenfläche" für beide Achsen jeweils 25 Pixel pro Einheit ein und blende bei der x-Achse die Beschriftung aus!
e) Aktiviere die Option „Einrasten" und speichere die Datei unter dem Namen rohbau.gxt ab!

4. Öffne die Datei rohbau.gxt!
a) Verstecke die Punkte B1 bis B6!
b) Zeichne auf jeder der sechs Halbgeraden einen Gleiter ein! Bezeichne die Gleiter mit H1 bis H6! Stelle zunächst die Notenverteilung entsprechend der nebenstehenden Tabelle ein!

Note	1	2	3	4	5	6
Anzahl	3	5	6	5	3	2

c) Verstecke die sechs Halbgeraden!
d) Errichte die erste Säule! Ergänze dazu die Punkte A1, A2 und H1 zu einem Rechteck! Bezeichne den abhängigen Punkt, welcher den vierten Eckpunkt der ersten Säule bildet, mit H1'!
Das Einzeichnen des Punktes H1' kann beispielsweise mit dem Menü „Parallelogrammpunkt" vorgenommen werden. Finde heraus, in welcher Reihenfolge die Punkte A1, A2 und H1 angeklickt werden müssen, damit sie mit H1' tatsächlich ein Rechteck bilden!
e) Verbinde A1, A2, H1' und H1 zu einem Rechteck! Verwende das Menü „Polygon"! Zunächst müssen die vier Eckpunkte in der richtigen Reihenfolge angeklickt werden.
Anschließend ist ein Mausklick auf den zuerst hervorgehobenen Eckpunkt notwendig, bevor das Rechteck mit seinen vier Seiten und einer farbigen Füllung automatisch fertiggestellt wird.
f) Verstecke die Punkte A1 und H1' und blende von H1 den Namen aus!
Speichere die Datei unter dem Namen saeule1.gxt ab!

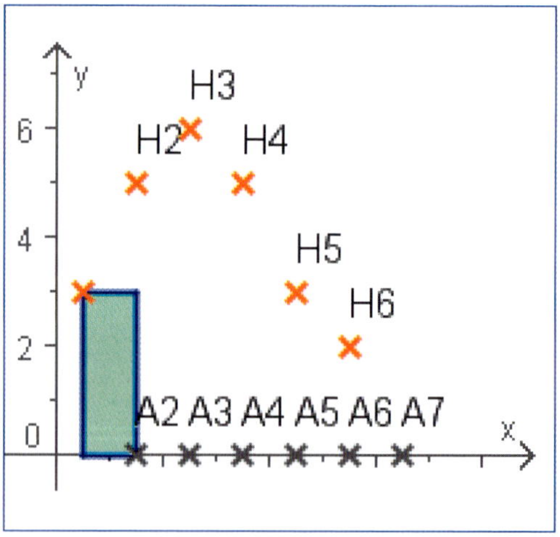

5. Öffne die Datei saeule1.gxt!
a) Errichte analog den Aufgabenteilen 4 d) – f) die anderen fünf Säulen des Diagramms!
b) Gestalte die Füllung der Säulen so, dass benachbarte Säulen in deutlich unterscheidbaren Füllfarben dargestellt werden!
c) Beschrifte die Säulen jeweils an ihrer Unterkante!
Erzeuge die entsprechende Note mit dem Menü „Text und Berechnung" als Textelement und verschiebe dieses dann an die gewünschte Position!
Speichere die Datei unter dem Namen saeulendiagramm.gxt ab!

6. Öffne die Datei saeulendiagramm.gxt!

a) Zeichne die Punkte M(–4; 4) und A(–4; 7) als (x; y)-Punkte ein und zeichne einen Kreis durch A mit dem Mittelpunkt M!

b) Konstruiere einen abhängigen Punkt B auf dem Kreis, sodass die Strecken $\overline{MA}$ und $\overline{MB}$ den Sektor für die relative Häufigkeit der Note 1 im Kreisdiagramm begrenzen!
Zeichne dazu mit dem Menü „Kreis (Radius eingeben)“ einen Kreis um A!
Trage in das Feld, in das der Radius einzugeben ist, einen Term zu seiner Berechnung mithilfe des Kosinussatzes ein!
Hinweis: Im Unterschied zur Eingabe in Aufgabe 2 a) ist anstelle der konstanten Größe des Zentriwinkels ein Term zu seiner Berechnung aus den Säulenhöhen einzugeben.

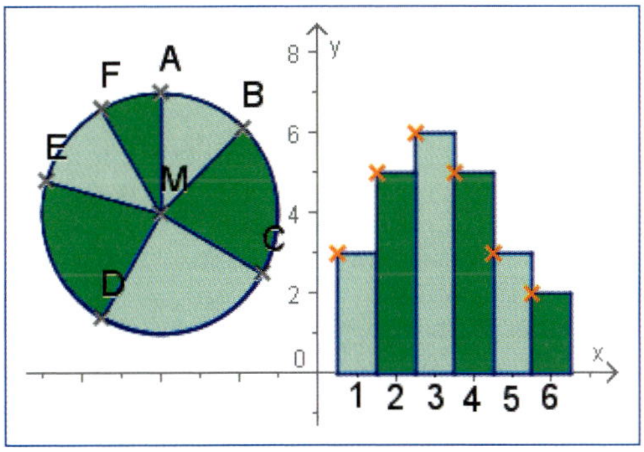

c) Erzeuge aus den Punkten M, B und A den ersten Sektor für das Kreisdiagramm!

d) Entscheide, welche Objekte nach dem Einzeichnen des ersten Kreissektors nicht mehr benötigt werden und verstecke sie!

e) Erzeuge die restlichen Sektoren des Kreisdiagramms analog dem ersten Sektor!

f) Gestalte die Füllung der Kreissektoren so, dass jeder Sektor im gleichen Farbton gefärbt ist wie die dazugehörige Säule!
Speichere die Datei unter dem Namen diagramme.gxt ab!

7. Öffne die Datei diagramme.gxt!

a) Wie lassen sich aus dem Kreisdiagramm der Zentralwert $\tilde{x}$, der 25-%-Wert v_1 und der 75-%-Wert v_2 ablesen?

b) Verändere die Notenverteilung im Säulendiagramm so, dass im Kreisdiagramm die folgenden Werte abgelesen werden können:
I: $\tilde{x} = 3$; $v_1 = 2$; $v_2 = 5$ II: $\tilde{x} = 2{,}5$; $v_1 = 2$; $v_2 = 4$ III: $\tilde{x} = 3$; $v_1 = 1{,}5$; $v_2 = 4{,}5$

8. Öffne die Datei diagramme.gxt!

a) Stelle die Notenverteilung im Säulendiagramm entsprechend der nebenstehenden Tabelle ein!

Note	1	2	3	4	5	6
Anzahl	1	3	10	3	2	1

b) Prüfe, ob der Zentriwinkel des dritten Sektors im Kreisdiagramm richtig angezeigt wird!

c) Zwei Schüler haben die Klausur nachgeschrieben und erhalten ebenfalls die Note 3. Füge diese Veränderung in das Säulendiagramm ein!

d) Prüfe erneut, ob die durch das Säulendiagramm gegebene Notenverteilung im Kreisdiagramm richtig abgebildet wird!

e) Beschreibe, welche Abweichungen sich nun im Kreisdiagramm ergeben!

* f) Worin besteht die Ursache für diese Abweichungen?

9. Öffne die Datei diagramme.gxt!

a) Zeichne die Punkte P(0,5; –2), Q(6,5; –2), R(6,5; –4) und S(0,5; –4) ein und verbinde Sie zu einem Rechteck!

b) Erstelle im Rechteck PQRS ein dynamisches Streifendiagramm, in dem die Länge der einzelnen Blöcke aus den Höhen der Säulen im Säulendiagramm berechnet wird!

5.2 Lineare Optimierung

In der Wirtschaft oder in der Verwaltung treten komplexe Probleme auf, welche mittels mathematischer Methoden und Modelle beschrieben und bearbeitet werden müssen. Dabei geht es z. B. um Kenngrößen in Produktionsprozessen wie Stückzahlen, Weglängen bei Logistikunternehmen, maximale Gewinne bei minimalen Kosten, Arbeitszeitminimierung in Verwaltungen.

Lassen sich diese Prozesse durch lineare Gleichungen und lineare Ungleichungen beschreiben, so handelt es sich um die **lineare Optimierung.**
Mit linearen Gleichungen und Gleichungssystemen haben wir uns bereits beschäftigt.

Ungleichungen, in denen zwei Variable jeweils in der ersten Potenz auftreten, heißen lineare **Ungleichungen mit zwei Variablen.**

B $x + y \leq 10;$ $-2x + 3y < -3;$ $\frac{2}{3}x - y < 1 + 2y;$ $x, y \in \mathbb{R}$

Die Lösungsmenge einer solchen Ungleichung mit zwei Variablen ist ein Menge geordneter Zahlenpaare. Diese Menge lässt sich grafisch ermitteln, indem man das Ungleichheitszeichen durch ein Gleichheitszeichen ersetzt, die entstandene Gleichung als Funktionsgleichung einer linearen Funktion auffasst und ihren Graphen zeichnet.

B

Ungleichung:	$x + y \leq 3$	$2x + y > 3$
Übergang zur Gleichung:	$x + y = 3$	$2x + y = 3$
Auffassen der Gleichung als Funktionsgleichung und Umstellen nach y:	$y = -x + 3$ $y \leq x + 3$	$y = -2x + 3$ $y > -2x + 3$

Zeichnen des Funktionsgraphen und Bestimmen der Lösungsmenge:

Zur Lösungsmenge der Ungleichung gehören je nach Art des Ungleichheitszeichens die Punkte der Geraden sowie die Punkte oberhalb oder unterhalb der Geraden.

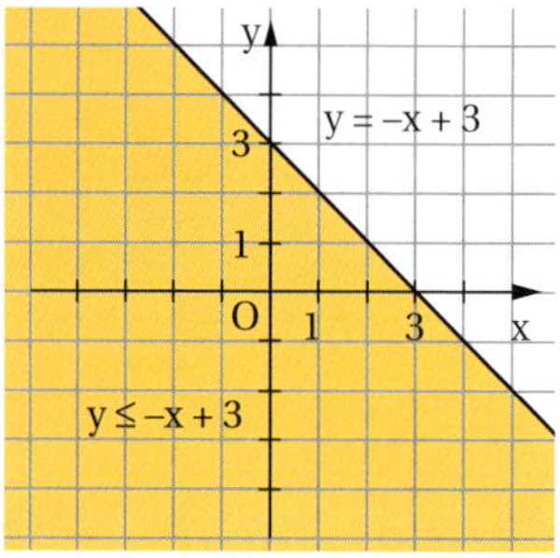

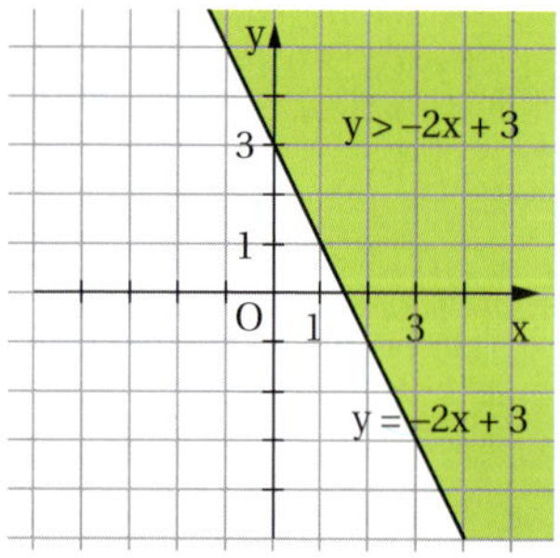

Mehrere Ungleichungen mit denselben zwei Variablen bilden ein Ungleichungssystem.
Die Lösungsmenge eines Ungleichungssystems kann grafisch als Durchschnitt der Lösungsmengen der einzelnen Ungleichungen ermittelt werden (gelbgrüne untere Fläche).

I: $x + y \leq 3;$ $y \leq -x + 3$
Funktionsgleichung
$y = -x + 3$

II: $-x + y \leq 1;$ $y \leq x + 1$
Funktionsgleichung
$y = x + 1$

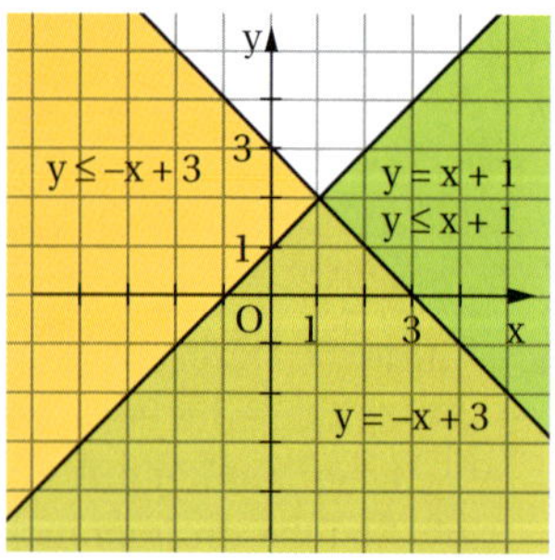

Ungleichungssysteme mit zwei Variablen treten bei Sachaufgaben auf, wenn für zwei Größen mehrere einschränkende Bedingungen gegeben sind.

B

Eine Bäckerei beliefert täglich zwei Großkunden mit Broten. Die Tagesproduktion der Bäckerei beträgt maximal 2500 Brote. Der Kunde 2 (K 2) benötigt immer mindestens 1000 Brote und Kunde 1 (K 1) mindestens 500 Brote. Der Bedarf von Kunde 2 ist immer mindestens doppelt so groß wie der von Kunde 1.

Sind a_1 und a_2 die Anzahlen der Brote, die an Kunde 1 bzw. an Kunde 2 geliefert werden, so ergeben sich aus den Bedingungen folgende Ungleichungen und entsprechende Gleichungen:

I:	$a_1 + a_2 \leq 2500$	(maximale Tagesproduktion)	Gleichung: $a_2 = 2500 - a_1$
II:	$a_2 \geq 2 \cdot a_1$	(K 2 mindestens doppelt so viel wie K 1)	Gleichung: $a_2 = 2 \cdot a_1$
III:	$a_2 \geq 1000$	(Mindestbedarf von K 1)	Gleichung: $a_2 = 1000$
IV:	$a_1 \geq 500$	(Mindestbedarf von K 2)	Gleichung: $a_1 = 500$

Die Lösungsmenge dieses Systems ist die orange gekennzeichnete Punktmenge.
Es sind nur Punkte mit ganzzahligen Koordinaten von Interesse, da nur ganze Brote geliefert werden.
Punkte mit ganzzahligen Koordinaten heißen **Gitterpunkte.**

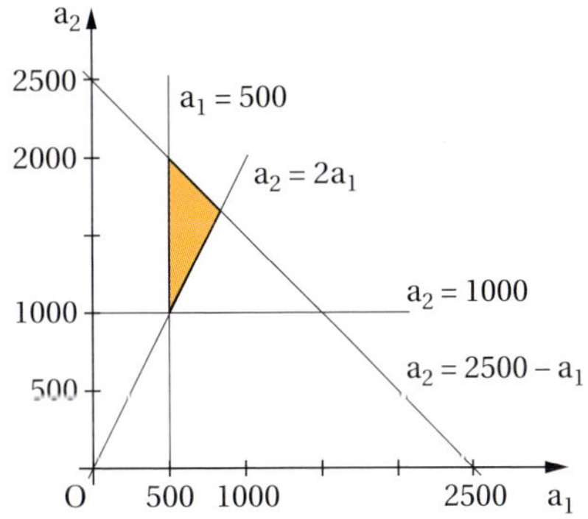

Wenn die Bäckerei mit einem Brot bei Kunde 1 einen Gewinn von 0,20 € und bei Kunde 2 einen Gewinn von 0,08 € erzielt, so beträgt der Gesamtgewinn G (in Euro):

$G = 0{,}2a_1 + 0{,}08a_2$

Für jedes Paar $(a_1; a_2)$ der Lösungsmenge kann der Gewinn berechnet werden, z.B. beträgt der Gewinn für $a_1 = 700$ und $a_2 = 1600$

$G = 0{,}2 \cdot 700 + 0{,}08 \cdot 1600 = 268$

Um den maximal möglichen Gewinn zu ermitteln, kann die Gleichung

$G = 0{,}2a_1 + 0{,}08a_2$

als Funktionsgleichung aufgefasst werden:

$a_2 = -\frac{0{,}2}{0{,}08} a_1 + \frac{G}{0{,}08} = -2{,}5\, a_1 + 12{,}5G$

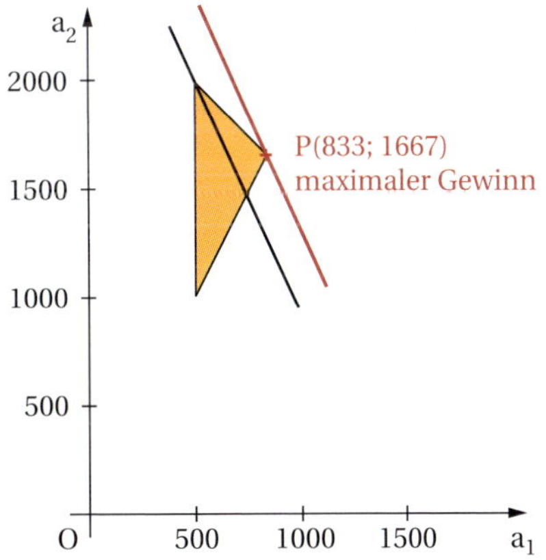

Alle Graphen für diese Gleichung sind parallel zueinander, da sie alle den Anstieg −2,5 haben. Sie schneiden alle die y-Achse im Punkt (0; G).
Der Gewinn wird also maximal, wenn die Gerade möglichst weit in Richtung der y-Achse verläuft und dabei noch mindestens einen Punkt der Lösungsmenge enthält. Dies kann grafisch durch Probieren ermittelt werden.
Da nur Gitterpunkte in Frage kommen, ergeben sich als optimale Stückzahlen $a_1 = 833$ und $a_2 = 1667$ mit einem maximalen Gewinn von 299,96 €.

B Eine Fabrik produziert Snowboards und Carvingski. Sie arbeitet im Drei-Schicht-System. Es stehen damit 24 Stunden Arbeitszeit, durch technologische Gegebenheiten aber nur 18 Stunden lang die Maschinen zur Verfügung. Die Herstellung eines Snowboards erfordert zwei Stunden Arbeitszeit und eine Stunde Maschinenzeit. Bei der Produktion von einem Paar Carvingski braucht man ebenfalls zwei Stunden Arbeitszeit, die Maschinen werden aber zwei Stunden verwendet.

Der Reingewinn für ein Snowboard liegt bei 120 €, der für ein Paar Carvingski bei 180 €. Welche Stückzahlen sind zu produzieren, damit der Reingewinn maximal ausfällt?

Um die Aufgabe zu lösen, benötigen wir als erstes eine sogenannte Zielfunktion. Mit dieser Funktion wird die unmittelbare Fragestellung beschrieben, hier also der Gewinn.

$z = f(x; y) = 120x + 180y$

Nun müssen wir die Nebenbedingungen mathematisch erfassen, ein Ungleichungssystem aufstellen.

$2x + 2y \leq 24$ $\quad$ $x + 2y \leq 18$

$x \geq 0$ Nichtnegativität von x $\quad$ $y \geq 0$ Nichtnegativität von y

Stellt man jetzt alle Ungleichungen in ein und demselben x-y-Koordinatensystem dar, so ist die Lösungsmenge des Ungleichungssystems die Schnittmenge der einzelnen Halbebenen (Durchschnitt dieser Halbebenen). Die Lösungsmenge bezeichnet man als den Lösungsbereich.

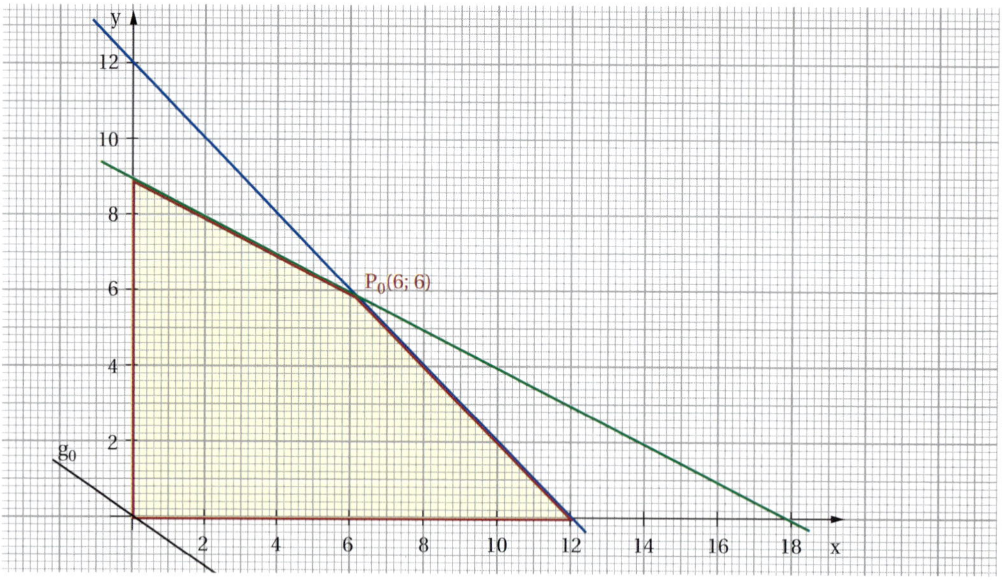

Lösungsbereich:	$2x + 2y \leq 24$;	aus	$x = 0$	folgt	$y = 12$
		aus	$y = 0$	folgt	$x = 12$
	$1x + 2y \leq 18$;	aus	$x = 0$	folgt	$y = 9$
		aus	$y = 0$	folgt	$x = 18$

Nun wird von der Zielfunktion z =f(x; y) = 120x + 180y zur Gleichung 120x + 180y = 0 übergegangen, indem für z = 0 eingesetzt wird.
Die Zielfunktion kann grafisch als eine Gleichung einer Ebene E im xyz-Koordinatensystem aufgefasst werden. Die Gleichung 120x + 180y = 0 beschreibt dann die Schnittgerade der Ebene mit der xy-Ebene.
g_0: $y= -\frac{120}{180}x = -\frac{2}{3}\,x$ ist eine Gleichung einer Geraden, die durch den Koordinatenursprung verläuft. Jetzt muss die Gerade g_0 so lange zu sich selbst parallel verschoben werden, bis die verschobene Gerade nur noch einen Punkt (oder eine Kante) des Lösungsbereichs enthält. Das ist hier für den Punkt P_0 der Fall. Der Schnittpunkt hat die Koordinaten x = 6 und y = 6.
Für diesen Punkt hat die Ebene E bei senkrechter Projektion auf die xy-Koordinatenebene den größten Abstand vom Lösungsbereich.
Der maximale Gewinn liegt dann bei z = f(6; 6) = 6 · 120 € + 6 · 180 € = 1 800 €.

Wir können also folgende Antwort formulieren. Bei den hier angegebenen Produktionsbedingungen kann ein maximaler Gewinn von 1800 € erwirtschaftet werden.

Weitere Beispiele für Optimierungsprobleme könnten folgende Sachverhalte sein:

- minimale Erschließungskosten bei neuen Wohnsiedlungen,
- maximale Lebensdauer eines Produkts,
- minimaler Energieverbrauch,
- maximale Auslastung von Produktionsanlagen,
- minimale Transportwege (z. B. bei Möbelhäusern),

Welche zwei grundlegende Fragestellungen unterscheidet man bei Optimierungsproblemen? Nenne weitere Optimierungsprobleme! Informiere dich im Internet oder frage deine Eltern!

Lineare Optimierung 1. Beispiel			
	y1 = –x + 12	y2 = –0,5x + 9	y3 Zielfunktion
–2	14	10	1,333333333
–1	13	9,5	0,666666667
0	12	9	0
1	11	8,5	–0,66666667
2	10	8	–1,33333333
3	9	7,5	–2
4	8	7	–2,66666667
5	7	6,5	–3,33333333
6	6	6	–4
7	5	5,5	–4,66666667
8	4	5	–5,33333333
9	3	4,5	–6
10	2	4	–6,66666667
11	1	3,5	–7,33333333

Zur Lösung dieses linearen Optimierungsproblems kann man auch eine Tabellenkalkulation, einen GTR oder ein Computer Algebra System verwenden.

In der Abbildung ist eine Tabellenkalkulation mit Diagramm dargestellt. Bei einer günstigen Wahl der Argumente sind die Koordinaten des Schnittpunktes direkt in der Liste sichtbar.

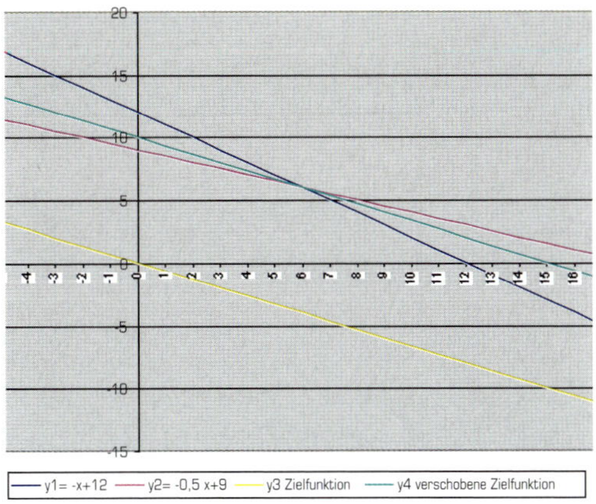

B Ein Betrieb zur Herstellung von Fertiggerichten für Fluggesellschaften soll möglichst preiswerte Mahlzeiten herstellen. Diese Gerichte sollen gewissen Diätanforderungen genügen, dass heißt, sie müssen bestimmte Mindestmengen an verschiedenen Mineralstoffen enthalten.

Der Mineralstoff S_1 ist zu $\frac{4\,\text{mg}}{100\,\text{g}}$ im Gemüse und zu $\frac{2\,\text{mg}}{100\,\text{g}}$ im Fleisch enthalten. Für den Mineralstoff S_2 gelten $\frac{1\,\text{mg}}{100\,\text{g}}$ im Gemüse und $\frac{2\,\text{mg}}{100\,\text{g}}$ im Fleisch. Der Mineralstoff S_3 ist dagegen nur zu $\frac{1\,\text{mg}}{100\,\text{g}}$ im Fleisch enthalten.

Die Gerichte sollen mindestens $\frac{24\,\text{mg}}{100\,\text{g}}$ vom Mineralstoff S_1, mindestens $\frac{14\,\text{mg}}{100\,\text{g}}$ von S_2 und mindestens $\frac{4\,\text{mg}}{100\,\text{g}}$ vom Mineralstoff S_3 enthalten. Die Kosten belaufen sich wie folgt: 100 g Gemüse kosten 0,20 € und 100 g Fleisch kosten 0,40 €.

Wie muss die Zusammensetzung gewählt werden, damit die Kosten minimiert werden?

Zielfunktion: $z = f(x; y) = 0{,}2x + 0{,}4y$

Nebenbedingungen:
$4x + 2y \geq 24$
$1x + 2y \geq 14$
$0x + 1y \geq 4$ $\quad x \geq 0 \quad y \geq 0$

Lösungsbereich:
$4x + 2y \geq 24$ aus $x = 0$ folgt $y = 12$
aus $y = 0$ folgt $x = 6$
$1x + 2y \geq 14$ aus $x = 0$ folgt $y = 7$
aus $y = 0$ folgt $x = 14$
$0x + 1y \geq 4$ daraus folgt $y = 4$

Übergang von der Zielfunktion $z = f(x; y) = 2x + 4y$ zur Gleichung $0 = 2x + 4y$.
Daraus folgt $y = -\frac{2}{4}x = -0{,}5x$.

Das Optimum liegt auf der Kante zwischen den Punkten $P_1(\frac{10}{3}; \frac{16}{3})$ und $P_2(6; 4)$.

Das Kostenminimum liegt somit bei

$z = f(6; 4) = 0{,}2\,€ \cdot 6 + 0{,}4\,€ \cdot 4 = 2{,}80\,€$

bzw.

$z = f(\frac{10}{3}; \frac{16}{3})$

$z = 0{,}2\,€ \cdot \frac{10}{3} + 0{,}4\,€ \cdot \frac{16}{3}$

$z = 2{,}80\,€.$

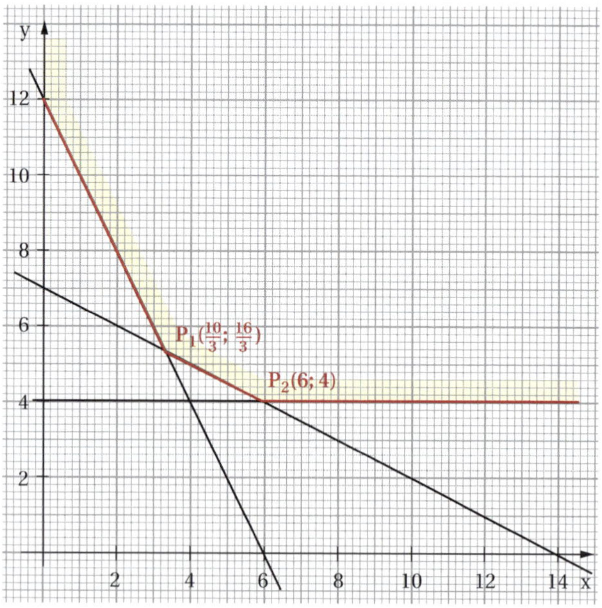

B

In der Wintersportregion von Oberwiesenthal möchte eine Jugendherberge neue Snowboards anschaffen, damit den Bedürfnissen der Jugendlichen noch mehr entsprochen werden kann. Insgesamt sollen mindestens 20, aber nicht mehr als 30 Snowboards gekauft werden. Die Wahl fiel auf zwei unterschiedliche Typen, den so genannten Allroundboards und den Speedboards. Ein Allroundboard kostet mit Bindung 340 € und ein Speedboard mit Bindung hat einen Stückpreis von 250 €. Es sollen mindestens acht Speedboards, aber höchstens sechs mehr als Allroundboards angeschafft werden, das ergaben Untersuchungen.
Welche Stückzahlen müssen gekauft werden, damit der Anschaffungspreis minimal gehalten werden kann?

$x \mathrel{\widehat{=}}$ Allroundboards; $y \mathrel{\widehat{=}}$ Speedboards

Zielfunktion: $z = f(x; y) = 340x + 250y$

Nebenbedingungen:

$$x + y \geq 20$$
$$x + y \leq 30$$
$$y \geq 8$$
$$y \leq 6 + x$$
$$x \geq 0$$

Lösungsbereich:	$x + y \geq 20$	aus	$x = 0$	folgt	$y = 20$
		aus	$y = 0$	folgt	$x = 20$
	$x + y \leq 30$	aus	$x = 0$	folgt	$y = 30$
		aus	$y = 0$	folgt	$x = 30$
	$y \leq 6 + x$	aus	$x = 0$	folgt	$y = 6$
		aus	$y = 0$	folgt	$x = -6$

Übergang von der Zielfunktion $z- f(x; y) - 340x + 250y$ zur Gleichung $0 - 340x + 250y$.
Daraus folgt $y = -\frac{340}{250}x \approx -1{,}36x$.

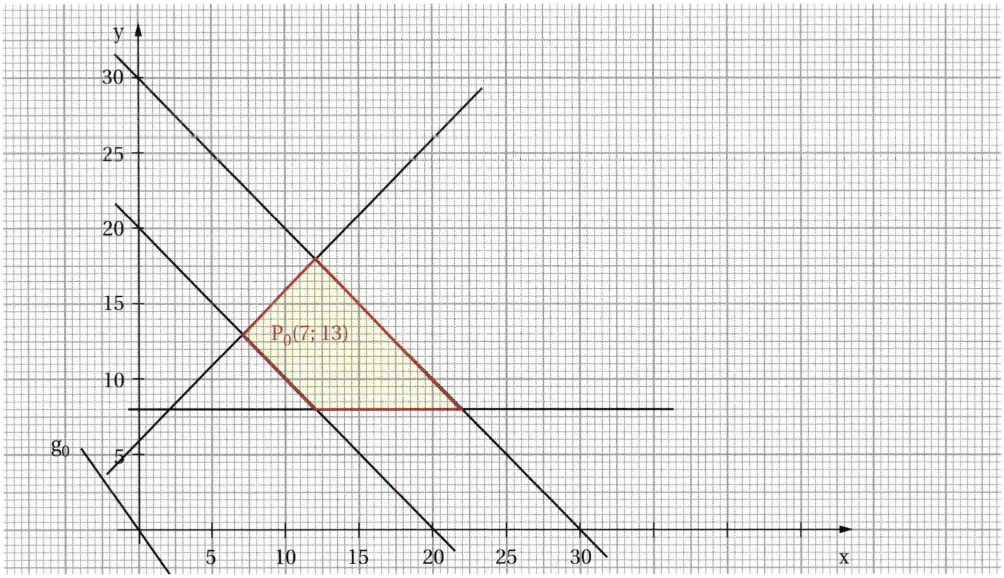

Das Optimum liegt im Punkt $P_0(7; 13)$.
Es handelt sich bei dem Kostenminimum um $z = f(7; 13) = 340\text{ €} \cdot 7 + 250\text{ €} \cdot 13 = 5\,630\text{ €}$.

Aufgaben

1. In einer Firma sollen zwei unterschiedliche Erzeugnisse E_1 und E_2 bei einem maximalen zu erzielenden Gewinn produziert werden. Für die Produktion des Erzeugnisses E_1 werden 3 h Maschinenzeit und für E_2 5 h veranschlagt. Außerdem müssen zusätzlich Lohnkosten eingeplant werden. Für E_1 handelt es sich dabei um 30 € und für E_2 um 15 €. Der Gewinn beträgt bei E_1 7 € pro Stück und bei E_2 nur 5 € pro Stück. In einem bestimmten Zeitraum stehen für die Produktion 3 000 h Maschinenzeit und 15000 € Lohnkosten zur Verfügung. Mit welchen Stückzahlen von E_1 und E_2 wird in diesem Beispiel der maximale Gewinn erwirtschaftet, wenn man unterstellt, dass alle Erzeugnisse verkauft werden?

2. Ein Schulbuchverlag will zwei verschiedene Bücher B_1 und B_2 drucken und dabei größtmögliche Einnahmen erwirtschaften. Es sollen dafür höchstens 1 800 kg Papier verwendet werden. Für das Buch B_1 werden 0,4 kg und für das Buch B_2 0,6 kg benötigt. Der Bedarf wurde anhand von Bestellzahlen bei Buch B_1 mit 3500 Exemplaren und bei Buch B_2 mit 2500 Exemplaren ermittelt.
Mit welchen Auflagenhöhen kann der Verlag die höchsten Einnahmen erzielen, wenn das Buch B_2 dreimal so teuer wie das Buch B_1 ist?

3. Ein Schiff soll zwei unterschiedliche Waren von Rostock nach Petersburg transportieren. Die maximale Last beträgt 10000 t bei einer Laderaumkapazität von 15 000 m^3.
Von der Ware W_1 sind 7000 t vorhanden, wobei ein Laderaum von 1,2 $\frac{m^3}{t}$ benötigt und pro Tonne ein Frachtertrag von 30 € erzielt wird. Für die Ware W_2 gelten folgende Werte: 6500 t vorhanden; 1,6 $\frac{m^3}{t}$ benötigter Laderaum; 45 € Frachtertrag pro Tonne.
Wie viel Tonnen von jeder Ladung muss der Kapitän verfrachten, um einen maximalen Frachtertrag zu erzielen?

4. Durch das folgende Ungleichungssystem und die Zielfunktion ist ein weiteres Optimierungsproblem gegeben:

$4x + y \geq 16$ $\quad x + 3y \geq 15$ $\quad 3x + y \geq 15$ $\quad x \geq 0$ $\quad y \geq 0$

Zielfunktion für ein angestrebtes Minimum: $z = f(x; y) = 18x + 6y + 12$

Gehe bei der Lösung dieses Optimierungsproblems wie bei den vorherigen Beispielen vor! Was unterscheidet diese Aufgabe von den bisherigen Aufgaben? Löse diese Aufgabe!

5. Ein drei- bis vierzügiges Gymnasium möchte jedes Jahr mit den 8. Klassen in ein Zeltlager fahren. Um langfristig Kosten zu sparen, sollen Zelte gekauft werden. Das ortsansässige Sportgeschäft bietet zwei verschiedene Sorten für jeweils 8 und 10 Personen preiswert an. Die Kosten für ein 8-Personen-Zelt belaufen sich auf 150 €, die für ein 10-Personen-Zelt auf 200 €. Von den 8-Personen-Zelten sind noch 10 und von den 10-Personen-Zelten sind nur noch 6 vorrätig. Die Schule hat für die Anschaffung einen Etat von 1 800 € eingeplant.
Wie viele Zelte kann die Schule kaufen, damit eine maximale Anzahl von Schülern in den Zelten schlafen kann? Reichen die Zelte aus oder sollte die Schule für das nächste Jahr noch einen Etat einrichten? Begründe deine Entscheidung!

6. In einer Praxis für Physiotherapie wird der Arbeitsauftrag für eine Angestellte aufgestellt. Sie soll anstehende Moorpackungen und Unterwassermassagen abarbeiten. Für eine Moorpackung benötigt sie 20 min und für eine Unterwassermassage 30 min. An diesem Arbeitstag steht die Angestellte nur für vier Stunden zur Verfügung. Außerdem müssen mindestens zwei Moorpackungen und nicht mehr wie vier Unterwassermassagen durchgeführt werden. Die Anzahl der Unterwassermassagen soll die Anzahl der Moorpackungen nicht übersteigen. Für die Praxis entsteht pro Moorpackung ein Gewinn von 12 € und pro Unterwassermassage erzielt sie 20 €. Welche Anzahl von Moorpackungen und Unterwassermassagen muss die Angestellte durchführen, um einen maximalen Gewinn für die Praxis zu erwirtschaften? Wie hoch ist dieser Gewinn?

7. Eine Firma möchte neue Leasingfahrzeuge anschaffen. Im Gespräch sind die Typen A_1 und A_2. Die monatlichen Leasingraten belaufen sich für A_1 auf 240 € und für A_2 auf 180 €. Die monatlichen Unterhaltskosten wie Versicherungen, Steuern usw. betragen für A_1 120 € und für A_2 150 €. Es sollen mindestens 17 Autos gekauft werden; minimal zwei vom Typ A_1 und mindestens 5 vom Typ A_2. Für die monatliche Leasingrate wird eine maximale Summe von 3 600 € festgelegt.

Welche Stückzahlen der unterschiedlichen Typen können angeschafft werden, wenn die Kosten für die monatlichen Unterhaltungen der Autos minimal sein sollen?

8. Eine Firma baut Computer aus einzelnen Komponenten zusammen. Spezialisiert hat sie sich auf zwei unterschiedliche Typen C_1 und C_2. Für die Produktion von C_1 fallen 30 € und für C_2 50 € Lohnkosten an. Vor der Fertigung müssen die Materialkosten für die Anschaffung der Komponenten aufgebracht werden. Sie betragen für C_1 400 € und für C_2 200 €. Der Gewinn ergibt bei C_1 100 € und bei C_2 80 € pro Stück. In einem bestimmten Zeitraum stehen für die Produktion 16 000 € Lohnkosten und 120 000 € Materialkosten zur Verfügung.

Mit welchen Stückzahlen wird der maximale Gewinn erwirtschaftet, wenn man davon ausgeht, dass alle Computer verkauft werden können?

9. Eine Schule möchte eine Fotoausstellung bei einem Sponsor organisieren. Im Mittelpunkt soll das Lernen in all seinen Formen stehen. Für die Ausstellung werden mindestens 40 aber nicht mehr als 50 Abzüge benötigt, wobei zwei unterschiedliche Größen vorhanden sein sollten. Es handelt sich hierbei um die Formate F_1 (20×30) und F_2 (30×45). Die Kosten für F_1 betragen 5 € und für F_2 7,50 €. Des Weiteren müssen die Rahmen für die Bilder angeschafft werden. Ein Rahmen für die Größe F_1 kostet 30 €. Für Rahmen des Formates F_2 müssen nur 20 € aufgebracht werden, da es sich um sehr günstige Restposten handelt. Von F_2 sollen mindestens 10 aber maximal 4 mehr als von F_1 dabei sein. Welche Stückzahlen müssen angefertigt werden, damit die Anschaffungskosten minimal bleiben?

5.3 Vermessungsprobleme

Mathematische Grundlagen

Vermessungen im Gelände sind notwendig, um exakte maßstäbliche Karten zu erzeugen, mit deren Hilfe die Größe von Ländereien, der Verlauf von Flüssen und Gebirgszügen oder die Entwicklung von Verkehrsnetzen wie Straßenführungen und Bahnstrecken geplant oder genau dargestellt werden können.

In vielen Fällen geht es um das Ausmessen von n-eckigen Flächen und die Berücksichtigung von Höhenunterschieden. Bei der Untersuchung von n-Ecken wird der Sachverhalt benutzt, dass sich diese Flächen in geeignete Dreiecke zerlegen lassen, von denen dann die Streckenlängen und Winkelgrößen bestimmt werden, um die entsprechenden Dreiecke eindeutig maßstabsgerecht konstruieren zu können.

Sind diese Teilflächen nicht direkt messbar (z. B. im unwegsamen Gelände), so werden weitere mathematische Verfahren verwendet.

Anwendung der Ähnlichkeitssätze für Dreiecke bei der Bestimmung von Streckenlängen

Wir betrachten den Ähnlichkeitssatz für Dreiecke über die Verhältnisgleichheit einander entsprechender Seiten. Die Umkehrung dieses Satzes lautet:

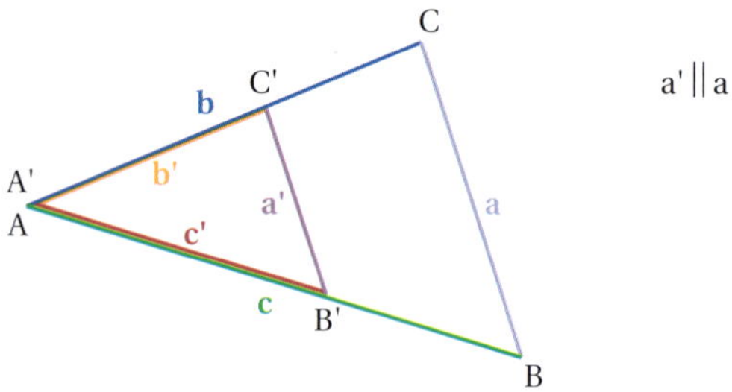

Sind die Dreiecke ABC und A'B'C' zueinander ähnlich, so gilt:

$\frac{c}{c'} = \frac{b}{b'} = \frac{a}{a'}$

Bemerkung:

Die Beziehungen zwischen den entsprechenden Teilen einer Strahlensatzfigur (siehe Abbildung) $\frac{c}{c'} = \frac{b}{b'}$ wird oft auch als 1. Strahlensatz (Beziehungen zwischen Strahlenabschnitten) und $\frac{c}{c'} = \frac{a}{a'}$ als 2. Strahlensatz (Beziehungen zw. Strahlen- und zugehörigen Parallelenabschnitten) bezeichnet.

B

① Gegeben: c = 6 cm, c' = 4 cm, b' = 3 cm

Gesucht: b

Lösung: $\frac{c}{c'} = \frac{b}{b'}$

$b = \frac{c \cdot b'}{c'}$

$b = \frac{6\,\text{cm} \cdot 3\,\text{cm}}{4\,\text{cm}}$

$b = 4{,}5\,\text{cm}$

② Gegeben: c = 6 cm, c' = 4 cm, a' = 2 cm

Gesucht: a

Lösung: $\frac{c}{c'} = \frac{a}{a'}$

$a = \frac{c \cdot a'}{c'}$

$a = \frac{6\,\text{cm} \cdot 2\,\text{cm}}{4\,\text{cm}}$

$a = 3\,\text{cm}$

Aufgaben

1. Berechne die Länge der Strecke $\overline{AB}$!

$\overline{DE} = 45$ m $\qquad \overline{CD} = 20$ m

$\overline{CF} = 20$ m $\qquad \overline{BC} = 3$ m

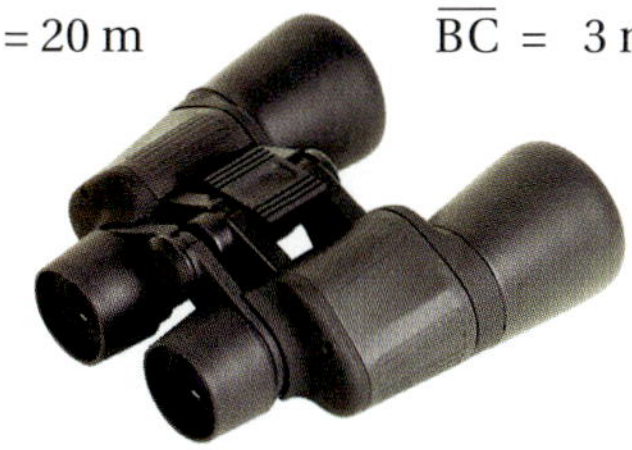

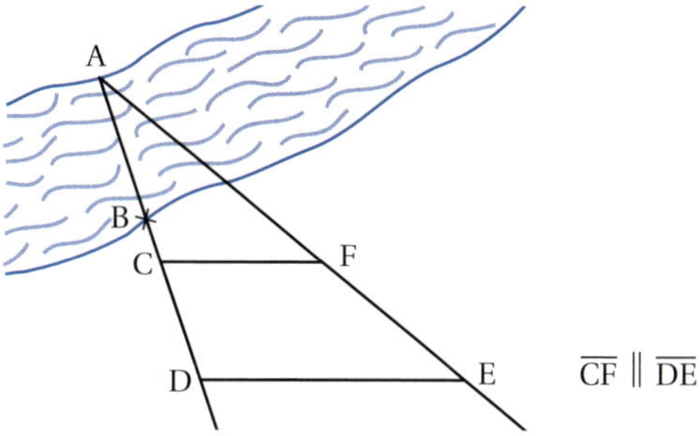

2. Wie hoch sind zwei Bäume, die auf einem Grundstück einen Schatten von 8 m bzw. 5 m werfen? Der Schatten eines 1,85 m senkrechten Stabes beträgt zur gleichen Zeit 1,50 m. Fertige eine Skizze an und berechne beide Baumhöhen!

3. Berechne die Längen der farbig gekennzeichneten Strecken!

a)

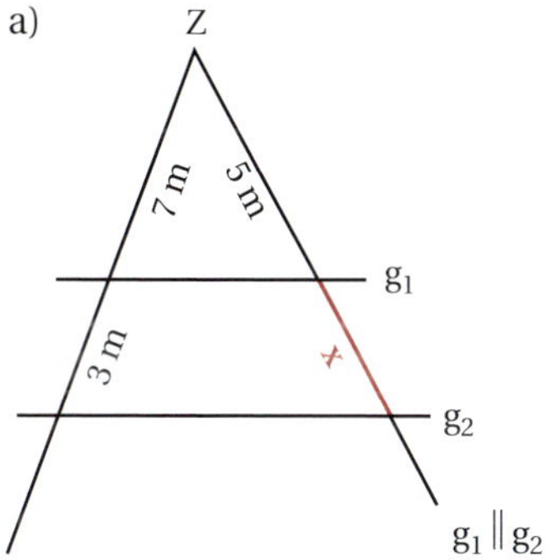

b)

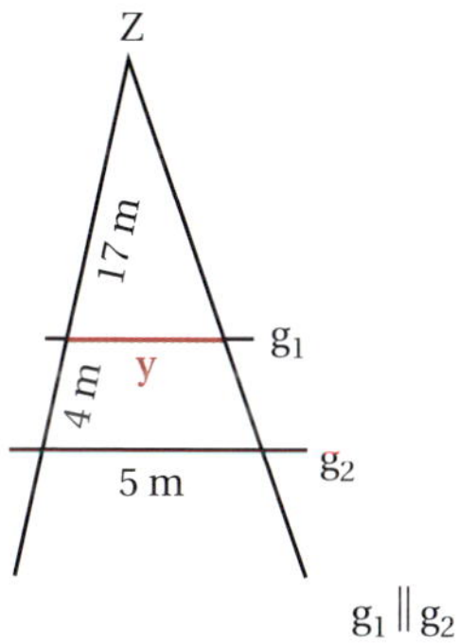

c)

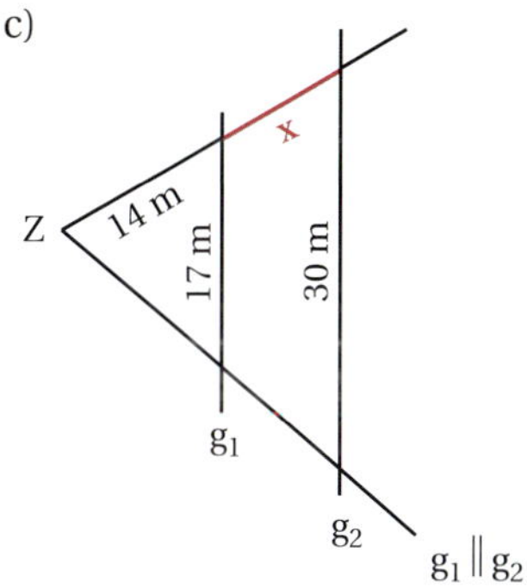

4. Mit einer Messlatte wurde die Höhe von drei Häusern bestimmt. Die Messlatte war 3 m hoch und wurde 4 m vom Schüler entfernt aufgestellt. Seine Augenhöhe betrug 1,60 m.

	Abstand Messlatte–Haus (a)
1. Haus	35,0 m
2. Haus	47,0 m
3. Haus	27,8 m

Wie hoch waren die drei gemessenen Häuser?

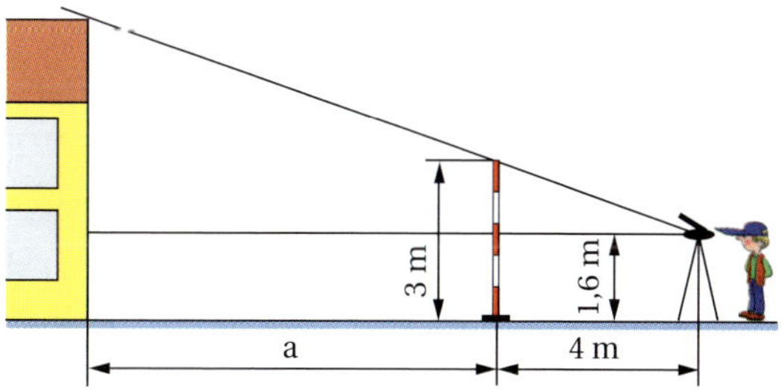

5. a) Bestimme durch Konstruktion die Länge der Strecke $\overline{BD}$!
Gib deine Konstruktionsbeschreibung an! Überprüfe dein Ergebnis rechnerisch!
$\overline{ZA} = 3{,}0$ m; $\overline{ZB} = 5{,}0$ m; $\overline{AC} = 1{,}7$ m

b) Beweise, dass das Dreieck ZAC ähnlich dem Dreieck ZBD ist!

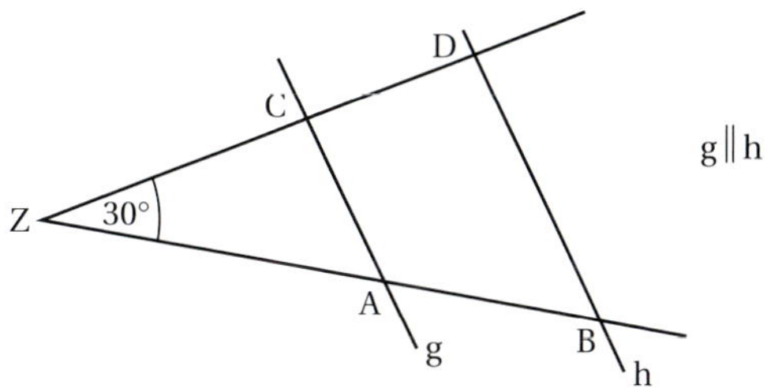

Anwenden von trigonometrischen Beziehungen bei der Bestimmung von Streckenlängen

Vorwärtseinschneiden

In einem Gelände wird die Standlinie $\overline{AB}$ abgesteckt und vermessen. Es soll die Entfernung der in unzugänglichen Gelände liegenden Punkte P und Q bestimmt werden.
Dazu werden von A bzw. B aus die Punkte P und Q anvisiert und die Winkel $\sphericalangle BAQ$, $\sphericalangle BAP$, $\sphericalangle QBA$ und $\sphericalangle PBA$ gemessen.

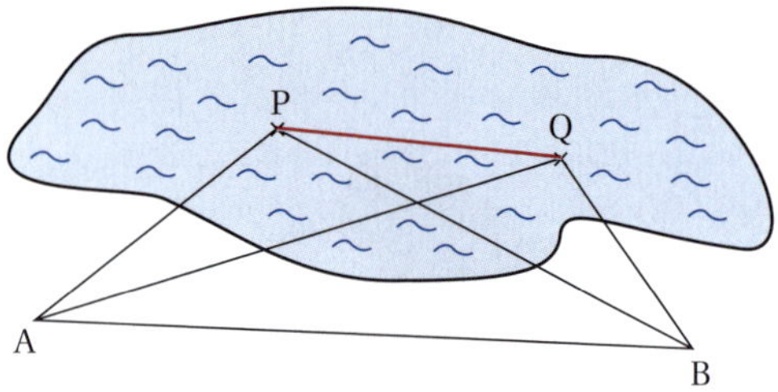

B

Gegeben: $\overline{AB} = 967$ m; $\sphericalangle BAQ = 34{,}2°$; $\sphericalangle BAP = 77{,}0°$;
$\sphericalangle QBA = 86{,}3°$; $\sphericalangle PBA = 40{,}7°$

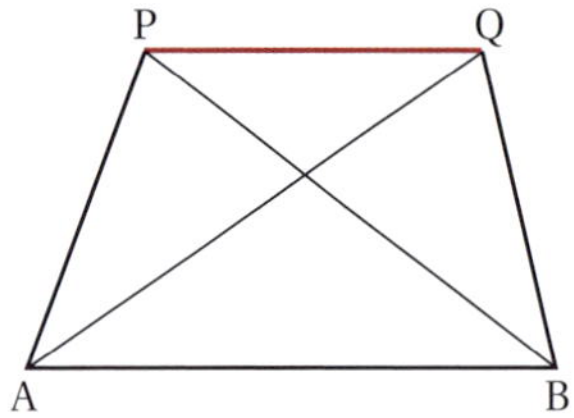

Gesucht: Länge der Strecke $\overline{PQ}$

Lösung: $\triangle ABP$ $\quad \sphericalangle BPA = 62{,}3°$ (Innenwinkelsumme)

$$\frac{\overline{AP}}{\overline{AB}} = \frac{\sin(\sphericalangle PBA)}{\sin(\sphericalangle BPA)} \quad \text{(Sinussatz)}$$

$$\overline{AP} = \frac{\sin 40{,}7° \cdot 967\text{ m}}{\sin 62{,}3°}$$

$$\overline{AP} \approx 712\text{ m}$$

$\triangle ABQ$ $\quad \sphericalangle BQA = 59{,}5°$ (Innenwinkelsumme)

$$\frac{\overline{AQ}}{\overline{AB}} = \frac{\sin(\sphericalangle QBA)}{\sin(\sphericalangle BQA)} \quad \text{(Sinussatz)}$$

$$\overline{AQ} = \frac{\sin 86{,}3° \cdot 967\text{ m}}{\sin 59{,}5°}$$

$$\overline{AQ} \approx 1\,120\text{ m}$$

$\triangle AQP$

$$\overline{PQ}^{\,2} = \overline{AQ}^{\,2} + \overline{AP}^{\,2} - 2 \cdot \overline{AQ} \cdot \overline{AP} \cdot \cos(\sphericalangle PAQ)$$

$$\overline{PQ}^{\,2} = (1\,120\text{ m})^2 + (712\text{ m})^2 - 2 \cdot 1\,120\text{ m} \cdot 712\text{ m} \cdot \cos 42{,}8°$$

$$\overline{PQ}^{\,2} = 591\,133\text{ m}^2$$

$$\overline{PQ} \approx 769\text{ m}$$

Antwort: Die Strecke $\overline{PQ}$ ist etwa 769 m lang.

Berechne die Länge der Strecke $\overline{PQ}$ für folgende Werte:
$\overline{AB} = 6{,}7$ km; $\sphericalangle BAQ = 37{,}3°$; $\sphericalangle BAP = 108{,}5°$; $\sphericalangle QBA = 101{,}73°$; $\sphericalangle PBA = 37{,}0°$

Rückwärtseinschneiden (Hansesche Aufgabe)

Erneut wird im Gelände die Standlinie $\overline{AB}$ abgesteckt und vermessen. Da die Entfernung $\overline{PQ}$ nicht unmittelbar gemessen werden kann, peilt man von P und Q aus die Punkte A und B an und misst die entsprechenden Winkel.

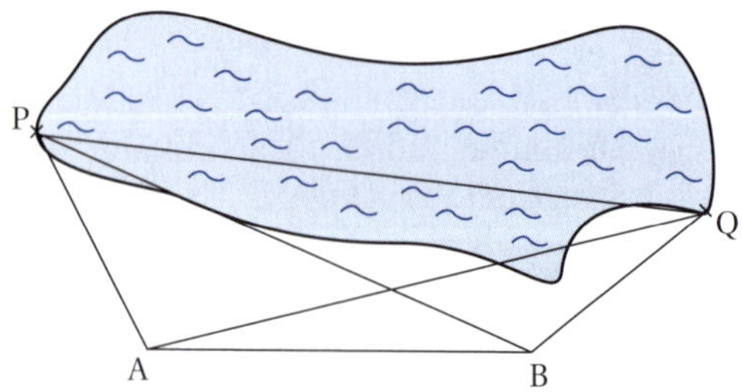

Berechne jeweils die Länge der Strecke $\overline{PQ}$!

① $\overline{AB} = 917$ m; $\sphericalangle APB = 62{,}7°$; $\sphericalangle APQ = 100{,}5°$; $\sphericalangle BQA = 62{,}2°$; $\sphericalangle BQP = 96{,}5°$
② $\overline{AB} = 6{,}4$ km; $\sphericalangle APB = 28{,}6°$; $\sphericalangle APQ = 60{,}7°$; $\sphericalangle BQA = 49{,}4°$; $\sphericalangle BQP = 98{,}8°$

Höhenmessung

Woher weiß man, dass der Fichtelberg 1214 m über dem Meeresspiegel liegt? Ein Ausgangspunkt liegt seit 1912 unterirdisch an der Landstraße Berlin–Manschnow. Dort befinden sich fünf Säulen mit Achatkugeln, die das Null-Niveau unserer Karten markieren. Von dort aus wurde mit Nivelliergeräten über das ganze Land ein Höhennetz gelegt. Diese Apparate werden mit einer Dosenlibelle („Wasserwaage“) horizontal ausgerichtet. Die eingebaute Optik gestattet eine exakte Höhenablesung auf den jeweils ca. 50 m entfernten Messlatten.

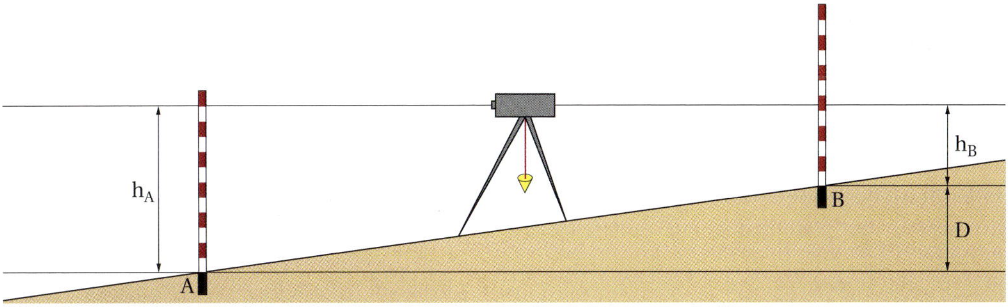

Wenn die Höhe von A bekannt ist, kann man die Höhe von B aus der Differenz der beiden abgelesenen Höhen ermitteln.

Aufgaben

1. Der Punkt A liegt auf 122,13 m über dem Null-Niveau. An der Latte A liest man 4,38 m ab, an Latte B 1,12 m. Wie hoch liegt Punkt B?
2. Wie viele Meter über dem Null-Niveau liegt der Fichtelberg? Wie hoch liegt eure Schule?
3. Die Punkte des Höhennetzes sind mit Höhenbolzen oder Nivellementspfeilern markiert. Finde heraus, wo sich die nächstgelegene Markierung befindet!

Wie hoch ist der Baum?

Jedes Jahr veröffentlicht das zuständige Ministerium den Waldzustandsbericht. Dazu werden, über ganz Deutschland verteilt, Tausende Bäume untersucht. Ein Merkmal ist dabei die Baumhöhe. Wie kann man diese ermitteln, ohne den Baum zu fällen oder ihn zu erklimmen?

Ein Försterdreieck ist rechtwinklig und gleichschenklig. Peilt man einen Baum an, so stehen Entfernung zum Baum und Baumhöhe nach Strahlensatz im selben Verhältnis wie die rot markierten Dreiecksseiten zueinander. Weil das Dreieck gleichschenklig ist, ist die Entfernung vom Baum gleich der Baumhöhe. (Die Kopfhöhe muss aber noch addiert werden!) Das Försterdreieck kann man einfach nachbauen. Das Material dafür bekommst du billig in jedem Baumarkt. Im WTH-Kabinett ist das Ganze schnell gebaut. Hilfe beim Bau findest du auch unter *www.eratosthenes.de*. (Man kann sich auch mit Tafeldreieck, Bindfaden und Schlüsselbund behelfen.)

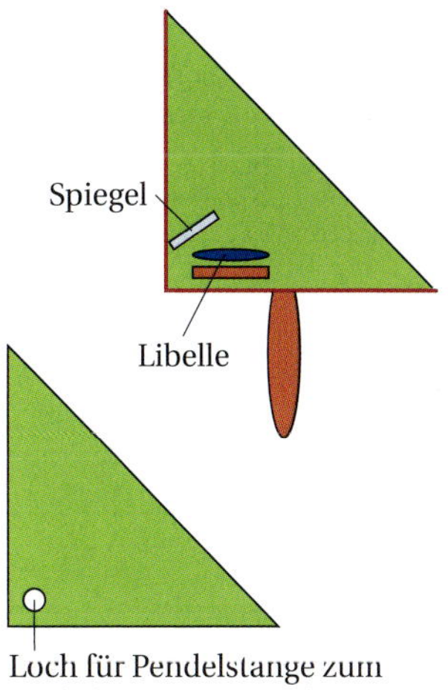

Aufgaben

1. Wie hoch ist ein Baum etwa, wenn der Förster 18 m vom Baum entfernt ist?

2. Baue ein Försterdreieck und bestimme die Höhen von Bäumen, Türmen und ähnlichen Objekten in der Umgebung deiner Schule!

Messkeil

Herr Baumann glaubt, dass der Estrichboden, den die Baufirma in seinem Haus gegossen hat, zu uneben ist. Er weiß, dass nach DIN-Vorschrift eine so genannte Ebenheitstoleranz von 2 mm Höhe auf 10 cm Abstand erlaubt ist. Wie kann man aber die Höhe dieses „Huckels" messen?

Er kauft im Baumarkt einen **Messkeil** und legt ihn wie in der Zeichnung auf den Estrichboden.

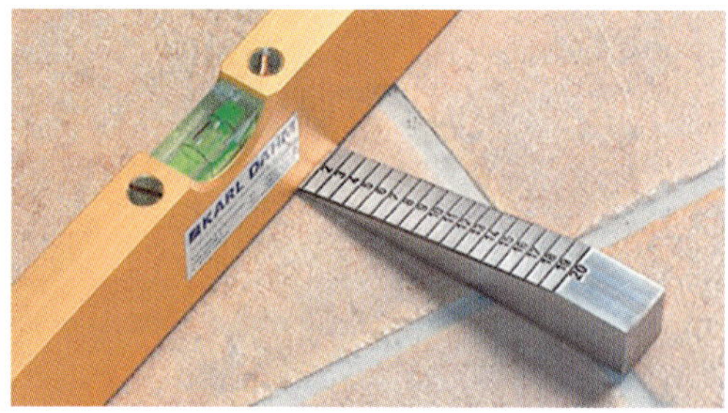

Die roten und die blauen Strecken stehen – wieder nach Strahlensatz – im gleichen Verhältnis zueinander.

Es gilt hier: $\frac{10\text{ cm}}{1\text{ cm}} = \frac{7\text{ cm}}{1\text{ cm} - x}$ oder $x = 3$ mm.

Die Baufirma hat also die Toleranz nicht eingehalten!

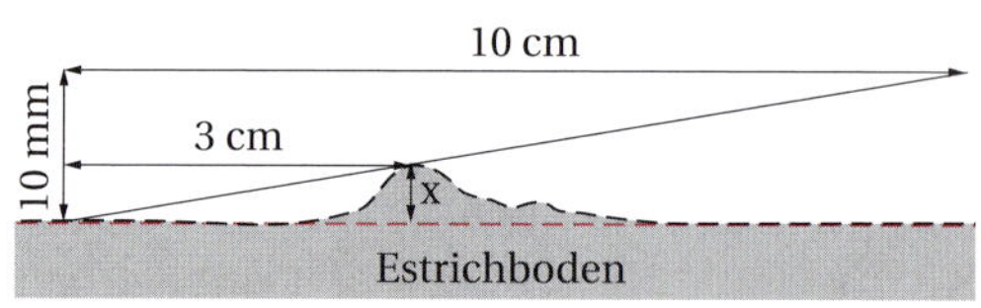

Aufgaben

1. Bei welcher Markierung wäre die Toleranz noch eingehalten worden?

2. Welchen Innendurchmesser hat das Rohr? (Skizze ①)

3. Wie dick ist der graue Stab? (Skizze ②)

4. Baue aus Pappe selbst Messkeile und miss Innendurchmesser bzw. Dicken!

5. Es geht auch ohne Försterdreieck! Man peilt über die Messlatte (Länge: 2 m) die Baumspitze an. (Skizze ③)
   a) Der Schatten ist 3 m lang, das Schattenende A ist 15 m vom Baumstamm D entfernt. Wie hoch ist der Baum?
   b) Ermittle durch eine maßstäbliche Zeichnung, wie viel Grad hoch die Sonne über dem Horizont steht!

①

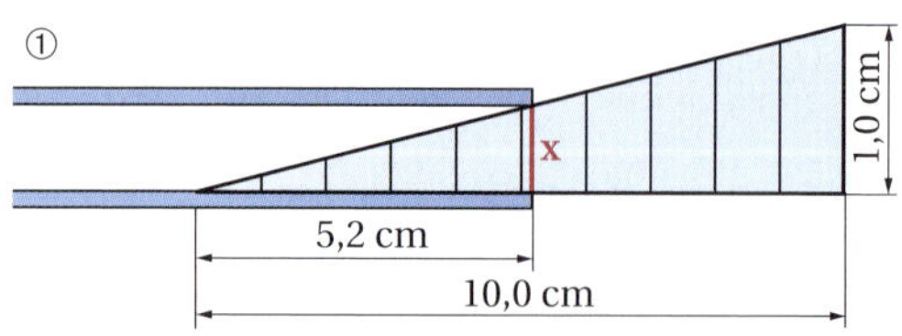

②

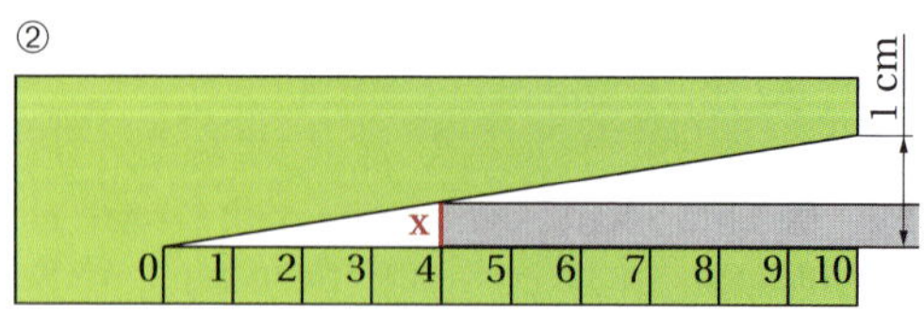

③

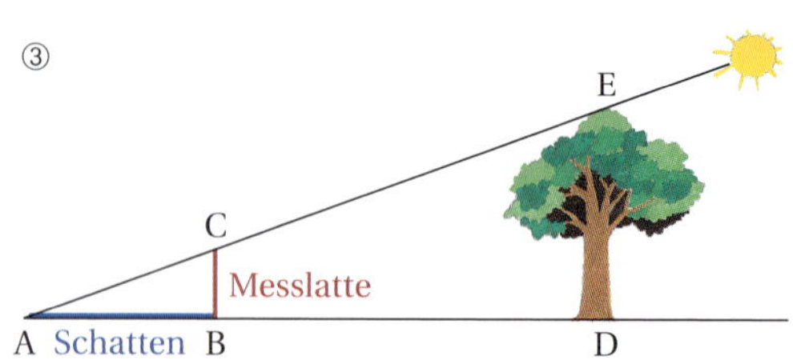

Daumensprung

Probiere Folgendes: Peile mit ausgestrecktem Arm mit der Spitze des Daumens ein Ziel an, wobei das linke Auge geschlossen ist. Öffne nun das linke Auge und schließe gleichzeitig das rechte! Der Daumen springt nun nach rechts – obwohl er seinen Ort gar nicht verändert hat! Das liegt am veränderten Blickwinkel (s. Skizze). Diesen „Daumensprung" kann man sich zum Messen von Entfernungen im Gelände zunutze machen.

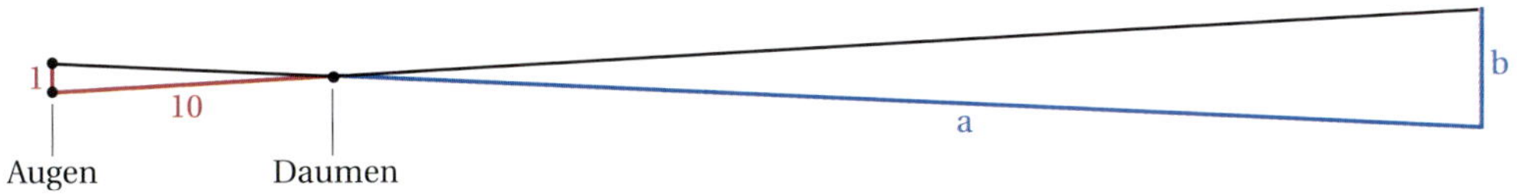

Das Verhältnis der roten Strecken zueinander beträgt bei den meisten Menschen etwa 10 : 1 (Armlänge : Augenabstand = 60 cm : 6 cm). Weil die beiden Dreiecke ähnlich sind, gilt dieses Verhältnis auch für die blauen Strecken. Wenn b bekannt ist, beträgt die Entfernung a demnach etwa 10 · b.

Aufgaben

1. Der Strahlensatz ermöglicht es, mithilfe des Daumens eine Entfernung zu bestimmen, wenn man ein Maß eines Objektes in der Ferne kennt.

a) Ein etwa 10 m breites Haus wird z. B. von einem 2,4 cm breiten Daumen, der sich in einer Entfernung von 60 cm vom Auge befindet, verdeckt.
Wie weit ist das Haus entfernt?

b) Bei einem Augenabstand von 6,5 cm und einer Entfernung des Daumens von 60 cm vom Auge, springt der Daumen etwa eine Straßenbreite, dies entspricht ca. 7 m.
Wie weit ist die angepeilte Stelle entfernt?

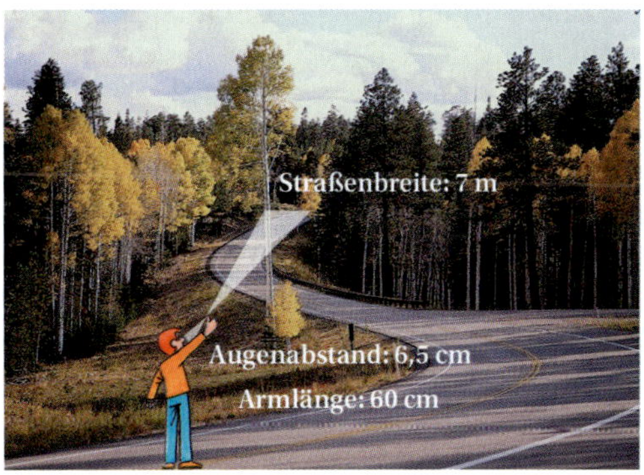

2. Jette steht in Görlitz an der Neiße und schaut nach Polen. Das Dom Kultury in Zgorzelec ist 25 m hoch und passt genau in einen Daumensprung. Schätze die Entfernung dorthin ab!

3. Von Radebeul aus passt der Fernsehturm Dresden (Höhe 250 m) etwa 6-mal in einen Daumensprung. Wie weit ist er vom Aufnahmeort des Fotos entfernt?

4. Bestimme Entfernungen in Schulnähe auf diese Art und Weise! Besorge dir vorher geeignete Orientierungspunkte mit bekannter Breite bzw. Höhe!

Positionsbestimmung

Herauszufinden, wo auf der Erde man sich befindet, zählt zu den ältesten Problemen der Menschheit. Die Seefahrer benutzten unter anderem die Sterne, um zu navigieren. Heute hat man ein Verfahren, das diese Aufgabe mit nie zuvor gekannter Präzision erfüllt. Es heißt GPS (Global Positioning System) und stützt sich dabei u.a. auf 24 künstliche Sterne.

Stark vereinfacht funktioniert das Ganze wie folgt: Unser GPS-Empfänger (im Auto, auf dem Schiff, ...) empfängt Radiosignale von vier der 24 Satelliten, welche die Erde in etwa 20000 km Höhe umkreisen. Jeder Satellit sendet eine Nachricht der Art: „Ich bin Satellit Nr. X, meine Position ist gerade Y und diese Nachricht wurde zum Zeitpunkt Z versandt.“ Diese Bahndaten werden vom GPS-Empfänger gespeichert und für spätere Rechnungen verwendet.

Um nun seine Position (Längen- und Breitengrad) zu bestimmen, vergleicht der GPS-Empfänger die Zeit, zu der das Signal ausgesandt wurde, mit der Zeit, zu der das Signal empfangen wurde. Aus dieser Zeitdifferenz kann die Entfernung des Satelliten berechnet werden. Werden nun von weiteren Satelliten Messungen hinzugefügt, so kann die aktuelle Position durch Trilateration (Entfernungsmessung von drei Punkten aus) bestimmt werden. Mit drei Satelliten kann der GPS-Empfänger seine Position auf der Erdoberfläche bestimmen.

Aufgaben

1. Ergänze folgende Tabelle:

	Entfernung	Laufzeit des Signals
Satellit A	20000 km	... s
Satellit B	20200 km	... ms
Satellit C	... km	68,38 ms

Das Radiosignal bewegt sich mit Lichtgeschwindigkeit. Diese beträgt im Vakuum 299792,458 $\frac{\text{km}}{\text{s}}$.

2. Von einem GPS-Empfänger werden gleichzeitig gesendete Signale von drei Satelliten empfangen. Das zweite kommt 0,4 ms und das dritte 0,5 ms nach dem ersten Signal an. Um wie viel Kilometer unterscheiden sich die Entfernungen der Satelliten untereinander?

Vermessung von Räumen und auf Baustellen

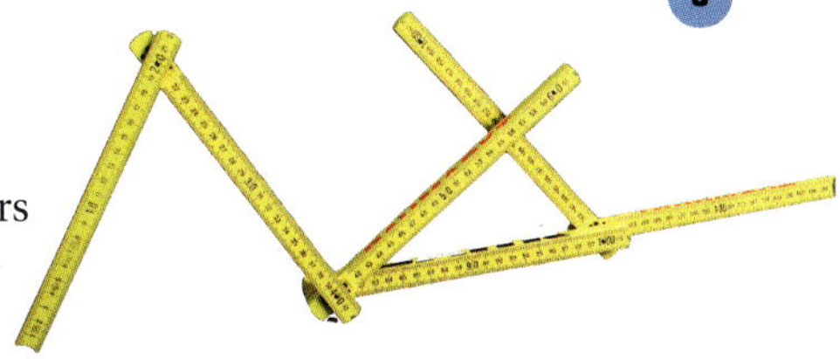

Ermittelt Länge, Breite und Höhe eures Klassenzimmers mit Zollstock oder Bandmaß! Warum erhaltet ihr mit diesen Messgeräten nur recht ungenaue Messwerte?

Ein modernes Gerät, das exakter arbeitet, ist der Laser-Distanzmesser. Es sendet einen Laserstrahl aus, der als kleiner Punkt auf der Wand sichtbar wird. Aus der Laufzeit des Lichtes ermittelt das Gerät auf Knopfdruck die Entfernung millimetergenau.

Aufgaben

1. Wozu könnte man die Funktion „Laser-Dauerbetrieb“ nutzen? Dort wird nicht nur einmal, sondern ständig die Distanz zur Wand angezeigt.
2. Wie kann man mit einem Laser-Distanzmesser die Höhenmarke „1 Meter“ an allen vier Wänden des Raumes anbringen? Nutze die Abbildung zur Erklärung!
3. Gute Geräte arbeiten mit einer Toleranz von +/–1,5 mm.
   Wie viel Prozent Abweichung sind das bei einer Länge von 12,00 m?

Messrad

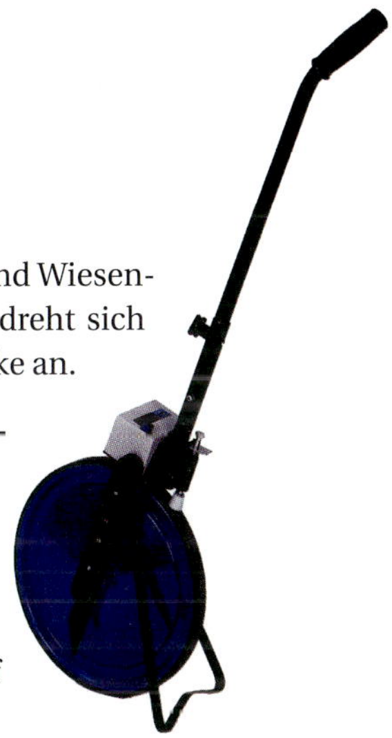

Die Lasertechnologie hat ihre Grenzen im unebenen Gelände. Für Feld- und Wiesenvermessungen benutzt man auch heute noch das Messrad (s. Bild) Dort dreht sich beim Bewegen des Rades ein Tachometer und zeigt die zurückgelegte Strecke an.

Erfinder des Messrades war Heron von Alexandria (um 75 n. Chr.). Möglicherweise wurde auch die Entfernung von Alexandria nach Syene, dem heutigen Assuan, auf diese Art und Weise neu ermittelt. (Vor Heron geschah das mit Schrittzählern.) Sie beträgt etwa 5000 Stadien.

Eratosthenes (276–194 v. Chr.) wusste, dass die Sonne am Sommeranfang in Syene mittags im Zenit stand, in Alexandria aber nicht. Dort warf ein Obelisk einen Schatten unter dem Winkel 7,2° (s. Bild).

Aufgaben

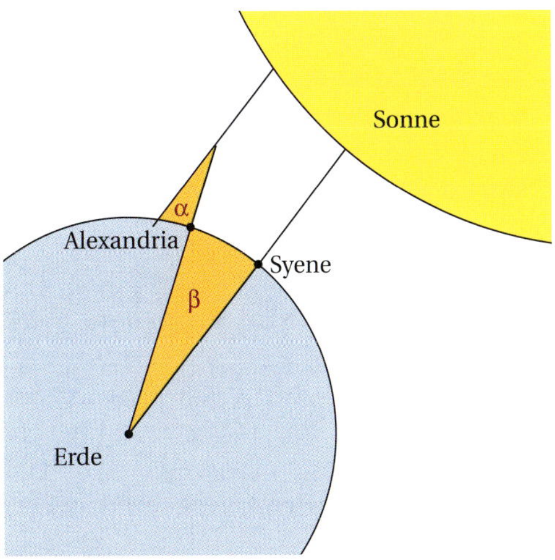

1. Warum gilt $\alpha = \beta$?
2. Auf welcher Linie liegt Syene / Assuan? Nutze deine Kenntnisse aus dem Geografieunterricht in Klasse 7!
3. Der wievielte Teil vom Vollkreis sind 7,2°?
4. Welchen Erdumfang (in Stadien) erhielt Eratosthenes?
5. Ein Stadion entspricht 192 m. Rechne Eratosthenes' Wert in Kilometer um!
6. Vergleiche mit dem heutigen Wert des Erdumfangs!

Fächerverbindendes Thema

Farben – ihre Entstehung und ihre Wirkung

Welche Farbe hat das Licht?

Einen Regenbogen hat schon jeder beobachtet. Er tritt auf, wenn es geregnet hat und die Sonne wieder hervortritt.

Die Ursache für das Entstehen eines Regenbogens ist die Zerlegung des Sonnenlichtes durch Brechung. Trifft weißes Sonnenlicht auf Regentropfen, so wird es beim Übergang Luft–Wasser und Wasser–Luft gebrochen. Da die Brechungswinkel des austretenden Lichtes für die einzelnen Spektralfarben Rot, Orange, Gelb, Grün, Blau und Violett unterschiedlich sind, gelangt von einer Stelle aus jeweils nur ein Teil des gebrochenen Lichtes (eine Farbe) in die Augen des Beobachters.

Additive Farbmischung

Bei der additiven Farbmischung werden verschiedene Lichtsorten auf dieselbe Stelle gelenkt und überlagern (addieren) sich. Welche Farbe wir dann wahrnehmen, hängt nicht nur von den Lichtsorten, sondern z.B. auch von der Intensität des Lichts ab.

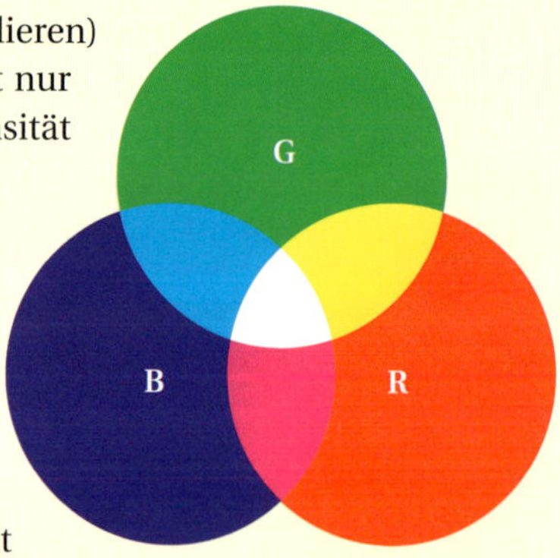

Bildschirme haben nur rot, grün und blau leuchtende Farbpunkte, die meist linienförmig angeordnet sind. Damit kann man alle Farben erzeugen, die innerhalb des Dreiecks RGB auf der Farbtafel enthalten sind. Rot und Grün ergeben allein Gelb, Grün und Blau ein Blaugrün (Cyan), Rot und Blau ein Purpur (Magenta). Durch Veränderung der Intensität der Farbpunkte erhält man weitere Farbtöne und Farben wie Braun oder Ocker.

Warum nehmen wir Körper farbig wahr?

Licht, das auf einen Körper fällt, wird von diesem Körper teilweise reflektiert bzw. gestreut, teilweise absorbiert und teilweise auch hindurchgelassen. Die Farbe, in der wir einen Körper wahrnehmen, ist davon abhängig, welche Lichtsorten auf ihn fallen, welche Lichtsorten er streut bzw. absorbiert. Ein Körper hat die Farbe, die sich aus der Mischung der von ihm gestreuten Lichtsorten ergibt. Fällt z.B. Sonnenlicht (weißes Licht) auf Blätter, so werden Violett und Blau sowie Orange und Rot vom Blatt absorbiert. Grün und das benachbarte Gelb bzw. Türkis werden gestreut. Wir nehmen die Mischfarbe Grün wahr. Ein Körper, der sämtliches auffallendes Licht absorbiert, erscheint uns schwarz.

Fächerverbindendes Thema

Subtraktive Farbmischung

Die Mischung von Wasserfarben im Farbkasten ergibt teils ähnliche, teils ganz andere Ergebnisse als die Mischung von Lichtsorten der gleichen Farbe. Wenn man zwei Wasserfarben mischt, dann absorbiert jeder Farbstoff die für ihn charakteristischen Lichtsorten. Man muss also die absorbierten Lichtsorten beider Farbstoffe aussortieren (subtrahieren). Deshalb heißt diese Farbmischung subtraktive Farbmischung.

So absorbiert z.B. blaue Wasserfarbe bei Beleuchtung mit weißem Licht gelbes bis rotes Licht. Gelbe Wasserfarbe absorbiert das Spektrum vom blauen bis zum violetten Licht. Nicht absorbiert wird von beiden Wasserfarben Grün. Folglich erscheint eine Mischung aus blauer und gelber Wasserfarbe grün.

1. Baue dir einen Farbkreisel! Beklebe ihn mit Papier unterschiedlicher Farbe! In der Skizze ist eine Möglichkeit angegeben. Versetze den Farbkreisel mithilfe des Fadens in schnelle Umdrehungen! Welche Farbe ist dann zu beobachten?
   Probiere verschiedene Varianten aus! Erkläre!
2. Welche Farbe entsteht, wenn man folgendes farbiges Licht übereinander auf eine weiße Fläche projiziert:
   a) Rot und Grün, b) Grün und Blau, c) Blau und Rot, d) Rot, Grün und Blau?
3. Am Computer kann man z.B. mithilfe eines Zeichenprogramms selbst Farben erzeugen, wobei man den Anteil der einzelnen Farben variieren kann.
   Probiere es aus! Mische auch die Grundfarben mit gleichen und unterschiedlichen Anteilen!
4. a) Informiere dich, wie beim Farbfernseher ein farbiges Bild entsteht!
   b) Warum macht man diese Leuchtpunkte so klein?
   c) Wie müssen die roten, grünen und blauen Bildpunkte eines Bildschirmes bei einem Farbfernsehgerät leuchten, damit das Bild weiß ist?
   d) Welche Farben erhält man, wenn jeweils nur rote und blaue Leuchtpunkte leuchten?
   e) Wie entsteht Schwarz?

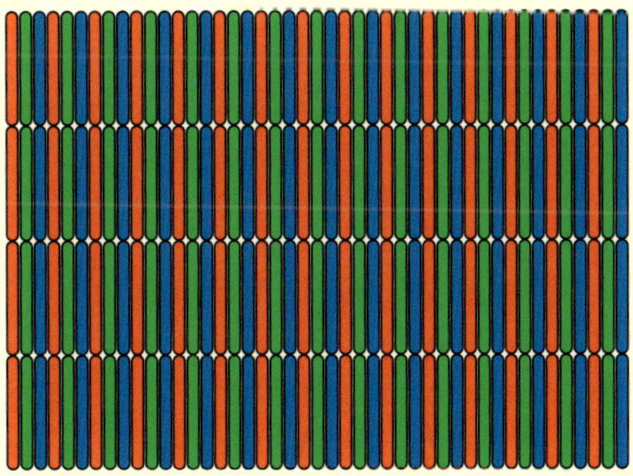

5. Bei Sonnenschein hat ein Pullover die Farbe Blau. In einer Diskothek wird die Tanzfläche mit rotem Licht beleuchtet. Welche Farbe hat dann dieser Pullover? Begründe!
6. Ein Pullover scheint bei Kunstlicht eine andere Farbe zu haben als bei Tageslicht. Erkläre, wie das zustande kommt!

Fächerverbindendes Thema

Wieso können wir farbig sehen?

Über unsere Sinnesorgane sind wir in der Lage, Reize aufzunehmen und zu verarbeiten. Trifft Licht (optischer Reiz) auf die Fotorezeptoren in unserer Netzhaut, so können wir Hell und Dunkel unterscheiden, Farben erkennen und Bewegungen wahrnehmen.

Das für das menschliche Auge sichtbare Licht (Wellenlängen von 390–780 nm) ist nur ein kleiner Teil des elektromagnetischen Spektrums. Tiere können auch andere Bereiche des Spektrums wahrnehmen.

Ausschnitt aus dem Spektrum elektromagnetischer Wellen

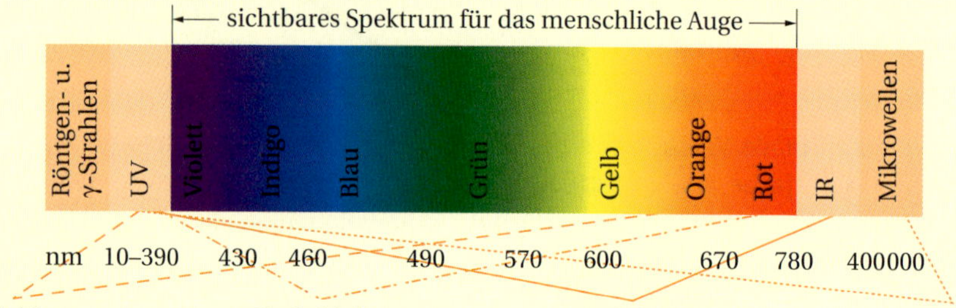

Honigbiene

Rotkehlchen

Goldfische

Ringelnatter

In der Dämmerung und bei geringer Beleuchtung können wir mit den Stäbchen in der Netzhaut unserer Augen Hell und Dunkel unterscheiden und mit den Zapfen bei ausreichender Beleuchtung Farben sehen.

Bei einigen Menschen können die Zapfen für eine der Grundfarben oder sogar für mehrere Farben gestört sein oder ganz fehlen. Es kommt dann zu Farbensinnstörungen (Farbenfehlsichtigkeit) bzw. zur Farbenblindheit. Durch Farbtests kann man ermitteln, ob Personen z.B. an der Rotgrünsehschwäche leiden.

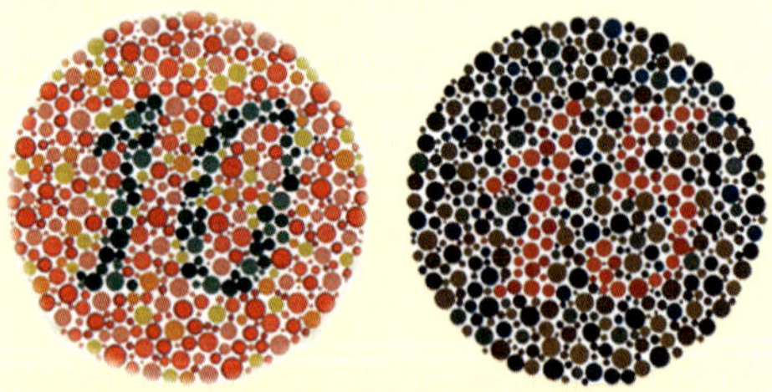

1. Skizziere den Bau des menschlichen Auges und beschrifte die einzelnen Teile!
2. Wie können Menschen und Tiere die Helligkeitsunterschiede ausgleichen? Erkläre!
3. Man kann nahe und ferne Gegenstände nicht gleichzeitig deutlich sehen. Wie nennt man die Anpassung des Auges?
   Beschreibe diesen Sachverhalt an einem Beispiel!
4. Betrachte nebenstehende Abbildung!
   Was stellst du fest?
   Begründe!

Fächerverbindendes Thema

Farben in der Natur

Tarnfarben und Warnfarben

Für viele Tiere ist Tarnung überlebenswichtig, um an Beute zu gelangen oder um nicht gefressen zu werden.
Eine andere Form, um sich vor Fressfeinden zu schützen, sind die sogenannten Warnfarben. Durch auffällige Farbgestaltung oder Nachahmung der Färbung wehrhafter Tiere werden Fressfeinde abgeschreckt.

Tarntracht	Warntracht
Farbanpassungen an die Umgebung, z. T. sogar Farbwechsel bei einigen Chamäleonarten (siehe Abb.) 	Auffällige Färbung giftiger Tiere, z. B. beim Feuersalamander (siehe Abb.) oder beim Pfeilgiftfrosch 
Nachahmungstarntrachten (Mimese)	**Scheinwarntracht (Mimikry)**
Nachahmen von Gegenständen ihres Lebensraums in Farbe, Gestalt oder Haltung, z. B. bei Schnarrheuschrecken (siehe Abb.) oder Birkenspannern 	Nachahmen von giftigen, ungenießbaren bzw. wehrhaften Tieren, z. B. bei Schwebfliegen, die Wespen nachahmen (siehe Abb.) 

1. Im Tierreich sind Tarn-, Warn- und andere Farben weitverbreitet. Fertige eine Übersicht über die Färbung von Tieren und deren jeweilige Funktion an!
2. Bei vielen Tieren treten Tarnfarben auf. Das gilt nicht nur für Tiere auf unteren Stufen der Nahrungspyramide, sondern z. B. auch für Raubtiere.
   a) Welche Funktionen können Tarnfarben bei Tieren haben?
   b) Erkunde, welche heimischen Tiere Tarnfarben haben und zu welchem Zweck!
3. Welche Funktionen können unterschiedliche Farbgebungen bei Tieren einer Art haben? Erläutere sie an Beispielen!

Fächerverbindendes Thema

Farbstoffe und Pigmente

Farbstoffe sind lösliche organische Verbindungen. Bei Pflanzen kennen wir das Chlorophyll, gelbe bis rote Carotinoide und die gelben Xanthophylle. Je nach Zusammensetzung dieser Farbstoffe entsteht ein unterschiedlicher Farbeindruck. Typisch für viele Pflanzen ist die gelb-rote Färbung im Herbst. Diese Färbung entsteht durch den Abbau des Chlorophylls, damit dominieren dann die roten und gelben Farbstoffe in den Chloroplasten.

Bei vielen Tieren erfolgt die Färbung durch **Pigmente.** Das sind nicht lösliche organische oder anorganische Verbindungen, die in Form von kleinen Körnchen mit Durchmessern zwischen 1/10000 mm und 1/1000 mm existieren und z.B. in der Haut, in Haaren, in Federn, in Panzern oder in Schuppen eingelagert sind. Die durch Pigmente hervorgerufenen Farben werden als Pigmentfarben bezeichnet.

Die Farbe unserer Haut, unserer Haare oder der Augen wird durch Pigmente bestimmt, den **Melaninen.** Diese Melanine sind braun-schwarze Pigmente. Durch die unterschiedlichen Anteile an Melaninen wird die unterschiedliche Hautfarbe beim Menschen bestimmt. Zugleich kann sich der Anteil an Melanien bei Sonneneinstrahlung (langwelliges UV-Licht) erhöhen. Wir werden dann braun. Mit zunehmendem Alter verringert sich die Produktion von Melanin in den Haaren. Die Folge sind graue oder sogar weiße Haare.

1. Pflanzen und ihre Früchte können unterschiedliche Farben besitzen. Fertige eine Übersicht über dir bekannte Pflanzen und Früchte nach folgendem Muster an:

Pflanze, Pflanzenteil, Früchte	Farbe	Zustandekommen der Farbe
...	...	...

2. Bei Schmetterlingen treten prächtige Farben auf. Erläutere, wie bei Beleuchtung mit weißem Licht die Farben Blau und Türkis zustande kommen!
3. Eine Reihe von Käfern zeigt schillernde, vom Blickwinkel abhängige Farben. Erläutere, wie diese schillernden Farben zustande kommen!
4. UV-Strahlung beeinflusst unsere Haut.
   a) Erkunde, welchen Einfluss die UV-Strahlung auf unsere Haut hat!
   b) Warum sollte man einen Sonnenbrand unbedingt vermeiden? Wie gelingt das?
5. Die Haare vieler Menschen verändern im Laufe der Jahre ihre Farbe. In höherem Lebensalter treten verstärkt graue und weiße Haare auf. Wie kommen diese unterschiedlichen Färbungen zustande?

Fächerverbindendes Thema

Wirkungen von Farben auf den Menschen

Jeder von uns hat schon von warmen oder kalten Farben gehört. Gemeint ist damit die Wirkung der Farben auf unser Wohlbefinden, auf unsere Psyche. Mit den Wirkungen von Farben auf den Menschen beschäftigt sich u. a. die Farbpsychologie.

Die Farben Rot bzw. Orange sind die auffälligsten Signalfarben und werden auch entsprechend benutzt. Sie gelten als warme Farben, als Farben der Liebe und der Leidenschaft.
Die Farbe Gelb ist eng verbunden mit der Sonne, mit Licht und mit Gold. Sie wird aber auch genutzt, um Aufmerksamkeit zu wecken oder um auf Gefahren hinzuweisen.
Die Farbe Grün ist die Farbe der Pflanzen, der Jugend, der Hoffnung. Grün ist zugleich eine Farbe, die bei vielen Personen beruhigend wirkt.
Die Farbe Blau ist die Farbe des Himmels und des Wassers. Sie gilt als kühle Farbe.
Eine besondere Rolle spielen Schwarz und Weiß, die eigentlich keine Farben sind.

Wie bestimmte Farben auf den einzelnen Menschen wirken, ist sehr unterschiedlich und von einer ganzen Reihe von Faktoren abhängig, z. B. von Stimmungen, Gewohnheiten, Vorlieben und Situationen. Tatsache ist aber, dass Farben entspannend oder erregend wirken, die Aufmerksamkeit wecken, Gefühle wie Sympathie oder Antipathie hervorrufen und therapeutische Wirkungen haben können.

Farben werden deshalb auch gezielt bei der Gestaltung von Produkten, bei der farblichen Gestaltung von Räumen oder Gebäuden, in der Werbung, in Zeitungen und Zeitschriften sowie auch in der Medizin genutzt.

1. In verschiedenen Religionen haben Farben bestimmte Bedeutungen bzw. spielen bei bestimmten Anlässen eine dominierende Rolle. Erkunde für zwei religiöse Richtungen, welche Farben zu welchen Anlässen dominierend sind!
2. Jeder Mensch hat Lieblingsfarben und Farben, die ihm nicht gefallen. Erkunde bei möglichst vielen Personen deiner Umgebung (Eltern, Geschwistern, Bekannten), welche ihre Lieblingsfarben und welches die Farben sind, die sie überhaupt nicht leiden können!
   a) Stelle dazu eine Übersicht zusammen!
   Vergleiche deine Ergebnisse mit den Befragungsergebnissen deiner Mitschüler!
   b) Werte die Daten aus und stelle sie mit geeigneten Diagrammen dar!
   Welche allgemeinen Tendenzen ergeben sich?
3. Fertige im Heft eine Übersicht zu folgenden Gegenständen und Objekten deiner Umgebung an! Gib jeweils an, welche Farben du bevorzugst und warum.

Gegenstände und Objekte	Bevorzugte Farbe und Gründe dafür
Kleidung	...
Wände meines Zimmers	...
Gebrauchsgegenstände	...

4. Unterbreitet und diskutiert Vorschläge für die farbliche Gestaltung des Klassenzimmers!

Fächerverbindendes Thema

Wie wir Farben im Alltag nutzen

Farbmittel

Färbende Substanzen werden als Farbmittel bezeichnet und in Pigmente und Farbstoffe unterteilt.
Zu den sehr feinkörnigen, pulverförmigen, in Lösungs- oder Bindemitteln unlöslichen organischen oder anorganischen Pigmenten gehören z.B. Ruß, Manganschwarz, Kreide, Kaolin, Titanweiß, Ocker, Umbra, Cadmiumgelb, Oxidrot, Zinnoberrot, Lapislazuli, Cobaltblau oder Malachitgrün. Diese färbenden Substanzen werden als natürliche oder synthetische Pigmente gewonnen.

Die Farbstoffe, die in Lösungs- oder Bindemitteln gut löslich sind, können wie die Pigmente natürlichen oder synthetischen Ursprungs sein. Naturfarbstoffe sind diejenigen farbigen Stoffe, die die natürliche Färbung von Pflanzen und Tieren bewirken. Sie herzustellen, war und ist sehr mühsam und teuer. Deshalb war in der Vergangenheit die Verwendung bestimmter Farben oft den Reichen und Mächtigen vorbehalten.

Beispiele für Naturfarbstoffe und ihre Herkunft

Name/Farbe	Herkunft
Krapp/Rot	Wurzel der Krapppflanze (Färberröte)
Karmin/Rot	getrocknete Weibchen einer amerikanischen Schildlausart
Safran/Gelb	getrocknete Blütenteile eines Krokus
Indigo/Blau	Blätter des Indigostrauchs
Blauholz/Blau	Holz eines südamerikanischen Baumes

Der Einsatz der Farbmittel ist sehr vielfältig. Man nutzt sie zur Färbung von Haushaltsgegenständen, von Möbeln, Textilien, Autos, Plastartikeln, Dachsteinen, Lebensmitteln, des menschlichen Körpers, als Druckfarben und für künstlerische Zwecke. Weltweit werden pro Jahr nahezu 5 Mio. t Farbmittel hergestellt.

Fächerverbindendes Thema

Verwendung von Farbstoffen

Die Textilfärberei ist das Haupteinsatzgebiet der Farbstoffe. Farbige und bunte Textilien sind in aller Welt beliebt. Im Unterschied zum Farbdruck, bei dem Farbstoff nur auf die Oberfläche des zu färbenden Gutes aufgebracht wird, durchdringt bei den Verfahren des Einfärbens der Farbstoff das Färbegut (den Farbträger) gleichmäßig.

Zu den Färbetechniken gehören u.a. die Direktfärberei, die Beizenfärberei, die Entwicklungsfärberei und die Küpenfärberei.

Ein besonderer Bereich der Nutzung von Farbmitteln ist der menschliche Körper. Deshalb sind Farben in der Kosmetikindustrie nicht wegzudenken. Ob Lippenstift, Make-up, Lidschatten, Wimperntusche, Nagellack oder Haarpflegeprodukte – in jeder Saison werden die neuesten Trendfarben verkündet. Die kuriosesten Farbspiele werden empfohlen. Nur in einer Hinsicht gibt es Grenzen: Farbmittel für Kosmetika müssen für den jeweiligen Verwendungszweck gesundheitlich unbedenklich sein.
Besonders Allergiker sollten diese Angaben sorgfältig lesen. Öko-Tests ergaben, dass insbesondere Haarfärbeprodukte Farbstoffe enthalten, die als „nichtempfehlenswert" eingestuft werden. Haarfarben werden hinsichtlich der Farbtiefe und der Farbrichtung bestimmt. Die Farbtiefe gibt an, wie hell oder dunkel das Haar ist, die Farbrichtung beschreibt Farbnuancen.

1. Fertige eine tabellarische Übersicht über die Einteilung der Farbmittel an! Sie soll auch Beispiele enthalten. Informiere dich, welche Anstrengungen die Forschung unternimmt, um gefahrstoffarme und umweltschonende Farben zu entwickeln! Stelle die Entwicklungen in Form einer Präsentation vor!
2. Färbe Textilproben mit selbst hergestellten Naturfarbstoffen!
   Vorbereitung:
   Bereite folgende Geräte und Materialien vor: Zwiebelschalen, Spinat, schwarzen Tee, Rotkohl, Kiefernzapfen, Brombeeren u.a.; textile Stoffproben, Bechergläser (1 *l*), Sieb, Spatellöffel, Magnetheizrührer, Holzzange!
   Durchführung:
   a) Stelle aus den verschiedenen pflanzlichen Produkten durch jeweils etwa einstündiges Kochen in wenig Wasser einen Farbsud her!
      Gieße ihn durch ein Sieb in ein anderes Becherglas ab!
   b) Gib die Stoffproben in diesen Sud und lass ihn eine weitere Stunde kochen!
   c) Lass die Stoffproben anschließend in der Flüssigkeit abkühlen!
      Spüle sie gründlich mit Wasser!
   Auswertung: Werte die Färbeergebnisse nach dem Trocknen aus!

5.4 Prüfungsvorbereitung

Clever vorbereiten

- Beginne rechtzeitig mit deiner persönlichen Prüfungsvorbereitung, das verringert den Stress!
  Plane deine Zeit zum Lernen! Teile dir den Stoff für die Abschlussprüfung ein!
  Beginne mit einfachen Aufgaben und hake erledigte Aufgaben ab!
  Mache zwischendurch kleine Pausen!
- Pass genau auf, wenn im Unterricht für die Abschlussprüfung geübt wird!
  Merke dir, welche Themen in der Prüfung voraussichtlich eine Rolle spielen!
  Überprüfe, welche Aufgaben du bereits beherrschst und welche noch nicht!
  Stelle Fragen, wenn du etwas nicht verstanden hast!
- Bereite dich mit deinen Freunden vor, wiederholt den Stoff gemeinsam!
  Spielt die Abschlussprüfung nach, indem ihr Übungsaufgaben aus dem Lehrbuch in einer vorgegebenen Zeit bearbeitet!
  Kontrolliert eure Ergebnisse gegenseitig!
  Diskutiert euer Vorgehen und mögliche Fehler!

- Stellst du fest, dass du beim Lösen eines bestimmten Aufgabentyps Probleme hast, so suche dir aus dem Lehrbuch ähnliche Aufgaben heraus!
  Beachte die Hinweise und Beispiellösungen!
- Wenn du eine Aufgabe gar nicht lösen kannst, notiere dir Fragen!
  Suche im Lehrbuch die entsprechenden Hinweise und Aufgaben heraus!
  Löse diese Aufgaben und vergleiche deine Ergebnisse mit den Lösungen im beiliegenden Lösungsteil!
  Findest du im Lehrbuch keine Antwort auf deine Fragen, suche dir einen Partner, der sie dir beantworten kann!
- In der ersten Übungsphase kannst du mit deinen Mitschriften, mit Lehrbüchern, mit Nachschlagewerken wie Formelsammlungen und Lexika sowie mit dem Internet arbeiten.
- Versuche die umfangreichen Materialien Schritt für Schritt zu komprimieren!
  Die wichtigsten Informationen kann man in einer eigenen Lernkartei (auf Karteikarten oder „Spickzetteln") zusammenfassen.
  Lange Merktexte und Erklärungen kannst du auch durch Zeichnungen, Skizzen und Beispiele ersetzen.
- Bearbeitete Aufgaben mit den kompletten Lösungen solltest du in einem speziellen Prüfungshefter sammeln.
- Lerne in der letzten Phase vor der Abschlussprüfung mit deinen zusammengefassten Unterlagen und überprüfe deinen Wissensstand mit Aufgaben aus dem Lehrbuch!
- Unmittelbar vor der Abschlussprüfung solltest du nur noch die Materialien benutzen, die du auch in der Prüfung verwenden darfst.

Sach- und Anwendungsaufgaben

Viele Aufgaben in den Prüfungsarbeiten sind sogenannte Sach- und Anwendungsaufgaben. Aus diesen Texten musst du den mathematischen Kern erst herausfiltern bzw. in eine mathematische Darstellung „übersetzen“. Die folgenden Tipps sollen dir dabei helfen:

- Habe keine Angst vor Sachaufgaben! Sachaufgaben erfordern Geduld und schrittweises Vorgehen.
- Fange nicht gleich zu schreiben und zu rechnen an, sondern stelle dir zuerst den Sachverhalt vor! Überlege, worum es geht und was du schon darüber weißt! Nutze den Duden oder deine Formelsammlung, um unbekannte Begriffe zu klären! Versuche das Ergebnis zu schätzen!
- Schreibe erst jetzt die gesuchten und gegebenen Größen und Beziehungen auf! Nutze dazu Tabellen oder Skizzen!
- Suche zielgerichtet nach Ideen für einen Lösungsplan! Dieser Plan kann auch mehrere Schritte (z.B. Gleichungen) umfassen.
- Beginne erst jetzt zu rechnen, indem du deinen Lösungsplan schrittweise abarbeitest! Mache bei komplizierten Rechnungen einen Überschlag! Achte auf sinnvolle Genauigkeit!
- Kontrolliere deinen Plan und deine Rechnungen! Überprüfe das Ergebnis am Text! Entspricht das Ergebnis deiner Schätzung? Was kann man zur Kontrolle berechnen?
- Formuliere dein Ergebnis! Schreibe einen Antwortsatz oder eine Begründung!

Wahlaufgabe 6.2

Die Schüler einer sächsischen Mittelschule erkunden im Neigungskurs „Olympische Spiele“ Wissenswertes über deren Geschichte.

Bei den ersten olympischen Spielen in der Antike gab es nur die Disziplin Wettlaufen. Später kamen Boxen, Ringen, Diskuswerfen, Speerwerfen, Weitsprung und Wagenrennen hinzu.

Der Marathonlauf ist mit einer Streckenlänge von 42,195 km die längste Laufdisziplin des Olympischen Programms. Sie entspricht genau der Entfernung der Städte Marathon und Athen, die der Grieche Diomedon im Jahre 490 v. Chr. laufend zurücklegte, um den Athenern die Kunde vom Sieg der Griechen über die Perser zu verkünden. Zur Erinnerung wird seit den Olympischen Spielen von 1896 diese Strecke gelaufen.

a) Die 15 Schüler des Neigungskurses haben sich vorgenommen, diese Strecke als Staffel auf der 400 m-Bahn des Sportplatzes zu laufen.
   - Wie viele Platzrunden entsprechen der Länge der Marathonstrecke?
   - Wie viel Meter muss ein Schüler laufen, wenn jeder die gleiche Strecke zurücklegt?

Quelle: Sächsisches Staatsministerium für Kultus; Erprobungsarbeit Mathematik, Realschulbildungsgang, Material für den Schüler; 2006

Prüfungsaufgaben

Dieser Abschnitt dient der selbstständigen Vorbereitung auf die schriftlichen Prüfungen.

Löse die Aufgaben! Beachte, dass für die Bearbeitung des **Teils A** (Grundwissen) keine Hilfsmittel wie Tafelwerk und Taschenrechner zugelassen sind! Es dürfen lediglich Zeichengeräte und Zeichenhilfsmittel verwendet werden.
Nutze für den **Prüfungsteil B** die bekannten Hilfsmittel (Formelsammlung, Taschenrechner und Zeichengeräte)!
Denke daran, dass es oftmals nicht nur einen Lösungsweg gibt!
Bei der Aufgabenstellung „Bestimme“ ist z. B. auch eine konstruktive Lösung möglich.

Die Aufgaben im Prüfungsteil B sind zu Komplexen zusammengefasst:
- Pflichtaufgaben (zum Grundwissen aus allen Stoffgebieten, komplexe Aufgaben)
- Wahlaufgaben

Die folgenden Aufgaben zum Üben sind aus allen Stoffgebieten, aber nicht nach diesen geordnet.

Teil A (ohne Tabellen- bzw. Formelsammlung und Taschenrechner)

1. Multiple-Choice-Test

a) Hat die Gleichung $x^2 - 2 = 0$ … ?

A	keine Lösung	B	2 Lösungen	C	3 Lösungen	D	eine Lösung

b) Sind 125 % von 0,02 t … ?

A	< 20 kg	B	$= 20$ kg	C	> 200 kg	D	$= 25$ kg

c) Vergleiche $(1{,}2 - 0{,}75) \cdot \frac{1}{2}$ mit $1{,}2 - 0{,}75 \cdot \frac{1}{2}$. Gilt zwischen den Termen … ?

A	$<$	B	$=$	C	$>$	D	$\geq$

d) Ist der Graph der Funktion $y = \frac{1}{x^2}$ $(x \neq 0)$ … ?

A	eine Gerade	B	eine Parabel	C	eine Hyperbel	D	nicht def.

e) Ist $\sin 480°$ … ?

A	< 0	B	> 1	C	$0 < \sin 480° < 1$	D	$= 0$

f) Hat ein rechtwinkliges Dreieck … ?

A	keinen spitzen Winkel	B	einen spitzen Winkel	C	zwei spitze Winkel	D	drei spitze Winkel

g) Gilt der Satz des THALES für … ?

A	Dreiecke	B	alle Vierecke	C	rechtwinklige Dreiecke	D	Sehnenvierecke

h) $a \in \mathbb{Q}_+$ $0 < a < 1$. Ist dann … ?

A	$a^{-1} < 0$	B	$a^{-1} > a$	C	$a^{-1} < a$	D	nicht definiert

2. Für welche rationale Zahlen x ist der Term $\frac{1}{3x-6}$ nicht definiert?

3. Bestimme x mit $x \in \mathbb{Q}$ für $x = \frac{3{,}6 \cdot 10^5}{2{,}4 \cdot 10^{-3}}$!

4. Übernimm die Figur und schraffiere die angegebenen prozentualen Anteile!

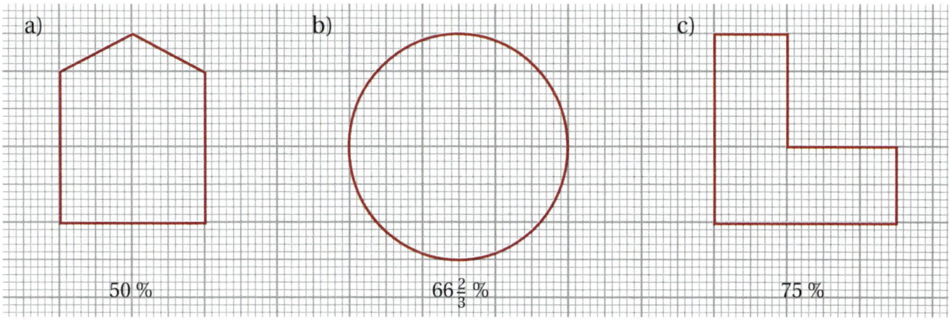

5. Gib das Ergebnis in Zentimeter an! $\frac{3}{4}$ m + 0,2 dm – 70 cm + $2 \cdot 10^{-2}$ km

A) 27 cm B) 45 cm C) 225 cm D) 2025 cm

6. Nach einem Regenguss sammelt sich in einem Behälter mit einer 1 m² großen Grundfläche 1,2 *l* Wasser. Wie viel Milliliter Wasser sind pro 1 cm² gefallen?

A) 12 ml B) 1,2 ml C) 0,12 ml D) 1200 ml

7. Für ein Kunstwerk werden drei Quader aus Holz übereinander gestapelt. Der untere ist doppelt so hoch wie der mittlere und der mittlere doppelt so hoch wie der oberste. Alle zusammen sind 3,5 m hoch. Berechne die Höhen der drei Quader (Format: unten / Mitte / oben)!

A) 0,5 m / 1 m / 2 m B) 1 m / 2 m / 0,5 m C) 0,5 m / 2 m / 1 cm D) 2 m / 1 m / 0,5 m

8. Bestimme die Lösungsmenge für x mit $x \in \mathbb{Q}$!

a) $7(4x - 8) = 3x + 19$ b) $\frac{18x + 69}{6} = 14x + 28$ c) $(x + 15)(4x - 7) = 4x^2 + 3x - 5$

9. Schreibe als vereinfachten Bruch! $\frac{5a^2b}{17c} \cdot \frac{(-a)^3c \cdot 34}{15ab}$

10. Wie viel Prozent vom Volumen eines vollständig ausgefüllten Würfels (5×5×5) nimmt der abgebildete Körper ein?

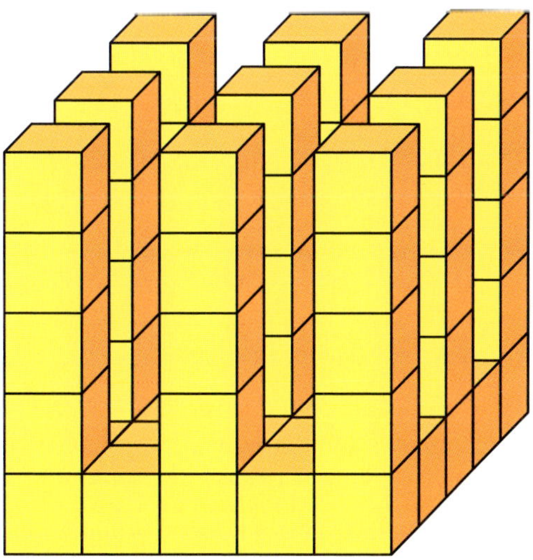

11. Schreibe die Größenangaben ohne abgetrennte Zehnerpotenz!

a) Durchmesser eines Elektrons: $1{,}4 \cdot 10^{-7}$ mm

b) Zeit, die das Licht für 1 m Weg benötigt: $3{,}3 \cdot 10^{-9}$ s

12. Eine Straße steigt auf 3 km horizontaler Ebene um 270 m. Wie groß ist die durchschnittliche Steigung?

13. Im Sonderangebot gibt es eine Hose, die um 60 % reduziert wurde. Jetzt kostet die Hose 31,80 €.
Was hat die Hose ursprünglich gekostet?

14. Berechne für A = 3 und B = 4!
Ordne die Ergebnisse der Größe nach! Beginne mit der kleinsten Zahl!

a) $A + A + A - 4 \cdot B$
b) $A^3 - (B + 4)$
c) $A^3 + 3 \cdot A - B^4 + 4 \cdot B$
d) $3(A + 1) - 4(B - 1)$

15. Zwei Zahlenfolgen haben die folgenden Bildungsterme: Folge A = 2n + 3 und Folge B = 3n + 2.

a) Wie heißen die ersten vier gemeinsamen Zahlen, die in beiden Zahlenfolgen vorkommen?
b) Gib für diese Zahlenfolge die Bildungsvorschrift an!

16. Die Summe dreier aufeinanderfolgender natürlicher Zahlen ist 267.

a) Wie heißen diese Zahlen?
b) Begründe, warum die Summe durch 3 teilbar ist!

17. Die Temperatur wurde an einem Tag alle sechs Stunden gemessen.

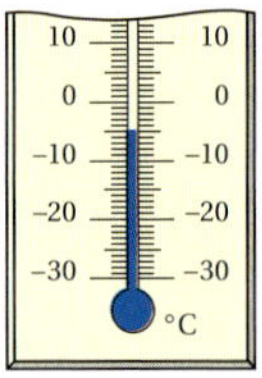

6 Uhr

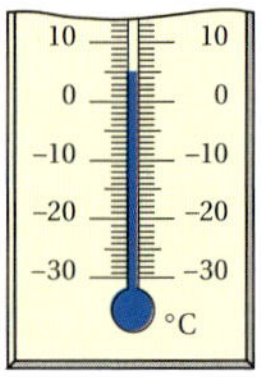

12 Uhr

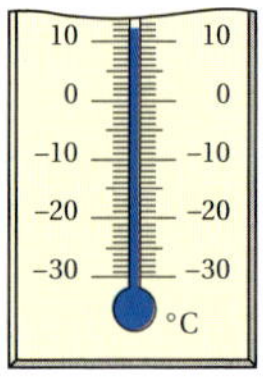

18 Uhr

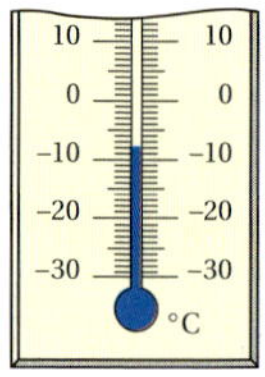

24 Uhr

a) Lies die Temperaturen ab!
b) Berechne die Durchschnittstemperatur für diesen Tag!
c) Wie groß ist die Spannweite der Temperaturen?

18. In drei Kisten sind rote, blaue und grüne Kugeln. In der ersten Kiste sind 20 rote, 10 blaue und 20 grüne Kugeln. In der zweiten Kiste sind 30 rote, 22 blaue und 18 grüne Kugeln. In der dritten Kiste sind 40 rote, 12 blaue und 48 grüne Kugeln.

a) Bei welcher Kiste ist die Wahrscheinlichkeit am größten, eine grüne Kugel zu ziehen?
b) Wie müssten die blauen Kugeln in den drei Kisten verteilt werden, so dass die Wahrscheinlichkeit, eine blaue Kugel zu ziehen, für jede Kiste gleich groß ist?

19. In einer Kiste sind 40 gelbe, blaue, grüne und rote Kugeln.

a) Wie viele rote Kugeln sind in der Kiste, wenn die Wahrscheinlichkeit, eine rote Kugel zu ziehen, 0,2 beträgt?
b) 40 % der Kugeln sind grün. Wie viele grüne Kugeln sind in der Kiste?
c) Ein Viertel der Kugeln sind blau. Wie viele blaue Kugeln sind in der Kiste?
d) Wie viele gelbe Kugeln sind in der Kiste?

20. Auf einem Plakat stehen folgende zwei Angebote:
Angebot A: 100 m^2 Gewerberäume für 42,50 € pro Quadratmeter
Angebot B: 110 m^2 Gewerberäume für 37,50 € pro Quadratmeter
Welches Angebot ist billiger?

21. Otto erzählt, dass seine drei Tanten die Geburtstagstorte wie folgt aufgegessen haben: Tante A hat die Hälfte gegessen, Tante B den dritten Teil und Tante C ein Viertel der Torte.
Ist diese Aussage richtig? Begründe!

22. Auf einem Feld des Bauern Grünmann gibt es 120 Reihen mit je 130 Rotkohlköpfen und 130 Reihen mit je 120 Weißkohlköpfen.
Wie viele Kohlköpfe wachsen auf dem Feld des Bauern Grünmann?

5

Teil B – Pflichtaufgaben

23. Welchen prozentualen Anteil haben die farbigen Flächen an der Gesamtfläche?

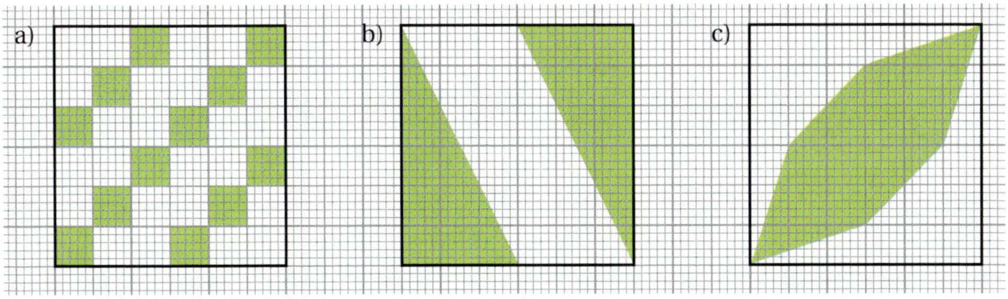

24. a) Stelle zu dem Prisma eine Formel mit den angegebenen Variablen zur Berechnung der Oberfläche auf!
b) Versuche die Formel ohne die Variable a aufzustellen!

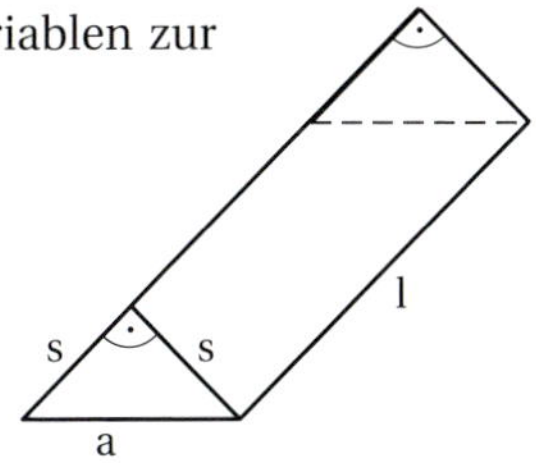

25. Auf einer Baustelle werden täglich 500 t Beton in 64 Wagenladungen angeliefert, ein Teil davon mit 6-Tonnen-Lkws und die übrigen mit 10-Tonnen-Lkws. Wie viele Ladungen von jeder Art werden jeden Tag benötigt?

26. Das Produkt zweier Zahlen, deren Differenz 4 beträgt, ist gleich dem Produkt, dessen Faktoren man erhält, indem man zur größeren Zahl 12 addiert und von der kleineren 6 subtrahiert. Wie heißen die beiden Zahlen?

27. Stelle die Gleichung nach v um!

$E = \frac{mv^2}{2}$

28. Die Gefäße werden gleichmäßig mit Wasser gefüllt. Der Wasserspiegel steigt in Abhängigkeit von der Zeit unterschiedlich an. Ordne jedem Graphen ein Gefäß zu!

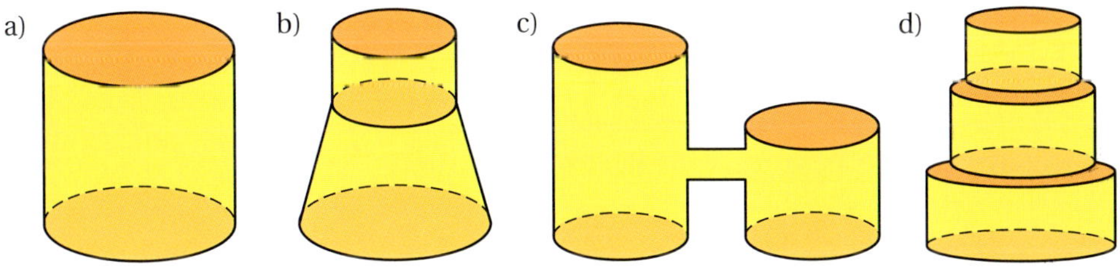

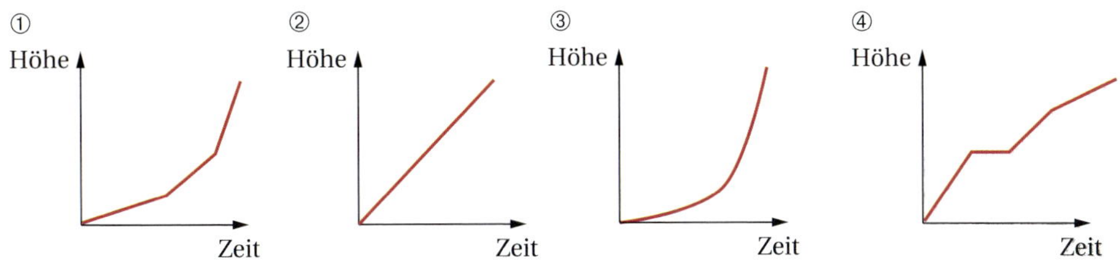

29. Ein Quader ABCDEFGH hat die Kantenlänge $\overline{AB} = 48$ cm und $\overline{BC}$ ist 64 cm.
a) Wie lang ist seine Raumdiagonale $\overline{AG}$?
b) Wie hoch muss der Quader sein, damit $\overline{AG}$ eine Steigung von 45° aufweist ($\tan 45° = 1$)?

30. Bestimme den zu x = 10 gehörenden Funktionswert, wenn
a) die Funktionsgleichung $y = 3x - 15$ lautet!
b) der Graph der Funktion eine Gerade ist, welche durch den Koordinatenursprung und den Punkt P(2; 5) verläuft!

31. Welche Graphen stellen denselben Sachverhalt dar? Begründe!

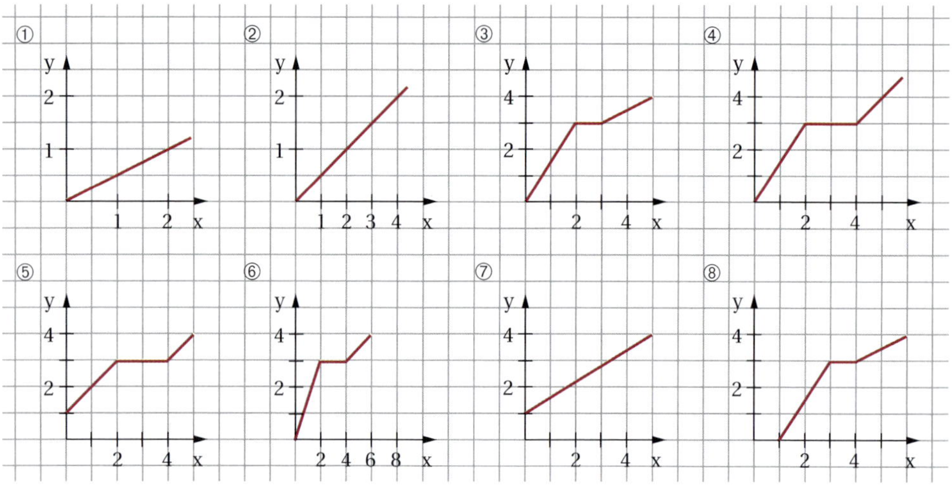

32. Gib die Nullstellen der Funktion $y = 2\sin x$ im Intervall $90° \leq x \leq 450°$ an!

33. Gegeben ist die Ungleichung $\frac{5x+4}{3} < 12$ $(x \in \mathbb{Q})$.
Löse die Ungleichung und ermittle, welche Elemente der Menge $\{-2; 7; 6; 4; 0; \frac{2}{5}\}$ die Ungleichung erfüllen!

34. Berechne die Größe vom Winkel γ!
r = 22,3 cm; s = 18,5 cm; β = 43,2°
($\sin 43{,}2° \approx 0{,}685$)

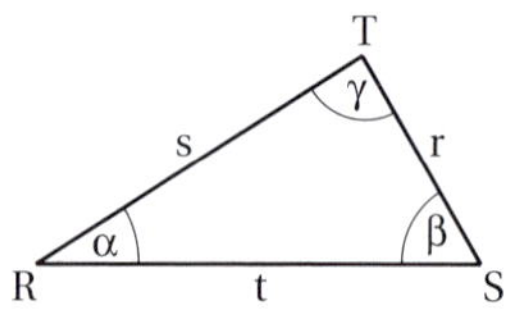

35. Bestimme die Höhe des Turmes!

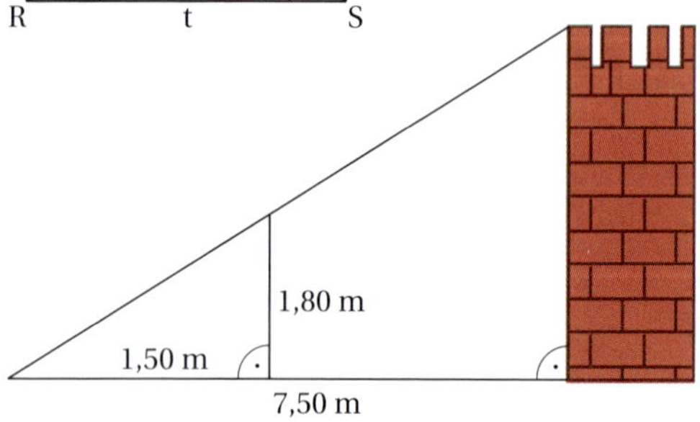

36. Die folgende Urliste gibt den Kohlenstoffgehalt von Stahllegierungen in Prozent an:
0,07; 0,07; 0,09; 0,09; 0,05; 0,08; 0,07; 0,09; 0,10; 0,06; 0,09; 0,10
a) Berechne das arithmetische Mittel!
b) Gib den Modalwert und den Zentralwert an!

37. Eine landwirtschaftliche Produktionsgemeinschaft ist im Besitz von fünf Mähdreschern. Es ist geplant, die Getreidefelder innerhalb von zwölf Stunden zu ernten. Bauer Müller konnte einen weiteren Mähdrescher günstig erwerben.
Wie lange benötigen nun die sechs Mähdrescher für die Ernte?

38. Ein Mähdrescher benötigt für 100 m² Feld 3 min für die Getreideernte. Die Erntearbeiten beginnen 5.45 Uhr. Wann ist die Ernte von einem 2,5 ha großen Feld beendet, wenn drei Pausen von jeweils 20 min Länge eingeplant werden müssen?

39. Eine quadratische Funktion hat die Gleichung $y = x^2 - 8x + 12$.

a) Bestimme den Scheitelpunkt!

b) Zeichne den Graphen in ein rechtwinkliges Koordinatensystem!

c) Berechne die Nullstellen und vergleiche mit der zeichnerischen Lösung!

d) Gib den Wertebereich der Funktion an!

e) Überprüfe, ob der Punkt P(21; 285) zum Graphen der Funktion gehört!

40. In der Abbildung ist eine neue Hausvariante als Prisma ABCDEFGHIK mit $\overline{AB} = 5$ m; $\overline{BG} = 8$ m; $\overline{GH} = 3$ m; $\overline{ED} = \overline{CD} = 2{,}8$ m im Zweitafelbild dargestellt.

a) Zeichne das Haus im Schrägbild in einem geeigneten Maßstab und gib diesen an!

b) Berechne das Volumen dieses Hauses!

c) Das Haus soll gestrichen werden. Die Grundfläche bleibt frei, die Dachfläche grün, die Giebelflächen gelb und die restlichen Flächen weiß.
In welchem Verhältnis müssen die Farben grün, gelb und weiß eingekauft werden?

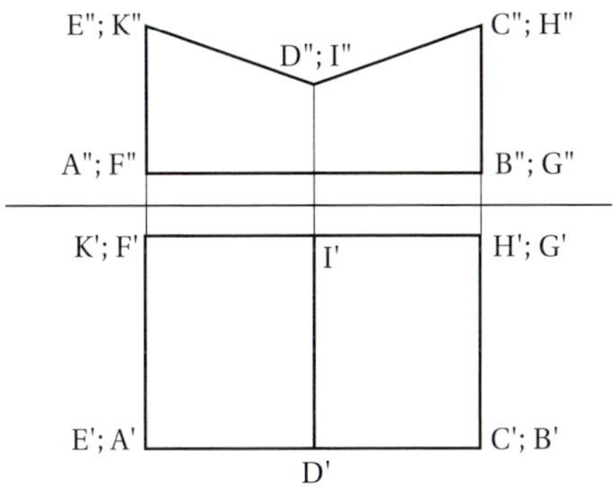

Abbildung nicht maßstabsgerecht

41. Aus einem Würfel mit der Kantenlänge a = 2 dm wird ein größtmöglicher Kegel herausgefräst.

a) Skizziere den Restkörper als Schrägbild!

b) Wie viel Prozent Abfall vom Würfel entspricht dieser Restkörper?

c) Der Abfall wird zu einer Kugel eingeschmolzen. Berechne den Durchmesser der Kugel!

42. Eine Leiter reicht bis zum oberen Rand einer 6 m hohen Mauer (Stellung I). Wenn das untere Ende der Leiter 14 dm weiter von der Wand weggerückt wird, kommt ihre Spitze 8 dm tiefer zu liegen (Stellung II).

a) Wie lang ist die Leiter?

b) Kontrolliere das Ergebnis durch eine Konstruktion mit einem geeigneten Maßstab! Gib den Maßstab an!

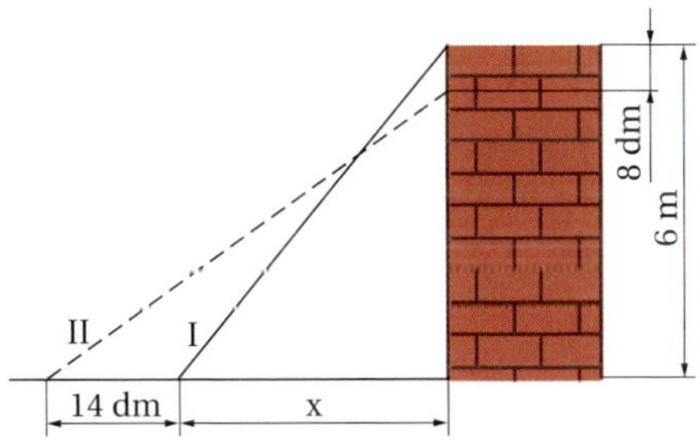

43. Eine Rampe für eine Baustellenzufahrt zum Bau einer Tiefgarage wurde errichtet. Sie überwindet einen Höhenunterschied von 6 m, hat eine Breite von 8 m und eine Länge von 42 m. Die vereinfachte mathematische Form ist ein dreiseitiges Prisma.

a) Stelle die Rampe im Zweitafelbild dar!

b) Berechne den Neigungswinkel der Rampe!

c) Fahrzeuge können im 2. Gang Straßen mit einer Neigung bis zu 25 % befahren.
Kann dieser Gang hier benutzt werden?

d) Welche Menge Sand musste für diese Rampe aufgeschüttet werden (Dichte: $1{,}6\ \text{g} \cdot \text{cm}^{-3}$)?
Wie oft musste ein 6-t-Lkw fahren?

44. Das rechteckige Grundstück der Familie Neumann soll neu gestaltet werden. Die Bauunterlagen sind nicht vorhanden. Bekannt ist, dass der Flächeninhalt des Rasenstückes halb so groß wie die Fläche des rechteckigen Hauses GFED ist. Zudem gilt: $y = 3x$

a) Berechne die Streckenlängen x und y!

b) Für wie viel Quadratmeter muss Rasensamen gekauft werden, wenn für Wege und anderes 8 % abgezogen werden müssen?

c) Passt ein runder Teich mit einem Durchmesser von 2 m auf die Rasenfläche?

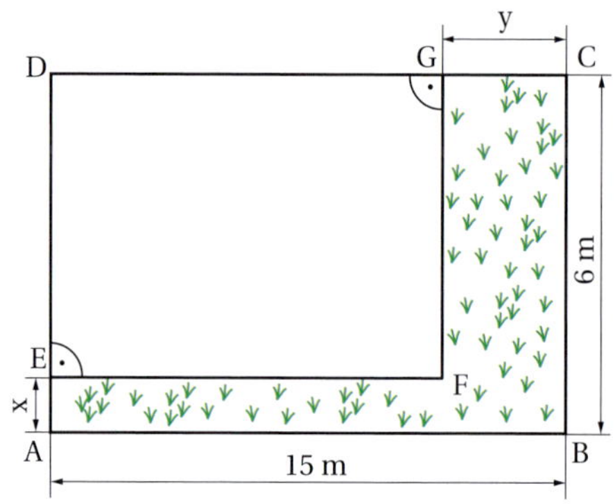

45. In einem Koordinatensystem sind drei Graphen von Funktionen und ausgewählte Punkte vorgegeben.

a) Lies die Gleichungen für die Graphen der Funktionen f(x) und h(x) ab!

b) Bestimme die Funktionsgleichung von g(x)!

c) Kontrolliere dein Ergebnis von f(x) rechnerisch!

d) Die drei Geraden bilden eine Dreiecksfläche. Berechne deren Flächeninhalt, indem du zuvor die Streckenlängen rechnerisch bestimmst (1 LE ≙ 1 cm)!

e) Welcher der eingezeichneten Punkte ist mit der Nullstelle einer Funktion gleich?

f) Berechne den Schnittwinkel zwischen dem Graphen f(x) und h(x)!

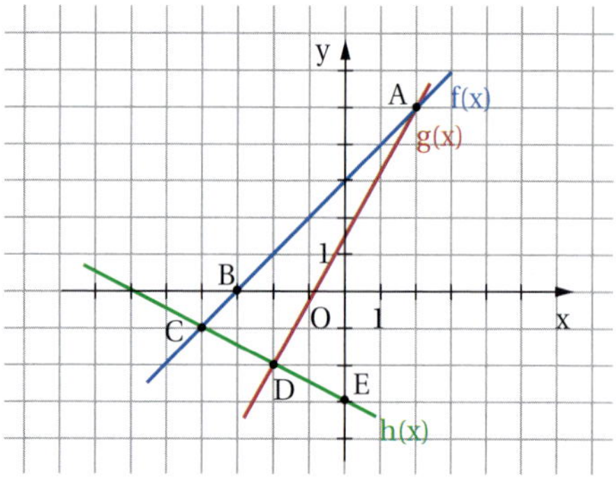

46. Bei einer Tombola kann man 200 Lose ziehen. Davon gewinnt ein Los den Hauptpreis (H), 20 Lose gewinnen Kleinpreise (K) und der Rest der Lose sind Nieten (N).
Alle Lose werden in eine Lostrommel gegeben und sorgfältig gemischt. Nun zieht Maria nacheinander zwei Lose und öffnet beide.

a) Zeichne für dieses Zufallsexperiment ein Baumdiagramm und beschrifte die Teilpfade mit den zugehörigen Wahrscheinlichkeiten!

b) Wie groß ist die Wahrscheinlichkeit, dass Maria dabei einen Kleinpreis, aber nicht den Hauptpreis gewinnt?

47. Die Grafik zeigt den Weg, den ein Hundebesitzer (rot) mit seinem Hund (grün) in einer bestimmten Zeit zurücklegt.

a) Entnimm der Grafik die Länge des Weges, den der Hund in 4 min zurücklegt!

b) Mit welcher Geschwindigkeit (in $km \cdot h^{-1}$) bewegen sich Mensch und Hund?

c) Vorausgesetzt beide bewegen sich mit der aus der Grafik ersichtlichen Geschwindigkeit weiter.
Wie oft treffen sich beide, wenn das Ziel der 1,3 km entfernte See ist?

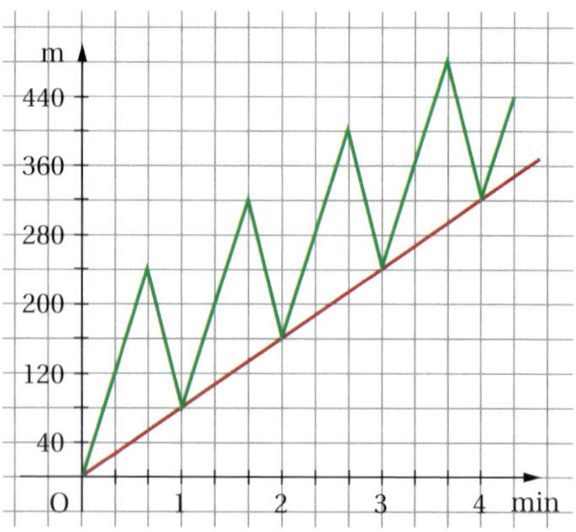

48. Bestimme in der gegebenen Figur
a) die Flächeninhalte der Quadrate ABCD und BEFG!
b) die Steigung der Geraden g!
c) Finde einen weiteren Lösungsweg!

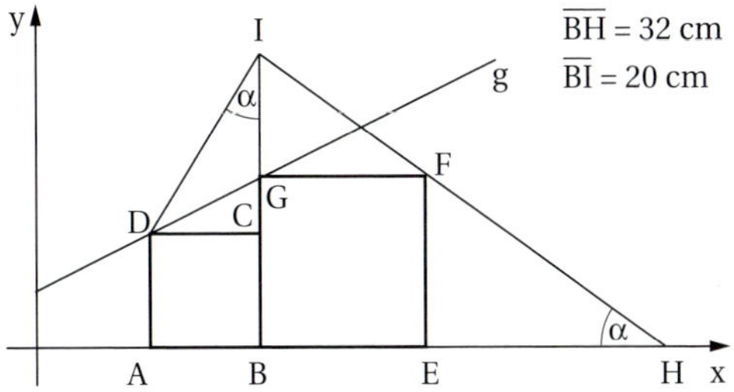

49. Gegeben sind die Funktionen f(x) und g(x) mit den Gleichungen $y = f(x) = x^3$ und $y = g(x) = \frac{1}{2}\,x^3$.
a) Zeichne beide Graphen in ein Koordinatensystem mindestens im Intervall $-2 \leq x \leq 2$!
b) Nenne Gemeinsamkeiten beider Funktionen!
c) Auf dem Graphen f(x) liegt der Punkt P (x; 16). Berechne die fehlende Koordinate!
d) Liegt der Punkt A (–2; –4) auf dem Graphen von g(x)? Begründe!

50. Ein Heizöltank besteht aus einem quaderförmigen Mittelteil und zwei halben Kreiszylindern. Er hat die Maße a = 1,0 m; b = 2,4 m und c = 0,8 m.
a) Wie viel Liter Heizöl passen in den Tank, wenn er nur zu 90 % betankt werden darf?
b) In dem liegenden Tank befinden sich nach dem Winter noch 1500 *l* Heizöl. Bis zu welcher Höhe ist er gefüllt? Wie viel Liter Heizöl müssen bestellt werden?

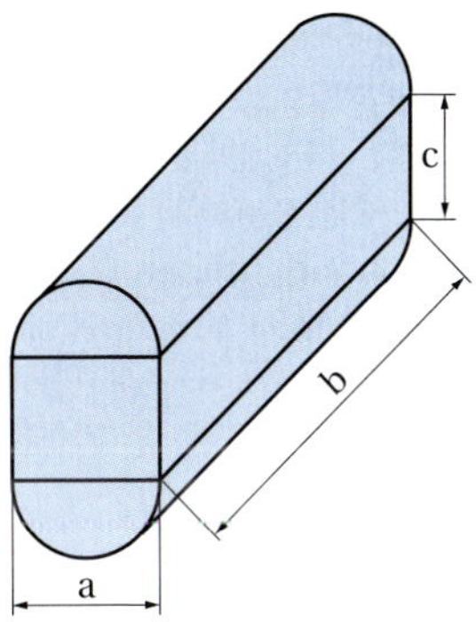

51. Für einen Brückenbau muss die Breite eines Tals ermittelt werden. Mit einem Vermessungsgerät wird ein Tiefenwinkel von 8,5° zum gegenüberliegenden Ufer ermittelt. Das Gerät hat eine Ablesehöhe von 1,75 m.
Für welche Entfernung muss die Brücke berechnet werden, wenn auf jeder Seite 6 m Baukörper hinzugerechnet werden müssen?

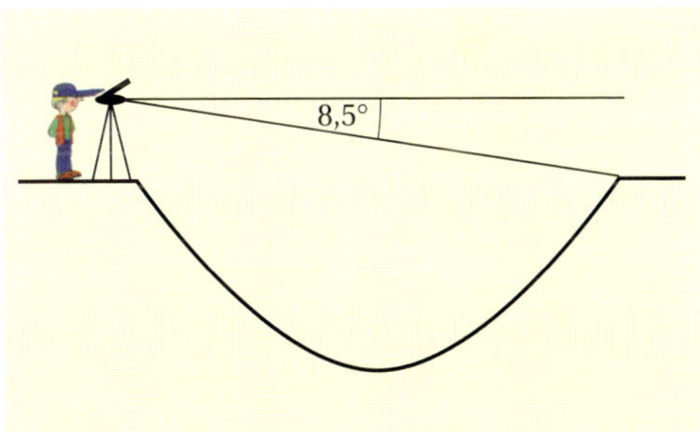

52. a) Zeichne in ein rechtwinkliges Koordinatensystem den Graphen der Funktion $y = f(x) = \sin x$ mit $x \in \mathbb{R}$ genau im Intervall $-2\pi \leq x \leq 2\pi$!
b) Skizziere in dasselbe Koordinatensystem den Graphen der Funktion $y = g(x) = \sin(2x)$ mit $x \in \mathbb{R}$ mindestens im Intervall $0 \leq x \leq 2\pi$!
c) Welche Gemeinsamkeiten haben beide Funktionen?
d) Gegeben ist der Term $\frac{1}{\cos x}$ mit $x \in \mathbb{R}$. Für welchen Wert von x ist der Term im Grundbereich nicht definiert?
e) Zeichne in ein rechtwinkliges Koordinatensystem die Graphen der Funktionen $y = f(x) = \cos x$ und $y = g(x) = 2\cos x$ mit $x \in \mathbb{R}$ genau im Intervall $-2\pi \leq x \leq 2\pi$!
Lies die Nullstellen ab und gib den Wertebereich für jede Funktion an!

53. Das Werkstück in der nebenstehenden Abbildung besteht aus Stahl (Dichte von Stahl: $\rho = 7{,}85\ \frac{g}{cm^3}$).

a) Wie groß ist die Masse des Körpers?

b) Dieser Körper wurde aus einem Zylinder hergestellt.
Wie viel Prozent Abfall ist dabei minimal angefallen?

c) Berechne den Oberflächeninhalt des Körpers!

d) Zeichne den Körper im Zweitafelbild!

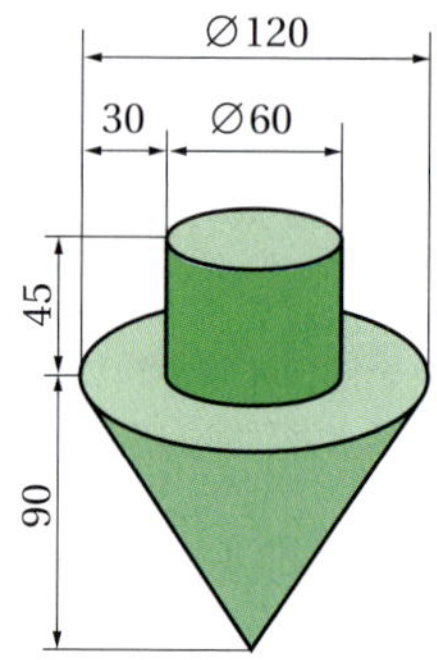

Maßangaben in Millimeter

54. Ein Reisebüro hat im ersten Halbjahr folgende Umsätze zu verzeichnen:

Monat	Januar	Februar	März	April	Mai	Juni
Umsatz in Euro	40 700	41 800	45 200	39 100	38 200	39 800

a) Berechne den durchschnittlichen monatlichen Umsatz und die Spannweite der Umsätze im Halbjahr!

b) Um wie viel Prozent war der Umsatz im März höher als im Mai?

c) Stelle die monatlichen Umsätze in einem Streifendiagramm dar!

d) Mit welchem Jahresumsatz kann das Reisebüro rechnen, wenn der durchschnittliche monatliche Umsatz gleich bleibt?

e) Der Jahresumsatz wird auf vier Gesellschafter aufgeteilt. Gesellschafter A erhält 20 %, Gesellschafter B das Doppelte von A. Die Gesellschafter C und D teilen den Rest so unter sich auf, dass C das Dreifache von D erhält. Bestimme die Einnahmen jedes Gesellschafters!

55. Gegeben sind vom nebenstehenden Fünfeck ABCDE, das sich aus einem Dreieck und einem Rechteck zusammensetzt, die folgenden Größen:
$\overline{AB} = a = 84$ mm; $\overline{AE} = e = 64$ mm;
$\overline{BC} = b = 90$ mm; $\sphericalangle BAE = \alpha = 64°$

a) Berechne die Länge der Strecke $\overline{BE}$!

b) Berechne den Umfang des Fünfecks!

c) Berechne den Flächeninhalt des Fünfecks!

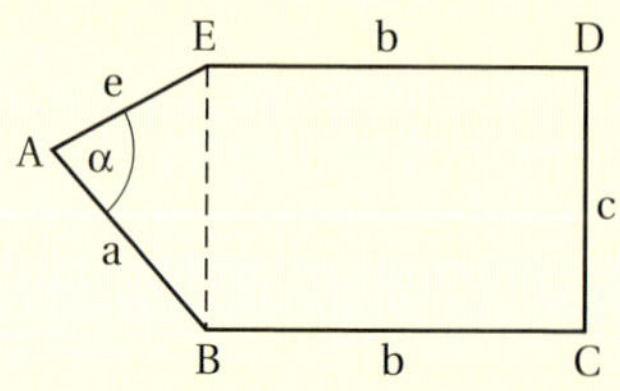

Abbildung nicht maßstabsgerecht

56. Ein Geschäft erhält eine Lieferung von 20 Fahrrädern zum Bezugspreis von je 250,00 €. Zum Bezugspreis kommen 20 % als Geschäftskosten hinzu. Dieser Selbstkostenpreis wird dann um einen kalkulierten Gewinn von 20 % erhöht und ergibt den Nettoverkaufspreis, zu dem dann noch die Mehrwertsteuer von 19 % dazukommt.

a) Berechne den Verkaufspreis für das Fahrrad!

b) Welchen Betrag (Mehrwertsteuer) erhält das Finanzamt beim Verkauf aller Fahrräder?

c) Bei Ratenzahlung erhöht sich der Endpreis um 20,00 €. Um wie viel Prozent wird ein Fahrrad dann teurer?

d) Maik bezahlt sein Fahrrad bar und bekommt für den Rabatt noch einen Fahrradhelm im Wert von 25,70 €. Wie viel Prozent Rabatt gewährte ihm der Fahrradhändler?

57. Gegeben sind vom nebenstehenden Dreieck ABC die folgenden Größen:
$\overline{AB} = c = 14{,}8$ cm; $\overline{AC} = b = 7{,}0$ cm; $\overline{BC} = a = 90$ mm;
$\sphericalangle ABC = \beta = 19{,}6°$

a) Berechne die Innenwinkel γ und α!
b) Wie groß ist der Winkel δ?
c) Berechne den Flächeninhalt des Dreiecks!
d) Wie groß ist der Flächeninhalts eines Dreiecks A'B'C', das zum Dreieck ABC ähnlich ist und eine Seitenlänge b' = 3,5 cm hat?

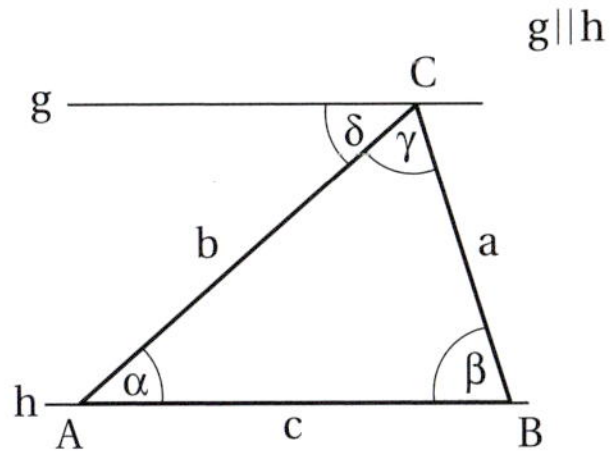

Abbildung nicht maßstabsgerecht

58. Gegeben ist ein quadratischer Garten mit der Seitenlänge 4x. Ihm wird ein größtmöglicher Kreis einbeschrieben. Innerhalb des Kreises wird ein Kreis mit dem Durchmesser 2x mittig einbeschrieben.

a) Fertige eine Skizze an!
b) Gib einen Term zur Berechnung des Flächeninhaltes für den entstandenen Kreisring an!
c) Berechne die Fläche, die durch den Kreisring vom Quadrat übrig bleibt, für den Wert x = 4 m!

59. Löse das nebenstehende lineare Gleichungssystem rechnerisch und zeichnerisch! Vergleiche deine Lösungsmengen!

I $\quad x + y = 5$
II $\quad 2x + 4y = 16$

60. Madeleine bezahlt für das Entwickeln von drei Filmen und für 70 Abzüge insgesamt 20,80 €. Uli bezahlt für das Entwickeln zweier Filme und für 44 Abzüge im gleichen Geschäft 13,36 €. Wie viel Euro kostet die Entwicklung eines Films? Wie viel Euro kostet der Abzug eines Bildes?

61. a) Gib die Funktionsgleichungen an, die zu den Graphen der quadratischen Funktionen f_1 bis f_5 gehören!
b) Lies die Koordinaten der Scheitelpunkte ab!
c) Beschreibe das Monotonieverhalten der Funktionen!
d) Welchen Wertebereich besitzen die Funktionen?
e) Ermittle die Nullstellen aus der Zeichnung und durch Rechnung!
f) Lies die Koordinaten der Punkte näherungsweise ab, die $f_2(x)$ gemeinsam mit anderen Graphen besitzt!

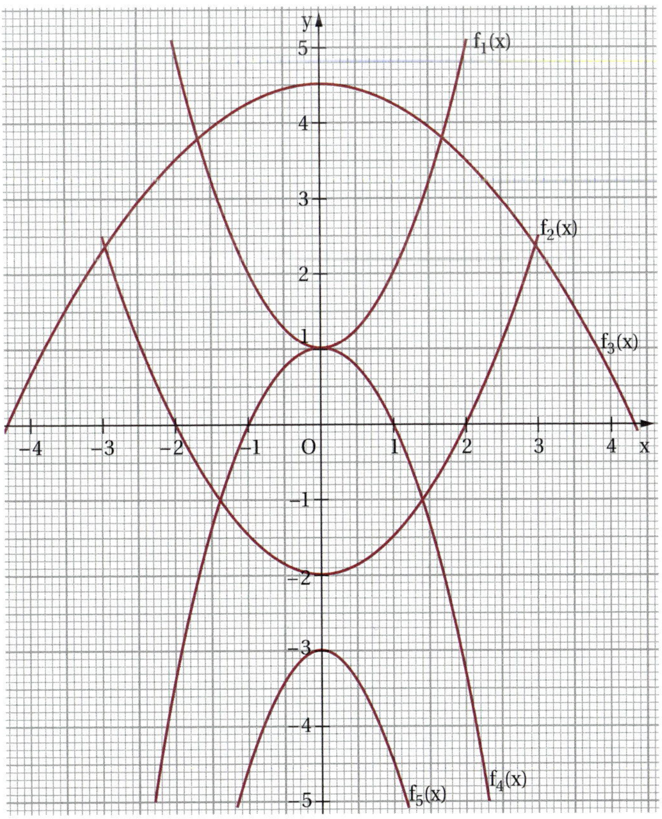

62. Ein Rubikwürfel besteht aus 27 verknüpften Einzelwürfeln. Jede Außenseite des Rubikwürfels hat eine der sechs Farben (z.B. weiß, gelb, orange, rot, blau, grün).

a) Wie viele Einzelwürfel verfügen über eine eingefärbte Fläche, zwei eingefärbte Flächen, drei eingefärbte Flächen und keine eingefärbte Fläche (schwarz)?
b) Gib den Anteil der Farbgruppenflächen in Prozent an und stelle das Ergebnis in einem Kreisdiagramm dar!
c) Wie viele Einzelwürfel mit einer Kantenlänge von a = 1 cm hat ein Würfel mit dem Oberflächeninhalt von 294 cm^2?

63. Eine quadratische Pyramide hat eine Grundfläche von 576 m^2 und eine Höhe von 18 m.
a) Berechne die Länge der Grundseiten!
b) Berechne das Volumen der Pyramide!
c) Berechne den Oberflächeninhalt der Pyramide!
d) Zeichne das Netz der Pyramide in einem geeigneten Maßstab! Gib den Maßstab an!
e) Die Mantelfläche erhält einen Farbanstrich. 1 m^2 kostet 4,55 €. Wie teuer wird der Anstrich?

64. Eine Regentonne hat die mathematische Form eines Zylinders (r_i = 35 cm; h_i = 1 m).
a) Während eines Starkregens wird die Regentonne zu 60 % gefüllt.
Wie viel Liter Regenwasser befinden sich in der Regentonne?
b) Nach der Entnahme von 10 Gießkannenfüllungen (je 7,5 *l*), misst Gärtner Blume den Wasserstand in der Regentonne. Zu welchem Ergebnis kommt er?
c) Die Wand der Regentonne ist 2,5 mm stark und der Boden ist 1 cm mächtig. Die Regentonne besteht aus Plaste (PVC). Wie schwer ist die Regentone?

65. Familie Meier möchte ihr Wohnzimmer renovieren. Der Boden hat eine Länge von 6,00 m und eine Breite von 3,50 m. Das Wohnzimmer ist 2,65 m hoch.
a) Die Decke soll neu gestrichen werden. Wie viel Euro kostet die Farbe insgesamt, wenn eine Dose für 5 m^2 reicht und 7,90 € kostet?
b) Die Wände sollen neu tapeziert werden.
Wie viel Quadratmeter Wand sind zu tapezieren, wenn für das Fenster eine Fläche von 1,30 m × 2,60 m und für die Tür 2,00 m × 0,95 m berücksichtigt werden müssen?
Wie viel Rollen Tapete muss Familie Meier kaufen, wenn eine Tapetenrolle für 5 m^2 reicht?
Frau Meier entscheidet sich für eine Tapete, von der die Rolle ursprünglich 9,50 € kostete, und die im Sonderangebot um 25 % gesenkt wurde. Wie teuer wird die Tapete?
c) Der Fußboden soll mit einem Teppichboden ausgelegt werden. Familie Meier bezahlt dafür 310,80 €. Wie viel Euro kostet der Quadratmeter Teppichboden?
d) Wie teuer wird die Renovierung des Wohnzimmers für Familie Meier, wenn die bisherigen Ausgaben 98 % der Gesamtkosten sind?

66. In einer Kiste befinden sich vier rote, fünf gelbe und sechs blaue Kugeln. Es werden nacheinander zwei Kugeln mit Zurücklegen gezogen.
a) Zeichne ein Baumdiagramm und gib die Ergebnismenge S an!
b) Berechne die Wahrscheinlichkeiten folgender Ereignisse:
① Alle Kugeln sind blau.
② Beide Kugeln haben die gleiche Farbe.
③ Die erste gezogene Kugel ist blau.
c) Welche Wahrscheinlichkeiten treten bei den gleichen Ereignissen wie in Aufgabenstellung b) auf, wenn nacheinander zwei Kugeln ohne Zurücklegen gezogen werden?

Teil B – Wahlaufgaben

67. a) Bestimme die Funktionsgleichung der abgebildeten Exponentialfunktion!

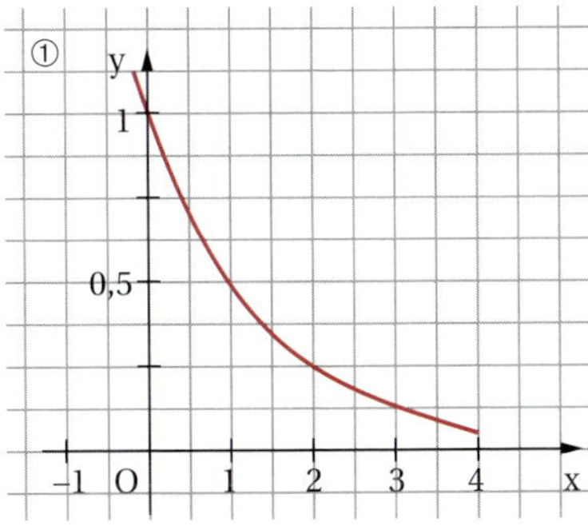

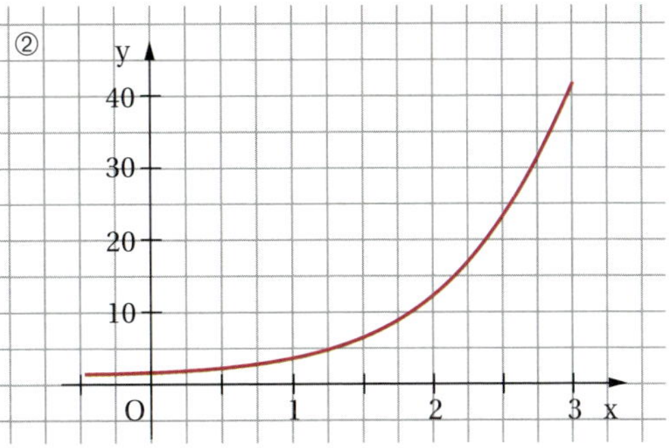

b) Durch Einleitung einer giftigen Chemikalie in den Zufluss eines Stausees ist das Wasser so verunreinigt worden, dass ein Badeverbot erlassen werden musste. An verschiedenen Stellen wurden 135 ppm (parts per million) der Chemikalie gemessen. Die Verunreinigung nimmt langsam exponentiell ab, und zwar um 10 % pro Woche.

① Lege eine Tabelle für die Abnahme der Verunreinigung an!
Nach wie vielen Wochen ist die Verunreinigung auf die Hälfte zurückgegangen?

② Das Badeverbot kann erst aufgehoben werden, wenn die Verunreinigung den von den Gesundheitsbehörden festgesetzten Grenzwert von 25 ppm unterschritten hat. Nach wie vielen Wochen ist das möglich?

c) Stelle den Zusammenhang aus Aufgabe b) grafisch dar!

68. a) Ein Kopierer arbeitet bei Vergrößerungen und Verkleinerungen über die Diagonale des Blattes. Obwohl bei der Vergrößerung von DIN A4 auf das Format DIN A3 eine Verdoppelung der Fläche entsteht, zeigt der Kopierer 141 % an. Zeige die Richtigkeit dieser Einstellung rechnerisch!

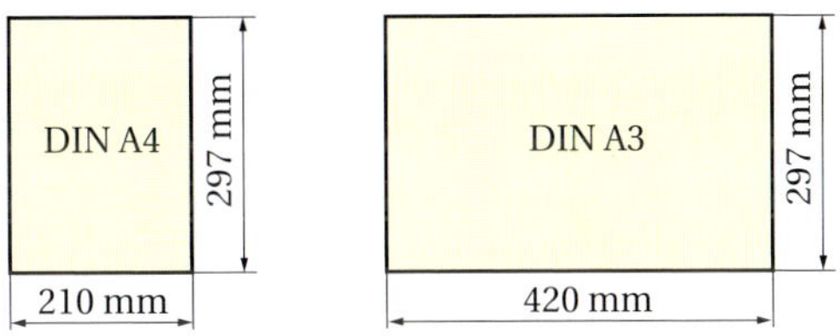

Abbildung nicht maßstabsgerecht

b) Im Kopiergeschäft wurden im Monat Juni 123 000 Kopien angefertigt. Davon sind zwei Drittel A4-Kopien, 21 500 A3-Kopien und der Rest andere Kopien.
Stelle die entsprechenden Anteile in einem Kreisdiagramm dar!

c) Um wie viel Prozent ging der Absatz an Kopien zurück, wenn im Juli nur noch 119 600 Kopien angefertigt wurden?

69. a) Löse das folgende Gleichungssystem grafisch und rechnerisch!

I $\quad 3(2y - 6) = \frac{3}{2}(2x + 16)$

II $\quad 6x + 3y = -9 \qquad (x, y \in \mathbb{Q})$

b) Eine Firma hat ihr Geld bei verschiedenen Konten angelegt. 20 000,00 € auf dem Konto A und 15 500,00 € auf dem Konto B.
Am Ende des Jahres erhält sie insgesamt 1 220,00 € Zinsen, die abgehoben werden.
Gleichzeitig erfolgt bei jedem Konto eine Einzahlung von 15 000,00 €.
Im darauffolgenden Jahr beträgt der Zinsertrag unter denselben Kontobedingungen 2 270,00 €.
Wie hoch sind die Zinssätze der beiden Konten A und B?

70. Für eine Firma soll eine neue Werbetafel entworfen werden. Die Tafel besteht aus zwei Elementen. An einem Kreiszylinder wird drehbar ein gerades Prisma mit einer gleichschenkligtrapezförmigen Grundfläche angebracht. Das Prisma hat eine Tiefe von 20 cm.

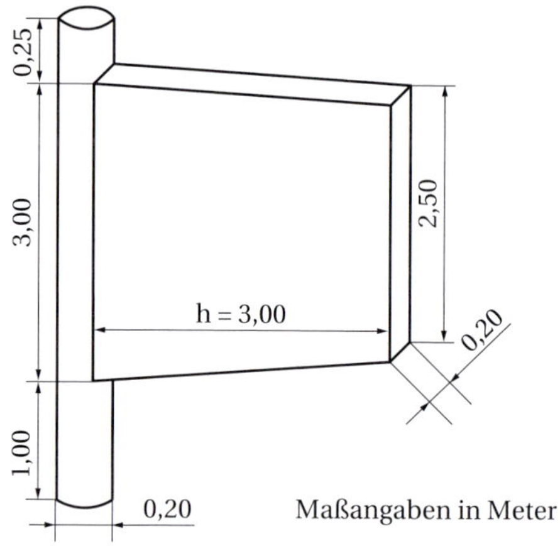

a) Berechne die gesamte Oberfläche der Werbetafel, um die zu streichende Fläche zu ermitteln!

b) Wie hoch sind die Materialkosten, wenn 1 m^2 Frostschutzfarbe 11,00 € kostet?

c) Wie groß ist die nutzbare Werbefläche?

d) Stelle das Element Prisma im Maßstab 1 : 25 in senkrechter Zweitafelprojektion dar!

e) Wie groß ist der Drehwinkel, wenn sich das Element Prisma $\frac{3}{5}$ mal um den Zylinder dreht?

71. Ein Grundstück hat die Form eines beliebigen Dreiecks ABC und grenzt an zwei Seiten an die Straßen $\overline{AB}$ und $\overline{BC}$, die sich im Winkel von 69° schneiden.
Die Seitenlängen dieser Grundstücksseiten betragen für $\overline{AB}$ = 44,6 m und $\overline{BC}$ = 29,6 m.

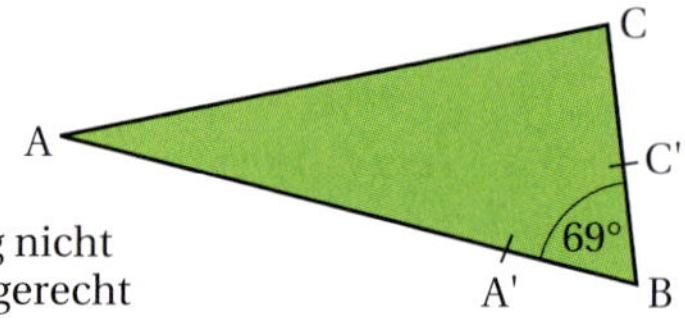

a) Konstruiere das Dreieck ABC in einem geeigneten Maßstab und gib diesen an!

b) Um weitere Straßenbaumaßnahmen im Kreuzungsbereich B durchführen zu können, muss das Grundstück um die Fläche A'BC' verkleinert werden ($\overline{A'B}$ = $\overline{BC'}$ = 8,4 m).
Um wie viel Prozent nimmt die Grundstücksfläche ab?

c) Es muss die Hecke an der längsten Seite neu angepflanzt werden.
Wie viele Heckenpflanzen müssen gekauft werden, wenn eine Pflanze 60 cm abdeckt?

d) Sind die Dreiecke ABC und A'BC' zueinander ähnlich? Begründe!

72. Auf einem rechteckigen Grundstück von 60 m Länge und 45 m Breite soll ein rechteckiges Spielfeld von 2200 m^2 angelegt werden. Der verbleibende Streifen soll überall gleich breit sein. Welche Maße hat das Spielfeld?

73. Zeichne die Funktion $y = f(x) = 0{,}5\sin x$ mit $x \in \mathbb{R}$ mindestens im Intervall $0 \leq x \leq 3\pi$!
Vergleiche die Eigenschaften dieser Funktion mit denen der Funktion $y = g(x) = \sin x$!

74. Eine Funktion hat die Gleichung $y = f(x) = x^2 - 3x - \frac{7}{4}$ mit $x \in \mathbb{R}$.

a) Zeichne den Graphen der Funktion im Intervall $-1 \leq x \leq 4$ in ein rechtwinkliges Koordinatensystem!

b) Berechne die Nullstellen dieser Funktion!

c) Bestimme die Koordinaten des Schnittpunktes dieser Funktion mit der y-Achse!

d) Zeichne durch den Punkt P (0; –1) parallel zur x-Achse eine Gerade g!
Wie heißt die Funktionsgleichung für die Gerade g?

e) Spiegele den Graphen von f(x) an der Geraden g!
Gib die Koordinaten des Scheitelpunktes des gespiegelten Graphen an!

f) Lies die Koordinaten der Schnittpunkte des Graphen f(x) mit der Geraden g ab und berechne die Koordinaten der Schnittpunkte!

75. Ein Parallelogramm ABCD ist durch die Punkte A(1; 1), B(5; 1), C(6,5; 3,5) und D(2,5; 3,5) in einem rechtwinkligen Koordinatensystem gegeben.

a) Zeichne das Parallelogramm in das Koordinatensystem ein (1 Einheit = 1 cm)!

b) Berechne den Umfang des Parallelogramms!

c) Berechne den Flächeninhalt des Parallelogramms!

d) Spiegele das Parallelogramm an der y-Achse und gib die Koordinaten des Parallelogramms A'B'C'D' an!

e) Zeichne die Diagonale $\overline{AC}$ ein und berechne deren Länge!

76. In einem Park soll eine Grünfläche mit Blumenbeeten neu gestaltet werden. Die Grünanlage hat eine quadratische Fläche mit einer Seitenlänge von 150 m. Der Gärtner schlägt vor, dass die Blumenbeete eine dreieckige Form haben sollen. Jeweils von der Mitte einer Seitenlänge werden zur Mitte der angrenzenden Seite Blumenbeete abgegrenzt (s. Skizze). Auf diese Weise entstehen acht Blumenbeete und fünf Grasflächen.

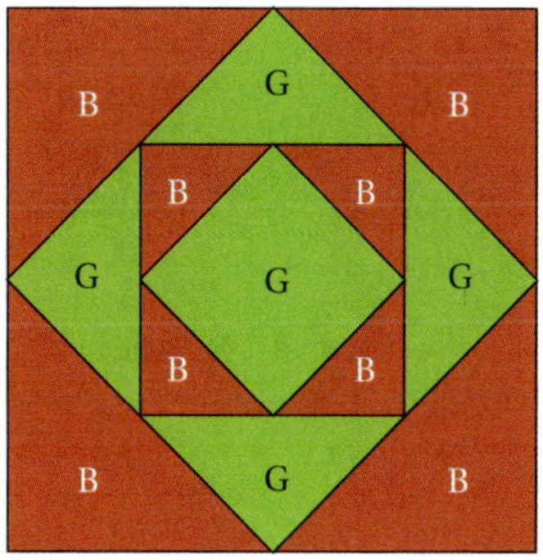

a) Berechne die Flächeninhalte der jeweiligen Blumenbeete und Grasflächen!

b) Ein Kilogramm Grassamen reicht für 25 m^2 und kostet 4,59 €.
Wie viel Euro muss der Gärtner für die gesamte Grasfläche ausgeben?

c) Auf den Blumenbeeten sollen Stiefmütterchen angepflanzt werden. Der Gärtner berechnet für 15 m^2 25 Pflanzen. Diese gibt es auf dem Markt im 10er-Pack für 1,59 €.
Wie viel Euro muss der Gärtner für die Blumenbeete bezahlen?

d) In welchem Verhältnis stehen die Flächen eines großen und kleinen Blumenbeetes?

77. Der Punkt P(–3; 7) liegt auf der Parabel der Form $y = f(x) = x^2 + px + 7$.

a) Berechne den Wert für die Variable p!

b) Berechne den Scheitelpunkt der Funktion f(x) und zeichne den Graphen in ein Koordinatensystem!

c) Der Graph der Funktion f(x) wird von einer Geraden g mit der Gleichung $y = g(x) = x + 7$ geschnitten. Lies die Schnittpunkte ab und berechne die Koordinaten der Schnittpunkte von Parabel und Geraden! Was stellst du fest?

d) Berechne die fehlenden Koordinaten der Parabelpunkte Q(3; y) und R(x; 7)!

78. Herr Winter hat von seiner Bank ein Sparangebot bekommen.
12000 € sollen für drei Jahre zu folgenden Zinssätzen angelegt werden:
1. Jahr: 3,75 % 2. Jahr: 4,00 % 3. Jahr: 4,25 %
Die Zinsen werden stets mitverzinst.
Frau Sommer erhielt von ihrer Bank ebenfalls ein Sparangebot.
15000 € sollen für drei Jahre zu folgenden Zinssätzen angelegt werden:
1. Jahr: 3,75 % 2. Jahr: 3,50 % 3. Jahr: 3,25 %
Die Zinsen werden nach jedem Jahr abgehoben.

a) Wie viele Euro Zinsen haben Herr Winter und Frau Sommer jeweils nach den drei Jahren?

b) Um wie viel Prozent hat sich das Kapital von Herrn Winter insgesamt erhöht?

79. Ein Taxifahrer berechnet je Fahrt eine Grundpauschale von 6,– € und 80 ct für jeden gefahrenen Kilometer.

a) Was kosten Fahrten über 15 km, 20 km und 25 km?

b) Wie lang war die Fahrstrecke, wenn der Fahrgast 24,40 € bezahlen muss?

Beispiele für eine schriftliche Prüfung

Beispiel 1

Teil A (ohne Tabellen- bzw. Formelsammlung und Taschenrechner)

1. Welcher Bruch stellt 0,32 dar?

A) $\frac{100}{32}$ B) $\frac{8}{25}$ C) $\frac{8}{32}$ D) $\frac{8}{50}$

2. Berechnen Sie $\frac{1}{2} \cdot (\frac{1}{3} - \frac{1}{4})$!

A) $\frac{1}{9}$ B) $-\frac{1}{2}$ C) $\frac{1}{24}$ D) $\frac{1}{12}$

3. In einer Kiste sind Kugeln, von denen die Hälfte gelb, ein Viertel grün, ein Sechstel rot und zwei Kugeln blau gefärbt sind. Wie viele Kugeln sind in der Kiste?

A) 12 B) 15 C 18 D) 24

4. Wie lautet die fehlende Zahl in der Folge? 0, 1, 3, 6, ☐, 15, 21

A) 7 B) 8 C) 10 D) 12

5. Welcher Term entspricht $x^2 + x^2 + x^2 + y^2$?

A) $3x^2 + y^2$ B) $3 + x^2 + y^2$ C) $3(x^2 + y^2)$ D) $x^6 + y^2$

6. Für welchen Wert ist der Term $\frac{4x-3}{6x+6}$ nicht definiert?

A) 2 B) −1 C) −4 D) 3

7. Welche Zahl passt in die Zahlenpyramide?

A) 10 B) 11

C) 13 D) 25

	8	☐	8	
3	5	5	3	
1	2	3	2	1

Teil B – Pflichtaufgaben

1. a) Berechnen Sie den Wert x mit $x \in \mathbb{Q}$ für $x = \frac{6{,}2 \cdot 10^{-3}}{3{,}1 \cdot 10^5}$!

b) Vereinfachen Sie den Term $(6x - y)^2 - (4x^2 - y)$!

c) Ordnen Sie folgende Zahlen der Größe nach: $0{,}34;\ 0{,}\overline{3};\ 0{,}334;\ 0{,}30;\ \frac{1}{3};\ \frac{11}{30}$!

2. Ein Zug fährt seine Gäste in einem Vergnügungspark auf einem Dreieckskurs ABC. Von A nach B sind es 2,4 km und von B nach C 1,8 km. Der Winkel bei der Station B beträgt 52°.

a) Berechnen Sie die Gesamtlänge eines Dreieckskurses!

b) Konstruieren Sie das Dreieck ABC und kontrollieren Sie die Länge der Strecke $\overline{AC}$!

c) Der Zug fährt eine konstante Geschwindigkeit.
Geben Sie diese an, wenn der Zug für eine Runde 20 min benötigt!

d) Wie groß ist die Innenfläche des Dreieckskurses?

3. Durch die Gleichung $y = f(x) = x^2 - 6x + 7$ mit $x \in \mathbb{R}$ ist eine Funktion gegeben.

a) Berechnen Sie die Nullstellen!

b) Zeichnen Sie den Graphen der Funktion in ein rechtwinkliges Koordinatensystem!

c) Zeichnen Sie den Graphen der Funktion $y = g(x) = -x + 3$ mit $x \in \mathbb{R}$ in dasselbe Koordinatensystem! Lesen Sie die Koordinaten der Schnittpunkte beider Graphen ab und vergleichen Sie diese mit Ihren errechneten Koordinaten!

4. a) Gegeben sind zwei Funktionen im Intervall $0 \leq x \leq 2\pi$ mit den Gleichungen $y = f(x) = \sin x$ und $y = g(x) = \cos x$ $(x \in \mathbb{R})$.
Zeichnen Sie die Graphen f(x) und g(x) in ein rechtwinkliges Koordinatensystem!
Geben Sie die Koordinaten der Schnittpunkte im vorgegebenen Intervall an!

b) Gegeben ist die Funktion mit der Gleichung $y = 3 \cdot \sin x$ $(x \in \mathbb{R})$. Geben Sie den Wertebereich an! Berechnen Sie im Grundintervall die x-Werte für $y = 2{,}4332$!
Liegt der Punkt P(45°; 1,4567) auf dem Graphen dieser Funktion? Begründen Sie!

5. Der Großhandel liefert an ein Buchgeschäft 25 Bücher eines Titels zum Ladenpreis von 12,00 € pro Stück. Der Buchhändler schlägt darauf einen Selbstkostenpreis von 15 % und darauf wiederum eine Handelsspanne von 20 % auf, die sein Gewinn ist. Dazu kommt noch die Mehrwertsteuer von 7 %. Alle Steigerungen ergeben zusammen den Verkaufspreis.

a) Berechne den Verkaufspreis dieses Titels.
b) Welchen Gewinn in Euro erzielt der Buchhändler beim Verkauf aller Bücher dieses Titels?
c) Wie viel Euro Mehrwertsteuer müssen für alle 25 verkauften Bücher ans Finanzamt abgeführt werden?

Teil B – Wahlaufgaben

1. Die Firma „Hut" hat ein symmetrisches Logo. Es wurde aus einem Quader (80 cm × 60 cm × 10 cm) gefräst und hat eine Tiefe von 10 cm.

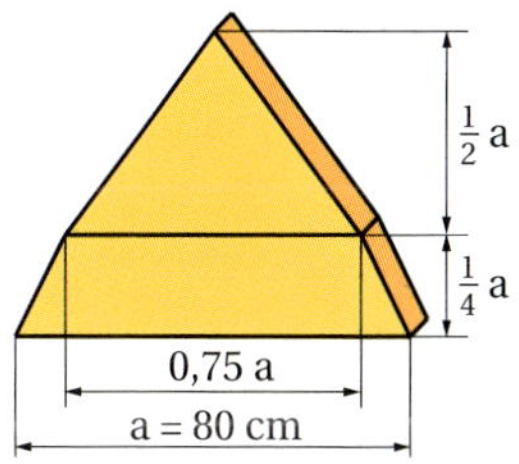

Abbildung nicht maßstabsgerecht

a) Bestimmen Sie den prozentualen Abfall, der durch das Fräsen entsteht!
b) Beim Anbringen des Logos werden die Winkelgrößen an der Spitze und im unteren Bereich des Logos benötigt. Berechnen Sie diese!
c) Es müssen acht Logos hergestellt und gestrichen werden. Kalkulieren Sie die Kosten, wenn das Logo zweimal ganz überstrichen werden muss! Ein Quadratmeter Farbe kostet netto 14,00 € und die Mehrwertsteuer beträgt 19 %.

2. a) Ein Skatblatt besteht aus 32 Karten (je acht Karo-, Herz-, Pik-, Kreuzkarten). Paul zieht aus einem gut gemischten Skatblatt zwei Karten ohne die gezogene Karte zurückzulegen.
Wie groß ist die Wahrscheinlichkeit für folgende Ereignisse?
Ereignis A: zwei Herzkarten
Ereignis B: zwei Bildkarten (Bube, Dame, König)
Ereignis C: Kreuzbube und Pikbube

b) Mit einem Würfel wurden folgende Augenzahlen gewürfelt:
6; 2; 4; 3; 3; 1; 2; 4; 6; 2; 1; 5; 3; 5; 4; 2
Berechnen Sie das arithmetische Mittel, den Modalwert und den Zentralwert!
Stellen Sie die Anteile der einzelnen Augenzahlen in einem Kreisdiagramm dar!

3. Um eine geradlinige Tunnelstrecke zu vermessen, wurde von zwei Punkten A und B mit einem Abstand von 420 m, die Tunneleingänge C und D eingemessen.

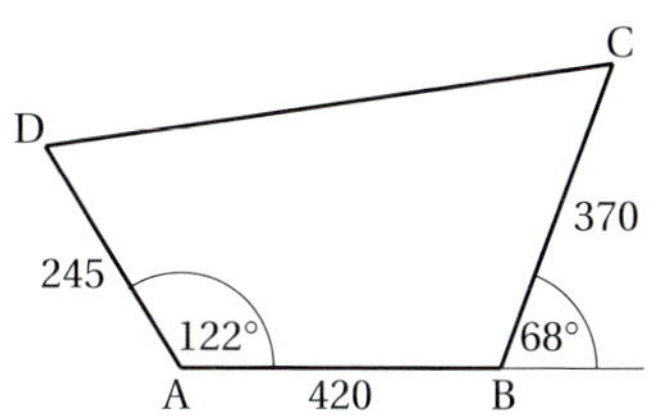

Maßangaben in Meter

a) Konstruieren Sie die Fläche ABCD im Maßstab 1 : 5000!
b) Ermitteln Sie rechnerisch und zeichnerisch die Länge des Tunnels $\overline{CD}$ und vergleichen Sie die Werte!
c) Ermitteln Sie den prozentualen Anteil des Flächeninhaltes BCD an der Gesamtfläche ABCD!

Beispiel 2

Teil A (ohne Tabellen- bzw. Formelsammlung und Taschenrechner)

1. Bei Fußball-Punktspielen gilt folgende Regelung: Die siegreiche Mannschaft erhält drei, die unterlegene Mannschaft null Punkte. Bei Unentschieden bekommt jeder einen Punkt. Geben Sie alle Möglichkeiten für die erreichte Punktzahl nach vier Spieltagen an!

2. Sechs Mähdrescher mähen ein Feld in drei Stunden ab.
Wie lange würden vier baugleiche Mähdrescher brauchen?

3. Berechnen Sie den Wert des Terms $\frac{1}{x} \cdot y - z^2$ für $x = -\frac{1}{4}$, $y = \frac{1}{2}$ und $z = -2$!

4. Welche grafische Darstellung gehört zur Funktion $y = -x^2$?

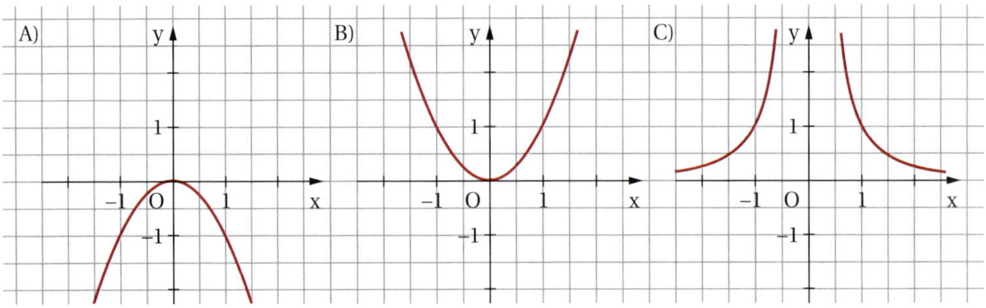

5. 2,5 Jahre sind, zinstechnisch gesehen:
A) 2 Jahre und 5 Monate　　B) 900 Tage
C) Da nicht bekannt ist, ob ein Schaltjahr vorliegt, ist eine genaue Angabe nicht möglich.

6. Jonas trifft mit 3 Würfen insgesamt 7 Kegel. Dabei steigert er sich von Wurf zu Wurf und hat keine „Ratte" bei seine Würfen. Wie viele Kegel fallen in den einzelnen Würfen?

7. Ein 12 m langes Seil soll in Form eines rechtwinkligen Dreiecks straff gespannt auf dem Erdboden ausgelegt werden. Wie kann diese Aufgabe mithilfe eines Bandmaßes gelöst werden?

8. Der Radius des Erdmondes beträgt etwa ein Viertel des Erdradius.
Deshalb ist das Volumen der Erde
A) 4-mal　B) 16-mal　C) 64-mal　größer als das Volumen des Mondes.

9. Stellen Sie die Formel $A = \pi r (r + s)$ nach s um!

10. Skizzieren Sie die Ansicht des Körpers von rechts!　von vorn 　von oben 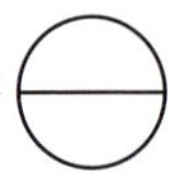

Teil B – Pflichtaufgaben

1. Der Dečinsky Sněžik (Hoher Schneeberg) ist der höchste Berg des Elbsandsteingebirges. Vom Schneeberg aus sieht man die Festung Königstein und den Großen Zschirnstein unter einem Winkel von 50,6°. Der Fahrradkarte (Maßstab 1 : 65 000) entnimmt man die folgenden Entfernungen: Schneeberg–Königstein 22,0 cm und Schneeberg–Zschirnstein 13,5 cm.

a) Konstruieren Sie das Dreieck SKZ ein einem geeigneten Maßstab!
b) Ermitteln Sie aus der Konstruktion die Entfernung zwischen Königstein und Zschirnstein im Kilometern!
c) Berechnen Sie die wahren Seitenlängen des Dreiecks in Kilometern!
d) Welche Seitenlängen hätte das Dreieck in einer Wanderkarte (M 1 : 25 000)?

2. Durch die Gleichungen $y = f(x) = x^2 - 2x$ mit $x \in \mathbb{R}$ und $y = g(x) = -x + 2$ mit $x \in \mathbb{R}$ sind zwei Funktionen gegeben.
a) Stellen Sie beide Funktionen im gleichen Koordinatensystem dar!
b) Lesen Sie die Nullstellen und die gemeinsamen Punkte beider Graphen ab!
c) Berechnen Sie ihre Nullstellen!

3. In ein quadratisches Blech mit einer Seitenlänge von 5 cm soll genau in die Mitte ein Loch geschnitten werden, das ebenfalls die Form eines Quadrates und einen Flächeninhalt von 9 cm^2 hat. Der verbleibende Streifen soll überall gleich breit sein.
a) Fertigen Sie eine Skizze an und tragen Sie die bekannten Stücke ein!
b) Welche Seitenlänge hat das herauszuschneidende Quadrat?
c) Wie viel Prozent wird von dem Ausgangsquadrat entfernt?

4. Ein Glücksrad besteht aus 24 gleich großen Feldern. Sechs davon sind rot, vier sind gelb und zwei sind grün gefärbt. Die restlichen Felder haben eine weiße Farbe.

rot	gelb	grün	weiß
25	16	9	50

Bei 100 Umdrehungen traten die nebenstehenden Ergebnisse auf.
a) Ermitteln Sie die relativen Häufigkeiten und stellen Sie diese in einem Kreisdiagramm dar!
b) Mit welcher Wahrscheinlichkeit bleibt das Rad auf einem roten Feld stehen?
c) Bleibt das Rad bei einem roten Feld stehen, gibt es zwei Punkte, bei einem gelben Feld vier Punkte, bei einem grünen Feld sechs Punkte. Bei weißen Feldern gibt es keine Punkte. Welche durchschnittliche Punktzahl kann man bei einer Drehung erwarten?

5. Gesucht sind zwei Zahlen, deren Summe 4 beträgt. Wird das Dreifache der einen Zahl um das Doppelte der anderen Zahl vermindert, so erhält man 52.
Wie heißen die beiden Zahlen?

Teil B – Wahlaufgaben

1. Der Blumengroßhandel liefert Packungen mit Tulpenzwiebeln zu je 480 Stück aus. In jeder Packung sind $\frac{1}{4}$ rot blühend und 30 % gelb blühend. Die restlichen Tulpen sind weiß blühend.
a) Wie viele Tulpen von jeder Farbe (rot, gelb, weiß) kann man in einer beliebigen Packung erwarten? Stellen Sie die Anteile in einem Diagramm dar!
b) Die folgende Tabelle zeigt die Verkaufspreise von Packungen mit 50 Tulpen in 10 ausgesuchten Gärtnereien. Geben Sie das arithmetische Mittel, den Zentralwert, den Modalwert und die Spannweite des Preises an!

Gärtnerei	1	2	3	4	5	6	7	8	9	10
Preis in €	6,89	7,29	8,00	7,99	8,49	7,99	8,29	6,49	6,99	7,99

c) Beim „Stecken“ von drei Tulpen sind verschiedene Farbzusammenstellungen möglich. Welche Möglichkeiten gibt es, wenn man die Reihenfolge der Tulpen unberücksichtigt lässt und alle Tulpen auch gleichfarbig sein können?
d) Die Keimwahrscheinlichkeit einer Tulpenzwiebel beträgt (unabhängig von der Farbe) 90 %. Mit welcher Wahrscheinlichkeit keimen (1) alle Tulpenzwiebeln, (2) mindestens zwei Tulpenzwiebeln, wenn drei Zwiebeln gesteckt werden?

2. Gegeben ist die Funktion f durch $y = f(x) = x^2 + 4x + 3$. Die zugehörige Parabel schneidet die y-Achse im Punkt A. Durch den Scheitelpunkt S der Parabel soll eine Gerade g verlaufen, die einen Anstieg $m = -1$ hat. Die Gerade g schneidet die y-Achse im Punkt B.

a) Zeichnen Sie die Parabel und die Gerade in ein und dasselbe Koordinatensystem (1 LE ≙ 1 cm)!

b) Geben Sie die Gleichung der Geraden g in der Form $y = mx + n$ an!

c) Berechnen Sie den Flächeninhalt des Dreiecks ABS!

d) Gesucht ist die Gleichung einer linearen Funktion $y = h(x)$, deren Graph durch S verläuft und einen Flächeninhalt für das Dreieck ADS von 10 cm^2 erzeugt. Geben Sie diese Gleichung an!

e) Verschieben Sie die Parabel von f(x) um zwei Einheiten nach oben, sodass der Scheitelpunkt S_1 entsteht. Geben Sie die Funktionsgleichung für die dabei entstehende Parabel an und vergleichen Sie den Flächeninhalt des Dreiecks ABS mit dem Flächeninhalt des Dreiecks ABS_1. Begründen Sie Ihr Ergebnis.

3. Ein Park hat die Form eines Trapezes ABCD (vgl. nebenstehende Zeichnung). Es sollen drei Hauptwege $\overline{AC}$, $\overline{EH}$ und $\overline{FG}$ angelegt werden, $\overline{AC}$ als Verbindung der Punkte A und C und die beiden anderen Wege parallel zu $\overline{BC}$ in gleichen Abständen zueinander und zu den Seitenbegrenzungen.

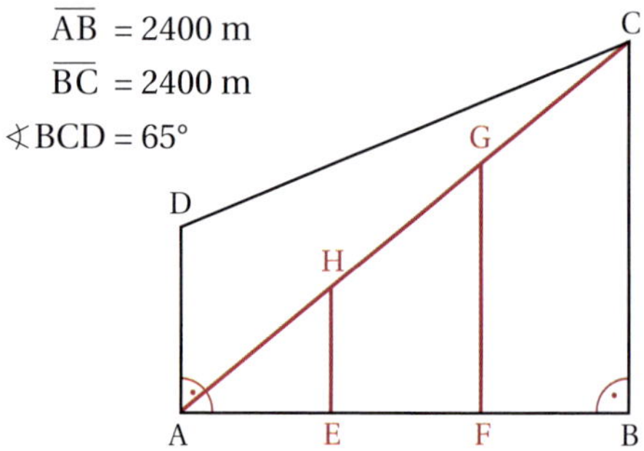

a) Fertigen Sie eine Zeichnung des Parks (einschließlich der neuen Wege) in einem geeigneten Maßstab an! Geben Sie den verwendeten Maßstab an!

b) Berechnen Sie die Längen der drei neuen Wege!

c) Wie viel Tonnen Kies sind für die drei Wege anzuschaffen, wenn für einen Meter Weg etwa 80 kg benötigt werden?

d) Wie viel Tonnen Grassamen müssen für den Parkabschnitt EFGH gekauft werden, wenn für einen Quadratmeter Wiese etwa 0,5 kg einzuplanen sind?

Die Abschlussprüfung – Tipps für den Prüfungstag

- Stelle die für die Prüfung genehmigten Hilfsmittel bereit, z. B. die an der Schule zugelassene Formelsammlung und den Taschenrechner! Auf jeden Fall sollten Zeichengeräte und Kurvenschablonen bereitliegen.
- Lies die gesamten Prüfungsunterlagen sehr genau durch! Achte z. B. auf Hinweise zur Bearbeitung der Wahlthemen!
- Lies die Aufgaben gründlich durch! Hast du bereits beim Lesen eine Lösungsidee, so notiere sie dir kurz!
- Beginne immer mit den leichten Aufgaben! Lege gegebenenfalls eine andere Reihenfolge zum Lösen der Aufgaben fest!
- Bist du noch auf dem richtigen Weg? Prüfe hin und wieder, ob dein Vorgehen noch der Frage oder der Aufforderung in der Aufgabe entspricht!
- Stelle die Lösungswege so dar, dass man sie nachvollziehen kann!
- Prüfe bei jeder Aufgabe, ob du sie vollständig bearbeitet hast!

Anhang

Lösungen zu „Teste dich selbst!"

Dreiecke und Vielecke (Seite 48)

1. a) $\alpha_1 = 50°$; $\alpha_2 = 130°$ b) $\alpha_1 = 65°$; $\alpha_2 = 115°$ c) $\alpha_1 = 85°$; $\alpha_2 = 95°$
d) $\alpha_1 = 63°$ e) $\alpha_1 = 17°$ f) $\alpha_1 = 81°$

2. a) $\sin 39° = 0{,}6293$; $\cos 39° = 0{,}7771$ b) $\sin 78° = 0{,}9781$; $\cos 78° = 0{,}2079$ c) $\sin 110° = 0{,}9397$; $\cos 110° = -0{,}3420$

3. a) $b = 3{,}2$ cm; $\alpha = 38{,}7°$; $\beta = 66{,}3°$ b) $c = 4{,}55$ cm; $\alpha = 31{,}3°$; $\gamma = 114{,}7°$
c) $\gamma = 59°$; $a = 2{,}0$ cm; $b = 2{,}9$ cm d) $\gamma = 34°$; $a = 3{,}75$ cm; $b = 1{,}75$ cm
e) $\alpha = 22{,}4°$; $\beta = 142{,}8°$; $\gamma = 14{,}7°$ f) $\alpha = 66{,}4°$; $\beta = 47{,}2°$; $\gamma = 66{,}4°$

4. $A = 0{,}4436$ ha

5. $\overline{AB} = 4{,}14$ km

6. $\tan\alpha = m$; $\alpha = 26{,}6°$

7. $u = 2893{,}2$ km; $\alpha = 90°$ $u = 2702{,}9$ km; $\alpha = 102° \mathrel{\hat=} 93{,}6\,\%$

8. a)

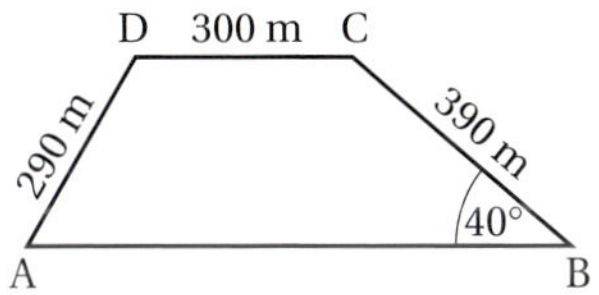

Maßstab 1 : 20 000

b) $u = 1723{,}65$ m; $K = 7913$ €

c) $A = 1691{,}3\ m^2$

d) $A_{Rest} = 127\,891{,}56\ m^2$
10 657 Bäume
$K \approx 253\,000$ €

9. a) $\overline{AC} = 53{,}20$ m; $\overline{BC} = 43{,}60$ m b) größter Pfeiler: 38,60 m; kleinster: 19,97 m

10. a) ① $A \approx 670\ m^2$; ② $A \approx 1300\ m^2$; ③ $A \approx 670\ m^2$
b) nach Kongruenzsatz sss
c) $u \approx 150$ m

11. $\sphericalangle CAB = 29{,}7°$; $\sphericalangle ABC = 108{,}9°$; $\sphericalangle BCA = 41{,}4°$

Funktionale Zusammenhänge (Seite 92)

1. a) A(0; 0); B(2; 8); C(5; 125); D(–1,6; –4,096); E(8; 512); F $(-2\frac{2}{5}; -13\frac{103}{125})$
b) G$(\frac{1}{2}; \frac{1}{16})$; H(0,1; 0,0001); I ex. nicht; J(–2; 16); K(10; 10000), L(–10; 10000)
c) $M_1(1; 1)$ oder $M_2(-1; 1)$; N(–1; 1); $O_1(3; \frac{1}{9})$ oder $O_2(-3; \frac{1}{9})$; P$(-10; \frac{1}{100})$; Q$(\frac{1}{3}; 9)$;
$R_1(-\frac{1}{8}; 64)$ oder $R_2(\frac{1}{8}; 64)$

2. ① $f(x) = \frac{1}{2}x^2$ ② $f(x) = 3x^{-1}$ ③ $f(x) = -x^{-4}$ ④ $f(x) = x^3$ ⑤ $f(x) = \frac{1}{5}x^{-2}$

3. a) monoton steigend; linear wachsend
b) monoton fallend; $x \neq 0$; Hyperbel
c) $y \geq 0$; $x < 0$: monoton fallend; $x > 0$: monoton fallend; Parabel
d) $y \geq 0$; $x < 0$: monoton fallend; $x > 0$: monoton fallend; Hyperbel

4. a) $y = 500 \cdot 1{,}2^x$
b) nach 1 Std. 600 Bakterien;
nach 2 Std. 720 Bakterien;
nach 3 Std. 864 Bakterien;
nach 4 Std. 1036 Bakterien;
nach 5 Std. 1244 Bakterien;
nach 6 Std. 1493 Bakterien

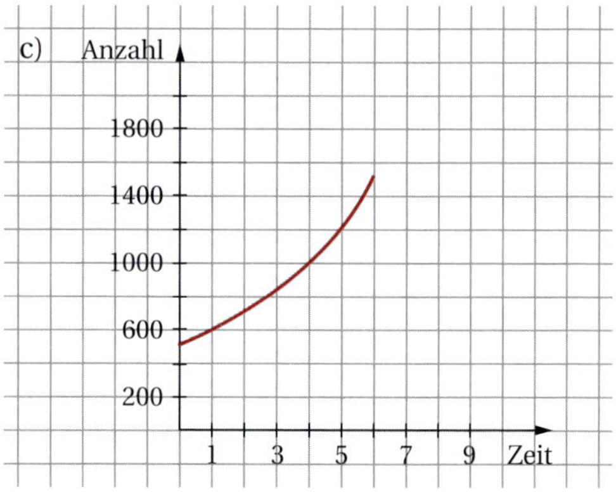

d) $x = 12{,}6$ h (ca. 12 h 36 min)

5. a) $18{,}1° \pm n \cdot 360°$
b) $0{,}6° \pm n \cdot 360°$
c) $87{,}4° \pm n \cdot 360°$
d) $5{,}8° \pm n \cdot 360°$

6. Definitionsbereich: $-2\pi \leq x \leq 2\pi$ Wertebereich: $-1 \leq y \leq 1$

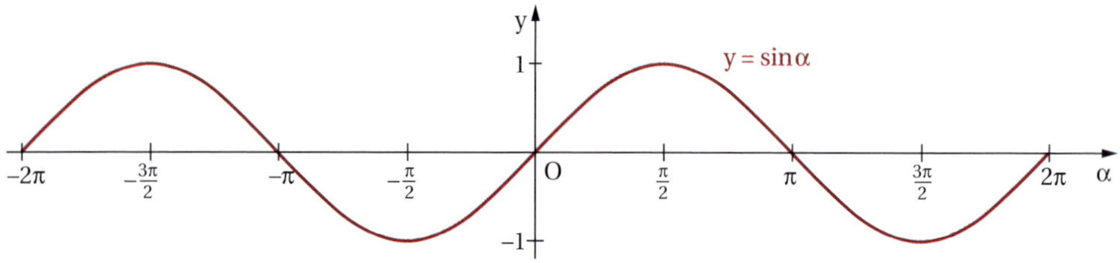

7. a) ① $a = 3$ ② $a = 0{,}5$ ③ $a = 1$
b) ① $b = 2$ $f(x) = 3 \cdot \sin 2x$; Periodenlänge: π
② $b = 1$ $g(x) = \frac{1}{2} \cdot \sin x$; Periodenlänge: 2π
③ $b = 0{,}5$ $h(x) = \sin 0{,}5x$; Periodenlänge: 4π

Zufallsgrößen (Seite 119)

1. $X = 0; 1; 2; \ldots; 9$

2.

Ereignis	rot – rot	rot – schwarz	schwarz – rot	schwarz – schwarz
R	2	1	1	0

3. $E(X) = -2\,€ \cdot 0{,}375 + 1\,€ \cdot 0{,}5 + 2\,€ \cdot 0{,}125 = 0\,€$

4. a)

Ergebnis	1, 1	1, 2 2, 1	3, 1 1, 3 2, 2	4, 1 1, 4 3, 2 2, 3	2, 4 4, 2 5, 1 1, 5 3, 3	1, 6 6, 1 2, 5 5, 2 4, 3 3, 4	6, 2 2, 6 5, 3 3, 5 4, 4	3, 6 6, 3 5, 4 4, 5	5, 5 6, 4 4, 6	6, 5 5, 6	6, 6
X(Augensumme)	2	3	4	5	6	7	8	9	10	11	12
b) Wahrscheinlichkeit	$\frac{1}{36}$	$\frac{2}{36}$	$\frac{3}{36}$	$\frac{4}{36}$	$\frac{5}{36}$	$\frac{6}{36}$	$\frac{5}{36}$	$\frac{4}{36}$	$\frac{3}{36}$	$\frac{2}{36}$	$\frac{1}{36}$

c) $(1 + 2 + 3 + 4 + 5 + 6 + 5 + 4 + 3 + 2 + 1) : 36 = 7$

5. Die Noten 1 bis 5 haben jeweils eine Wahrscheinlichkeit von $\frac{7}{36}$, die Note 6 eine Wahrscheinlichkeit von $\frac{1}{36}$. Die Sechs gibt es nur bei 6 – 6 (Wahrscheinlichkeit $\frac{1}{6} \cdot \frac{1}{6}$), die Eins bei 1 und 6 – 1 (Wahrscheinlichkeit ist $\frac{1}{6}$ und $\frac{1}{36}$). Zwei bis Fünf analog zur Eins.

Baumdiagramm:

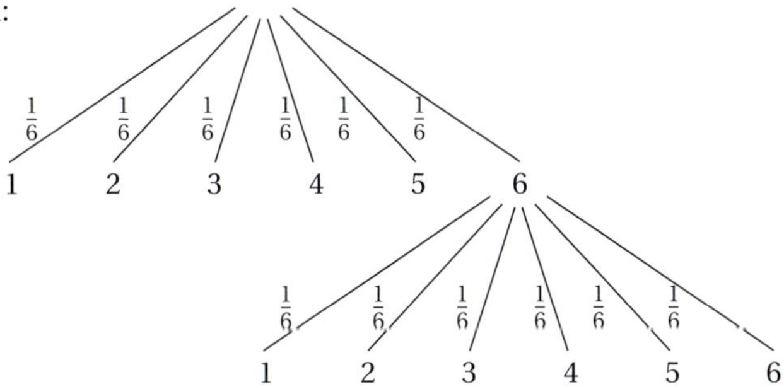

Der Erwartungswert liegt bei $(1 + 2 + 3 + 4 + 5) \cdot \frac{7}{36} + 6 \cdot \frac{1}{36} = 3{,}08$

6. E(X) = 100 € · 1 + 4500 € · 0,03 + 15 · 20 € · 0,05 = 250 € Kosten

7. E(Gewinn) = 0,20 €
Der Erwartungswert für einen Gewinn liegt unter den Portokosten für eine Karte.

8. a und c

9. Beispiel:

10 Versuche:	8-mal	$a^2 + b^2 < 1$	80,00 %	$\pi = 3{,}20$
20 Versuche:	16-mal		80,00 %	$\pi = 3{,}20$
30 Versuche:	25-mal		84,00 %	$\pi = 3{,}33$

Mathematik im Alltag (Seite 169)

1. 25 % Deutschlandreisen, 35 % Mittelmeer, 10 % Fernreisen, 30 % sonstige Reisen

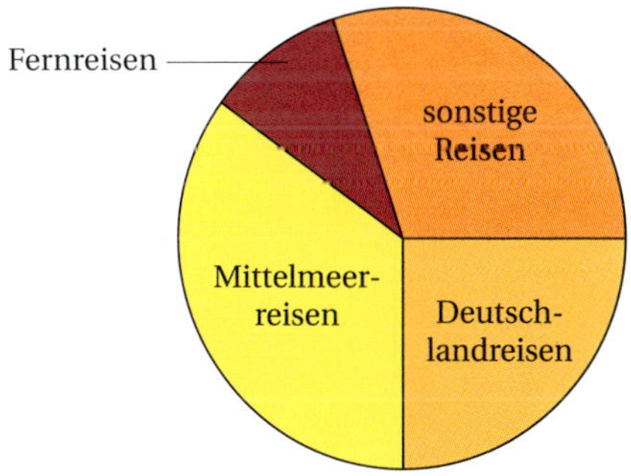

2. W – 48,9 m^2
Anzahl der Pakete = 48,9 m^2 : 1,8 m^2 = 27,2;
d.h. 28 Pakete · 9,90 € = 277,20 €
Familie Tuck muss 277,20 € ausgeben, um ihr Wohnzimmer mit Laminat auszulegen.

3. Alter Preis: G = 100 %;
Preissenkung: –18 %;
Neuer Preis: W = 82 %
G = 17699 €
Der ursprüngliche Verkaufspreis betrug 17699 €.

4. Jahreszins: $\frac{118{,}80\ € \cdot 4}{3} = 158{,}40\ €$
Kapital: $K_0 = 158{,}40\ € : 0{,}025 = 6336\ €$

5. Endkapital: $K_5 = 255\ € \cdot 1{,}0225^5$; $K_5 = 285\ €$

6. W = G · p = 625,75 € · 0,655 = 409,87 €
Julianes Nettolohn beträgt jetzt 409,87 €.

7. Sozialversicherungsbeiträge:

Krankenversicherung:	220,15 €
Pflegeversicherung:	28,35 €
Rentenversicherung:	331,89 €
Arbeitslosenversicherung:	70,05 €
Summe:	650,44 €
Hälfte davon bezahlt der Arbeitnehmer:	−325,22 €
Lohnsteuer:	−171,00 €
Summe Abzüge:	−496,22 €
Bruttolohn – Abzüge = Nettolohn	1667,80 € – 496,22 € = 1171,58 €

Antwort: Herr Müller erhält 1171,85 € als Nettolohn ausgezahlt.

8. a)

Kapital K:	1999,00 €	
Bearbeitungsgebühr: 2 % von	1999,00 € =	39,98 €
Zinsen (1 Monat):	11,39 €	
Zinsen (24 Monate):	24 · 11,39 € =	273,36 €
Summe der Gesamtrückzahlung:		2312,34 €
Monatliche Rate R:	2312,34 € : 24 =	96,35 €

Es müssen monatlich 96,35 € an Kreditkosten gezahlt werden.

b) 24 · 85 € = 2040 €; reicht zum Kauf
Die Kreditkosten betragen rund 272,34 €. Das würde also gespart.

9. 33 € · 1,18 (Geschäftskosten) · 1,85 (Gewinn) · 1,19 (Mehrwertsteuer) = 85,73 €
Der Verkaufspreis beträgt 85,73 € und wird noch „verkaufsfreundlich" gerundet.

10. m = 177,4 kg

11. a) m = 23,1 kg b) m = 6,64 kg c) m = 8,77 kg

12. a) $A_O = 349\ \text{cm}^2$ b) m = 1,77 kg

13. Da die zu streichende Fläche ca. 2,78 m^2 beträgt, reicht 1 kg Farbe für 4,99 €.

14. a)

grün	$y = x^3$
rot	$y = -2x + 3$
blau	$y = x$
schwarz	$y = \cos x$

b)

grün	$y = \sin x$
rot	$y = 3x$
blau	$y = 2^x$
schwarz	$y = x^{-2}$

15. a)

500 kWh	185 €
750 kWh	217,50 €
800 kWh	237,00 €
1200 kWh	276 €

b) individuell
400 € ⇒ 2154 kWh

16.

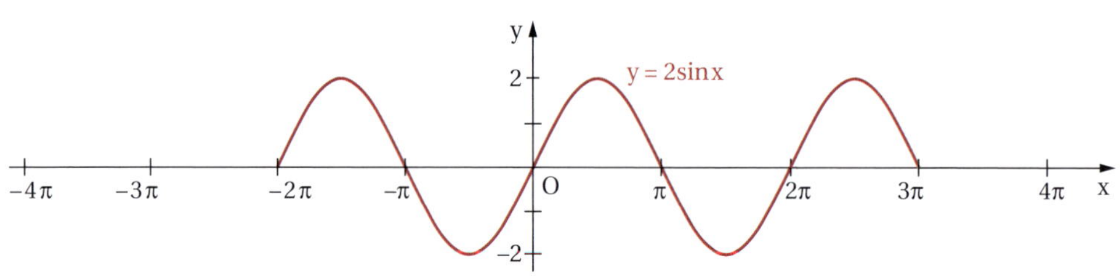

Lösungen zu den Beispielen für eine schriftliche Prüfung

Beispiel 1 (S. 226)

Teil A (ohne Tabellen- bzw. Formelsammlung und Taschenrechner)

1. B **2.** C **3.** D **4.** C **5.** A **6.** B **7.** A

Teil B – Pflichtaufgaben

1. a) $2 \cdot 10^{-8}$ b) $32x^2 - 12xy + y^2 + y$ c) $0{,}30 < \frac{1}{3} = 0{,}\overline{3} < 0{,}334 < 0{,}34 < \frac{11}{30}$

2. a) 6,1 km b) individuelle Lösung c) $v = 18{,}3\ \frac{km}{h}$ d) $A = 1{,}7\ km^2$

3. a) $x_1 = 4{,}4$; $x_2 = 1{,}6$
c) $P_1(1;\ 2)$; $P_2(4;\ -1)$

b), c)

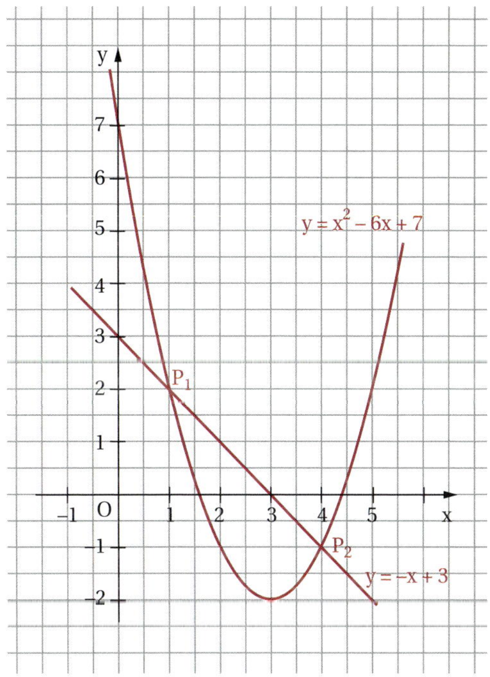

4. a)

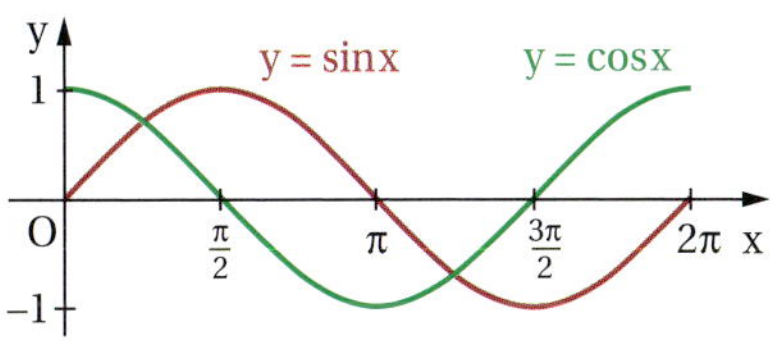

$S_1(\frac{\pi}{4};\ 0{,}7071)$; $S_2(\frac{5\pi}{4};\ -0{,}7071)$

b) $W = [-3;\ 3]$; $x_1 = 0{,}946$; $x_2 = 2{,}196$
Punkt P liegt nicht auf dem Graphen.
$3\sin 45° = 2{,}1213 \neq 1{,}4567$

5. a) Verkaufspreis:
12,00 € · 1,15 · 1,20 · 1,07 = 17,72 €
b) Gewinn:
(12,00 € · 1,20 – 12,00 €) · 25 = 60 €
c) Im Verkaufspreis von 17,72 € jedes Buchs sind 1,16 € MwSt. enthalten, denn 12 € · 1,15 · 1,2 · 0,07 = 1,16 €. Bei 25 Büchern sind das 29,00 €.

Teil B – Wahlaufgaben

1. a) 45,8 % Abfall
b) Winkel an Spitze = 73,7°; Winkel an Basis = 63,4°
c) $A_O = 7\,448\ cm^2$ ⇒ Mit rund 195 € muss kalkuliert werden.

2. a) A: $P = \frac{7}{124}$; B: $P = \frac{33}{248}$; C: $P = \frac{1}{992}$
b) arith. Mittel: 3,5; Modalwert: 2; Zentralwert: 3

zu 2b)

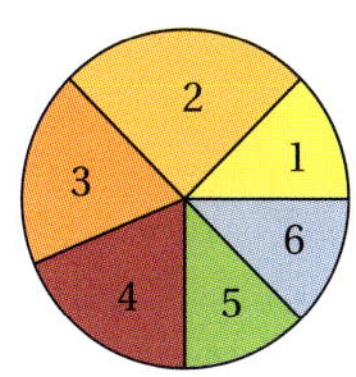

3. a) Maßstab 1 : 20000
abgelesen: $\overline{CD} = 700$ m
b) Der Tunnel ist rund 702 m lang.
c) 71,4 %

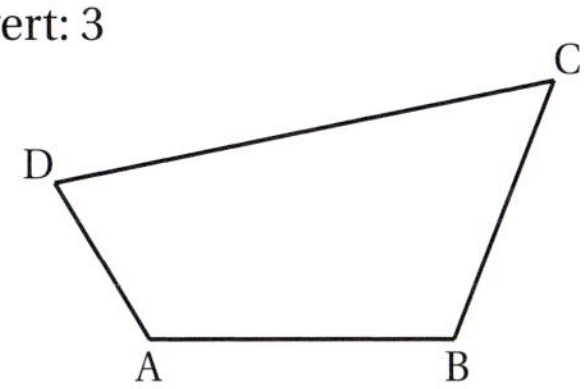

zu 3a)

Beispiel 2 (S. 228)

Teil A (ohne Tabellen- bzw. Formelsammlung und Taschenrechner)

1. Außer 11 Punkten ist von 0 bis 12 alles möglich.

2. Vier baugleiche Mähdrescher würden 4,5 h brauchen.

3. Der Wert des Terms beträgt –6.

4. A

5. 900 Tage

6. 1 – 2 – 4

7. Nach dem Satz von PYTHAGORAS lässt sich ein rechtwinkliges Dreieck mit den Seitenlängen 3 m, 4 m und 5 m legen.

8. C

9. $s = \frac{A - \pi r^2}{\pi r}$ oder $s = \frac{A}{\pi r} - r$

10. Beispiele siehe nebenstehende Skizze

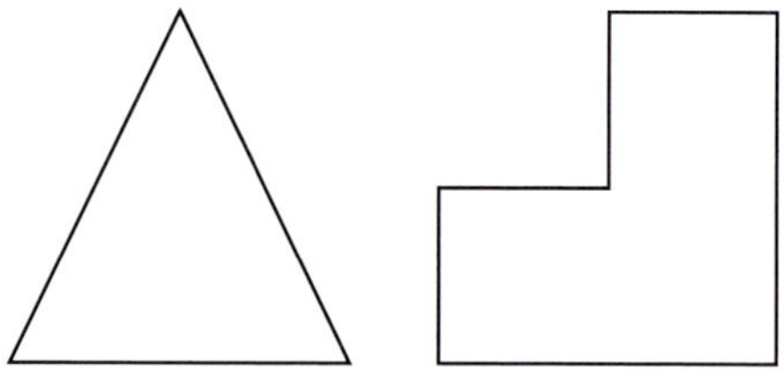

Teil B – Pflichtaufgaben

1. a) Konstruktion: Winkel mit Winkelgröße 50,6° konstruieren, 13,5 cm bzw. 22,0 cm als Schenkellänge abtragen, verbinden.

b) $17\ \text{cm} \cdot 65000 = 1105000\ \text{cm}$, das entspricht 11 km

c) Königstein–Zschirnstein: $c = \sqrt{222 + 13,52 - 2 \cdot 22 \cdot 13,5 \cdot \cos 50,6°} = 17,006$
Dies entspricht 11 km in der Realität.
Schneeberg–Königstein: $22 \cdot 65000\ \text{cm} = 14,3\ \text{km}$
Schneeberg–Zschirnstein: $13,5 \cdot 65000\ \text{cm} = 8,8\ \text{km}$

d)

	Natur	1 : 25000
Schneeberg–Königstein	14,3 km	57,2 cm
Schneeberg–Zschirnstein	8,8 km	35,2 cm
Königstein–Zschirnstein	11,0 km	44,2 cm

2. a)

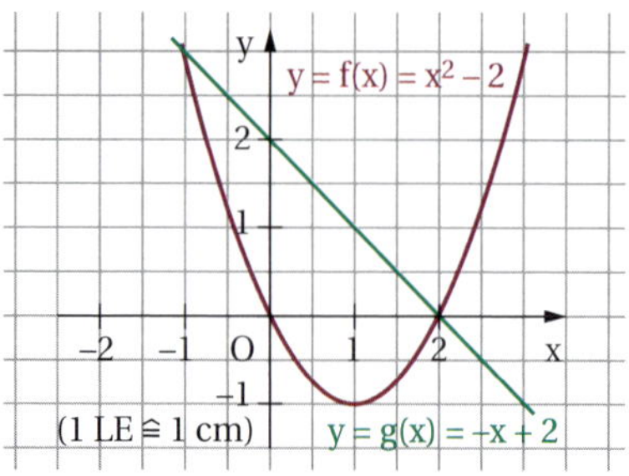

b) Nullstellen:
f(x): $x_1 = 0$; $x_2 = 2$
g(x): $x = 2$
gemeinsame Punkte:
A(–1; 3) und B(2; 0)

c)

$$f(x) = 0 \qquad g(x) = 0$$
$$x^2 - 2x = 0 \qquad -x + 2 = 0$$
$$x \cdot (x - 2) = 0 \qquad x = 2$$
$$x_1 = 0;\ x_2 = 2$$

3. a)

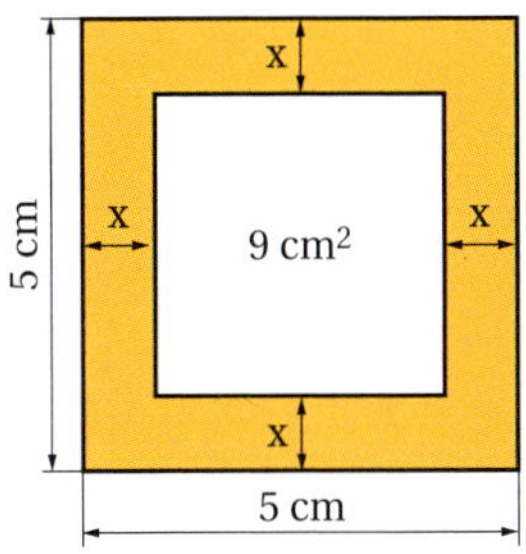

b) 3 cm

c) 36 %

4. a) rot: 25 % (90°) gelb: 16 % (57,6°) grün: 9 % (32,4°) weiß: 50 % (180°)
b) P(rot) = 0,25
c) $0{,}25 \cdot 2 + 0{,}16 \cdot 4 + 0{,}09 \cdot 6 = 1{,}68$

5. $x + y = 4$ und $3x - 2y = 52 \Rightarrow x = 12;\ y = -8$

Teil B – Wahlaufgaben

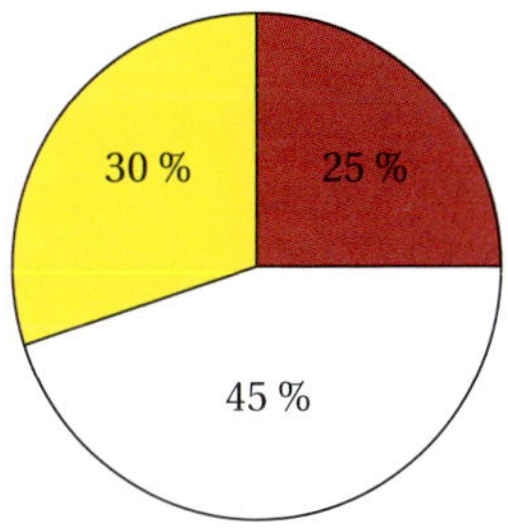

1. a) rot: 120 Stück; gelb: 144 Stück; weiß: 216 Stück
b) arithm. Mittel: 7,64 € Zentralwert: 7,99 €
Modalwert: 7,99 € Spannweite: 2,00 €
c) R ≙ rot; G ≙ Gelb; W ≙ weiß
(R; R; R), (R; R; G), (R; R; W), (R; G; W), (R; G; G)
(R; W; W), (W; W; W), (G; G; G), (W; W; G), (G; G; W)
d) (1) 72,9 % (2) $0{,}93 + 3 \cdot 0{,}9 \cdot 0{,}9 \cdot 0{,}1 = 0{,}972 \mathrel{\widehat{=}} 97{,}2\ \%$

2. a)
b)

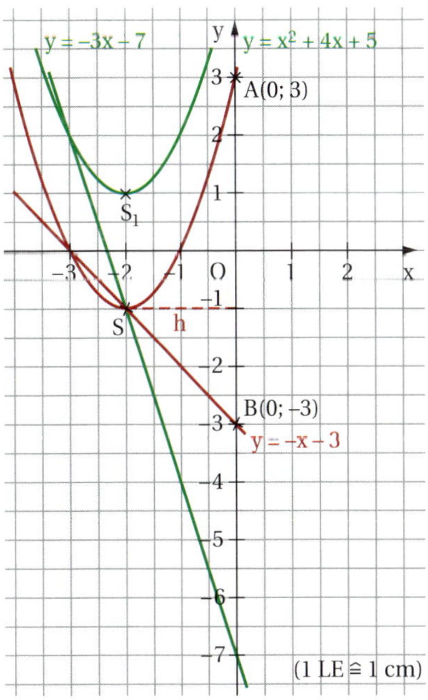

c) $A_{ABS} = \frac{\overline{AB} \cdot h}{2} = \frac{6\text{ cm} \cdot 2\text{ cm}}{2} = 6\text{ cm}^2$
d) $y = -3x - 7$
e) $y = x^2 + 4x + 5$
Die Flächeninhalte sind gleich, da die Grundseite $\overline{AB}$ und die Höhen der beiden Dreiecke gleich sind.

3. a) individuelle Lösung
b) $\overline{AC} = 3400$ m (3394,11 m); $\overline{EH} = 800$ m; $\overline{FG} = 1600$ m
c) Alle Wege zusammen sind 5800 m lang $\Rightarrow$ m = 464 t
d) $A_{EFGH} = 960000\text{ m}^2 \Rightarrow$ m = 480 t

Register

Bildquellenverzeichnis

A. Bilsing, Falkensee: 169/1; Abbott GmbH & Co. KG/Altana Pharma: 69/1; AEG GmbH: 129/1,144/1, 160/1; AEG Hausgeräte GmbH: 88/1, 156/1; Arttoday: 91/1; B. Raum, Neuenhagen: 16/1, 89/1,138/1,206/1; BackArts GmbH: 53/1; BilderBox Bildagentur GmbH: 122/1; Corel Photos Inc.: 33/1, 53/2, 74/1, 90/1, 123/1, 123/3, 177/2, 202/1, 205/3, 209/1; D. Kaliga, Berlin: 188/1; Dennis Selke: 111/1; DEUTSCHE BUNDESBANK: 99/1, 111/2; DUDEN PAETEC GmbH: 161/1, 200/2; E. Wittig, Cottbus: 17/1, 173/2, 173/2, 217/1; G. Liesenberg, Berlin: 7/3, 43/1, 77/1, 83/1, 98/1, 100/1, 102/1, 105/2, 109/1, 118/1, 148/2, 151/3, 151/4, 154/1, 173/1, 199/1, 199/2, 204/3, 206/2, 222/1; Glunz-Technik GmbH, Recklinghausen: 201/2; H. Mahler, Fotograf, Berlin: 105/1, 114/1, 114/2, 114/3, 114/4, 210/1; Hannemann, M., Georg-Weerth-Oberschule, Berlin: 112/1; hemera photo objects: 141/1, 145/1, 158/1, 195/1, 201/1; Horst Munzig, Mindelheim: 5/3, 208/1, 208/2; HVBG/Danetzki: 177/1; L. Meyer, Potsdam: 165/1, 170/1; Lederer, Sven, Dresden: 97/3; M. Holzinger, Berlin: 104/1; M. Liesenberg, Berlin: 203/1; M. Unger, Königs Wusterhausen: 123/2, 140/1, 148/1, 151/1, 151/2, 172/1, 172/2, 193/1; NASA: 200/1; Naturfotografie Frank Hecker: 222/2; Osram GmbH: 117/1; panthermedia/Armin Opherden: 6/1; panthermedia/Herrmann Otto Feis: 194/1; Pews, H-U., Berlin: 88/3; Photo Disc Inc.: 89/2, 106/1, 128/1, 133/1, 137/1, 138/2, 143/1, 173/2, 176/1, 177/3, 192/1, 205/1, 211/1; picture-alliance: 204/2; picture-alliance/OKAPIA KG, Germany: 7/2; R. Fischer, Berlin: 7/1, 52/1, 53/3, 74/2, 87/1, 88/2, 96/1, 142/1, 147/2, 156/2; Siemens AG/München: 97/2, 101/1, 147/1; Theuerkauf, H., Gotha: 5/4, 204/1, 205/4; Tierbildarchiv Angermayer, Holzkirchen: 204/4, 205/2; Uwe Schmidt: 190/1, 193/2, 197/1

Operatoren und die Erwartungen an Lösungsdarstellungen

Operator (Arbeitsaufträge)	Erwartungsbild
Nennen Sie … **Geben Sie … an!**	Formulieren eines Sachverhaltes, Aufzählen von Ergebnissen ohne Erläuterungen, Begründungen und Lösungsweg
Skizzieren Sie …	Angeben wesentlicher Sachverhalte; grafisches Darstellen unter Berücksichtigung wesentlicher Eigenschaften, auch Freihandskizze ist möglich
Zeichnen Sie … **Stellen Sie … grafisch dar!** **Konstruieren Sie …**	Exaktes grafisches Darstellen, ggf. unter Nutzung berechneter Wertepaare; maßstäbliches Darstellen eines Sachverhaltes, ggf. unter Nutzung spezieller Konstruktionsverfahren
Beschreiben Sie …	Systematisches Darstellen eines Sachverhalts, eines Verfahrens oder eines Lösungsweges mit eigenen Worten, unter Verwendung der Fachsprache und in der Regel in vollständigen Sätzen.
Erklären Sie …	Zusammenhängende und begründende Darstellung einer Problemlösung; zugrunde liegenden Gesetzmäßigkeiten, Regeln und Beziehungen werden genannt; auch Modelle und grafische Darstellungen können herangezogen werden
Lösen Sie … **Bestimmen Sie …** **Ermitteln Sie …**	Angeben eines nachvollziehbaren Lösungsweges und Formulieren von Ergebnissen; die Wahl der Mittel (z. B. grafisch, numerisch oder symbolisch) bleibt offen. Vorgegebene Hilfsmittel oder Verfahren sind einzuhalten, z. B. „Ermitteln Sie grafisch“ oder „Bestimmen Sie rechnerisch“. Ist das Ausdrucken elektronisch erzeugter grafischer Lösungen nicht möglich, können die Ergebnisse durch Angabe der Lösungsschritte belegt werden.
Berechnen Sie …	Herbeiführen einer Lösung durch Rechenoperationen aus einem erkennbaren Ansatz heraus. Elektronische Hilfsmittel sind zulässig, sofern nicht ausdrücklich ausgeschlossen. Grafische Lösungen sind nicht gestattet. Sind Zwischenschritte gewünscht, sollte dies in der Aufgabenstellung erkennbar sein.
Begründen Sie …	Darstellen von kausalen Zusammenhängen. Die Argumente (Regeln und mathematische Beziehungen) sind zu nutzen und in logischer Reihenfolge zu nennen.